生态学名著译丛

Die Ökozonen der Erde
(4., völlig neu bearbeitete Auflage)

地球的生态带

（第四版 全新重编版）

Diqiu de Shengtaidai

[德] Jürgen Schultz 著

林育真 于纪姗 译

高等教育出版社·北京
HIGHER EDUCATION PRESS BEIJING

内容简介

本书作者通过新构思、采用新途径，从自然的和农业的角度对地球生态带的划分做了全面介绍。全书包括总论和分论两大部分。总论中首先介绍一些重要的地理-生态学概念和生态系统研究方法，也即对地球区域的划分、生态带的内容含义及全球主要特征进行系统的概述；气候方面列专题讲解气候变化及其对地球生态带划分的影响；土壤方面依据土壤分类分级的最适状况进行阐述和比较，还提供了依据利用潜力所做的全球划分的重要信息。在分论部分，全球陆地被划分为9个不同的生态带，各带的内容要点包括分布、气候、地貌和水文、土壤、植被和动物界、土地利用等；对相互邻近的生态带做重点突出的对比分析。

本书既有宏观的对全球及区域地理-生态规律的阐述，也有大量微观的物理化学的和生理的数据资料作为分带的基础依据。全书内容丰富、新颖，附有149幅形象直观的图（附图及框式图）。

图字：01-2009-1647号

Die Ökozonen der Erde（4., völlig neu bearbeitete Auflage）
© 2008 by Eugen Ulmer KG, Stuttgart, Germany.

图书在版编目（CIP）数据

地球的生态带：第四版：全新重编版／（德）舒尔茨著；林育真，于纪姗译.—北京：高等教育出版社，2010.9
ISBN 978-7-04-029476-7

Ⅰ.①地… Ⅱ.①舒…②林…③于… Ⅲ.①地球科学：生态学 Ⅳ.①P②Q147

中国版本图书馆 CIP 数据核字（2010）第109232号

策划编辑	李冰祥	责任编辑	孟丽	封面设计	张楠
责任绘图	尹莉	版式设计	范晓红	责任校对	刘莉
责任印制	陈伟光				

出版发行	高等教育出版社		购书热线	010-58581118
社　　址	北京市西城区德外大街4号		咨询电话	400-810-0598
邮政编码	100120		网　　址	http://www.hep.edu.cn
				http://www.hep.com.cn
经　　销	蓝色畅想图书发行有限公司		网上订购	http://www.landraco.com
印　　刷	涿州市星河印刷有限公司			http://www.landraco.com.cn
			畅想教育	http://www.widedu.com
开　　本	787×1092　1/16		版　　次	2010年9月第1版
印　　张	20.75		印　　次	2010年9月第1次印刷
字　　数	390 000		定　　价	49.00元

本书如有缺页、倒页、脱页等质量问题，请到所购图书销售部门联系调换。
版权所有　侵权必究
物料号　29476-00
审图号　GS（2010）512

目录

中文版前言 ··· vii
第三版前言 ··· ix
第四版前言 ··· xi
缩写与符号 ··· xiii

总论　生态带内容探讨及全球主要特征概述 ·· 1
　　参考文献 ··· 8

1　生态带的分布和面积比例 ·· 10
　　第1章参考文献 ··· 11

2　气候 ··· 12
　2.1　光照 ··· 12
　2.2　温湿度条件对植物生长的影响与植被期 ··· 15
　2.1和2.2参考文献 ·· 16
　2.3　气候变化 ··· 17
　　2.3.1　引言 ·· 17
　　2.3.2　气候变暖 ·· 19
　　2.3.3　气候变暖的原因 ·· 23
　　2.3.4　气候变暖的后果 ·· 32
　　2.3.5　结论 ·· 35
　2.3参考文献 ··· 39

3　地貌与水文 ·· 43
　3.1　地貌动力学 ·· 43
　3.2　水文状况与水平衡 ·· 45
　　第3章参考文献 ··· 46

4 土壤 ··· 47
4.1 土壤肥力 ··· 47
4.2 土壤水分收支 ··· 49
4.3 土壤分类单元和土壤带 ··· 53
第4章参考文献 ··· 62

5 植被和动物界 ··· 64
5.1 植被的结构特征 ··· 64
5.2 生态系统和生态带模型 ··· 66
5.3 生态系统中有机物质的贮存 ··· 69
5.4 初级生产 ··· 71
5.4.1 光合作用和呼吸作用 ··· 71
5.4.2 植物群落的初级生产量 ··· 71
5.4.3 地球上植被覆盖层的生产效率 ··· 72
5.5 动物取食与次级生产 ··· 78
5.6 群落废弃物及其分解 ··· 80
5.7 矿物质周转 ··· 81
第5章参考文献 ··· 84

6 土地利用 ··· 86
第6章参考文献 ··· 88

分论 9个生态带特征 ··· 89

7 极地/亚极地带 ··· 90
7.1 分布与亚带划分 ··· 90
7.2 气候 ··· 91
7.2.1 气温、昼长、降水 ··· 91
7.2.2 土壤中及近地空气层温度的变化 ··· 92
7.2.3 夏季的辐射平衡和热量平衡 ··· 94
7.3 冰缘区范围内的地貌和水文 ··· 94
7.4 土壤 ··· 99
7.5 苔原和极地荒漠的植被和动物界 ··· 100
7.5.1 植被的划分 ··· 101
7.5.2 植物量与初级生产量 ··· 102
7.5.3 动物界和动物取食 ··· 103

7.5.4　分解与矿物质周转 ·· 104
　　　7.5.5　一个苔原生态系统模型 ··· 106
　7.6　土地利用 ·· 107
　苔原概要一览图 ·· 108
　第7章参考文献 ·· 110

8　北方带 ·· 112
　8.1　分布 ··· 112
　8.2　气候 ··· 113
　8.3　地貌和水文 ··· 114
　8.4　土壤 ··· 118
　8.5　植被和动物界 ··· 120
　　　8.5.1　北方针叶林 ·· 120
　　　8.5.2　泥炭沼泽 ·· 121
　　　8.5.3　森林苔原、极地森林界限和树线 ································ 122
　　　8.5.4　植物量与初级生产量 ·· 123
　　　8.5.5　分解、土壤有机物质和矿物质贮存 ·························· 123
　　　8.5.6　北方针叶林生态系统 ·· 124
　8.6　土地利用 ··· 126
　北方带概要一览图 ·· 128
　第8章参考文献 ·· 130

9　湿润中纬带 ·· 132
　9.1　分布 ··· 132
　9.2　气候 ··· 133
　9.3　地貌和水文 ··· 135
　9.4　土壤 ··· 136
　9.5　植被和动物界 ··· 139
　　　9.5.1　季节性夏绿林 ·· 139
　　　9.5.2　森林的水平衡 ·· 141
　　　9.5.3　植物量与初级生产量、增长和衰减 ·························· 143
　　　9.5.4　矿物质的收支——与北方针叶林的比较 ·················· 143
　　　9.5.5　一个夏绿阔叶林的生态系统模型 ····························· 149
　9.6　土地利用 ··· 150
　湿润中纬带概要一览图 ·· 152
　第9章参考文献 ·· 154

10 干旱中纬带·······155
10.1 分布与亚带划分,干旱地区的一般特征·······155
10.2 气候·······157
10.3 地貌和水文·······157
10.4 草原的土壤·······158
10.4.1 地带性土壤·······158
10.4.2 盐化土壤·······161
10.5 草原的植被和动物界·······161
10.5.1 草原类型·······162
10.5.2 生活型:对冬寒和夏旱的适应·······163
10.5.3 动物界和动物取食·······164
10.5.4 植物量、初级生产量和分解·······165
10.5.5 矿物质贮存与周转·······166
10.6 土地利用·······167
10.6.1 大企业型谷物经济·······168
10.6.2 广泛稳定的牧场经济和草地的管理·······170
草原地带概要一览图·······172
第10章参考文献·······174

11 冬季湿润亚热带·······175
11.1 分布与区域划分·······175
11.2 气候·······176
11.3 地貌和水文·······177
11.4 土壤·······177
11.5 植被和动物界·······179
11.5.1 种类多样性、硬叶林与硬叶灌木林群系·······179
11.5.2 生活型及对夏旱的适应·······181
11.5.3 动物界·······182
11.5.4 火·······183
11.5.5 植物量与初级生产量·······185
11.6 土地利用·······187
冬季湿润亚热带概要一览图·······188
第11章参考文献·······190

12 终年湿润亚热带·······192
12.1 分布·······192
12.2 气候·······193
12.3 地貌和水文·······195

12.4　土壤 ··195
　　12.5　植被 ··196
　　　　12.5.1　结构特征 ··196
　　　　12.5.2　美国东南部一处半常绿栎林群落的贮存与周转 ···································197
　　12.6　土地利用 ··201
　　终年湿润亚热带概要一览图 ··202
　　第12章参考文献 ···204

13　热带/亚热带干旱带 ··205
　　13.1　分布与亚带划分 ··205
　　13.2　气候 ··206
　　13.3　地貌和水文 ··208
　　　　13.3.1　风化作用、硬壳和风化壳 ···208
　　　　13.3.2　风沙的进程 ··209
　　　　13.3.3　河流做功与冲刷 ···210
　　13.4　土壤 ··212
　　13.5　植被和动物界 ··213
　　　　13.5.1　植被与土壤水平衡 ··215
　　　　13.5.2　生活型：对干旱和盐胁迫的适应 ···217
　　　　13.5.3　荒漠动物界 ··220
　　　　13.5.4　植物量和初级生产量 ···221
　　13.6　土地利用 ··222
　　　　13.6.1　粗放的放牧经济 ···223
　　　　13.6.2　绿洲–灌溉经济 ··224
　　热带/亚热带干旱带半干旱边缘地区的多刺稀树草原（萨赫勒）和
　　亚热带多刺草原概要一览图 ··226
　　中纬带和热带/亚热带纬度地带的荒漠和半荒漠概要一览图 ······································228
　　第13章参考文献 ···230

14　夏季湿润热带 ··232
　　14.1　分布与亚带划分 ··232
　　14.2　气候 ··234
　　14.3　地貌和水文 ··234
　　　　14.3.1　剥蚀平原和岛状山 ··234
　　　　14.3.2　流水水体 ··237
　　14.4　土壤 ··237
　　　　14.4.1　夏季湿润热带与终年湿润热带、亚热带土壤——概述 ··························237
　　　　14.4.2　夏季湿润热带最重要的土壤类型 ···240

  14.5 植被和动物界 ································ 242
    14.5.1 生理、生态特征及季节性 ················ 242
    14.5.2 动物界 ································ 243
    14.5.3 稀树草原（萨旺纳）火灾 ················ 244
    14.5.4 植物量与初级生产量 ···················· 244
    14.5.5 动物量与动物取食 ······················ 245
    14.5.6 枯枝落叶分解 ·························· 247
    14.5.7 矿物质贮存与周转 ······················ 248
  14.6 土地利用 ···································· 249
  夏季湿润热带概要一览图 ·························· 252
  第14章参考文献 ································· 254

15 终年湿润热带 ······································ 256
  15.1 分布 ·· 256
  15.2 气候 ·· 257
  15.3 地貌和水文 ·································· 259
    15.3.1 风化作用和溶解剥蚀 ···················· 259
    15.3.2 河流切割和坡面剥蚀 ···················· 259
  15.4 土壤 ·· 260
  15.5 植被和动物界 ································ 262
    15.5.1 热带雨林的结构特征 ···················· 264
    15.5.2 植被动态 ······························ 267
    15.5.3 动物界 ································ 267
    15.5.4 植物量和初级生产量 ···················· 269
    15.5.5 动物取食 ······························ 269
    15.5.6 凋落物和枯枝落叶层，分解与腐殖质 ······ 269
    15.5.7 矿物质的贮存与周转 ···················· 270
    15.5.8 雨林生态系统 ·························· 274
  15.6 土地利用 ···································· 274
  终年湿润热带概要一览图 ·························· 278
  第15章参考文献 ································· 280

附录A 地球生态带的划分 ··························· 282
附录B 地球的土壤带 ····························· 284
附录C 地球的农业区 ····························· 286

内容索引 ··· 288

译后记 ··· 310

中文版前言

我感到高兴和荣幸,我的《地球的生态带》一书继英文版出版之后,现在中文版也出版了,为此我感谢在中国北京的高等教育出版社,是她使中文版的出版成为可能并得以实现。

我还要特别感谢本书的两位翻译,林育真教授和于纪姗女士,她们完成了一项艰巨的任务,因为我这本书的内容延伸相当广泛,涉及多种不同学科的专业语言,其中包括地貌学、气候学、土壤学和生物科学(尤其生态学)以及农学、林学等学科。尤其林教授始终以极大的热情致力于本书的翻译工作,并通过电子邮件与我进行了专业的交流,以力求译文的清晰和准确。我感到这些交流接触是非常愉快的和有益的。

我希望本书能够引起地理学、生态学、环境保护以及农学、林学等相关专业大学生、研究生以及广大读者的浓厚兴趣,或许它也有可能对超越遥远距离和政治界限的学术交流做出一点贡献。

如果有任何一位读者对本书的内容提出问题,或希望进一步了解本书的内涵,可以德语或英语与我联系:profschultz@web.de,我承诺一定尽快给予答复。

于尔根·舒尔茨(Jürgen Schultz)博士、教授
2010年1月20日
于德国亚琛(Aachen)

第三版前言

在本书中地球被划分为9个生态带,即那些相近纬度地带的区划类型,因此被认为是对全球(陆地)生态圈层进行第一级分类所划分的区域类型。尽管这些大规模的区域单元都是片段分开的(每个单元分布在多个大洲陆地上)并且有明显的差别(因此有理由继续细分),但同一单元在结构和进程特征方面却还保留着足够的交叉重叠性,因此,本书对划界界限所表述的观点是有理由的,也是正确的。

目前完成的第3版是一部全新修订版,它是在内容明显更广泛的《生态带手册》(UTB 出版社,Ulmer,2000)的基础上进行编写修订的,《地球的生态带》第三版就是其中的一部分摘要。就像出版社和作者所认为(和希望)的那样,这部书是针对那些对此感兴趣的大学生,也针对那些希望买一本简明扼要(而且价格便宜)的有关"生态带"专题的教科书的读者。本书的读者对象首先是那些地理学专业的大学生。

如果本书能够带给读者兴趣,例如(就像以前两个版本那样)对于那些想要初步了解地球区域特殊性质的生物学、土壤学、农学和林学专业的大学生,以及那些有志于在生态-地理学方面进修深造者,可能借此得到一本去往地球其他地区进行有计划考察旅行的学习指南,那我将非常高兴。每当我自己停留在某一个景观地区度假旅行时,经常会想到需要一本书,一本像眼前所尝试的、用集中的形式对全球范围的主要特征给予规律性综合并进行概括和解释的书。

我感谢亚琛工业大学地理研究所的绘图员汉斯-约阿西姆·埃里(Hans-Joachim Ehrig)硕士、工程师对本书附图所作的清绘。

当前这本书是以(地理)生态学为主题的。但是它不仅是在今天通常的多重意义上强调人们对环境(破坏性)的影响,以及针对这些影响将环境保护作为中心任务，更确切地说，它关系到我们的（环境）世界的本质，其组成成分的类型特征和物质特性以及它们之间相互作用的根本信息。当然，通过此书也希望，对环境及环境保护达到更深入、重大的理解，促进有意识的（"社会的－负责任的"）投入。

于尔根·舒尔茨

（Jürgen Schultz）

2001年10月　于德国亚琛

第四版前言

几年前在汇编成集的《生态带手册》的基础上，经全新修订后出版了众多读者期望的简明扼要的《地球的生态带》（第三版），受到了读者的欢迎，实现了出版社和作者的愿望。因此，这一次的修订在许多章节中只限于相对较小的改动。但有两个方面值得特别关注，确切地说，就是有关人为作用和气候变化（许多情况也被认为是人为的）两者最终导致生态带时间上的变化。

对于首先提及的那一点，有个简短的回答就够了：划分植被带或生物地理区的界线，是以一个比较宽广的指标谱系为依据的，这个指标谱系除包括植被、动物界及气候外，还包含耕地类型和水文状况、土壤和土地利用等。广泛进行的人为活动，如农业和林业用地、城市占用地和工业用地、交通道路和机场等，逐渐取代了自然植被，但这并不意味着对我们的地球区域划分生态带失去了意义，或许能够用它来回忆过去自然界天堂般的美好状况。事实上这是确定的，自然界总是通过指标特征的多重综合，尤其气候和土壤发挥其潜力，从根本上抗拒人为的侵犯，而经营者本身（就像在总论和分论有关土地利用篇章中以醒目的方式反复展现的那样）今后依旧要适应世界各地的指标特征，无论使用简单的手段还是现代化技术，谁做得越多、越好，就越成功。

相反的，回答第二点就要全面一些。到何种程度通常所说的气候变化在可预见的时间（或许在本世纪？）将改变现存的生态带的划分，对此在本书总论部分的气候章（2）中有专门的一节（第2.3节）加以注明。其中所表述的批评性观点，希望由此能够引起对一种有关主题的深思，关于这个主题政治和媒体层面至今几乎还没有进行实质性的讨论。

感谢我的儿子物理学者尼克·舒尔茨（Niko Schultz）博士在新收录的有关气候变化一章中的宝贵注解。

于尔根·舒尔茨
（Jürgen Schultz）
2008年2月　于亚琛

缩写与符号

BHD	树干胸高直径（diameter in breast height）
BS	盐基饱和度（过去的 V 值）
C	碳
C/N	死有机物的碳氮比，用以测定可分解性
E	蒸发，蒸腾
ET	蒸发作用，汽化
ET_{akt}	实际蒸发量，实际蒸腾量
ET_{pot}	潜在蒸发量，潜在蒸腾量
GVE	大牲畜单位（1头牛（活重500kg）或5头绵羊/山羊）
HAC	高活性黏土（3层和4层黏土矿物，例如伊利石、绿泥石）
K	开氏温度（热力学温度）（在本书中只用于表示温差 = Δ℃）
k	分解率，矿化率（每年枯枝落叶输送量/枯枝落叶存贮量）
KAK	阳离子交换率
KAK_{eff}	有效的阳离子交换率（在一定 pH 中的 KAK）
KAK_{pot}	潜在的阳离子交换率（在土壤酸碱度为中性的 KAK）
LAC	低活性黏土（两层黏土矿物，例如高岭石）
LAI	叶面积指数（leaf area index）（德语：BFI）
MPa	兆帕（10^6 Pa = 10 bar（气压单位））
M_{PPN}	初级生产的矿物质需求量（nutrient requirement）
N	牛顿（力的测定单位）
NUE	矿物质利用效率（nutrient use efficiency）
P, p	年平均降水量，月平均降水量
Pa	帕（压力测定单位）
pH	酸度（氢离子浓度的负对数）
PHAR	光合作用有效辐射（又称有效光照）（photosynthetic active radiation）
ppm, ppmv	每百万分体积比的分量（百万分之一）*

---

* ppm, ppmv 为不规范表述，国际标准为 $\times 10^{-6}$。

PP_N	净初级生产量
RUE	雨水利用效率(rain use efficiency, rain factor)
SOM	死土壤有机物质(soil organic matter)
sp., spp.	种或物种,多个种或物种(species)
ssp.	亚种(subspecies)
t_a, t_{mon}	年平均温度,月平均温度
TS	干物质(干物质测定,干物质质量)
WUE	水利用效率(water use efficiency)
>, ≥	大于,等于或大于
<, ≤	小于,等于或小于

土壤层

L	枯枝落叶层,主要为未分解的有机物质(源自英语 litter)
O	或多或少(±)已分解的有机物质,平铺在矿质土层上,不受壅塞水和地下水的影响(平铺腐殖质,例如粗腐殖质)
Of	仅初步分解("发酵化")的有机物质层
Oh	完全分解("腐殖化")的有机物质层
H	泥炭层(即有机层(Histic Horizont))又称有机物质层,受地下水或滞留水影响
A	最上面的矿质层,大多具有腐殖化有机物质(上层土壤)
(A)	较薄的(淡色)A 层(即所谓"A 夹层")
Ah	腐殖质聚积的 A 层,例如松软 A 层
E	为 O 层、H 层或 A 层下面的残积层(Eluvialhorizont),腐殖质、硅酸盐黏粒和/或铁化合物及铝化合物变少,大多为颜色较浅的淋溶层(漂白层)
B	A 层或 E 层之下的矿物质层(下层土壤);其中或是
Bw	已经过一定时期风化作用(例如黏土矿物再形成作用、铁和铝游离),没有明显位移过程(即雏形 B 层;w 来自英语 weathering(风化作用),在德语中其符号为 Bv,v = Verwitterung,意为风化);或是
Bt	具有黏粒富集(黏化 B 层,例如高活性淋溶土、低活性强酸土)
Bh	具有腐殖质富集层(在灰化土(Podzolen)中的灰化淀积 B 层)

Bs	具有铁氧化物和/或铝氧化物/氢氧化物富集（符号 s 来自倍半氧化物（sesquioxid））（例如在灰化淀积的和在铁铝质的 B 层）
Bg	具有在地下水变动范围内由于氧化和还原过程产生的锈斑
C	母岩（基岩），土壤由此形成
Ck	含石灰质的或石灰沉积的 C 层（也有的用 Bk 层表示）

总论
生态带内容探讨及全球主要特征概述

生态带（Ökozonen）是地球的一些巨大的空间区域，每个区域都显示其独特的气候形成、地貌动态、土壤发生进程、植物和动物生活方式以及农林业生产性能，各生态带在气候的年变化和日变化、外因性地形地貌、土壤类型、植物群系（Pflanzenformationen）和生物群落（Biomen）[1]以及农业和林业利用系统等方面相应的区别也是突出的。生态带的分布与纬度有关并且通常分散分布于地球各大洲。

*生态带*这一术语所描述的含义于1988年首次采用（舒尔茨（SCHULTZ），1988；1995；1998；2000a；2000b；2001–02；2005）。在（划分层次的）景观生态学空间单位系统中基础单位是生态环境（Ökotop）[2]，它表示最顶端的分类等级，也即生态圈（Ökosphäre）[3]的第一级划分。在生态环境和生态带之间需要加入更多其他等级，例如用来表示生态区（Ökoregionen）、生态省（Ökoprovinzen）和生态县（Ökodistrikte）的一些等级。

其他一些作者（例如，贝利（BAILEY），1998；2002；布拉默（BRAMER），1982；康纳德尔（CANADELL）等，2007；朱维可（CHUVIECO），2008；格拉赫尔（GRABHERR），1997；赫涅茨（HORNETZ）和耶提欧德（JÄTYOLD），2003；米勒·霍恩斯坦（MÜLLER-HOHENSTEIN），1981；利希特（RICHTER），2001；瓦特（WALTER）和布莱克（BRECKLE），1983—1994；1999）把生态带看做景观带（Landschaftsgürtel）、*地理带*（geographische Zonen）、*地带*（Geozonen）、植被带（Vegetationszonen）、*地带生物群落*（Zonobiome）等可比的地球区域，不仅依据它们的划界（Abgrenzung）而且依据由此而来的关注点，即显示一个自然区域（到一定等级还包括人文区域）的全球尺度的地球分级模式。但他们依据和内容有关的要点来划分，较少把分带建立在地带性自然植被的基础上，而是更强调作为地带的生态系统（Geozonale Ökosysteme）来理解和解释。

这就是说，除了对各种特征或特征组合例如土壤单元、植被结构和土地类型进行质的描述外，对系统不同组分中*物质和能量的贮存*以及这些组分之间物质和能量的交换在数量和综合方面也加以考虑。作为具有生态学意义的物质贮存（数量），如植物和动物的生物量、死有机土壤物质以及在植被和在土壤中的矿物质等，均进入研究者的视野并受到了重视。从物质交换出发考察和评估初级生产、动物取食和次级生产、枯枝落叶及其分解以及矿物质循环和水循环等，具有特别重要的意义。能量方面就要查找所有的有机物质及其转换。有关这些方面，现代区域性的生态系统调查研究业已提供了丰富的研究成果，使得阐述生态带的这种新途径成为可能。

1　参看第66页。

2　最小可界定的生态学空间单位（＝一个生态系统的空间维度），在地理学（景观生态学）的意义上，它被认为是均质的。

3　这就是说，全部生物圈（Biosphäre）（＝地球的生活区）与岩石圈、土壤圈、水圈和大气圈的部分范围通过交换作用（能量流动、物质循环等）而联系起来的总体。

把地球划分为少数具有尽可能多单元系列的巨大区域的尝试，多种原因导致难以实现，并且因此引起来自某些方面的批评。对这些难以解决的问题在此无须回避。

（1）实际存在的小区域所在地条件的多样性，在地球各处都能见到，把它们放到一个"大帽子底下"（生态带的）是很勉强的，并因此相应地具有显著的模糊性。

（2）有些分类由于对环境的影响缺少认知因而脱离了实际情况，举例来说，如海洋和陆地的划分、地球的大地貌、岩石种类的分布、矿产资源的发生和许多历史条件下产生的现象（划分国家、语言、文化社团），这些特征以及由它们引发的影响例如气候和土地利用"干扰"生态带的分类排序，甚至完全破坏使其成为非带现象。

（3）其他或多或少与环境有关（并且因此与地带性的影响交织在一起）的景观因素很少清晰地显示其分布界限。通常情况下它们的变化是连续进行的，个别情况下沿着很不同的参变量超越宽广的过渡带（例外情况例如陆地和海洋的界限、山区边缘）。因此，像线条一样划出边界线原则上可能是成问题的。为了更多如同现有正在处理的情况，同时为了整个指标（特征）组合而提高要求是有效的。

（4）许多外来产生影响的现实状况是在较长时间过程中逐渐形成的，因此它们今天的状态是过去占支配地位的另一类环境影响的结果，因此，不可能适应当前情况或只有在巨大的胁迫下才有可能[4]。

由上面提及的问题出现的后果就是：

● 生态带界限的划定到了一定等级程度就可能会被随意地进行（例如在气候界线值方面），而且任何情况下都符合于景观特征的一部分，并且

● 如同在通常划定界限的地带范围内，条件的多样性必然需要大量保留。

然而划分地球的生态带还是可能的，而且也是有意义的，此即为本书的代表性论点，更确切地说，是在以下的前提和条件之下的：

（1）带内的多样性原则上不能作为对其进行划界的矛盾来认识，起决定性作用的是其所保有的共同性及其分量。对后者的估量，在因素方面依据空间影响范围和功能的优势，在结构（形态特征）方面依据其分布和特异性。就这一意义上举例来说，就如在北方带有机废物的抑制性分解及巨厚的枯枝落叶覆盖层，或如在冬季湿润亚热带中植被的冬绿和硬叶性，这就是"有分量的"因素/形态特征。为了辨明带的一致性，首先需要有一个适合于全球的观察标尺，这样一来，许多无稽之谈自然就变得无足轻重了。一个图示式的对比能够说清这一点：一幅小比例尺世

---

4 如此的古老形态部分在地形中比例特别大，对其形态形成的解释原则上只能局限于目前存在的过程连接。许多土壤（古土壤）也显示地球历史上形成的标志特征。在植被中这种古代的特征明显减弱，而完全不受过去影响的仅有气候。气候本应由地球自转以及地面状况和地形地貌条件提供的日光能所决定，但今天它受到与太阳供能条件不同的能量供给的制约（对此，冰期后的中欧森林史提供了一个好例子）。

界地图,如果有人从中选取一小部分,把它与同一地区的一幅大比例尺地图所表达的内容相比较,它是不准确的、概括有错误的并且不完整的,然而没有人会去争辩说这幅地图是有用的。

（2）*生态带只是以平均状况或典型的气候序列、土壤链*（Catenen）*为其标志*。平均状况可以在这样的一些地方找到:
- 顶多只有细微的地表径流（剥蚀）;
- 既没有过多的流入（沉积作用）,也没有壅堵滞水情况发生;
- 位于超过海平面高度不太远的地方（个别情况取决于地理纬度）;
- 气候既没有受到陆地极其明显的影响,也没有受到海洋显著的影响。

*地带性典型的气候序列*的例子,例如区分冰雪覆盖区的极地/亚极地带、极地荒漠以及高北极及低北极的苔原（又称冻原）带,或者区分中纬干旱带的森林草原、高草草原、矮草草原、荒漠草原、半荒漠和荒漠。气候序列同时提供划分亚生态区域单元（sub-ökozonaler Raumeinheiten）的可能性。

而由山岳地形或土壤条件所决定的特殊情况可被包含在特征描述中。如果它们是典型地带性的,例如变性土（Vertisole）、盐土（Salzböden）和泥炭土（Histosole）可作为夏季湿润热带、干旱地带或是北方带与地形相关联的土壤链（Bodencatenen）的终端分支部分。

（3）*生态带之间的划界只有次要的意义,首先需要考虑的是核心区域的平均状况*。

（4）*所有的定量数据资料只能是方向性的*（即使是所谓的幅度也不是无条件地表明实际发生的极值,而只是表明大多数数值位于该幅度的界限之中）。这些数据应能用以说明全球各个生态带的不同,并且可用来作为衡量各生态带内部区域性差异的尺度。

对生态带的理解要与本书所描述的方式联系起来,希望这样能够有助于开阔视野,更好地了解大区域全面的结构和过程（由此也可避免那种"只见树木,不见森林"的危险）,并且同时创建一种全球分类排序模型（Ordnungsmuster）*（定位认知信息）*:
- 这种知识能够对地球的任意一个地方立刻列举出其一系列重要特征;
- 适合于作为具体研究探索的开端（提出问题:区别生态带一般特征应该从哪里着手?）。

在这本书里,地球的陆地区域**被划分为9个生态带**。划分为更多数量的带看来也是有理由的。例如还可以对一些已经划分过的生态带（见附录A,表1.1）进一步细分,或提升一些生态带的等级。

生态带的划分首先是根据*自然因子*的标准（气候、土壤、植被等）来进行,文化领域方面迄今为止仅被归属为涉及自然的设施来认识,例如在土地利用中（农业经济、居民点等）普遍存在,否则除非例外情况,在其他方面影响甚微。

这9个(陆地)生态带的每个带都以单独一章(第7~15章)进行编写,其顺序排列大致相当于由地球的极地到赤道的空间序列。但它们不仅只有空间分类特征,它们还更多地反映各个带之间"亲缘关系的远近程度":直接相邻的生态带比起本文中提到的其他离得更远的带,阐明更多(并且更有意义的)地带性综合特征,也就是共同的结构特点和进程特点。

区域分论部分各章通常按照一个无例外的格式细分为相同或类似内容的亚章,第一亚章为分布,一般情况下其内容包括所论述生态带的亚带;接着提到的是该生态带的气候、地貌、水文、土壤、植被、动物界及土地利用。这个顺序大致与有关的等级相当(附图0.1),举例来说,植被极其强烈地依赖土壤,而植被将其所受土壤影响产生的反作用施加给动物界以更大的影响;各类土壤基本上都是地表层和(大)气候作用下物质(岩石)和形态(地貌)的产物。气候并不继续往下依赖于其他环境因素,气候因子占有支配地位这点或多或少是明确的;气候作为一个根本的因素,相应的总是在各章开始时就对它进行阐述。

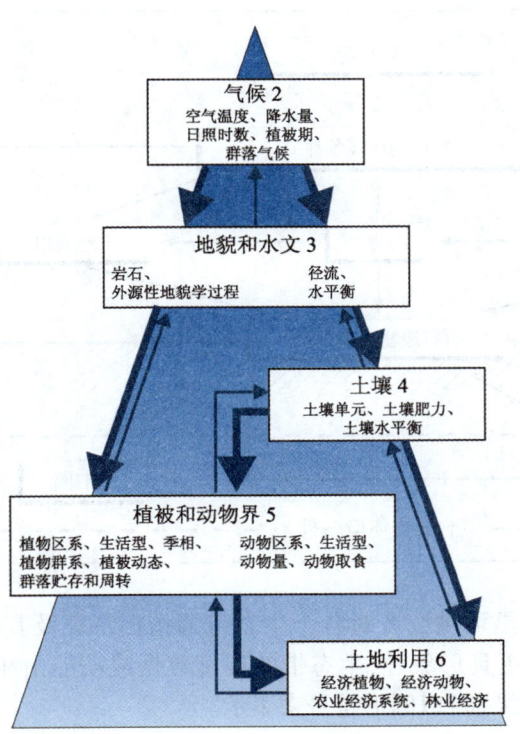

附图 0.1
地带性生态系统主成分等级图,用以说明本书的编排:章的顺序与这一附图中主要成分等级之间为对应关系,号码数字(例如气候2)指示参阅书中总论部分从属的章或参阅区域分论部分的亚章(第一个小数位,在气候一章中亚章为8.2、9.2、10.2等)。在附图的方框中各种主要成分都附有选出的单独个别组分,并提供它们的有关信息

亚章的内容及其分节是跟随一项预先确定的**指标特征选择**而来的,就特殊地位而言,每个生态带某一指标特征的选择是可商议的。第1~6章**总论部分**围绕生态带所涉及的诸多指标撰写,其中有些是具有生态带对比性的提要、对于缩写符号的解释和特殊专业术语的说明,尤其那些来自生物学和土壤学的专业术语。这些

概念性的解释不仅可以帮助理解区域分论部分的有关章节,而且有助于对研究领域广泛的生物－生态学(biologisch-ökologische)和土壤－生态学(bodenkundlich-ökologische)的专业书刊的入门和理解。

每章的最后都列有**参考文献**,文献篇目的选择以原始资料为限,其中有些文献称得上是比较新颖的杰出论著。如要继续了解更多的文献指南可参阅《*生态带手册*》(SCHULTZ,2000a)。

此外,在分论各生态带篇章中都包含一个**概要一览图**,所有图表都以一种类似的编排,把各个带最重要的特征和一些有意义的关联作用编制成一种极其简化的生态系统格式表达出来,并由此可以对不同生态带快速进行比较。这种排列的基本模式参看附图0.2所作的描述。

附图 0.2
各个生态带的简要模式示意图

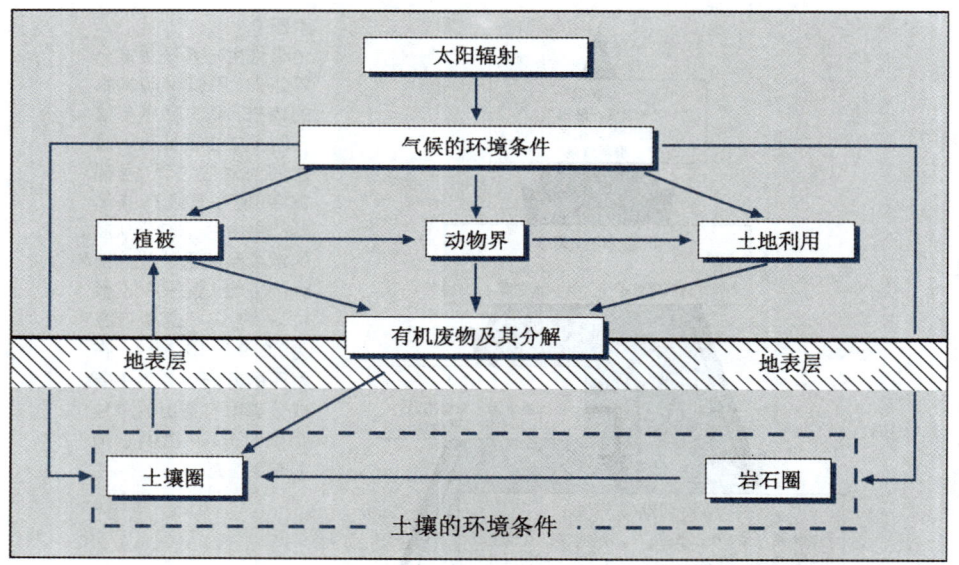

附图0.3中的内容概要也是可供读者对各个生态带的指标特征及其特殊性进行快速了解。为使这一图表更具形象性,生态带的典型数据或功能由相对值(很高、高、中等、低和很低这样的级别)以圆形符号来表示。

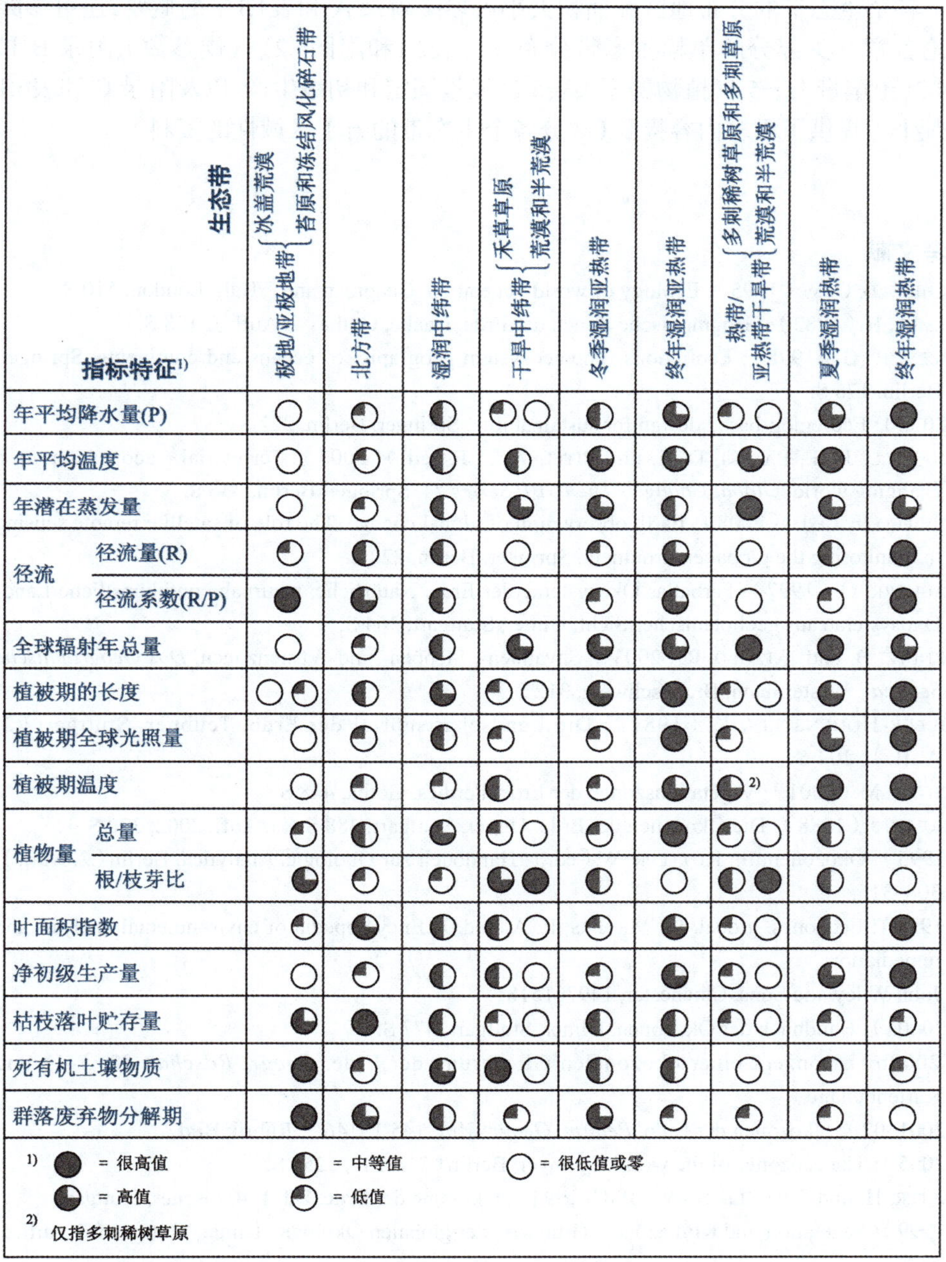

总论 生态带内容探讨及全球主要特征概述

指标特征[1]	极地亚极地带（冰盖荒漠／苔原和冻结风化碎石带）	北方带	湿润中纬带	干旱中纬带（禾草草原／荒漠和半荒漠）	冬季湿润亚热带	终年湿润亚热带	热带／亚热带干旱带（多刺稀树草原和多刺草原／荒漠和半荒漠）	夏季湿润热带	终年湿润热带
年平均降水量(P)	○	◐	◐	○◐	◐	●	○◐	◐	●
年平均温度	○	◐	◐	◐	◐	●	●	●	●
年潜在蒸发量	○	◐	◐	◐	●	●	●	●	●
径流 — 径流量(R)	◐	◐	●	○	◐	●	○	◐	●
径流 — 径流系数(R/P)	●	◐	●	○	◐	●	○	◐	●
全球辐射年总量	○	◐	◐	◐	●	●	●	●	●
植被期的长度	○◐	◐	◐	◐	●	●	◐	●	●
植被期全球光照量	○	◐	◐	◐	●	●	●	●	●
植被期温度	○	◐	◐	◐	◐	●	●[2]	●	●
植物量 — 总量	○	◐	●	◐	◐	●	○	●	●
植物量 — 根/枝芽比	◐	◐	◐	◐●	◐	○	●	○	○
叶面积指数	◐	◐	◐	◐	◐	●	○	●	●
净初级生产量	○	◐	◐	◐	◐	●	○	●	●
枯枝落叶贮存量	◐	●	◐	◐	◐	◐	○	◐	◐
死有机土壤物质	◐	●	●	◐	◐	◐	○	◐	○
群落废弃物分解期	●	●	◐	◐	◐	◐	◐	○	○

[1] ● = 很高值　◐ = 高值　◐ = 中等值　◔ = 低值　○ = 很低值或零
[2] 仅指多刺稀树草原

绝对值参看总论(第2至5章)相应的章节及分论的阐述(第8至16章)

附图 0.3
依据选出的可定量化指标特征对各个生态带的比较

各个生态带的分布地区和面积大小可参阅附录 A 和表1.1中的概要,还可参阅分论各章开头部分的单幅生态带分布图。表2.1和附图4.2(气候参数)、附录 B 和表4.2(土壤带)、表5.1(植物群系)、表5.2(能量固定和初级生产)以及附录 C 和表6.1(农业区)提供了更多内容提要(区分各个生态带的若干区域性的资料)。

参考文献

ARCHIBOLD, O. W.（1995）: Ecology of world vegetation. Chapman and Hall, London, 510 S.
BRAMER, H.（1982）: Geographische Zonen der Erde. Haake, Gotha（2. Aufl.）, 128 S.
BAILEY, R. G.（1998）: Ecoregions. The ecosystem geography of oceans and continents. Springer, Berlin, 176 S.
–（2002）: Ecoregion-based design for sustainability. Springer, Berlin, 222 S.
CANADELL, J. G., PATAKI, D. E. und PITELKA, L. F.（ed.）（2007）: Terrestrial ecosystems in a changing world. *Global Change - The IGBP Series* 24. Springer, Berlin, 336 S.
CHUVIECO, E.（ed.）（2008）: Earth observation of global change. The role of satellite remote sensing in monitoring the global environment. Springer, Berlin, 222 S.
GRABHERR, G.（1997）: Farbatlas Ökosysteme der Erde. Natürliche, naturnahe und künstliche Land-Ökosysteme aus geobotanischer Sicht. Ulmer, Stuttgart, 364 S.
HORNETZ, B. und JÄTZOLD, R.（2003）: Savannen-, Steppen- und Wüstenzonen. *Das Geographische Seminar*. Westermann, Braunschweig, 312 S.
MÜLLER-HOHENSTEIN, K.（1981）: Die Landschaftsgürtel der Erde. Teubner, Stuttgart（2. Aufl.）, 204 S.
RICHTER, M.（2001）: Vegetationszonen der Erde. Perthes, Gotha, 448 S.
SCHULTZ, J.（1988）: Die Ökozonen der Erde. Ulmer, Stuttgart, 488 S.（3. Aufl. 2002, 320 S.）.
–（1995）: Ökozonen. In: KUTTLER, W.（ed.）: Handbuch zur Ökologie. Analytica, Berlin（2. Aufl.）, 308–315.
–（1998）: Ecozones, global. In: MEYERS, R. A.（ed.）: Encyclopedia of environmental analysis and remediation.
John Wiley and Sons, Chichester, 1497–1518.
–（2000a）: Handbuch der Ökozonen. Ulmer, Stuttgart, 577 S.
–（2000b）: Konzept einer ökozonalen Gliederung der Erde. *Geogr. Rdschau* 52, 5–11 und Kartenbeilage.
–（2001–02）: Ökozonen der Erde. *Peterm. Geogr. Mitt.* 145/1–146/3, Rubrik Bild.
–（2005）: The ecozones of the world. Springer, Berlin（2. Aufl.）, 252 S.
WALTER, H. und BRECKLE, S.-W.（1983–1994）: Ökologie der Erde. Bd. 1–4. Fischer, Stuttgart.
–（1999）: Vegetation und Klimazonen. Grundriss der globalen Ökologie. Ulmer, Stuttgart（7. Aufl.）, 544 S.,

有关各生态带(地带性植物群系、地带性生态系统、景观带)的系列论述

Ecological Studies. Springer, Berlin ab 1970.

Ecosystems of the World. Elsevier, Amsterdam ab 1977.
Geographisches Seminar Zonal. Westermann, Braunschweig ab 1984.
International Biological Program（IBP）- 1964-1974. Cambridge Univ Press, Cambridge ab 1979.

1 生态带的分布和面积比例

地球的形势。附录 A（见第284页）表示地球生态带分布的总体概观（涉及国界的情况参看 SCHULTZ（2000a））。另外，每一生态带还附有一幅本身的分布地图（参看分论第7~15章中各章的第一幅附图），其中还包含一个气候图表的选择（示意图参看附图2.3）。这些图表既可用来简要表示各带的典型状况，也可用以对比不同区域的差别。极端的偏差只发生在小空间地域，可以忽略不计。

边界。在本书这些分布图上的生态带边界是依照特洛尔（TROLL）和帕芬（PAFFEN）(1964) 所作的气候带来划分的。他们的这种划分比其他实际的气候归类更符合植被、土壤和其他自然事物的地球空间或地带的区划。

尽管如此，应用它来划分生态带的边界仍然是一种权宜之计，事实上本书主要考虑的是，生态带的平均量级，因此外部划界只有次要的意义，这样暂时可认为是可行的。归类含混不详的较大地域（例如多刺稀树草原）在区域性的生态带地图中作为**过渡地区**加以特别标记（比较附图13.1和附图14.1）。

生态带**面积大小**及其更细的划分参看表1.1。

表1.1 生态带的面积大小		
生态带—亚带划分（亚生态带）	面积/百万 km²	占全球陆地比例/%
极地/亚极地带	22.0	14.8
—极地冰盖荒漠	16.0	
—苔原和冻结风化碎石带	6.0	
北方带	19.5	13.1
湿润中纬带	14.5	9.7
干旱中纬带	16.5	11.1
—禾草草原	12.0	
—荒漠和半荒漠	4.5	
冬季湿润亚热带	2.5	1.7
终年湿润亚热带	6.0	4.0
热带/亚热带干旱带	31.0	20.8
—荒漠和半荒漠	18.0	
—冬季湿润禾草草原和灌木草原（亚热带）	3.5	
—夏季湿润多刺稀树草原（热带）和多刺草原（亚热带）	9.5	
夏季湿润热带	24.5	16.4
—干旱稀树草原	10.5	
—湿润稀树草原	14.0	
终年湿润热带	12.5	8.4
总面积	149.0	100.0

第1章参考文献

SCHULTZ, J.（2000a）, *s*. Lit. zu Allgemeiner Teil.

TROLL, C. und PAFFEN, K. H.（1964）: Karte der Jahreszeitenklimate der Erde. *Erdkunde* 18, 5–28.

2 气候

气候是大范围决定外因性地貌过程、土壤发生、植被演化和土地利用潜力的环境条件。在各生态带的成因作用结构中,气候的级别因此居于顶端。同时,*光照要素*(作为植物光合作用的能源)和*植被期*(作为每年初级生产的时间幅度)具有特殊的意义。以下两亚章提供有关气候的论述,表2.1和附图4.2提供更多气候因素的信息,例如(与生态带有关的)空气温度、降水量和蒸发量等。

以下两条原则需要注意:

(1)气候的作用仅限于通过各个个别气候因子的平均值来理解,然而至少有关的*极端记录及其频率*同样需要了解,举例来说,如高强度降水、长期干旱、强暴风、重度寒冻或寒冻转换等的频率(例子可参看第194、235页)。

(2)生态带有效的气候指标在植物群落内部可能有显著改变(举例参看附图7.4,附图9.3,附图9.4,附图9.5,附图10.4及附图15.2)。

2.1 光照

这本书里所提到的所谓阳光照射值(光照值)专指那些按其通道通过大气圈到达地表的直射的或漫射的太阳光线,也即指全部到达地球表面的短波(290~3000 nm)光线,这就是全球光照或英语 insolation(日照;缩写自 **in**coming **solar** rad**iation**,附图2.1)。其中光合作用有效辐射**范围**(PHAR 或 PAR,源自英语 *photosynthetic active radiation*)位于400~700 nm,这在很大程度上符合于可见光范围,占全球光照供给能量的45%~50%。

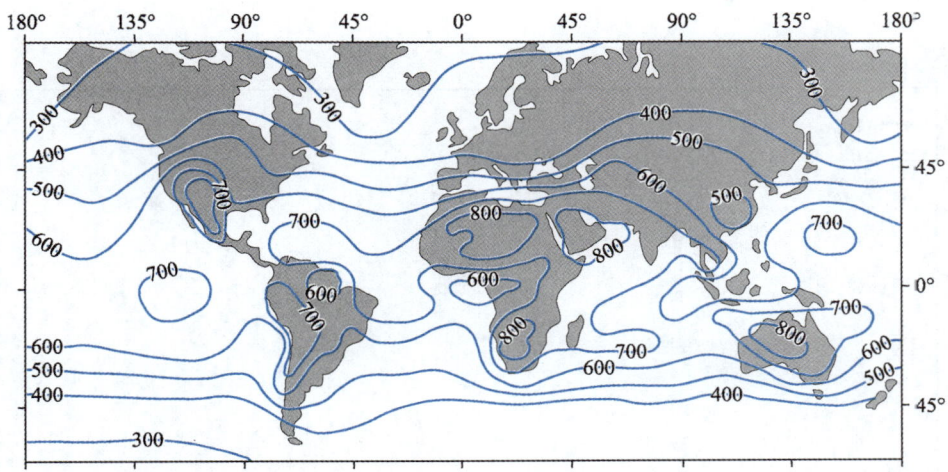

附图 2.1
全球光照年总量（单位：10^8 kJ / ha*（DEJONG，1973）。在所接受光能的基础上，各个生态带自然植被初级生产的估计（参看第72页及其下面几页和表5.2）

在所有生态带中以夏季的光照最好（月平均值最高），当夏季处在光照高峰（最高月平均光照）时，所有生态带的高光照量都比较接近（附图2.2）。不同生态带年光照总量和植被期光照总量的差别在于较强的夏季光照持续期的长短和时间幅度大小的不同，夏季时由于环境条件湿热，因而植物能够更好利用阳光供给的能量（见下面）。

每天光照持续时间（昼长）及其在一年过程中的变化也是不同的，由此也赋予生态带更多的特点，例如，生态带特征中总有关于季节周期的特殊序列，一般认为：

● 在高纬度和中纬度地带夏季光照强而且温暖，这与冬季光照弱而且寒冷相对应；

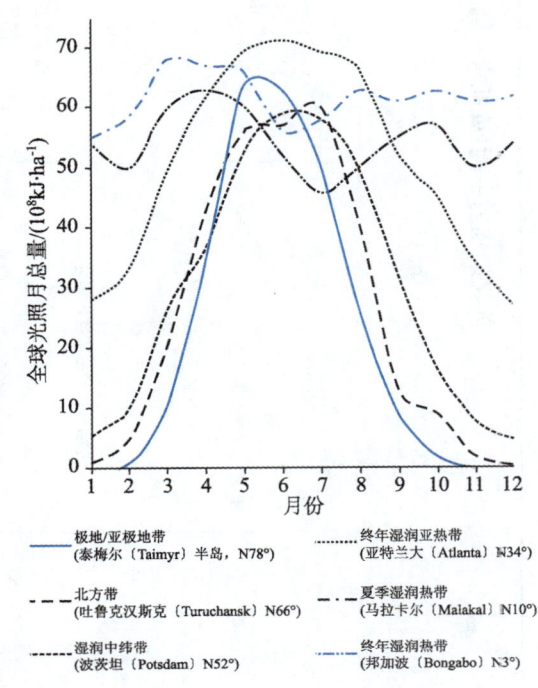

附图 2.2
6个生态带观测站光照量在一个年度中逐月的变化

---

* 公顷的标准符号为 hm^2，保留原书的表述，全书用 ha。

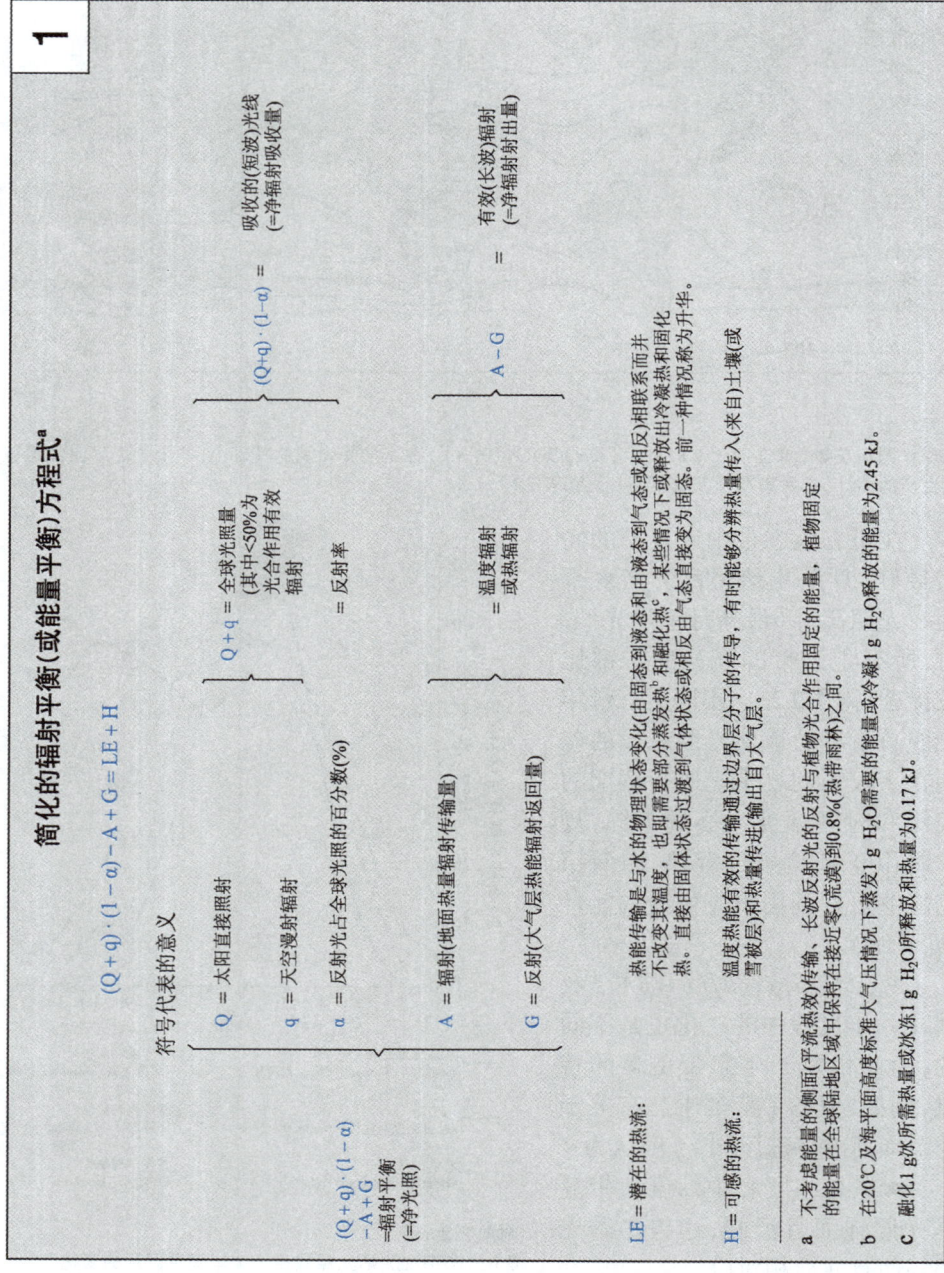

- 在低纬度地带光照和温度的季节变化不明显甚至无变化。

有关辐射能量向土壤表层的传输参阅框式图1。

2.2 温湿度条件对植物生长的影响与[5]植被期

这里所定义的**植被期**（Vegetationsperiode）是指在一年内其月平均温度大于或等于5℃（$t_{mon} \geq 5℃$）月份的总和，同时其降水量p(mm)的数值高于月平均温度值（℃）的2倍（也即在适宜月份p值 > $2t_{mon}$值）。

利用 WALTER 和 LIETH（1960—1967）的气候图，能够简便而快速地测定温湿度条件可满足植物生长的月数（附图2.3）。在这本书里所提出的各个生态带植被期的数据，大部分是据此测定得出的，MÜLLER（1996）的气候表 和 LANGDESBERG（1970—1986）的《世界气候调查》（*World Survey of Climatology*）则用以补充。

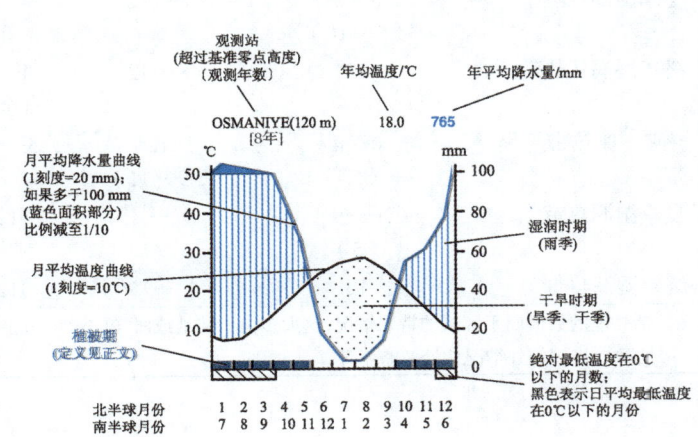

附图 2.3
WALTER 和 LIETH（1960—1967）的气候示意图。它的特点在于平均月降水量曲线（mm）和月平均温度（℃）的曲线数值之比为1∶2；也即温度20℃与降水量40 mm 有相同的纵坐标长度。在这种情况下，如若降水量曲线位于温度曲线之上，即为适宜季节，否则就是干旱季节。图中例子表示（土耳其）一处冬季湿润亚热带观测站的数据。有关植被期的报告添加在框式图1中

在中纬度和高纬度生态带中，冬季气温下降到很低（至少有一个月的月平均温度 < –5℃，因此致使植物的生长发育过程发生中断，也即植物生活受到**温度年周期型气候**（Jahreszeitenklimate）的控制。在热带/亚热带干旱带则发生由干旱引起的植物生长中断（也即由于*湿度*改变所致），其季节周期的温度变幅小于日周期的温度变幅，因此称这里的气候为**温度日周期型气候**（Tageszeitenklimate）。

5　另参看附图4.2。

植物的生产不仅与植被期的长短有关,其产量的提高也与可利用的光能和空气温度有关(参阅5.4.3节)。在热带地区,全年所有月份的月平均温度都在18℃以上;在亚热带地区,一年中至少还有4个月的月平均温度在18℃以上;在北方带接近极地边界地带也还有一个月的月平均温度达到10℃(表2.1)。

表2.1 各个生态带的温湿度状况(t_{mon} = 月平均温度,p = 月平均降水量)[a]

生态带	植被期 p(mm) > 2t_{mon}(℃) 和 t_{mon} ≥ 5℃的月数	月数 t_{mon} ≥ 10℃	月数 t_{mon} ≥ 18℃	年降水量 /mm
极地/亚极地带	0—3 (4)	0 (1)	—	< 250
北方带	4—5 (3—6)	2—3 (1—4)	0 (1)	250~500
湿润中纬带	6—12 (5)	5—7 (4)	1—3 (0—5)	500~1 000
干旱中纬带	0—4 (5)	5—7	≤ 4 (5)	< 400 夏季为: < 200 (250)
冬季湿润亚热带	6—9 (5—10)	8—12	4—6	500~1 000
终年湿润亚热带	12	8—12	4—7 (直至12)	
热带/亚热带干旱带	0—4 (5)	12 (9—11)	5—12	朝极地方面 < 300 朝赤道方面 < 500
夏季湿润热带	6—9 (5)	—	12	500~1 500
终年湿润热带	12	—	12	2 000~4 000

[a] 括弧里的数值属于区域的特殊情况,这大多由于陆地或海洋的影响,或因所在地纬度不同(南北差异)所致。极端例外情况此处忽略不计。

2.1和2.2参考文献

BARRY, R. G. und CHORLEY, R. J. (2003): Atmosphere, weather and climate. Routledge, London, 421 S.

BATTARBEE, R. W., GASSE, F. und STICKLEY, C. E. (eds.) (2004): Past climate variability through Europe and Africa. Springer, Dordrecht, 638 S.

BLÜTHGEN, J. und WEISCHET, W. (1980): Allgemeine Klimageographie. De Gruyter, Berlin (3. Aufl.), 887 S.

DE JONG, B. (1973): Net radiation received by a horizontal surface at the earth. Delft University

Press, Delft, 99 S.

GEIGER, R. ARON, R.H. und TODHUNTER, P. (2003): The climate near the ground. Rowman and Littelfield, Lanham, 584 S.

HÄCKEL, H. (2005): Meteorologie. Ulmer, Stuttgart (5. Aufl.), 447 S.

HENNING, I. (1994): Hydroklima und Klimavegetation der Kontinente. *Münstersche Geogr. Arb*. 37. Münster, 143 S.

HUPFER, P. und KUTTLER, W. (2006): Witterung und Klima. Eine Einführung in die Meteorologie und Klimatologie. Teubner, Wiesbaden (12. Aufl.), 553 S.

LANDSBERG, H. E. (ed.) (1970—1986): World survey of climatology. Bde 1—15, Elsevier, Amsterdam.

LAUER, W. und BENDIX, J. (2006): Klimatologie. *Das geographische Seminar*. Westermann, Braunschweig (2. Aufl.), 202 S.

LUDWIG, K.-H. (2007): Eine kurze Geschichte des Klimas. Von der Entstehung der Erde bis heute. Beck, München (2. Aufl.), 216 S.

MÜLLER, M. J. (1996): Handbuch ausgewählter Klimastationen der Erde. *Forschungsstelle Bodenerosion Univ. Trier* 5, Trier (5. Aufl.), 400S.

SCHÖNWIESE, Ch.-D. (2003): Klimatologie. Ulmer, Stuttgart (2. Aufl.), 440 S.

STORCH, H.v., GÜSS, S. und HEIMANN, M. (1999): Das Klimasystem und seine Modellierung. Springer, Berlin, 255 S.

WALCH, D. und FRATER, H. (2004): Wetter und Klima. Springer, Berlin, 225 S.

WALTER, H. und LIETH, H. (1960—1967): Klimadiagramm-Weltatlas. Fischer, Jena.

WEISCHET, W. (1996): Regionale Klimatologie, Teil 1: Die Neue Welt. Teubner, Wiesbaden, 468 S.

WEISCHET, W. und ENDLICHER, W. (2000): Regionale Klimatologie, Teil 2: Die Alte Welt. Teubner, Wiesbaden, 626 S.

WEISCHET, W. (2002): Einführung in die Allgemeine Klimatologie. Borntraeger, Berlin (6. Aufl.), 276 S.

ZMARSLY, E., KUTTLER, W. und PETHE, H. (2007): Meteorologisch- klimatologisches Grundwissen. Ulmer, Stuttgart (3. Aufl.), 182 S.

2.3 气候变化

2.3.1 引言

目前,气候变化(Klimawandel)已经成为许多生态系统及人类自身的一种威胁(当前已经如此)。考虑到这一点,有些读者可能会认为:这本书中阐述的有关地球生态带的划分或许只能持续一段短时期。因此,有必要用一些实际的结果来对此进行验证。

当前各个陆地生态带之间的划界,首要基于大空间区域的温度和降水量的差异,因此气候变化会对生态带的划分产生影响,这一点原则上是没有疑问的。这样一来,遍及两半球的全球气候变暖的情况,依据推测会使得那些划界以温度条件为主导的生态带向两极推移,这涉及终年湿润热带、终年湿润亚热带、湿润中纬带和北方带,在极地/亚极地带范围内的极地冰盖荒漠(polaren Eiswüsten)后退,冻结风化碎石带(Frostschuttgebiet)和苔原地带(Tundrengebiete)的面积增大,同时如果年降水量和/或降水年分配率改变的话,其余生态带的界限也有可能推移。根据预报,例如像政府间气候变化专门委员会(Intergovermental Panel on Climate Change,简称IPCC)[6]发表的报告,涉及干旱地区,也即热带/亚热带干旱带和干旱中纬带,这些干旱带的扩张可能随之给夏季湿润热带和冬季湿润亚热带(或许还包括终年湿润亚热带)带来沉重的压力。气候变化"仅"对生态带效能结构的个别组分起作用,这也是没有例外的,例如由动物类群和植物类群形成的新类型生命集合体(POTVIN等,2007)并没有改变目前存在的生态带划界。

在这样的变化中,**一点也看不到根本性的新状况**。如同我们知道的那样,地球生态带的划界必须当做一种暂时状态来看待,至少它的边界在历史时期是有过变化的,在最近的地球历史时期就曾发生过变化。众所周知,大约自200万年前的第四纪以来曾经有过多次冰期和穿插其间的温暖期(间冰期)的变换,当时温暖期可能比今天更暖热些。因为**地球气候不稳定**(见19页),地史时期地球温度变化不但有其持续性,我们更应将这种变化当做平常事来看待。人类至少自第四纪末后的1/4时期已经生存在地球的许多地区并且总是要应对这些变化。

事实也是如此,生命领域的多样性,就像今天在地球上存在的那样,由于气候变化导致的可能的改变掩没了一个宽广的谱系。但这不是主要的,气候变化最多只改变了当时业已存在的生命领域的位置和面积比例而已。

实际上,我们今天在大多数地区所体验到的平均温度的增加,——无论如何第一眼看来——也不会因此认为不寻常甚或有威胁(如果气候并没有变化,不寻常可能是主要的)。**决定性的要点仅仅在于**,是否这些受关注的变化超过自然情况下发生变化的界限,以及目前由于人为原因引起的二氧化碳和其他动力燃气的排出量是否得到消减。也即作为一种非自然的进程必须引起注意。这个进程如同多次强调的那样,以不寻常的速度在发展并且——如果情况照旧或甚至有更多动力

---

[6] IPCC是由世界气象组织(WMO)和联合国环境署(NUEP)在1988年共同建立的,负责评估气候可能的威胁性变暖。它的任务是关注气候的变化,依据安全原则做出政治的决定以防御可能带来的危险,它以选择性的方式利用属该组织成员的科学家们的研究成果;而在另一些科学家和公开的更广大的学术圈里却感到上述有些学者是不客观、有倾向性的或者甚至是不诚信的。相应的,许多先前自封为"世界气候顾问"者依托上述这个机构,在居民中制造环境危机的情绪,并因之施加给政治以行动的责任(随之也是给他自己和与之联系的科学家们提供更多的资金供支配)。如果IPCC想要维护或重建自身成为一个对科学真实负责任的机构,这方面的改正也应属于它的任务。或许"气候变化"(更准确地说是在最近的过去温度的提高)是个众所公认的事实,是(近乎)摆在面前的气候灾难,是必须避免的,但是,不!

燃气排出——将继续下去,或者甚至更加速[7]进行,因此可能引起生态带极其巨大规模的变化。对于我们生活的地球,哪些损害或许已经发生,哪些损害在可预见的未来可能发生,哪些是我们现在需要采取的保护措施,哪些是关乎将来发展必须采取的预防措施,所列举的这些,应该加以检验,对此这里提3个问题:

- 是否有一个全球性不寻常规模的气候变暖,
- 如果有,哪些可能性表明气候变暖是人类引起的,
- 而且哪些(积极的或消极的)后果是气候变暖导致的。

这里可以简而言之——在这期间以气候变化为主题的参考文献简直不计其数、多种多样,有的还相互矛盾[8]——加上**一些先前常见的固有想法**,在这些文献中,一些既不是 IPCC 成员、也并非媒体和政治方面足够关注的批评性的观点,特别被提出并进入视野之内。首先这些答案将使人们认识到,在地球生态带划分的问题上,气候变化显示的影响在今天是否已经有意义了。

2.3.2 气候变暖

通常一般认为在最近一个半世纪以来,地球地面附近的大气平均温度容易升高,或者保守地说:人们普遍承认,至少在许多地方显示出气候变暖(Klimaerwärmung)的倾向。但是需要考察的问题是,

- 如何可靠地确定全球的温度及证明这些温度相对于早先时期的一些变化?
- 如何才能使人们承认,是否(依据推测估计的或者甚至是测定技术证明的)变暖趋势是不寻常的?
- 气候模拟(Klimasimulationen)对于现在和未来怎样才是可靠的?

在以下各节中,我们试图回答这些问题。

数据收集工作中的不足之处

地球上气候观测站的分布是极端不均衡的,一直以来始终存在一些大的空白

---

7 对于这两方面,IPCC 在其2007年第四次评估报告或(世界)气候报告中列为"很可能的",而在其2001年的第三次报告中还仅列为"可能的"。

8 在查阅气候变化文献资料时引人注目的是,对一个事件和同一事件经常反复出现(不仅细小的、微不足道的)不同的数据,即使在人们期望必须足够准确的测定值中,有些也出现此类偏差。而且在 IPCC 撰写的报告中,其数据几乎总是忽略有区别的可靠性或可能性(概率),两者显示出对现在和将来气候预报总体的不确定性和不一致性,并非是什么毋庸置疑。事实证明,许多种解释似乎都是可能的。对此媒体和政治早已介入进行讨论,且变得越来越情绪化,常用一些老生常谈的流行话如气候灾难(气候启示录、气候否定者)等把气候变化(幻想、假托、歇斯底里地)臆造出来,引导人们接受这些主张,但由此既没有赢得这方面也没有得到另一方面的相信。

对于读者,他们几乎不可能把一些可信的资料从大量不可靠的或甚至错误的资料中过滤出来,这种情况是令人担忧的。读者既能找到赞同的也能找到反对的论据("证据")。或许先前报道引用了一些负责任的资料,但在许多情况下,原始证据早已不能依旧使人信服。无论如何他们很少有确凿的证据,基于这个原因,对这一问题本文小心而且有保留地绕开了。更重要的原因是这样做并不涉及创立一个新的气候命题,目的仅仅在于,把那些测定值及其说明解释中的不确定性和合理性显示出来。

点,这些空白点不仅存在于占据地球面积超过2/3的海洋,而且在许多陆地区域尤其在南半球也有空白;而就是那里观测站的气候资料有时也只有局部是可用的,且是以不同的观测方法(或仪器)取得的[9],并且许多观测站的环境在观测期间内有了变化,例如地处各地城市化范围内的许多观测站沦为城市周边地区,这是典型的变化,这些地方的平均温度比无人居住的郊外高0.5~1K,这就是在 IPCC 发布数量级中所谓的近150年来的增温。还有这类城市效应与来自时间长短不等测试系列的误差据称在气候报告中被消除了,这样就留下另外一个疑问,如同各地发生的有关情况,对于采用精确度不够的仪表、仪器所引起的误差并没有进行订正。

有些方法也并不是没有争议的,例如——在较小或较大的空间尺度——点状地进行**与面积有关的温度异常的平均值**测定(这就是当时设定的各个温度数值的偏差,大多以正常时期1961—1990年的平均温度计算而得)(JONES 等,2001)。在 IPCC 模型中,这是通过选择出的测试结果的关联,在一个规则(通过地理坐标)设置的各为5°×5°的经纬矩形网格中完成的,然后以这样得来的平均数据代表各自所属的面积,并按照它在地球表面的大小比例权衡,用来计算全球温度的异常。在这种情况下,存在的关键问题在于,网格分析中,个别网格场不足和不可靠的以及不总是可比的基础资料。

还有另外一个缺点:至少覆盖北半球的**无线电高空测候仪的垂直观察自20世纪70年代才开始**,而且辐射通量的重要因素如额外的大气"太阳常数"(Solarkonstante)、云和气溶胶(Aerosolen)等的**卫星–气象学测定**进行得还要晚,到了1979年才开始。虽然卫星–气象学在此期间取得巨大成就,但根本也不能取代在土壤中的测定。

由此可以得出结论,**全球平均温度的确定依然存在测试不可靠性和内插值不准确性**等问题(例子见 ESSEX 和 MCKITRICK,2002),以及——还是上述作者(有关后几年陆续进行的比较研究)——推论引出的全球温度变化趋势的最终的确定性尚未得到证实[10]。

平均温度的区域性变化和有些地方末后甚至还下降也是需要考虑的因素。例如,在对极地气候影响进行评价时(ACIA(北极气候影响评价),2004)就存在这种情况。来自许多国家数以百计的科学家经过4年多的研究,确定最近约50年(1950—2003年)期间,在格陵兰岛东部、斯堪的纳维亚半岛和俄罗斯西北部近土壤层的年平均温度分别提高了1 K,但同一期间在冰岛和北大西洋上面相同时期的

---

9 据 KONDERATYEV 等(2006年)在相同测试条件下以不同类型的仪器对不同天气情况进行温度测试的比较,结果其误差超过1/10以上。世界范围提交的资料,由于采用标准化不精确温度计的测试值来计算而发生误差。

10 在中纬度和高纬度地区物候观测结果多次比观测值更明朗,因为温度过程的累积效应能更好地显现出来,同时它还是对有规律的(一年年地重复)现象的观察,这些(特别重要的)物候现象季节性地随着气候增温和降温而改变。举例来说,如冰川状况、北极的海冰面积、农作物的播种期和收获期、植物一定发育阶段的起始时间(始花期、秋季叶子变色期以及其他)和动物的行为方式(鸟类开始孵卵、迁飞以及其他)。

温度却降低了。区域交叠（raumübergreifenden）的平均值计算在此少有意义。同时这个调查结果表明，地区性查明的数值不能佐证全球平均温度的变化。

这也很生动地表明，由 SCHÖNWIESE 和 RAPP（2007）基于自1891—1990年百年期间，观测的温度波动值对欧洲所作的*气候趋势图*（Climate Trend Atlas）所反映的事实与问题。虽然欧洲的平均值在正值范围，但区域间不同的较强程度增温以及降温是有差别的（其中正面的及负面的偏差可能局限于冬半年或夏半年或者也还局限于个别月份）。这两位作者旨在使人了解，这样持续不断的变化趋势，是否将来还会继续下去。就其涉及内容来说，该图的标题有点使人不解，或许可作为对时代精神理解上的一种承认。

没有可靠的参考（基准）值

最近的温度波动（气候变化）是否还在自然变动范围内或已经超出自然变动范围，这点只要**通过与参考值的比较**就会明白，参考（基准）值（Bezugswerten）代表一个比较长时期的平均值和变化量值（在极端事件中即为频度值）。

在参考文献和媒体中，时间范围经常选取1961—1990年（媒体称此30年为气候正常时期），此后确实出现大多数年份气候更加温暖的情况。而这样的比较根本不够，需要回答的问题是，气候的这种变暖是否还在自然的框架内或是威胁性的。对此也必须考虑较早的气候观测，确切地说，至少最近一个半世纪以来的观测值也应参考（进一步说，必须在全球范围内系统地对气候因素进行测定）。

由于缺少**可靠的基础**，也即我们没有可靠的标准值作为参考量。举例来说，在奥地利维也纳（Wien）和德国高派森贝格（Hoher Peißenberg）两地，自1781年起已经进行温度测定，而这两个观测站的气候正常值相差约为1.3 K 或1.0 K。在这两起案例中，高值出现在正常时期的1781—1810年，此后在1961—1990年稍有降低，而低值出现在1871—1900年（KRAUS，2004）。相比之下，整个20世纪世界范围内0.5~0.7 K 的升高显得（微乎其微）很低了。

间接得出的结果还显示出更明显的偏差，即所谓的**代用数据**（Proxydaten）[11]：允许以代用资料推论过去（历史和史前）时期的温度和部分大气气体成分。即使在1万年前的后冰期时代，也曾出现过多次至少超过数百年之久的比今天更为寒冷或温暖的时期（参见附图2.6）。

然而，如果缺少代表"正常"地球气候的明确而且可靠的**参考值**，那么对于过去20年的情况，你只能说，平均温度高于例如1961—1990年的平均值，而有许多次低于早先的全新世时期。由此不应造成一种脱离地球正常气候的异常倾向和认为这种倾向即使到将来（受威胁情况下）还将继续。

---

11 作为温度代用数据资料的有：泥炭层的花粉谱、自冰川钻孔冰芯和湖泊与海洋沉积物钻孔岩芯而得到的氧同位素比率、树木年轮（环形生长线）的密度和宽度、（钻孔中的）土壤温度、缟状黏土（纹泥）、喀斯特溶洞中的石笋（石钟乳）、珊瑚的环形生长线、史前的地貌形态（例如海岸的形态、沉积岩及封闭于其中的化石）、古土壤以及历史事件等。

当然到今天对重建的过去温度（主要指1850年前）的确是有局限性的，使用的**代用数据资料，往往既不明确也不适于推广应用到整个地球**。它们专为指出的有关所发现地方或区域的古气候，不具有全球代表性，且这类情况并不罕见。即使对于那些发现地点，它们也并不一定有意义和有说服力。例如被IPCC用来作为比例尺度的树木年轮，这与温度并无明确的关系，即使有些关系，当其他的限制（如干旱）条件缺失，其与温度就不存在线性的变化关系。还须指出，在所有生态带，冬季严寒使植物的生长期中断，冬季气温因此可能被忽略[12]。

因此，哪些代用数据（或它们之间的哪些关联）可以用来代表全球尺度的气候变化，这是需要确证的。这些工作至今也没有得到令人满意的结果。所以显然对于在附图2.6中所描述的过去1万年前温度历程的评估也有些保留。

而如果目前仍然在谈论威胁全球的气候变暖，那么人们必须问自己，CO_2含**量和温度平均值从19世纪中期或自20世纪初期已被选做参考值**，这样做有什么意义？是否有其他（例如早些时候的）参考值是更有意义的？这仍然需要检验。有可能以后能够搞清楚，我们并非处于一个"受威胁"的气候变暖时期，而是由于生活在（至少对于欧洲人更为高兴的）由小冰期的后期转为温暖期的关系，如同我们的祖先在过去几千年来多次经历过的那样（大多具有非常积极的副作用）。

不过，这也如同通常的、正确的回答一样，基本上仍然没有具有最优气候状况意义的参考值，使我们能将其与今天的气候相关联，从而进行保护或者甚至可能再恢复重建。

有弱点的气候模型计算

对全球目前已进行的测定数据或者测定序列的批评，一贯地也是针对IPCC的计算机－气候模型和其他研究团体的，为此有必要再行追述。

但更为重要的误差来源在于，那些**计算机模拟时使用的参数和算法，至少是有疑问的**。从那些对温度或许有影响或肯定有影响的因素（例如气溶胶、人为二氧化碳排放、水蒸气、太阳的辐射强度、空气和海水的环流）出发，使用了其在现实中未经证明的效应度并接受了各种虚构的再耦合和反耦合。已明确，最大的不确定性在于云－气候－相互作用（"云反馈依然是不确定因素最大的来源"（"Cloud feedback remains the largest source of uncertainty"）；IPCC，2007）。就这方面来说这是特别严重的，因为云在地球的气候系统中总是不断地起决定性的（空间的和时间的以及按照其类型）变化的作用：通过在太阳光谱中它的高反射率（= 阳光照射受到云顶部的反射），它们起了一种巨大的负面作用，在地面光谱中由于温室效应

---

12 分析喀斯特溶洞中的石笋是一种能够准确重建古气候的成功方法（NIGGEMANN 等，2003）。这些分析也证实其他观测所支持的调查研究结果，这就是曾经有过多次温暖阶段和寒冷阶段的后冰期的气候历程比起最近的过去是多么惊人的多变。尤其温暖阶段大约延续于距今7 500至6 000年、5 000至4 200年、3 800至3 500年以及1 400至800年前之间，因而它们被认为有近似的时间间隔，根据其他间接证明情况也大致相同（参看附图2.6）。

的缘故,它们相反地起明显的正面的辐射驱动(Strahlungsantrieb)作用。

有关这些不确定性,模拟的发起者是知道的(他们在其2007年最新的气候报告中也再次确认)并且还尝试对此进行应对处理,以至他们**更多次的模拟是以各自不同的预测参数(unterschiedlich geschätzten Parametern)或任意校正因子**(willkürlichen Korrekturfaktoren)(也即更多的场景(mehrere Szenarien))进行计算的。对此他们不是无条件地修改关于气候展望或预测的陈述报告,而是造成了——不是最后由于(有时荒诞的)大间距跨越(例如在对未来温度的预测,见第31页)——更多的不确定性,特别是他们对其先前的许多场景说明(Szenarien)在后来的气候报告中常常又改变了[13]。人们不知道,应该相信哪些场景,或是否它并非完全变了或是还会再变,其中很少是可以证实的,许多似乎是想象的。唯一可以肯定的是,在许多领域里更为基础性的研究中,把提高确定性和观测数据的可检验性联系起来才是迫切需要的。

另外,人们必须接受当前对气候系统状态各种各样的解释及其影射未来可能发生的极端困难,并且——依据仍然相当不完整的知识——除了不确定以外并无其他的了。一般规则是,**气候系统中的连锁效应少有简单因果关系(例如线性关系)的类型**;通常存在(正或负)反馈和横向的联系,也即非线性系统,并且它们通过大气过程伸展传递到水圈(例如洋流)、到土壤圈(例如作为导热性能参数的土壤水分)和到生物圈(例如反射率、蒸发)。此外还有一些偶然的、随机无规则的成分,这些只有借助计算或者通过混沌理论的方法加以处理(SCHÖNWIESE,2003),而后可看到整个的且四维空间的(也即包括时间坐标)变化。

迄今为止所提出的计算机–气候模型是个别现象之间相互关系的**统计模型**,因为其细节是未知的,是通过(可能的不同层次的)概率(Wahrscheinlichkeiten)进行描述的,因此,这些模型有可能在最好情况下近似地反映现实,而不适合作为最近气候变化的证据,当然也不适用于预测预报。值得一提的是,是否高昂的费用就能辨明其创建的模型是正确的。即使在气候变化问题上,也必须通过测定来衡量和检验模型是可信的[14]。需要注意的是,先前提出的模型只用来解释当前和未来的关系,**对过去则缺少针对性的应用**。然而正因为与实际情况进行比较是可行的,因此就有可能进行可信性的研究。

2.3.3 气候变暖的原因

如果在前一节中提出的问题是:过去一个半世纪以来近地表空气温度出现可

---

13 IPCC对其各种各样的场景说明及其不同的概率等级基本上是承认的,他们把概率等级纳入其承认计算基础不确定性的陈述之中。但另外,他们也应该问自己,鉴于这些不确定性,以复杂的计算机–气候模型作为依据创建未来的气候发展预测,对此是否已经辨明是正确的。时至今日应用模型最好基于对一些气候现象的综合过程更好的理解。

14 使用大型机设备以高昂费用创建气候模型,有时它的任务似乎不是为了表现人们通常不能认知的气候变化趋势,更主要的目的在于向外界宣扬和提高IPCC-模型场景(IPCC-Szenarien)的信誉。

探测到的不寻常的增高,而且不久的将来也很可能继续升高。尽管所有的评估是肯定的,但接下来的问题是:什么原因能够造成温度上升?摆在眼前的答案多有不同,而且通常是复杂的:并不是单一的原因,而是有多重因素且各自占有不同的分量。本节中要论述其中最重要的原因,首先从二氧化碳说起。在 IPCC 机构和媒体有关气候变化的报道中以及政治性和学术性的讨论中,关于这个问题答案只是单方面的。作为最重要的直接影响辐射收支的温室气体,也作为触发器,在气候现象中起着推动其他因素的作用,因此具有双重意义。

二氧化碳含量的增加

事实上,长期以来人们已经知道也已证明,**CO_2造成大气的玻璃房效应或温室效应**[15],**而且它的含量至少自150 年来一直在上升**[16]。尽管 CO_2 属于——与温室气体甲烷(CH_4)、氮氧化物(N_2O 或称笑气)近地表的臭氧(O_3)和氟代烃(Fluorkohlenwasserstoffe)一起——大气中的痕量气体,它们的数量以百万率之体积分数(ppm 或更准确地说 ppmv)来计算确定;CO_2 的份额目前大约为380,因此只有0.038 %(150年前为0.028 %)。在**大气的自然温室效应中**(= 地表通过大气的反射辐射减少长波辐射的损失(热辐射);参看框式图1),CO_2占有较大份额,(晴空状况下)估计约占20 %。而上面所列痕量气体全部算在一起对温室效应贡献的份额最多占到1/3。

还有一种更重要的但通常被遗忘的"温室气体",这就是水蒸气。在温室效应中它的份额几乎达到2/3,而一旦它凝结成云,所占比例还要更高。CO_2的比例(和其他温室气体)相应地降低,一般情况下明显低达10% 以下,即成为次要组分。

---

15 "温室效应"这个名称是不完全准确和中肯的,因为一所玻璃房子的热效应是由于空气对流受到阻挡而产生的(热空气不能上升而且不能被较冷空气取代)。而所谓大气的温室效应仅仅基于一种对长波辐射有效的(也只是有限作用的)屏障(一种"红外线辐射圈套")。

16 在夏威夷毛纳罗亚(Mauna Loa)最近50年的持续测定,已经证实了 CO_2 含量的这种上升。通过间接数据,证实这种上升情况能够追溯到更远的百年以上(附图2.4)。按照 IPCC 的代表观点,CO_2 含量上升情况从工业化之初就已经同时发生了。1850年以前 CO_2 含量在一段长时间内稳定地保持在280 ppm(但这遭到其他气候研究者的否定),直到20世纪50年代,它起初缓慢上升至314 ppm,后来才开始急剧增加至现今380 ppm 的量值,且其年增长率还在提高。当前由 IPCC(技术摘要,2007)报道的年增加值为1.9 ppm(1995—2005年的平均值),相比之下,这个数值高于从1960—2005年这一时间段年平均值1.4 ppm 的量值。

反对这一历史重建的包括贝克(BECK,2007)其人,他曾收集超过90 000个"非常精确的 CO_2含量的测定值",这些测定值主要是由许多科学家自1812—1958年(也即到了在毛纳罗亚开始测定时)在中欧和西欧所实施过的。此后,既没有一项恒定的前工业化时期的有关数值,也没有最近时期大气 CO_2含量连续上升的数据。波动历程曾经多次出现在300~400 ppm 甚至还超过,这些波动同样也是跟随温度的变化而产生的,而不是相反。从所有历史上的测定数据计算而来的平均值为330 ppmv,前工业时期的平均值也是类似的水平,HEBERT(2007)以稳定的碳同位素^{13}C 的均衡计算确定为320~330 ppmv。如果这两项计算是正确的,那么 IPCC 的最重要的支持论据似乎就得撤回。或许有其他应对,因为 BECK 的测定数据来源于 CO_2含量可能受到植物呼吸和光合作用影响的地表层。但当人们要在超过4 000 m 高的毛纳罗亚安排新的测定时,这个问题就会被有意识地排除了。

所谓人为温室效应（anthropogene Treibhauseffekt）是指人类活动使得二氧化碳、一氧化二氮和甲烷的量在大气中显著而日益加快地增多，[17] 并因此加强了自然

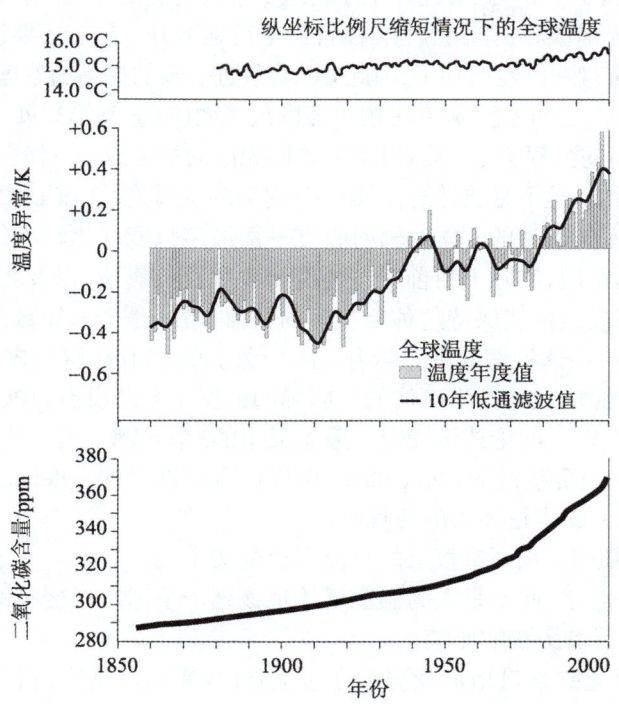

附图 2.4
1856—2000 年全球平均温度变化曲线：全球平均的近地表空气温度与 1961—1990 年参照期平均值的偏差；条形柱：10 年平滑数据（IPCC，2001；SCHÖNWIESE，2003）。比较：以缩短的纵坐标比例尺标示同一温度进程（上图：依据 CRICHTON，2005；据 KLAUS，2007）和一个重建的时间序列，这一时间系列中大气的 CO_2 含量自 1856 年起依据代用资料和（始自 1958 年）在夏威夷毛纳罗亚直接测定的数据（SCHÖNWIESE，2003）。在温度方面，如同平均曲线所显示的，是很引人注目的，接近 19 世纪末温度值再次下降，而它本已经大体接近 19 世纪中叶的数值，20 世纪开始温度才重又上升，并且一直到第二次世界大战提高了 0.4K，达到较高的水平，此后这种上升的趋势停顿了 30 年；它又暂时地从过去的高度略为下降了 0.1K。而后到了 20 世纪 80 年代之初温度这才第二次产生一个更为急剧的上升，至 2000 年全球温度提高了 0.3K。温度变化在这一个半世纪之久的时间中有两点特别值得注意：
① 增加是基于（如同其他的一样）选择的温度和时间戏剧性的比例关系，事实上只包括 0.6℃。如果缩短纵坐标的刻度，它就如同被选出的上面的曲线那样，其变化历程似乎更为现实。
② 与同一时期 CO_2 含量增加值相比较显示出显著的偏差，特别令人瞩目的是，在 19 世纪下半叶和从 1940—1979 年期间温度的下降或停滞，而在这些时间阶段中大气 CO_2 含量也是持续不断和加快增高的。

---

17 特别是，通过
——在日益加快的工业化和世界人口的增长过程中，增加化石能源（煤、石油、天然气）的消费；
——水泥生产；
——农业利用的改变（例如扩大农业土地利用面积，发展畜牧业以及通过采伐减少天然 CO_2 在地球生物量中的聚集）。

的温室效应。这就是说,**人为温室效应专指人为附加的二氧化碳的气候效能**。

但对其数量多少目前还只是不确定的估计,因为一方面不能排除大气中 CO_2 含量上升也有着其他非人为的原因,此外至今还缺少应有的测定,以证明大气反射光增加值(或是大气中光谱吸收提高量)与 CO_2 含量平行地上升。最后还要说明的是,一些 CO_2 的红外吸收带现在已经饱和了,因此 CO_2 含量进一步的提高随着远红外吸收只能有较少数量的增加。理论上(没有考虑可能的反馈效应;参阅第37页),每当 CO_2 的含量加倍,温度提高的数额总是完全相同的,如同先前的加倍或——换一种说法——减半地球净散热。因而这不是线性的,而是一种对数的从属关系(LÜDECKE,2007)。

这就是说,人为附加的 CO_2 对辐射收支平衡最多只能起比较小的影响,也即总是较少对变暖起作用,实际上目前对气候有多大程度的影响,以及将来 CO_2 含量状况是进一步增多或是依然保持这种相当高的数值,最终是个未知数。如此一来,正如反馈作用一样(在这种情况下意味着:放大效应),直到最近在 IPCC 的报告中其为21世纪所做的温度预测是不可信的。明确的证据至今还没有,IPCC 对此也是承认的。无论如何,以下的论述试图对**一般意义上的3个问题**给出一些回答:

- 我们该认识全新世的(holozäne)也许还有更新世的(pleistozäne)过去,了解当时的温度与 CO_2 含量相关的历程吗?
- 在最近的过去,较高空气层的对流层也变暖了吗?
- 还有哪些因素,而不是人为温室气体也该列于全球气候变暖的考虑之中?

CO_2 含量上升与温度历程的比较

大气中二氧化碳含量增加及温度在过去150年来有所增高,这是没有异议的。但是如果你仔细考察两者的进程——跟随附图2.4中所显示的重建,会明显发现在**温度上升趋势多次遭受寒冷阶段打断的时期,二氧化碳含量还是不断地增高**。北极/亚北极的温度随时间变化的差异更为明显(附图2.5)。

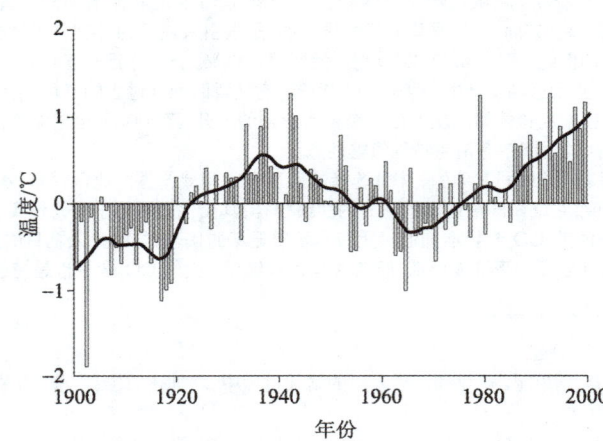

附图2.5

在1900—2000年北极/亚北极的年均温度历程(ACIA,2004)。数值依据北纬60°国家监测站的测定值。零度线相当于1961—1900年的平均温度

严格地说,这意味着二氧化碳和温度升高之间应该存在的并行关系只在最后这30年才是,而由此其因果关系也就值得质疑了。

怀疑也产生于区域性的观察思考：作为行星的地球空气随时都有可能交流并使得各处 CO_2 含量全都上升,而地球周围的大气层却是区域性地不均匀地变暖(参看第20页)或甚至——尤其是在南半球的一些地方——变冷。

在早先时期也没看出大气温度和 CO_2 含量之间存在关联(附图 2.6)。1850年之前,大气中 CO_2 含量为260~280 ppm,并稳定地保持了数百年。一方面,这种论点得到许多气候研究者的认同(但另外一些研究者反对);另一方面,温暖气候阶段和寒冷气候阶段彼此变换了好几次[18],这显然是由于其他原因,而不是与不同 CO_2 含量有关的原因。因此,那时候的转换期曾经成为一个温度超过今天1 K 的"小"温暖期(罗马时代的最优期)。但公元300年左右再次被一个寒冷时期所取代(最差生存条件期,人口迁移时代)。大约经过800年气候才再次变暖并延续

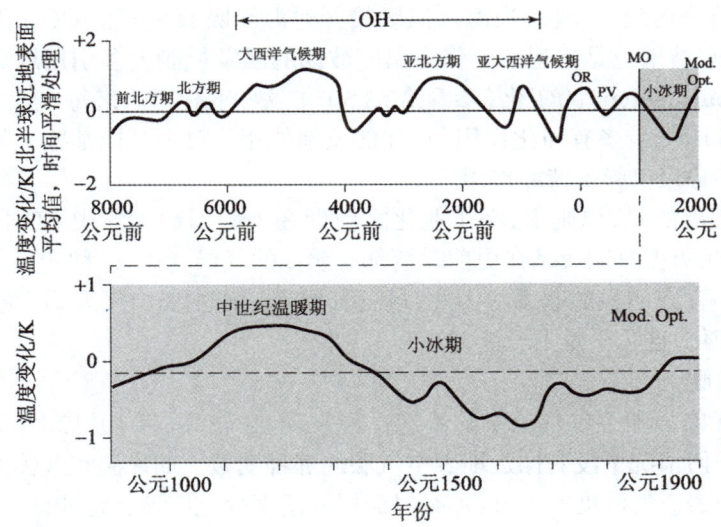

附图 2.6

全新世北半球温度的波动(上图曲线：据 SCHÖNWIESE,2003；下图曲线：据 FOLLAND 等,1990；本图据 LEROUX,2005),个别温暖阶段和寒冷阶段以中欧的通用名称加以补充。上图中的0线 大体对应"当前气候"的平均温度(这就是有记录期间的平均温度),下图中间的虚线对应 20世纪初期的温度。总的看来,全新世的温度变化偏离最近气候正常值时期(CLINO–Periode)(1961—1990)±1 K,明显低于过去更新世之前的寒冷–温暖循环期(比较附图2.7)。在全新世早期的最优期(温暖期)的温度通常比现代"最优期"的过往历程达到更高,因此通常情况下认为中世纪温暖期北半球的温度高于最近气候正常时期(CLINO–Periode)0.5 K(在德国甚至超过1 K)。缩写符号表示：OH 全新世最优期, OR 罗马最优期, PV 最差生存条件人口迁移期, MO 中世纪温暖期, Mod. Opt. 现代最优期

18　温暖气候阶段称为最优期这是有趣的,也即"温暖"等同于"最好",但需要指出的是,这种观点肯定源自中欧。

数百年(中世纪温暖期(或中世纪最优期),在格陵兰(Grünland,意为"绿草地")和北美纽芬兰(Neufundland)(当时的芬兰,Weinland 意为"葡萄酒之国")通过维京人(Wikinger))的迁移定居,可见其高峰期的温度似乎同样比今天的温度要高,直到接近 1 300 年又出现一个寒冷期,即所谓的小冰期降临,自 18 世纪我们人类才又走出这一冰期,这个时期——如同某些可能的停顿——我们正处在另一温暖期的进展阶段。

史前时期和早期过往历史的有关情况,由早至更新世的冰核钻孔岩芯(Eisbohrkernen)资料能够表明,当时大气中的 CO_2 含量也已经有了明显的波动,而**这种波动显然并没有受到人为的影响**(附图 2.7)[19]。这些波动几乎与那个时期温度变化平行地进行,然而,这种**温度的上升早于 CO_2 含量的增加几百年到几千年的时间**,也即温度升高不可能是由于较高的 CO_2 含量而引起的。海洋和大气之间 CO_2 的交流过程被用来解释这种延迟的相关所在:人们知道,海洋提供更多的 CO_2,由于海洋水体巨大的规模及其较高的热容量,其温度越高,相比之下由空气增温就越是迟延。相反,当海水温度较低时海洋吸收更多的 CO_2;由于相同的原因,反过来结果也是延迟的。作为**温度波动的触发机制大多引用地球轨道参数(Erdbahnparameter)的变化**(参看第 2.3.5 节),这些变化对后来每次发生的 CO_2 含量的升高和降低最多有强化作用(正面的反馈作用),对于其他某些大气的变暖因素或变冷趋势仅仅起支持的作用。

应该指出的是,原则上,在工业化之前即在人为引起大气中 CO_2 含量升高之前,无论是在历史时期或是在史前时期都有明显的气候变化,这种变化与变化着的温室效应不存在明显的联系。因此,最近气候唯一或主要由于人为温室气体的排放而发生变化,这几乎是不可能的。

对流层的变暖

气球气象学和卫星气象学的测定已经发现,在较高层(10~12 km 高的)对流层的**空气任何情况下没有像近地表空气层的那种变暖**。如果温室气体的增多确实造成了近地表空气温度的上升,那么对流层的温度变化应该就是如此,因为其效应主要取决于较高的空气层,地球表面更大比例的耗散热被吸收从而导致增温变暖,这才有可能使地球大气的反射辐射增加并使近地表空气层变暖。

据 IPCC 2007 年的进展报告:**新近的测量出现更好的一致性**(匹配耦合),一些较早的测量可能是有错误的。

从自 1979 年开始的第一次气象卫星泰罗斯(Tiros)和后继的 NOAA(太阳同步轨道业务卫星)对多层次大气层辐射温度(亮度温度(brightness temperatures))所实施的测定结果计算,在较低的对流层全球平均气温在过去 30 年来平均每 10 年

19　冰核钻孔岩芯分析对过去大气二氧化碳含量水平的说服力,近来受到怀疑甚或遭到否定,引用的理由是,相同年龄的气泡(Luftbläschen)有不同的成分组成(参看 JAWOROWSKI(1997)及其他)。

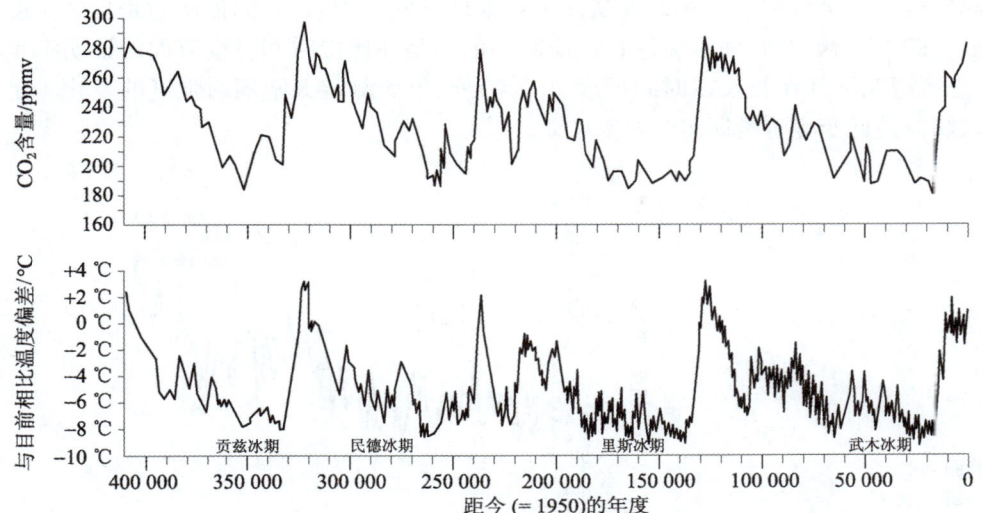

附图 2.7

过去的410 000年地球大气层中 CO_2 含量的变化。依据南极洲沃斯托克（Vostok）的一项冰芯测定（PETIT 等，1999；此处引自 REKACEWICZ, P., 联合国环境规划署全球资源信息数据库，阿伦达尔图像资源图书馆（UNEP/GRID-Arendal library of graphics resources）2000：http://maps.grida.no/go/graphic/temperature-and-co2-concentration-in-the-atmosphere-over-the-past-400-000-years）。在此后的更新世自由 CO_2 含量水平也绝不是常数。为了进行比较，下面的曲线表示同一时期温度的变化过程（由相同的来源），以在德国南部阿尔卑斯山山前冰期（冰川研究进展）的名称补充。两条曲线一直延续到现在或甚至——据 IPCC 随后预测——延续至 21世纪末，也即在时间间距大约只有50年或许150年这一特定尺度中进行。横坐标1 mm 长度代表3 700年（平均？）温度的情况下，这实在是毫无意义的，但还是经常出现在参考文献中。基于同样的原因（也即时间上的强烈压缩概括和由此产生的泛化）来自时间序列的 CO_2 含量也不能派生引出，致使以往大气中 CO_2 含量从未达到当前380 ppm 的水平。

  这两条曲线显示在数以十万计的年代中其上升和下降有着惊人的相关和对应。但如同精确的测试所证明，大气中 CO_2 含量水平的增高，从来不是温度升高的发动机（motor），因为 CO_2 含量的增高不是在温度升高之前，而是在其后，每次通常约有几百年或者几千年的推移（但这点在这幅时间比例极小的附图中并不总能识别出来）。这是常识，也是在为决策者的独立综述中（MCKITRICK, 2007）再次得到了证实。地球轨道变化及与之关联的太阳辐射强度的变化，现在被认为是更新世温度变化最可能的原因

  由此，结论就是，大气中 CO_2 含量早先也增高（那时当然没有人为的干扰）波动，而且这种波动（因此有别于温室效应），它从来也不是证实全球温度增高变化的原因

增高0.191 K，但是温度的这种增高随着海拔高度的上升而下降：在接近平流层边界处（最近的两个10年）它的数值仅为0.028 K；在平流层下部过去30年来的变化是负增长，为 –0.314 K（遥感系统（remote sensing system），2008）。

太阳活动的变化

  太阳的辐射强度（Strahlungsintensität）不像过去人们推导的太阳常数的概念，**太阳的辐射强度不是恒定的**（附图 2.8）。除了不定期的变化以外，也还证实有更多不同时间尺度的周期性波动，其中最短的周期性节律平均只有11年，干扰存在于一些较长期的周期性波动。火山爆发和地球轨道因素的周期性变化（参看2.3.5），

同样是影响全球辐射平衡改变从而关系地球气候的因素,它们被认为是自然温度波动的主要触发器,而且无论在地质时期的还是在历史时间维度方面的证明都是(任何情况下都在较长在时间尺度里)。另外,单凭测定太阳辐射强度的变化不足以解释最近变暖阶段证实的温度波动。

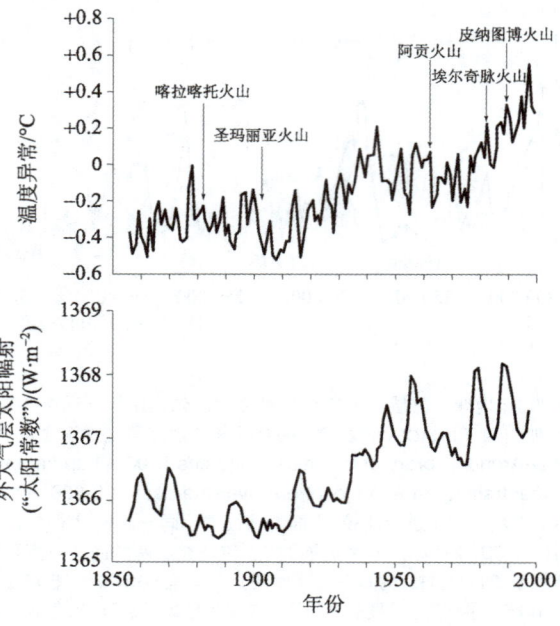

附图2.8
1856—2000年异常年份全球近地表层空气平均温度的比较(附上加以注明的一些巨大的火山爆发事件)与基于太阳活动重建的外大气层太阳辐射(所谓太阳常数)的变化。两者间的平方(二次方)相关值为0.57(SCHÖNWIESE, 2003)

因为太阳光穿过大气层的通道时受到各种不同的影响,放射出来的太阳能数量的波动从地球表面是无法测定的。对此可用**太阳黑子**来解释。太阳黑子出现频率和大小的变化分别指明辐射强度的差异,而且1610年以来一直进行定期观察(以及更早时代通过同位素铍 $^{-10}$ (^{10}Be)和碳 $^{-14}$(^{14}C)能够重构。最近几十年以来这才也可应用空间探测器直接进行测定。

应用这些基础资料对外大气层太阳辐射的长期波动与全球或任何情况下北半球同一时期地面附近的空气温度进行比较,然后指出两条曲线的某些一致性,例如**在20世纪前半叶太阳对于温度增高的影响明显**,当时外大气层太阳辐射增加大约不到3 W/m^2(或0.2 %多),近地表大气温度大致增加0.3 K(附图2.8)。而约在1645—1715年小冰期的最冷阶段,这一时期太阳活动变得异常薄弱。

在最新的 IPCC 报告(2007年)中也承认,不断变化的太阳辐射对地球的近地表大气层温度的影响至少是不清楚的,不过在任何情况下,其影响最多也是细小的。其他的预测对有关的份额看得较高,此后它可能会超过20世纪甚至达到0.2 K,也即造成了当时约1/3的温度升高值。

依据 MALBERG(2007a)的研究,在过去几个世纪中太阳常数的波动虽然不到

1％,却还仍然解释了温度1~2 K可观的数量级的变化。在马尔贝格（MALBERG 2007b）的这篇文章中,他列举一项相关分析的结果,该项分析对太阳活动的时间历程和全球始自1850年的温度变化进行比较,在这一时间阶段中确证的太阳活动增加对温度升高的影响份额甚至回归到2/3。这个结果以98％的统计概率提供可靠性并因此远远高于IPCC的大多数表述。最近的400~500年来,北半球地面附近空气温度的变化历程是以太阳活动的波动为主导的,MANN等（1998）代表了上述这种论点。

或许太阳也间接地通过改变自己的磁场而影响气候。由于它的衰减在低太阳活动情况下地球大气层的**宇宙辐射**显著增高,而且因此也影响对流层中的电离空气粒子的百分比。反过来,因为这些粒子起凝结核的作用,增加了云的形成。

土地利用的变化

随着现代土地用途的变化,大面积陆地区域的反射率、蒸发和**土壤湿度**（土壤的导热性等）**发生了变化**,并因此也改变了这些领域的热平衡。这是否影响和以何种方式影响全球的温度,目前尚不得而知。通常砍伐开垦林地,蒸发量立即减少从而近地表区域的空气温度上升,严重的还可能永久丧失大量的有机物质。这些有机物质与**森林和灌木群系通过（大多数）一年生高性能植物种类的更替**互相联系,在两种情况下,虽然长期来说二氧化碳的平衡保持不变：一方面,它们在各自的生长期间吸收的CO_2重又释放,但周转率却有显著的区别,高性能草本种类通常有较高的生长性能并且随之也有较高CO_2的需求量；另一方面,草本植物增多,分解较早和更迅速,只要经过1~2年就被分解而且以前吸收的二氧化碳再次释放。森林虽然具有较低的生产率,但蓄积很长一段时间,直到或许经过几十年以后它才被砍掉或进入其自然腐烂阶段。因此,森林是比草本群落明显大很多的CO_2贮存库。

气溶胶的影响

气溶胶是固态的或液态的（大部分）直径在0.1~10 μm的悬浮颗粒（尤其是硫酸盐、烟尘和矿物粉尘）,它们通过工业设施的排放、高增长的野火烟雾、爆炸性的火山爆发以及沙尘暴等被释放到大气中。气溶胶的**直接影响**在于**对太阳辐射的分散和吸收**,从而降低（特别是）短波辐射量。因此,从我们的历史来看,在强大的火山爆发后（例如喀拉喀托火山（Karkatau）,1883年爆发；阿贡火山（MT. Agung）,1963年爆发；皮纳图博火山（MT. Pinatubo）,1991年爆发；参看附图2.8）出现了更多的寒冷阶段,也有温度下降遭中断的情况。自第二次世界大战直到20世纪70年代,温度总的趋势是上升,一些气候研究者把这种情况归因于工业快速增长导致硫酸盐和其他排放物惊人增多的结果。依据这一假设,只有当空气再度变得比较清洁或是温室气体的变暖效应超过了气溶胶的冷却,温度的继续升高才可能再次进行（附图2.4）。

但比辐射屏蔽（Strahlungsabschirmung）更重要的是对其间接影响的评估（KONDRATYEV等,2006）。由于**气溶胶起凝结核的作用**,从而促进了云的形成并改变了其属性,由此而对天气的发生与变化施加以重大的影响。然而,有关气溶胶在地球大气中的分布、组成和来源还所知甚少,以致它们(公认的大幅度波动)对气候模式的影响尚无可靠的评价,因此迫切需要对**气溶胶－云－气候**这一专题作进一步的研究(KONDRATYEV 等,2006)。

2.3.4 气候变暖的后果

有关报道指出,全球平均气温自1860年以来增加了0.7 K ,并且在21世纪将大为增高。在 IPCC 的最低场景中增加1.8 K(1.1~2.9 K)和最高场景中增加4.0 K(2.4~6.4 K),这样的陈述本身几乎没有说服力。人们想要知道,这种增温以及或许未来继续增高对自然界和人类有什么样的影响。给出一个明确的答案几乎是不可能的,但却可以参考冰后期(全新世),特别是其间出现的温暖阶段,这种回顾可能是有益的(附图2.6)。事实表明,尽管有明显的变化,但从来没有发生对我们的环境产生深刻的干扰。而且这种审视回顾也将指明,**过去几十年来较冷的状况任何情况下都不可能当做理想的参考值**来看待,对此,如果我们持否定的看法或甚至想要避免灾难性的变化,那么,我们应该回头或者至少我们不应该偏离实际更远。在后面的章节里要提出几个被预期为继续导致二氧化碳增加和影响气候继续变暖的后果推论。

二氧化碳和气候变暖对植物生长的意义

二氧化碳和水一起组成植物光合作用的基础物质,并以此参与了地球全部的初级生产,而且所有动物当然也还有人类最终都依靠它们维持生命(因此称动物为次级生产群体),这也就是说,(几乎)所有的生命都取决于二氧化碳在有机物质中通过光合作用的转换。

对许多物种和物种组合(生态系统),很多实验室的实验和许多无林空旷地进行的调查(自由空气浓度富集(Free–Air Concentration Enrichment = FACE)试验)目前已经证明,**增加二氧化碳的供应能促进植物的生长**,先决条件是要有足够的水和矿物质或者是(通过施肥和灌溉)人工地给予提供[20]。例如,很多的 C_3 植物和(通常明显较少的) C_4 谷类作物(比如,小麦和稻谷或高粱和玉米)、黄豆、豆类、块根和块茎类植物以及蔬菜类作物(参阅诸如 NÖSBERGER 等,2006),http://cdia.ornl.gov/programs/FACE/face.html,以及 http://cdiac.ornl.gov/ftp/bibliography/)就是如此。在德国林业生产中,过去几十年来较高的木材生产也与二氧化碳的增多(还有从空气沉淀增加的硝酸盐)相关联(过去长时间作为传说的有关森林由于酸雨而死亡的论点终于揭示开来)。很多大型园艺苗圃向温室人为输入二氧化碳,并通过**空气肥料**增加其植物的生产量。

需要考察的是,二氧化碳含量增加到什么程度,植物的水分利用效率(就是

---

20 大多数植物种类在增加二氧化碳供给情况下光合作用的能力加强,随后出现一个饱和曲线过程,到了大约1 000 ppm 时才逐渐下降。

说,植物产量(以干重计)与水的消耗量之比)是增加的。众所周知的是,伴随着蒸腾作用(主要的)植物通过气孔(Stomata)完成光合和呼吸作用的气体交换。因为植物气孔的开口在环境干旱情况下会自行变窄,不可避免地会减少气体交换量,并因此使得单位时间吸收的二氧化碳量同样减少。如果空气中二氧化碳的浓度比较高,这个负面效应本身会降低:气孔的蒸腾作用(也即水的消耗量)在此种情况下可能减少到不再发生光合作用消耗损失的那种程度。在更多的**自由空气浓度富集(FACE)**试验中(NÖSBERGER等,2006)也已经得到证实,在所有的生态带中,这可能主要指那些至少有季节性供水或仅偶尔缺水的生态带,也就是说,从湿润中纬带到终年湿润热带。

从这个角度看来,如果大气中二氧化碳的含量水平提高,对于日益增长的地球人口及其营养需求的供给,恰好是非常可取的。除此之外,这可能增加初级生产,如果初级生产量增多,同时就扩大了生活的和死亡的植物量(生物量、植物死亡部分、枯枝落叶、腐殖质等),依此类推,可以导致一种二氧化碳额外的固定("汇"("Senke"))。

当然,与农田作物相比较,自然的和接近自然的植物群落(生态系统)显示较少引人注目的反应,它们当中的很多类群只含有极少的矿物质和水分,以至于它们不能够或者几乎不能利用过多的二氧化碳(KÖRNER等,2007)。

原则上,单是促使二氧化碳增多的温度升高本身就应该提高植物的生产力,因为植物有很多的生化过程由此而受益。当然,在这些进程中也会增加植物的呼吸消耗,特别是在那些炎热地区的生态带,可能使收益部分抵消或完全抵消(没有收益,甚至可能走向负收益)。

同样有疑问的是,是否升高或升高到什么程度,**温度也加速自然的分解过程**。一般来说,终年湿润生态带的地带性植物群系被看做是近似的情况,这就是在越高的环境温度中,死有机物质的数量反而越少(比较附图4.2和附图10.2)。因此,死有机物质的数量在北方森林带拥有最大部分,而热带雨林(只要生境中无滞留水)仅占有最小部分。空气中较高的二氧化碳含量加上高温,这些植物群系可能因此(虽然其生物量增多)代替消减二氧化碳的作用,转而成为产生二氧化碳的来源,并因之使大气中二氧化碳含量继续升高。

类似的不确定性最终还有,气候变暖多大程度上是由于**二氧化碳和来自永久冻土层的甲烷(沼气)的增多释放**,是它们造成大气中温室气体的提高(McGUIRE,2007)。地球上有永久冻土层的土壤约占不结冰陆地面积的15%,冻土层土壤中包埋的有机物质由于持续的冰冻——最上面的夏季融冻层也由于水饱和及多数情况下仅有细微土壤反应——得以保存而不致分解。永久冻土层面(Permafrosttafel)(也即夏季融冻层下界)的持久性延深(Tieferlegung)引起分解的一种强化作用,这种情况使之发生松动(如果同样由于存在水饱和及酸性环境则继续延缓分解),因此释放出相当数量的二氧化碳和甲烷。但仍然需要关注的是,植物的矿质营养成分同时也被释放出来,它们和二氧化碳的施肥及增温作用一起,应该是有利于植物生长的,(例如极地的树线界限能够向北移动)因此,二氧化碳的参与可能转化为更多的生物量。而最终显现在收支平衡中的是什么,这是难以判断的。但是有一种计算方法,它把永久冻土融化而释放的二氧化碳的总量都添加到大气层中,其可靠性是不能接受的。收支仍然保持平衡,这同样是可理解的。有关在全新世温暖期(holozänen Warmzeiten)大气中存在较高的甲烷含量和二氧化碳含量,钻孔岩芯资料没有提供任何一项证据。

气候变暖对植物和动物物种多样性的意义

相反可以接受的是,气候变暖对整个动物界和植物界以及人类都是有利的——无论如何对大多数地球区域应该是受益的。在不久前有很多例子表明,分布区内的喜温植物种类和喜温动物物种向极地扩展了,而当地的物种类群并没有遭受损害。另外,人们从过去的寒冷时期得知,物种灭绝是因为比如说由于山脉阻障而妨碍它们逃往温暖区域所致,这样,全北区植物界欧洲部分的植物区系贫乏化就得到了解释,这是与其在北美和亚洲的另一些分布区相比较而言的。这样看来,气候变暖时期山脉不会给生物物种带来很大的危险,而寒冷时期山脉阻隔对生物却很危险。

归咎于气候变暖的其他后果

极端的天气事件如飓风、酷热期和干旱期以及异常激烈的暴雨所造成的严重的洪水泛滥被许多媒体和一些专业报道归咎于今天人为提高的温室效应,预测在不久的将来还会出现更加灾难性的后果,例如沙漠化、传染病的扩散和人口密集的沿海低地被涨高的海水淹没等[21]。

从发生的可能性来说,没有什么会是真的或至少上面所说的巨大灾变是不正确的,无论如何,罗列的那些理由和至今已有的测试结果都是不能令人信服的[22]。而可以采纳的是,例如大气中的水蒸气含量在通常变暖的情况下会增多,从而至少

---

21 依照 IPCC 的报道,海平面在20世纪升高了17 cm,并且随着时间的推移一直处于上升趋势:在过去的10年间上升了3 cm。其中海水总量增加的一半以上是由于(据说已经延伸到3 000 m深处的)海水变暖造成的,而另一小半是由于山岳冰川和陆地冰川的融化。对21世纪的预测宣称,海平面将继续上升,最低升高18~38 cm,最高则升高26~59 cm。另外还有与此有别的说法,这些说法同样借助卫星测定和水平面测定,证实在过去的几十年里在太平洋、印度洋和地中海地区的海平面,都没有发生水平变化(例如 LEROUX 2005以及 "国际第四纪研究联合会"关于海平面变化和海岸演变(INQUA-Commisson on Sea Level Changes and Coastal Evolution)等更多的刊物,此外还有前主席 N.-A MÖRNER 的报告),证明在1850—1940年海面升降(通过地球水平衡的变化而引起的)升高总计为10~11cm,之后便停止,并在过去的10~15年确认其波动性变动为零,并没有将来还会改变的信号(MÖRNER,2005a)。

22 反常的气候事件总是经常发生、到处可见的,统计证明它们在现在没有一种比较高的频度和/或暴烈性,能够引证的基本上只有一项跨越30多年气候周期的长期观测序列(MALBERG,2007b)。就这一点来说在大多数情况下是缺少的,已有的一个特例是1850年开始的有关美洲大陆上美国的飓风观测序列。后来这一飓风(旋风)的次数平均每10年间从超过20次降到现在的少于15次(美国飓风中心(Hurricane Center USA),2005)。

可以部分抵偿由于水变暖而导致的海水体积的增加。而且,在南极洲降雪和结冰可能多于从前,以代偿在周边区域增强的融化过程或者甚至可能促使当前的冰体增长。因为在地球气候普遍变暖的情况下,这片大陆的内部温度仍然还保持在冻结点(冰点)以下,即使那里夏季温度升高5 K以上,可能还会是这种情况。一直到现在,人们只要站在向北伸展很远的南极半岛冰盾(巨大内陆冰)上,依然可以清楚地观看到南美洲的南端。

在温带生态带所观测到的**许多山岳冰川后退现象**,这只能很有限地归因于气候变化,因为所说的0.7 K的气温升高自1850年以来雪线仅只升高了约100 m,这就是说,由于这种差别可能只是冰川的汇水区域(也即上游地区的积雪盈余量)变小。以前曾经有过某些海拔较高的冰川(部分)融化,这类情况或是由降雨或是由辐射条件或者降雨和辐射兼而为之所造成的,这就是说,如果不是降雪量变得较少就是冰的辐射吸收作用由于尘埃沉积的增多而提高了。事实上也是不存在全球性的统一的融化趋势,而是很多冰川当前向上推移了。全球范围长期的全部冰川的物质收支——任何情况下在1946至1995年间——是平衡的(BRAITHWAITE,2002)。

另一个结果来自联合国环境规划署(United Nations Environment Programme,UNEP)所支持的世界冰川监测服务机构(World Glacier Monitoring Service,WGMS),根据该机构(最近的和目前正在进行的多次)对世界不同地区的9列山脉总共30处冰川的监测,绝大多数山岳冰川的融化在过去的20年间(已出版的至2006年)甚至加速了(WGMS,2008)。但这证明的也只是被多数科学家已经接受了的观点,即地球气候在过去的几十年来变暖了。而这丝毫没有提及,这种变暖是否或是达到何种程度是由于大气中二氧化碳含量的升高造成的并且受到威胁的。对于所有的山岳冰川这在过去简直是非常典型的,它们的质量平衡(物质收支)有明显的波动,而且这种波动既是短期的、一年年的,也是长期的、较多年的或很长年代的过程。为了证明长期的气候状况和它将来持续不断的变化,需要对冰川状况进行长期监测,但直至今天这只见于极少数情况下。

2.3.5 结论

与古气候的波动相比全球温度是否有了异常的升高,这点在科学家之间也是有争议的,何况更应该指明,温度的这种升高今后是否还继续下去和以什么样的速度继续升高。而且最终仍然还不清楚的是,人类是否有"过错"(并对此有机会补救),以及气候变暖对人类居住的地球到底有哪些影响。对此,至今所进行的**模型计算(Modellrechnungen)包含了太多的不确定的、抽象推论的和不能核查的因素**。例如在确定全球平均气温时允许误差范围是如此之大,竟致接近过去一个半世纪以来所称的气温升高0.5~0.7 K的数量级。而且这被不止一次地进行了排除。气候科学家 BRAY 和 V. STORCH 在1996年和2003年所实施完成的国际调查发现,虽然气候变暖大多作为公认的事实,但是存在人为所致的重大的疑虑以及对气候模型的信赖程度是很低的。

虽然政府间气候变化专门委员会（IPCC）不懈地致力于"论证"其命题：人为的温室气体的增加→全球变暖→有害后果的产生。IPCC 的这项任务是法定要承担的,因为举证的责任基本上在于要对气候的变化进行预测并为此执行对策决定。因此 IPCC 必须把这项工作继续进行下去,因为对 IPCC 来说（可能这是依据越来越多公众的意见）迄今为止尚未能取得无可辩驳的证据。而只要不具备这样一些证据,就该使用"无罪推定"（德国和其他许多国家维护无需保护的措施）。

IPCC 决策者的综述（摘要）从评论性角度出发,是在2007年2月出版的一份决策者的独立综述（Independent Summary for Policymakers；MCKITRICK,2007）。这份摘要是由来自6个国家的10位国际知名科学家组成的一个小组,（并证实还有50多名其他专家）**在 IPCC 的基础数据**上撰写的。然而——他们提出的论据——比 IPCC 注重的反馈给气候研究者的实际的认知还多。因为 IPCC 的官方出版物可能不是由专业人员撰写的,而是由"一些国家的名不见经传的官僚"起草的,他们可能会说只有科学家们的意见是不够的,这样就可以不提及有关全球变暖或一些测量结果不确定的那些对立的观点。另外他声称赞成的科学家超过2 000名（这点从来没有受到置疑）,从而在公众中制造了确信他们陈述的可靠性的假象。在如下表述的注解/更正特别值得注意：

● 自1979年开始实施测量的气象卫星对热带对流层（约占大气层的一半）测定结果能够证明其温度没有显著的升高。在热带以外（Außertropen）测量的结果接近 IPCC 预测的下限。

● 自1990年以来,人类排放的碳从每年的6 Gt C（= 6吉吨碳；1 Gt = 10^9 t）（大约为20 Gt CO_2）增加至7 Gt C,而人均排放率则自20世纪80年代初以来略有下降（2003年为1.14 t,相比之下,1979年稍高,为1.23 t）。

● 没有任何迹象表明极端的天气事件经常发生。

● 自然气候的变异似乎大大超过先前的预测。相应的不确定的是历史温度历程的重建以及将它用来作为当今所发生事件的参考。

● 将所观测的气候变化归咎于一个特定的因素,例如归于人为导致的温室气体增多,这是不可能的。对此迄今所提出的气候模型是不准确的。

● 这些模型对任何类型的预测也都是不可信的。

● IPCC 关注造成太阳活动和土地利用变少的气溶胶（Aerosolen）的影响。有迹象表明,太阳活动在20世纪已达到了历史上的一个高水平。相比之下,气溶胶对空气温度增加所起的作用之大,能够3倍于人为排放的二氧化碳的作用,然而关于气溶胶的产生及其组成成分的了解至今还很少,甚至是非常稀少的。

● 如同在决策者的独立综述中所说的,其结果意味着我们不知道,所观测到的气候变化是否有越出它的自然变化界限的变动,如果是这样,人类对此是否有过失责任。而同样的,由气候变暖会衍生哪些后果——积极（正面）的或消极（反面）的——我们也知道得很少。没有令人信服的证据表明,危险的气候变化正在到来。

另外，必须承认，所谓的"怀疑论者"（= IPCC 气候变暖理论的反对者）的论证地位（Beweislage）也是困难的。地球的气候系统是如此的错综复杂，以致要把自然的变化从人为因素造成的波动中分离开来，几乎是不可能的。最终同样不能证明的是，气候变暖将对我们的环境没有负面的或至少没有主要的负面影响。事实是，至少自一个半世纪以来大气中二氧化碳的含量就有了增加，而且甲烷的含量也由于水稻种植和牛羊养殖业的扩张而升高了。此外目前还不清楚的是，这两种（以及还有其他人为的）温室气体能在多大程度上减少土壤的长波辐射损失以及因此——或许与其间接影响（反馈）一起——导致或促成通常的变暖（这也就是说，人为的温室效应值得高度重视）。对全球碳循环（另见附图8.13）一如既往始终没有足够的了解[23]。

增温过程本身通过负反馈进行自我补偿，这也是可以想象的（CHARLSON 等，2001），因为温度升高加快蒸发（得益于巨大的灌溉设施和水库），大气圈吸收能量用于形成水蒸气和云；相反云层下面的短波辐射可能会减少，并从而使得地表附近区域的大气温度下降。

另外，增加的蒸发量也能够形成一个积极的反馈，也即发生一个附加的温暖效应，因为较高的水蒸气含量本身可能增加大气反射光量。

而且，气候变暖也可能由此进行自我放大作用，使得它限制极地地区的结冰和中纬度及高纬度地区冬季积雪的扩张和持续，并随之也增加地球表面的辐射吸收。

目前还不清楚，这些相互对立的反向耦合之间存在哪种关系，以及大气温度的变化怎样才能推导得出。

除这些（和其他的）内部影响因素外，还有更多的**外部因素作为附加的不确定性**，其中包括已经提到的，或多或少周期性变化的太阳活动（见2.3.3），以及由以下三个同样周期性波动的地球轨道因素而引发的间接的太阳辐射的变化，它们是：

● 地球轨道的偏心率（椭圆率（Eliptizität））：球体形状变化的偏差；
● 地球轴心的摆动：地球轴心的位置变化偏向黄道（黄道的倾斜（Schiefe der Ekliptik））和；
● 春分点的岁差（Präzession）：近日点移动。

不过这三个地球轨道因素的周期历程全都十分漫长（分别约为95 000 年、40 000年及20 000年），以致很难把它们解释为造成最近气候变化的因素，但可能是促成更新世气候变化的因素。目前地球北半球冬季达到最大程度接近太阳。

---

23 以（可能已经过时的）假设人类活动每年产生6 Gt C（最近提到的为7 Gt 或甚至 8 Gt C）计算，其中每年有3 Gt（其他一些估算：只有2 Gt；但新近也有算为4 Gt 的）留在大气层中，而且在那里它们的数量（目前总数约 750 Gt C）以每年稍多于 0.1 % 的数量不断地增多（在自然的正常情况下，土壤／植被与大气层之间均衡的碳循环每年大约100 Gt，而在那些海洋和大气之间略微少些）。海洋吸收的碳每年为2 Gt（其他一些估算为3 Gt）。在所有这些计算中，都有一个大约1 Gt（最多2Gt）的余额，其下落是不清楚的（"失踪碳（汇）"）。

按照许多评论者的意见，上面所提及所有这些外部影响因素（也即包括太阳活动的变化），在 IPCC 和其他方面提出的气候模型中没有受到足够的重视。原因当然是，人们对它们了解得还太少，或者是它们本身封闭了预测之门。

就像参与气候系统的许多因素之间错综复杂的相互作用一样，各种不同的"反馈过程"至今仍然还是不清楚的。

必须掌握的三个要点：

1. 自20世纪初期起在地球的许多区域温度升高可以通过测定和一些现象（标志）加以证明，但肯定不是单一原因（monocausal）所能够解释的。人为所致的影响可能有（至少不能肯定排除），但不应量化（Quantifizieren）。

2. 所有的气候模型所涉及的最大不明确性之处：
- 气溶胶的直接和——还有更多的——间接的作用；
- 云的变化（按类型、覆盖度、反射和反光）以及空气湿度（在多大程度上是由于气候变暖而增加的？）并且
- 全球碳循环（海洋将继续吸收接近一半人为所致的二氧化碳？）。

3. 温度不寻常的升高——甚至——威胁到我们的环境，或是——依据迄今为止的研究——可能威胁我们的未来，这种论点是讲不通的。

任何情况下事实上也是，到目前为止并**没有出现所预测的严重后果**，一次也没有发生过。无论如何对此还缺少确定无疑的证据。相反，一些积极的（正面的）效应是显而易见的。它们是：
- 打开通向极地海洋下面矿产资源的入口：2007年北极海冰在许多地方只有约1 m厚，比2001年大约薄了50%（据阿尔弗雷德-韦格纳极地研究所（Alfred-Wegener Institut Für Polarforschung）的研究）。
- 开通在加拿大和俄罗斯北部的北极海洋东西船舶通道。
- 在格陵兰（Grönland）可利用的草地扩展。
- 农业利用界限（如种植葡萄、玉米）向极地推移。
- 较高二氧化碳供给量促进植物生长。
- 降低中纬度和高纬度地区每个家庭对取暖能源的需求。

那种（30年前还很流行的）观念，即可能我们正在接近一个新的冰期，至少它对于生活在中纬度、高纬度地区的人们是很大的威胁。不能忘记的也是，大多数居住在这些地方的人们向往温度较高的地区（正是由于这样的原因，人们选择去温暖的南方度假）。

因此，鉴于目前它的许多科学上的不确定性，必须提早思考有关未来受气候限制的**生态带划界的改变**。只能如是说：在个别生态带之间的界线不是线形的（见

第3页及其以下数页），而是占有或多或少宽度的过渡地区。中等程度的气候变化，就像最近几十年所发生的，和根据大多数预测/预报，极可能仅**导致过渡区内边界轻微的移动变化**。此外，生态带特定的土壤和地形特征的变化无论如何是长期的，而植被和土地利用最先有所变动，它们对温度和湿度的变化产生一定的适应性反应，也即反应是迟缓的。目前对此涉及的最高有效的气候分类（例如，KÖPPEN 1936年的气候分类），其界限的划分仅与一定的气候参数（气候的阈值）相关（BECK 等，2005）。从长远来看，什么使气候发生变化，是否气候变化还在继续，是否加速变化，是否停止变化或甚至变冷，这仍然是完全不确定的，可以肯定的只是，气候将会变化，因为它始终就是变化着的。

2.3 参考文献

ACIA – Arctic Climate Impact Assessment（2004）: Impacts of warming. Cambridge Univ. Press, Cambridge, 146 S.（www.acia.uaf.edu）

Alfred–Wegener–Institut Für Polarforschung: Bremerhaven. http:// www.awi.de

Bayerische Akademie der Wissenschaften（ed.）（2005）: Klimawandel im 20. und 21. Jahrhundert: Welche Rolle spielen Kohlendioxid, Wasser und Treibhausgase wirklich? *Rundgespräche der Kommission für Ökologie* 28, Verlag Friedrich Pfeil, München, 136 S.

–（2007）: Natur und Mensch in Mitteleuropa im letzten Jahrtausend. *Rundgespräche der Kommission für Ökologie* 32. Verlag Friedrich Pfeil, München, 174 S.

Beck, C., Grieser, J., Kottek, M., Rubel, F. und Rudolf; B.（2005）: Characterizing global climate change by means of Köppen climate classification. In: Klimastatusbericht 2005, Deutscher Wetterdienst, Offenbach, 139–149.

Beck, E.–G.（2007）: 180 years of atmospheric CO_2 gas analysis by chemical methods. *Energy and Environment* 18, 2, 259–282.

Behringer, W.（2007）: Kulturgeschichte des Klimas. Von der Eiszeit bis zur globalen Erwärmung. C. H. Beck, München（2. Aufl.）, 352 S.

Braithwaite, R. J.（2002）: Glacier mass balance: the first 50 years of international monitoring. *Progress in Phys. Geogr.* 26, 1, 76–95.

Bray, D. und Storch, H. v.（2007）: The perspectives of climate scientists on global climate change. Forschungszentrum in der Helmholtz–Gemeinschaft, GKSS–Forschungszentrum Geesthacht, Geesthacht, 124 S.

Broecker, W. S.（2001）: Was the medieval warm period global? *Science* 291, 1497–1499.

Canadell, J. G., Pataki D. E. und Pitelka, L. F.（eds.）（2007）: Terrestrial ecosystems in a changing world. *Global Change – The IGBP Series*. Springer, Berlin, 336 S.

CDIAC: Oak Ridge University, Carbon Dioxide Information Analysis Center, USA. http://cdiac.esd.ornl.gov

Charlson, R. J., Seinfeld, S. H., Nenes, A., Külmälä, M., Laaksonen, A. und Facchini, M. C.（2001）: Reshaping the theory of cloud formation. *Science* 292, 2025–2026.

Crichton, M.（2005）: Our environmental future. National Press Club, Washington, D.C.

Cru: University of Norwich, Climatic Research Unit, UK. http:// www.cru.uea.ac.uk

ESSEX, C. und MCKITRICK, R. (2002): Taken by storm. The troubled science, policy and politics of global warming. Key Porter Books, Toronto, 320 S.

FOLLAND, C. K., KARL, T. R. und VINNIKOV, K. Y. (1990): Observed climate variations and change. In: The IPCC Scientific Assessment, Chapter 7. Cambridge Univ. Press, Cambridge, 201–138.

GLASER, R. (2001): Klimageschichte Mitteleuropas. 1000 Jahre Wetter, Klima, Katastrophen. Primus/Wiss. Buchgesellschaft, Darmstadt, 227 S.

HÄCKEL, H. (2005): Meteorologie. Ulmer, Stuttgart (5. Aufl.), 447 S. Nachträge zu Schwankungen und Veränderungen des Klimas: www.utb-met.de

HEBERT, D. (2007): Kohlendioxid – Lebenselexier oder Klimakiller. TU Bergakademie Freiberg, 1–13. http://www.physik.tu-freiberg.de/~wwwan/forschung/hb_kohlendioxid.pdf

HENDREY, G. R. und MIGLIETTA, F. (2006): FACE technology: Past, present, and future. In: NÖSBERGER et al. S. 15–43.

Hurricane Center USA (2005): www.nhc.noaa.gov/pastdec.shtml. Inqua: International Union for Quarternary Research. Commission on Sea Level Changes and Coastal Evolution. http://www.inqua.tcd.ie, http://www.pog.su.se/sea p Sea level changes, news and views: The Maldives Project.

IPCC (Intergovernmental Panel on Climate Change) (2001): Third assessment report (TAR). (die ersten beiden Berichte erschienen 1990 und 1995). Genf. http://www.ipcc.ch

– (2007): Fourth Assessment Report: Technical summary und Summary for policymakers. www.ipcc.ch

JAWOROWSKI, Z. (1997): Ice core data show no carbon dioxide increase. *21st Century Science and Technology*, Spring 1997, 42–52. http://www.21stcenturysciencetech.com/2006_articles/IceCore Sprg97.pdf

– CO_2: The greatest scientific scandal of our time. *21st Century Science and Technology*, Spring/Summer 2007, 14–28. http://www.21st centurysciencetech.com/Articles%202007/20_1-2_CO2_Scandal.pdf

JONES, P.D. et al (2001): Adjusting for sampling density in grid box and and ocean surface temperature time series. *J. Geophysical Research* 106, 3371–3380.

KABAT, P. et al. (eds.) (2004): Vegetation, water, humans and the climate. *Global Change – The IGBP Series*. Springer, Berlin, 566 S.

KLAUS, V. (2007): Blauer Planet in grünen Fesseln. Was ist bedroht: Klima oder Freiheit? Carl Gerold's Sohn Verlagsbuchhandlung, Wien, 126 S.

KONDRATYEV, K. Y., KRAPIVIN, V. F. und VAROTSOS, C. H. (2003): Global carbon cycle and climate change. Springer, Berlin, 368 S.

KONDRATYEV, K. Y., IVLEV, L. S., KRAPIVIN, V. F. und VAROTSOS, C. A. (2006): Atmospheric aerosol properties. Springer, Berlin, 572 S.

KRAUS, H. (2004): Die Atmosphäre der Erde. Springer, Berlin (3. Aufl.), 422 S.

KÜSTER, H.J. (1999): Geschichte der Landschaft in Mitteleuropa. C.H. Beck, München, 423 S.

LAMBIN; E. F. und GEIST, H. (eds.) (2006): Land-use and land-cover change. *Global Change – The IGBP Series*. Springer, Berlin, 222 S.

LEROUX, M. (2005): Global warming-myth or real. The erring ways of climatology. Springer, Berlin, 509 S.

LOMBORG, B. (2002): Apocalypse no! Wie sich die Lebensgrundlagen wirklich entwickeln. Zu Klampen–Verlag, Lüneburg, 556 S.
– (2007): "Cool it! Warum wir trotz Klimawandels einen kühlen Kopf bewahren sollten." Deutsche Verlags–Anstalt DVA, München, 272 S.
LONG, S. P., AINSWORTH, E. A., LEAKY, A. D. B. und MORGAN, P. B. (2005): Global food insecurity. Treatment of major food crops with elevated carbon dioxide or ozone under large–scale fully open–air conditions suggests recent models may have over estimated future yields. *Phil. Trans. R. Soc.* B 360, 2011–2020.
LÜDECKE, H.–J. (2007): CO_2 und Klimaschutz. Fakten, Irrtümer, Politik. Bouvier, Bonn, 228 S.
MALBERG, H. (2007a): Meteorologie und Klimatologie. Springer, Berlin (5. Aufl.), 395 S.
– (2007b): Über den solaren Einfluss auf den Klimawandel seit 1701. Kritische Anmerkungen zum UN–Klimabericht 2007. www. klimanotizen.de/html/sonne.html.
MANN, M. E., BRADLEY, R. S., HUGHES, M. K. (1998): Global–scale temperature patterns and climate forcing over the past six centuries. *Nature* 392, 779–787 Max–Planck–Institut für Meteorologie. Hamburg. http://www. mpimet.mpg.de
MCGUIRE, A. D. (2007): Responses of high latitude ecosystems to global change: potential consequences for the climate system. In: CANADELL et al., 297–310.
MCINTYRE, S. und MCKITRICK, R. (2005): Hockey sticks, principal components and spurious significance. *Geophysical Research Letters*, 32, 3.
MCKITRICK, R. (2005): Is the climate really changing abnormally? Fraser Forum, Vancouver, Canada.
– et al. (2007): Independent Summary for Policymakers, IPCC Fourth Assessment Report. The Fraser Institute, Vancouver, Canada, 64 S.
MCKITRICK, R. R. und MICHAELS, P. J. (2007): Quantifying the influence of anthropogenic surface processes and inhomo geneities on gridded global climate data. *J. Geophys. Res.–Atmospheres*, 10.1029/2007 ID008465, 49 S. http://www.biomind.de/nogreenhouse/daten/ McKitrickDec07.pdf
MICHAELS, P. J. (2004): Meltdown: The predictable distortion of global warming by scientists, politicians and the media. CATO Institute, Washington, D.C.
– (2006): A review of recent global warming scare stories. *Policy Analysis* 576. CATO Institute, Washington, D.C.
MILITZER, S. (1998): Klima, Umwelt, Mensch. 3 Bde. http://mitglied. lycos.de/mili04
MORITZ, R. E., BITZ, C. M. und STEIG, E. J. (2002): Dynamics of recent climate change in the Arctic. *Science* 297, 1497–1502.
MÖRNER, N.–A. (2005a): Facts and fiction about sea level change. *To the House of Lords Economic Affairs Committee*, Stockholm, 1–6
– (2005b): Sea level changes and crustal movements with special aspects on the eastern Mediterranean. *Z. Geomorph. N. F., Suppl.*137, 91–102.
NIGGEMANN, S., MANGINI, A., RICHTER, D. K. und WURTH, G. (2003): A paleoclimate record of the last 17 600 years in stalagmites from the B7–cave, Sauerland, Germany. *Quaternary Science Reviews* 22, 5–7, 555–567.
NÖSSBERGER, J., LONG, S. P., NORBY, R. J., STITT, M. HENDRY, G. R. und BLUM; H. (eds.)(2006). Managed ecosystems and CO_2. *Ecol. Studies* 187. Springer, Berlin, 457 S.
PETIT, J. R. et al. (1999): Climate and atmospheric history of the past 420 000 years from the Vostok

ice core in Antartica. *Nature* 399, 429–436.

PIK: Potsdam–Institut für Klimaforschung. Potsdam. http://www.pikpotsdam.de

POTVIN, C., CHAPIN Ⅲ, F. S., GONZALEZ, A. LEADLEY, P., REICH, P. und ROY, J.（2007）: Plant biodiversity and responses to elevated carbon dioxide. In: CANADELL et al., 103–112.

RAHMSTORF, S. und SCHELLNHUBER, H.–J.（2007）: Der Klimawandel. Beck, München（6. Aufl.）, 144. S.

Remote Sensing Systems（2008）. Santa Rosa, CA 95401. http://www.remss.com/msu/msu_data_description.html

SCHÖNWIESE, CH.–D.（2003）: Klimatologie. Ulmer, Stuttgart（2. Aufl.）, 440 S. – und RAPP, J.（2007）: Climate trend atlas of Europe – based on observations 1891–1990. Springer, Berlin, 240 S.

SINGER, S. F.（2007）: The great global warming swindle. http://www.independent.org/newsroom/article.asp?id=1945.

– und AVERY, D. T.（2005）: The physical evidence of earth's unstoppable 1500 year climate circle. *NCPA Working Paper* 279, Dallas.

– und –（2007）: Unstoppable global warming every 1500 years. Rowman and Littlefield Publishers, Lanham.

SOON, W., BALIUNAS, S., IDSO, S. und LEGATES, D. R.（2003）: Reconstructing climatic and environmental changes of the past 1000 years: A re–appraisal. *Energy and Environment* 14（2–3）, 233–296.

STEFFEN; W. et al.（2005）: Global change and the earth system. A planet under pressure. *Global Change – The IGBP Series*. Springer, Berlin, 336 S.

STORCH, H. v. et al.（2004）: Reconstructing past climate from noisy data. *Science* 306, 679–682.

UBA: Umweltbundesamt, Fachgebiet "Schutz der Erdatmosphäre". www.umweltbundesamt.de/uba–info–daten/klimaschutz.htm

VICTOR, D. G.（2001）: The collapse of the Kyoto Protocol and the struggle to slow global warming. Princeton Univ. Press, Princeton, 178 S.

VITOUSEK, P. M., ABER, J. D., HOWARTH, R. W., LIKENS, G. E., MATSON, P. A., SCHINDLER, D. W., SCHLESINGER, W. H. und TILMAN, G. D.（1997）: Human alteration of the global nitrogen cycle: sources and consequences. *Ecol. Applications* 7, 737–750.

WMO（World Meteorological Organization）. UN Genf. http://www.wmo.ch.

World Glacier Monitoring Service（WGMS）（2008）: Meltdown in the mountains. UNEP Press Releases, March 2008. http://unep.org/documents.

3 地貌与水文

3.1 地貌动力学

地貌这一章节主要指出,外源性地貌过程(Exogenen Geomorphologischen Prozesse)(地貌动力学中的运行过程)各有哪些特征(目前有效的)以及哪些陆地表面的形态构件(Gestaltelemente)是由于这些特征作用的结果,必要时将添加资料补充一些大陆地貌。这些地貌类型既不是通过构造运动(内生的进程如地壳运动或火山活动)及其结构(例如地壳物质的特性),也不是在过去的地貌气候条件下所形成的,这样一些类型的地貌虽然在地球地貌发育过程中很多见,并普遍对景观形成起主导作用,但却脱离任何生态带的归类。

在生态带中地貌动力本身的不同或多或少依据以下两方面的作用,包括其作用的类型、频率、持续时间和强度:

● **风化作用(Verwitterung)**,例如可能通过冻结风化碎裂(Frostspreng)、温变崩解(Temperatursprengung)、盐崩解(Salzsprengung)、水化(水合)(Hadra(ta)tion)、溶解、氧化或水解(Hydrolyse)等作用过程为主,以及

● **剥蚀(Abtragung)和沉积(Ablagerung)作用**,其实际例子中可能包括许多不同的因素,如水、冰、风或还有重力本身(也即河流侵蚀、海洋磨蚀(海浪冲蚀)、冰川侵蚀、剥蚀等)作用为主。

这些外源性的过程/力量各自以何种特殊方式或方法,有哪些风化产物,也即剥蚀地貌类型和沉积地貌类型的形成,最终取决于降水体制(Niederschlagsregime)、温度体制(Temperaturregime)和风的体制(Windregime)。附图3.1是以一个从极地到赤道的剖面为基础,(以高度概括的方式)显示风化壳随生态带向地下不同深度的有关变化,其结构和化学特征又有着怎么样的改变。

事实上以外源性过程为基础的因素(= 地貌动力学的作用条件)成为气候类型的一个显著部分,它解释地区类似的地貌动力学随着包括整个地球(行星)的气候分区在全球巨大范围的一种划分(动态的函数关系、形成机制),并因此也可以加上生态带的划分(参照比较 STODDART(1969)、BÜDEL(1981)、TRICART 和 CAILLEUX(1972)、HAGEDORN 和 POSER(1974)绘制发表的图幅)。

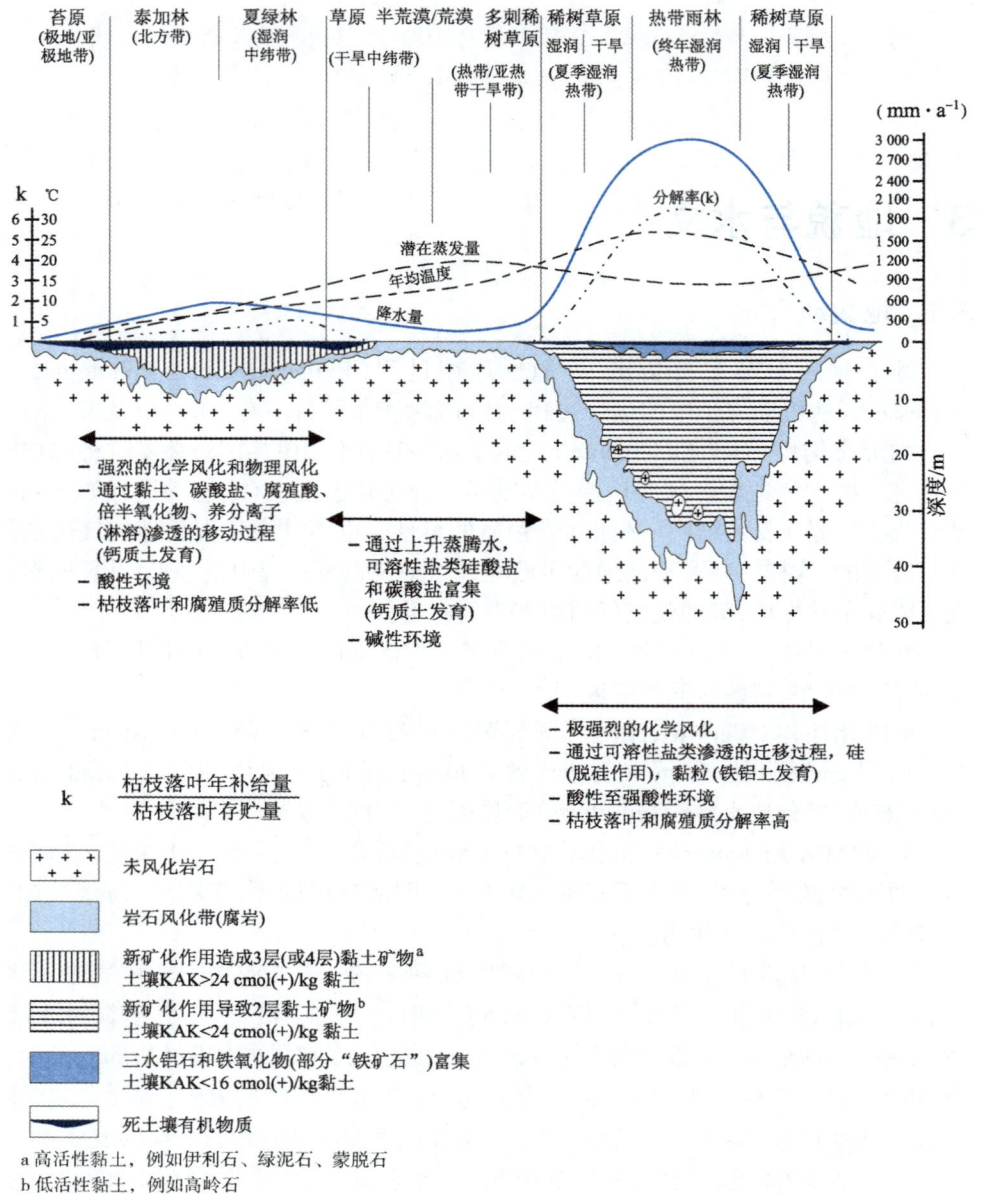

附图 3.1
从北半球的极地/亚极地带到南半球的夏季湿润热带风化壳的气候带的差别(风化壳和腐泥土)

3.2 水文状况[24]与水平衡

各种地貌过程（例如冰川的、冰缘的、河流的、风沙的活动进程）都是和流水相联系的过程，也就是河川做功和冲刷剥蚀（坡面冲刷）是最有效的，这发生于从高纬度到赤道的所有的生态带，也即这种情况发生于永久冻土地区和干旱区域，唯一的例外是沙漠和内陆冰地区。

流水塑造地貌的工作效率与其体积和水流速度有关，这就是说主要与径流（径流量）及水流落差有关，而反过来径流量是集水区域面积大小及水平衡状况的一个函数。通常以 m^3（或 L）/s（立方米（或升）/秒）表示*径流量*，或以 mm/a（毫米/年）表示*径流高度*。

通过降雨或降雪提供的水量就是**径流**输出量（另参阅附图4.3）。流入河流的那部分水量——作为长期的资源并入整个集水区域或更大的地球区域——由降水量和蒸发量的差异来确定（只要不是进一步存贮在更深的地下），必须考虑较短期间内土壤水、地下水和地表水存贮状况可能的变化。

表3.1列出各个生态带中平均径流高度的标准值（Richtwerte），并指出由哪些降水份额（百分比）导致同期相应的*径流系数*（Abflussverhältnissen），而表2.1（据 SCHULTZ, 2000a）提供了各个生态带典型的降水量和蒸发量。

表3.1 各个生态带年平均径流高度和径流系数（多种资料来源）			
生态带	植物群系	年径流量/mm	径流系数 [a]
极地/亚极地带	苔原（冻原）	120	0.55
北方带	泰加林	200	0.50
湿润中纬带	夏绿阔叶林	350	0.47
干旱中纬带	湿草原	200	0.40
	干草原	60	0.12
	荒漠/半荒漠植被	< 10	< 0.03
冬季湿润亚热带	硬叶植被	300	0.50
终年湿润亚热带	雨林	650	0.43
热带/亚热带干旱带	多刺稀树草原	50	0.08
	荒漠/半荒漠植被	< 5	< 0.03
夏季湿润热带	干旱稀树草原	250	0.33
	湿润稀树草原	450	0.45
终年湿润热带	雨林	1 200	0.52
世界平均		310	0.41

[a] （年径流量(mm)/年降水量(mm)）× 100 = 年降水量中属于年径流量的百分数(%)。

---

[24] 流动的水不仅是水收支（平衡）（Wasserhaushaltes）的参数，而且也是重要的地貌学因素，基于此作者把水文和地貌的内容扼要地编为一章。

第3章参考文献

AHNERT, F.（2003）: Einführung in die Geomorphologie. Ulmer, Stuttgart（3. Aufl.）, 477 S.

BAUMHAUER, R.（2006）: Geomorphologie. Wissenschaftliche Buchgesellschaft, Darmstadt, 144 S.

BLUME, H.（1994）: Das Relief der Erde. Ein Bildatlas. Enke, Stuttgart（2. Aufl.）, 140 S.

BÜDEL, J.（1981）: Klima-Geomorphologie. Borntraeger, Berlin（2. Aufl.）, 304 S.

BUSCHE, D., KEMPF, J. UND STENGEL, I.（2005）: Landschaftsformen der Erde. Bildatlas der Geomorphologie. Primus/Wiss. Buchgesellschaft, Darmstadt, 360 S.

BUTZER, K. W.（1976）: Geomorphology from the Earth. Harper and Row, New York, 463 S.

CHORLEY, R. J., SCHUMM, S. A. und SUGDEN, D. E.（1984）: Geomorphology. Methuen, New York, 605 S.

HAGEDORN, J. und POSER, H.（1974）: Räumliche Ordnung der rezenten geomorphologischen Prozesse und Prozesskombinationen auf der Erde. In: POSER, H.（ed.）: Geomorphologische Prozesse und Prozesskombinationen in der Gegenwart unter verschiedenen Klimabedingungen. Vandenhoeck und Ruprecht, Göttingen, 426–439.

HUGGETT, R. J.（2007）: Fundamentals of geomorphology. Routledge, London, 458 S.

LOUIS, H. und FISCHER, K.（1979）: Allgemeine Geomorphologie. De Gruyter, Berlin（4. Aufl.）, 814 S.

OLLIER, C. D.（1984）: Weathering. Longman, Edinburgh（2. Aufl.）, 270-S.

ROHDENBURG, H.（2006）: Einführung in die Klimagenetische Geomorphologie. Catena Verlag, Reiskirchen（3. Aufl.）, 350 S.

SCHULTZ（2000a）, *s*. Lit. zu Allgemeiner Teil.

STODDART, D. R.（1969）: Climatic geomorphology: review and reassessment. *Progr. Geogr.* 1, 160–222.

THOMAS, M. F（1994）: Geomorphology in the tropics. John Wiley and Sons, Chichester（2. Aufl.）, 460 S.

TRICART, J. und CAILLEUX, A.（1972）: Introduction to climatic geomorphology. Longman, London, 295 S.

WILHELMY, H., BAUER, B. UND FISCHER, H.（2002）: Geomorphologie in Stichworten 2. Exogene Morphodynamik. Abtragung, Verwitterung, Tal-und Flächenbildung. Borntraeger, Berlin（6. Aufl.）, 202 S.

WILHELMY, H. UND EMBLETON-HAMANN, CH.（2007）: Geomorphologie in Stichworten 3: Exogene Morphodynamik. Karstmorphologie, Glazialer Formenschatz, Küstenformen. Borntraeger, Berlin（6. Aufl.）, 164 S.

WIRTHMANN, A.（1994）: Geomorphologie der Tropen. Wissenschaftliche Buchgesellschaft, Darmstadt（2. Aufl.）, 222 S.

ZEPP, H.（2004）: Geomorphologie. UTB（Schöningh）, Paderborn（3. Aufl.）, 354 S.

4 土壤

比起气候因素,土壤因子的重要性至少在于它在自然区域的划分方面,在低级的较小的空间维度中土壤因子是占有主导地位的。

4.1 土壤肥力

土壤肥力的概念主要与*土壤养分供应状况*有关,土壤养分的可利用性依据其结合条件和数量而有所差别。土壤肥力不仅更大程度地依赖于土壤中与气候有关的热量、空气和水的收支,它们对土壤的*生产收益性能即生产力*(Produktivität)也起到重要的影响,甚至起主导的作用。

土壤中可利用营养成分的数量基本上来自可交换组分的大小(附图4.1),这一方面与土壤的交换率(Austauschkapazität,AK)有关(离子的可交换形式通过土壤一些组成部分的正或负剩余电荷的吸附),另一方面与**营养物质的收入和支出之间的平衡**相联系。后者在有植被覆盖的地方是系统固有的量值,主要由植物生长过程结合于生物质中的有机物质的分解及其释放而提供的矿物质所决

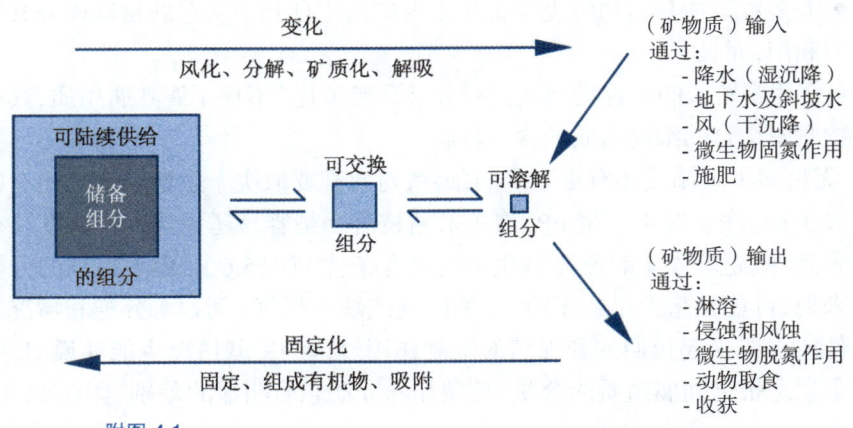

附图 4.1
营养元素组分和互动进程(据 SCHROEDER 和 BLUM 1992,略有修改)

定。但是各种物质由外部的输入（Importe）和向外部的输出（Exporte）都可能造成营养物质的增加或减少（参看附图4.2补给和失去）。而且中期至长期所释放的源自原始硅酸盐（Silikaten）（也即母岩）的营养成分也可能是主要的（"土壤的后创造力"）。

土壤交换率是与黏土矿物（Tonminerale）和**腐殖质**（= 死的土壤有机物质）(soil organic matter, SOM)的**数量和类型**相关联的。土壤的*阳离子交换率*（Kationenaustauschkapazität, KAK，如营养性阳离子 Ca^{2+}、K^+ 和 Mg^{2+}；还有 H^+）在腐熟腐殖质（Mull）中最高可达200~500 cmol（+）/kg 黏粒。硅酸盐黏土矿物为接近土体顶部3层交换率大多>100 cmol（+）/kg 黏粒的蒙脱石（Smectite）和蛭石（Vermiculite），其次同样也是3层黏土矿物交换率为20~50 cmol（+）/kg 的伊利石（Illit）和2层黏土矿物交换率为5~15 cmol（+）/kg 的高岭石（Kaolinit）。主要的*阴离子交换率*（Anionenaustauschkapazität, AAK，如养分离子 NO_3^-、SO_4^{2-}、PO_4^{3-} 等），这类离子大多具有极低的交换率，倍半氧化物包括铁氧化物、铝氧化物及氢氧化物（例如针铁矿、赤铁矿、三水铝石等）属于这一类。

据此可知，在黏土组分中蒙脱石占主导地位的变性土（Vertisole），具有高的阳离子交换率（KAK）；反过来，热带/亚热带的低活性淋溶土（Lixisole）、低活性强酸土（Acrisole）和黏绨土（Nitisole）是以高岭石占优势的，它们的阳离子交换率较低（< 24 cmol（+）/kg 黏粒）；在阳离子交换率极低的土壤中，除高岭石外，倍半氧化物也占有高比例，例如某些铁铝土类（Ferralsolen）就属于这类 KAK 极端低下（<1.5 cmol（+）/kg 黏粒）的土类。在中欧地区的土壤类型中，阳离子交换率大多保持在40~60 cmol（+）/kg 黏粒。

有关土壤肥力（养分动态）的最有利情况是和以下几方面密切相关的，也即如果
● 养分离子的 KAK 占有较高的比例，也即盐基饱和度高；
● 大多数植物和动物的废弃物几年内矿质化且其中含有的营养成分又重新被植物所利用，而且
● 作为腐殖质的一种类型，（强烈分解及腐殖化）形成了腐熟腐殖质，其中与黏土矿物紧密结合的细腐殖质的含量较高。

无论多少限制或还有更不利的条件，对此都要取决于供给土壤的死有机物数量的多少（与净初级生产量 PP_N 有关），枯枝落叶是容易还是难以分解以及存在哪些分解条件（这基本上就是土壤生物的生存条件）（见5.6）。后者提到的分解条件举例来说，可能是指干旱或寒冷、土壤酸性或缺乏氧气（例如水分饱和情况下），这些条件或多或少起长期的和强烈的限制作用。这些关联情况也能够说明，为什么**在各个生态带之间腐殖质的含量、类型和养分动态有明显的差别**（附图4.2）（依据 MEENTEMEYER 等, 1985）。

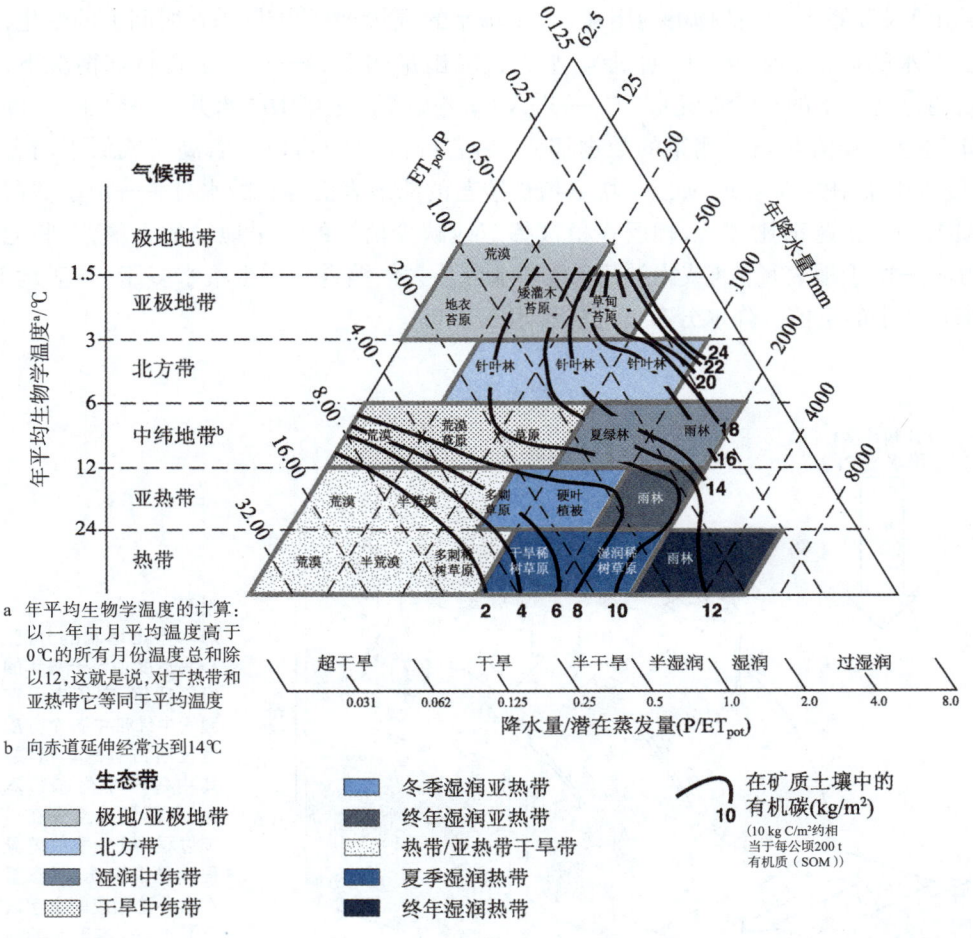

附图 4.2

在矿质土壤中碳贮存量（不包括枯枝落叶层和直径大于 2 mm 的组成部分）依赖于气候和植被（POST 等，1982）。在共计 2 700 个土壤剖面中，个别数据最初依据霍尔德里奇（HOLDRIDGE,1947）所划分的植物群系（生活带），并从这些分组计算了平均碳密度，而后这些平均值被转入 Holdridge – 三角示意图之中（其中生态带由作者进行了补充 a）并因此引出相同碳密度的线条。这些线条的走向指明，土壤中碳密度增高（1）从左向右：符合于有机物质较高生产量及上升的降水量趋势，并且（2）由下向上：符合于分解率降低及温度的下降。其他任何一种解释几乎都是不可能的，因为，每一变化宽度都和一个生活带的数据有关，如同 POST 等所述，带的范围无例外地都是很大的，这可以联系到土壤、地形、群落气候（温度、湿度条件）等影响因素的显著作用。在这种情况下增加测定样本的数目可能也不会带来更好的结果，而是需要更多地改善样本的选择方法（选取有代表性的地点）

a 在湿润中纬带和干旱中纬带朝向赤道的边缘地带，生物学温度部分地超过 HOLDRIDGE 的对于在中纬带和亚热带之间所选择 12℃ 波动值的界限以上达到 2 K

4.2 土壤水分收支

土壤水分收支（Bodenwasserhaushalt）这个词的概念，既指依据分布、数量（存

贮水）及联系形式（植物可利用性）等土壤水的现状，也指土壤水在时间上的变化，也即水的运动（水（体积）通量）。水直接输出量的多少——除了在特殊情况下，是通过地下水的补给而完成的——**进入（＝渗透到）土壤中的水**并不是降水量，例如就像气候监测站所测得的数据那样：后者（降水量）可以显著高于或低于前者（侵入土壤中的水量）！所以土壤从植被覆盖的陆地表面得到的水分——由于截留损失——普遍都比较少，相反在植被稀疏或缺少植被的干旱地区的土壤，有些地方——由于地表径流（或因沙漠雾）使水分从大气缩合——土壤水多于（空旷地）来自降水的量值。降水分布情况参看附图4.3。

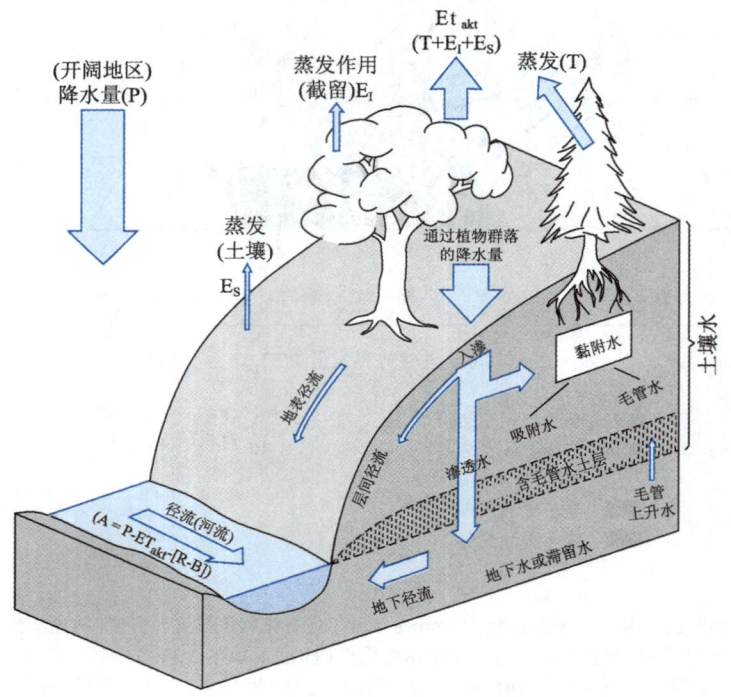

附图4.3

降水与土壤水的分配。箭头宽度相当于每年的份额比例，它们表示在湿润中纬带中各个分配途径所占有的年份额。其中每一个生态带本身（年总量或至少在一年过程中）分配的差异程度是很极端的（参看本书分论相应的文字段落）。R–B：存贮水的数量变化（R ＝ 储备，例如黏附水（Haftwasser）、地下水或雪；B ＝ 消费）

渗入土壤中的水分作为**黏附水（Haftwasser）**（"土壤湿度"）留在土壤中，或进而作为**渗透水**（Sickerwasser，即汇水（Sinkwasser）、下降水（Senkwasser））渗入到地下水中。这样的水分数量，是土壤在自由排水情况下能够保持的最大水量（按照另一定义：渗透水是指（在10~50 μm中等大小孔隙中）缓慢渗透的因此可暂时利用的水；参阅附图4.4），称为田间持水量（Feldkapazität, FK）或最大黏附水量（maximale Haftwassermenge），它通常以体积分数（Vol.-%）表示。在大多数生态带中，最大黏附水量能暂时达到最大值但也仅局限于个别的土壤层。在湿润中纬带，夏季植被生长期间或多或少消费（B）更多的水分，而冬季水分贮存充足达到田间持水量(**储备**(**R**);例子参阅附图9.5)。在冬季湿润亚热带和夏季湿润热带,一年中随着雨季和干旱季节而变化土壤水分存贮和消耗的季节正相反。至于在干旱地带,或许除了一些中纬带的草原地区外,几乎从来没有到达过田间持水量,无论如何在这些地区下层土壤从未达到过。仅只在终年湿润热带和终年湿润亚热带一年中的大部分时间能够保持一种(几乎)最大的水贮备状态。而在极地/亚极地带以及部分北方带,在初夏积雪融化和接着的冻土融化期之后,甚至可能出现长期持久的过度潮湿("自由"堰塞水),特别是在那些永久冻土常年妨碍水分向深层渗透的地方,过度潮湿状况更为明显。

在土壤中以一定的(很大程度上随水分含量下降而增高的)结合能(Bindungsenergie)保持的水分,如果植物本身具有较高的根吸收压,才能够利用这些水分,也即在植物根中渗透势(osmotische Potential)($\Psi_{(根)}$)降至较低的水平[25],等到从土壤溶液到植物根毛的细胞液能够维持一个潜势梯度,才可能继续利用。一旦它们达成平衡状态,也就到达植物的**永久萎蔫点**(permanenten Welkepunkt, PWP)。

大多数植物的萎蔫点位于土壤水压约15 bar(巴)或基质势(Matrixpotential)为 -1.5 MPa(兆帕斯卡)的情况下,更低的根潜势(达到约 -6 MPa)存在于许多**干旱地区的植物中**。

田间持水量和永久萎蔫点形成可利用田间持水量(nutzbare Feldkapazität, nFK)的(绝对)界限。附图4.4和表4.1表明,这两种参数与土壤类型有关(=土壤粒度类型,其界定依据粒度组分的混合比),在**水分含量显著不同的情况下**,达到上述两参数它们各自可能的对于可利用水分的最高水平也因此会有很大的差别。在亚黏土和淤泥(Schluffen)中最高(最有利)的水分含量是其体积分数占整体的20%,在黏土中水分含量中等(适宜),占15%左右,而在沙土中含量比例最低(最差)大约仅占7%。

植物的实际可利用水量(verfügbare Wassermenge, vFK)取决于**根区的规模**(Größe des Wurzelraumes)和**生根的强度**(Intensität der Durchwurzelung)。植物最大可能利用水分的量称为水分利用容量(Nutzwasserkapazität),其计算方法为:由田间持水量和永久萎蔫点计算水分含量之差乘以根区的深度(表 4.1),如有必要,还需考虑生根的强度,特别是考虑到那些生活在干旱中纬带、热带/亚热带干旱带以及——有些不太明显——夏季湿润热带的具有深根系的木本植物;浅根系植物大多生长在终年湿润热带。

---

25 水势(Wasserpotentiale)的大小具有负压量度($J/m^3 = N/m^2 = -Pa$),通常以兆帕(MPa)即百万帕斯卡(Megapascal)前面带一个负号来表示,-1 MPa(土壤水)的水势相当于10 bar水压(土壤吸收压)(见附图4.4)。

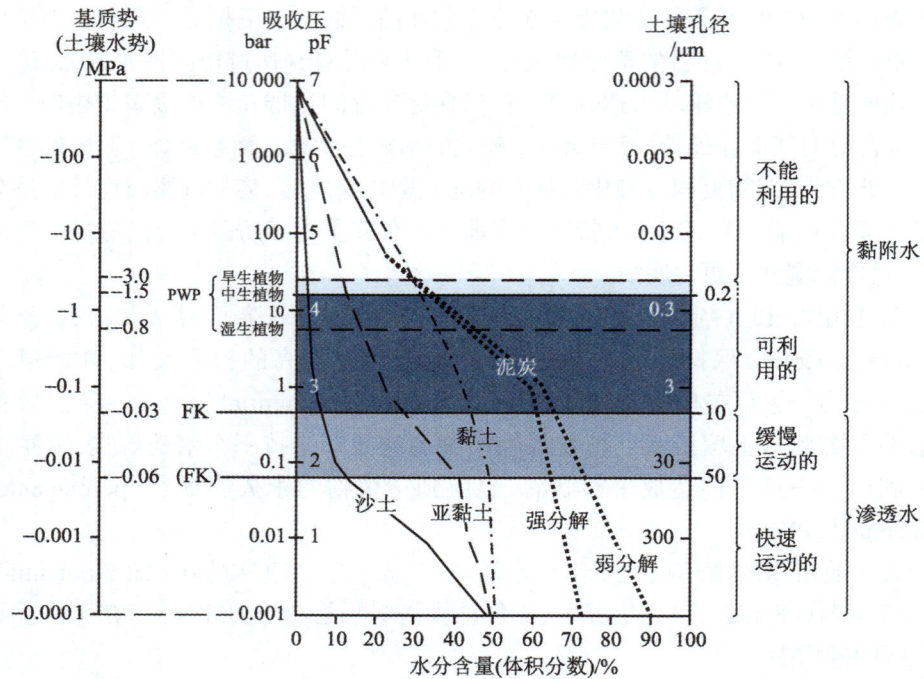

附图 4.4
不同土壤类型的水压曲线（依据多位作者）。PWP = 永久萎蔫点，FK = 田间持水量，pF = 吸收压的对数（在厘米水柱中的水压）

表 4.1 一些土壤类型根区内的可利用水（据 Schroeder 和 Blum，1992）					
土壤类型/ 土壤种类	平均水分含量 [a]		可利用水含量 （FK − PWP）	根区深度	根区水分 利用能力
	田间持水量 （FK） Vol.-%	永久萎蔫点 （PWP） Vol.-%	Vol.-%	dm	mm [b]
雏形土（砂质的）	10	3	7	10.0	70
黑钙土（黏土质的）	30	10	20	15.0	300
高活性淋溶土 （亚黏土质的）	35	15	20	7.5	150
黏土类（重黏土）	45	30	15	5.0	75

续表

> a 根区中所有土层的平均值，以精确计算而确定各个土壤层的数值，并计算每层的水分利用能力。
> b 1 mm 土壤水分等于在一个厚度为1 dm 的土层中水分的体积分数（%）。以毫米为单位来表示是由于降水量值通常使用的单位也是毫米，为了使土壤水分与降水量值之间有更好的可比性，因而采用相同的量度单位毫米。举例来说，先前提到的砂质土壤在降雨量达到（理论上的）70 mm 时，其根区中的水分贮存已经完全饱和（如果以在永久萎蔫点（PWP）时的土壤水分数值作为初始值，情况即如上述；否则要达到100 mm，其根区中的水分贮存才完全饱和）。更多降雨并不能带给植物额外的收益。另外，降雨需要相对较短的时间间隔，因为少量储水会迅速耗尽。在极端情况下，上面提到的第二类在干旱中纬带发育高草草原的富含黏土的典型黑钙土，具有另一类贮存水分条件：这类土壤可能存贮给植物可利用的降雨量多达300 mm，相应的它们能够耐受每次雨后较长时期的无雨干旱，植物不致很快受到干旱的损害。

4.3 土壤分类单元和土壤带

本书采用的土壤分类单元（土壤类型）的原则及其命名依据的是1974—1999年联合国粮食与农业组织（简称联合国粮农组织）的土壤分类系统（Klassifikations-System der FAO）以及1998年世界土壤资源参比基础（World Reference Bocse for Soil Resources，WRB）。FAO–系统构成比例尺为1:500万**世界土壤图**的基础（18个彩色图页），它主要根据现有的区域土壤制图而创建（联合国粮农组织–教科文组织（FAO-UNESCO）1974—1981），它也是比例尺为 1:100万 欧洲土壤图（欧洲社区委员会，1985）的基础。

为了更好地理解 FAO 的土壤分类，必须先概览本书框式图2 中的有关内容：主要土壤类型组（major soil groupings）和一些以短标志加以注明的土壤单元（soil units），它们大致与其他知名的土壤分类系统的描述相符，并引用美国的土壤系统分类。不同分类系统完全等同通常来说是不可能的，因为在每个系统中所应用的标准（"诊断"特性）是不同的。

土壤单元的名称由赋予一种特殊性质以一定定义的主要土类的特征性形容词（形成要素）所组成，它们的含义举例对照如下：

漂白的（Albic）　　　　使漂白
钙积的（Calcic）　　　　次生性钙富集
深色的（Chromic）　　　强烈染色
贫营养的（Dystric）　　　盐基饱和度低（<50%）

富营养的（Eutric）	盐基饱和度高（≥50%）
富铁铝的（Ferralic）	倍半氧化物比例高（Fe-氧化物和Al-氧化物/氢氧化物）
富纤维的（Fibric）	有机物质（泥炭）分解弱
寒冻的（Gelic）	底层土壤中有永冻层
典型的（Haplic）	标准层次序列（normale Horizontfolge）
淋溶的（Luvic）	黏土积累在底层土壤中（黏化B-层），阳离子交换率（KAK）≥24 cmol（+）/kg 黏粒，盐基饱和度≥50%
松软的（Mollic）	腐殖质丰富，盐基饱和度>50%
网纹的（Plinthic）	富有铁质"锈斑的"贫腐殖质黏土，干燥时不可逆转地变硬（而后石化网纹体（petroplinthic））
暗色的（Umbric）	腐殖质丰富，盐基饱和度<50%

土壤层的符号和定义可参看本书前面介绍的*缩写与符号*部分。

对于联合国粮农组织-教科文组织-土壤图的图例在这期间所做的加工修订（FAO, 1988; 1994），在本书里对土壤的有关描述基本上也随其做了修订（另参阅 DRIESSEN 和 DUDAL, 1991）。后来出版的（ISSS-ISRIC–FAO, BRIDGES 等, DECKERS 等）是由**世界土壤资源参比基础**（WRB）于1998年的另一次修订，对其最重要的创新在本书中同样也给予了关注（见下面）。由于地图的其他部分只存在原版，致使对其（部分过时的）图例尚无法修订，由于这个原因，在本书中有关部分附加添上过去的土壤名称。

土壤带图（见附录B）是通过联合国粮农组织-联合国教科文组织（FAO-UNESCO）-土壤图与生态带图的比较而产生的。表4.2 指明土壤带和生态带之间的对应与相关。

属于 **WRB 的最重要的革新**包括对主要土壤类型组冰成土（Cryosole）、硅胶结土（Durisole）和暗色土（Umbrisole）给出的新描述，在漂白淋溶土（Albeluvisole）中对灰化淋溶土（Podzoluvisole）的重命名以及在黑土（Phaeozeme）中删除灰黑土（Greyzeme）等。**冰成土**是在不足1 m 深度有冻土及反复融冻扰动结构特征（由于冻结条件变化而重新排列）的土类，它们主要发生在本书述及的极地/亚极地带的许多地方,作为典型的、标志性的土壤单元(寒冻潜育土(Gelic Gleysole)、寒冻疏松岩性土(Gelic Regosole)、寒冻薄层土(Gelic Leptosole)等)。**硅胶结土**是以次生性硅酸盐结壳或结节(*硅结壳*)为特征的,其主要分布区位于地球半干旱地区,在 FAO-UNESCO- 土壤图中称这些地区土壤为干旱土(Xerosole)。**暗色土**是酸性富含腐殖质的土壤类群,它们的盐基饱和度——与同样富含腐殖质的草原土壤有区别——低于50%,它们主要发生并存在于世界各地降水丰富的高山地带。

表 4.2 土壤带与生态带之间近似等同的位置

土壤带	生态带/部分地区
寒冻疏松岩性土 - 寒冻潜育土带[b]	苔原和冻结风化碎石带
灰化土 - 雏形土 - 有机土带[b]	北方带
典型高活性淋溶土带	湿润中纬带
栗钙土 - 典型黑土 - 黑钙土带	禾草草原(湿润)
干旱土带[a,b]	禾草草原(干旱)及多刺 稀树草原和多刺草原
漠境土带[a]	中纬带及热带/亚热带干旱带(荒漠和半荒漠)
深色高活性淋溶土 - 钙积土带	冬季湿润亚热带
低活性强酸土 - 低活性淋溶土 - 黏绨土带	夏季湿润热带
低活性强酸土带	终年湿润亚热带、东南亚 终年湿润热带和南美湿润稀树草原
铁铝土带	终年湿润热带(除东南亚和中美洲以外)

a 干旱土(Xerosole)和漠境土(Yermosole)这两个土壤单元自1988年起被 FAO- 土壤分类系统删除,在它们的位置部分出现更多一些新单元,但因对其分布还不能依据该图来认知,必须暂时沿用过去土壤带的名称。
b 其他的修改变动出现在1998年提交的版本(WRB, 1998)(框式图2),此后"寒冻疏松岩性土 – 寒冻潜育土带"(Gelic Regosol-Gelic Gleysol-Zone)被重新命名为"冰成土带"(Cryosol-Zone),新引月的硅胶结土纳入干旱土带(Xerosol-Zone)作为典型的土壤类型。

表2 FAO- 和 WRB- 土壤分类单元与德国,英美和法国土壤分类型近似相关的简要说明

分类单元[a]	特征简要描述	与德国,英美和法国土壤类型/土壤名称的近似相关		
		德国分类系统	英美分类系统	法国分类系统
1				
冰成土类 (Cryosole)	具有融冻扰动结构特征(冰冻层)的冻土类型	寒冻土类 (Gelosole)	新成土(Entisols): 冲积新成土;冲积土 (Alluvial soils)	Sols minéraux brut d'apport alluvial ou colluvial
冲积土类 (Fluvisole)	年轻的冲积层土壤类型(冲积土),在河流洪泛区,潮岸和海岸地带	河漫滩土壤,冲积土类,冲积土	新成土:潮新成土;始成土(Inceptisols):潮始成土;软土:潮软土;草甸土	潜育土
潜育土类 (Gleysole)	受高地下水位影响的(水成)土壤类型	灰黏土 (Gleye),潜育土类型	− 永冻性冷冻潮湿始成土,苔原潜育土	
− 寒冻的		− 苔原潜育土	新成土:正常新成土	
疏松岩性土类 (Regosole)	细粒松散基质组成的粗糙土壤类型(除在洪水泛滥地区外,其次冲积土地区)	疏松粗糙土		Sols minéraux bruts d' éolien ou volcanique, sols peu évolués régosoliques d' érosion
薄层土类[b] (Leptosole)	在基岩或石质疏松物上微弱发育的薄层土壤,包括过去的土壤单元:薄层土(Ranker),黑色石灰土(Rendzina),石质土(Lithosole)以及石质的疏松岩性土	岩屑土(Syrosem),粗骨土	新成土(Entisols):石质亚类;黑色石灰软土(Rendolls)	石质土
石质土类[c] (Lithosole)	薄层(<10 cm)源自基岩的粗糙性土壤(暗色A- 层),在无碳酸盐土	岩屑土,石质粗骨土,岩屑土或粗骨土	新成土:正常新成土	
薄层土[c] (Ranker)	薄的AC层-土壤(暗色A- 层),在碳酸盐贫乏无的岩石土	薄层土,腐殖质硅酸盐土	始成土:石质暗色始成土	

续表

FAO- 和 WRB- 土壤分类单元与德国、英美和法国土壤分类类型近似相关的简要说明

与德国、英美和法国土壤类型／土壤名称的近似相关

	FAO- 和 WRB- 分类单元[a]	特征简要描述	德国分类系统	英美分类系统	法国分类系统
1	黑色石灰土[c]（Rendzina）	薄的 AC 层 - 土壤（松软 A- 层），在碳酸盐丰富的岩石上	黑色石灰土，腐殖质碳酸盐土	软土类（Mollisols）：黑色石灰土	砂质土
2	砂性土类（Arenosole）	腐殖质初始微弱发育的砂性土类群（除在洪水泛滥地区外，其次为冲积土地区）；大多发生在干旱地区	疏松岩性土，砂质棕壤	新成土类：沙质新成土，砂质淤湿新成土；（红色和黄色）砂土	Sols bruns tropicaux sur materiaux volcaniques
	火山灰土类（Andosole）	发育于火山灰上年轻的、疏松暗色的（腐殖质很丰富的）土壤类型		火山灰土：黑色火山灰土，腐殖质水铝英石土	
	变性土类（Vertisole）	深色蒙脱石丰富的黏土土类，具有明显的（扰动，干燥开裂、翻转等）膨胀收缩特征	重黏土，暗重黏土（Smonitzen）	变性土，蒂尔黑土（Tirs），黑色棉土，黑棉土（Regurs），开裂黏土类，热带腐殖质黑黏土	
3	雏形土类（Cambisole）	底层有部分腐殖质和黏土成分的土壤类型：风化 B- 层（雏形 B- 层）	棕壤（无淋溶土类）	始成土类：淡色始成土，暗始成土；褐色土	棕壤
	- 钙质的		- 钙质棕壤	- 暗红夏旱浓色始成土	- 钙质棕壤
	- 深色的		- 棕色石灰土，红色石灰土		
	- 贫营养的		- 酸性棕壤	- 贫营养淡色始成土，酸性棕壤	- Sols fersiallitiques non lessivés
	- 富营养的		- 典型棕壤	- 富营养淡色始成土，正常棕色森林土	- 酸性棕壤
	暗色土类（Umbrisole）	具有丰厚腐殖质集表土层的酸性土壤类型；盐基饱和度 < 50%	腐殖质棕壤，富含腐殖质的高山土		- 富营养棕色土

续表 2

FAO- 和 WRB- 土壤分类单元与德国、英美和法国土壤分类型近似相关的简要说明

	分类单元 [a]	特征简要描述	与德国、英美和法国土壤类型/土壤名称的近似相关		
			德国分类系统	英美分类系统	法国分类系统
4	钙积土类[b]（Calcisole）	微弱发育（淡色A-层，大多分布在干旱地区）富含钙质（次生性）的土壤类型	富含钙质土类	干旱土（Aridisols）：正常干旱土，钙质土，钙质和石化钙质干荒漠土壤亚类	
	硅胶结土类（Durisole）	具有次生性 SiO_2 富集的硬皮（硬壳）或结核的土壤类型			
	石膏土类[b]（Gypsisole）	具有次生性石膏富集的微弱发育的（淡色A-层）土壤类型（大多在干旱地区）		干旱土：正常石膏土；石膏土	（棕色）石膏土
	碱土类（Solonetze）	B-层黏粒富集且Na-饱和度高（钠质B层）	碱土，碱性土类（Alkaliböden），黑色碱性土	干旱土：碱土，盐渍土，钠质土	Sols sodiques à horizon B
	盐土类（Solonchake）	水溶性盐类含量高的土壤类型	盐土，盐碱土，白碱土壤	干旱土：正常盐土；盐土类	盐土
	干旱土类[d]（Xerosole）	半荒漠腐殖质贫乏的土壤类型（A-层色淡）	淡色棕壤（Buroseme），半荒漠土壤	干旱土，半荒漠土壤，淡色棕壤	弱发育干旱土，半干旱棕壤
	漠境土类[d]（Yermosole）	荒漠地区腐殖质极端贫乏的土壤类型（A-层色淡）	灰钙土（Sieroseme），荒漠土壤类型	干旱土，荒漠土	砂质干旱土
5	栗钙土类（Kastanoze-me）	具有栗色的、腐熟腐殖质丰富的A-层和碳酸钙或石膏淀积层的草原土壤类型	棕色草原土类，栗色土类，淡色棕壤	软土类：半干旱和干旱冷凉软土类；（干草原）栗钙土，棕钙土	栗钙土
	黑钙土类（Chernoze-me）	具有较深色腐熟腐殖质A-层和钙淀积层及强烈生物扰动的草原土壤类型	（草原）黑色土壤，黑钙土	软土类；温带草原黑土	模式黑钙土

续表

FAO- 和 WRB- 土壤分类单元与德国、英美和法国土壤分类类型近似相关的简要说明

	FAO- 和 WRB- 分类单元ª	特征简要描述	与德国、英美和法国土壤类型/土壤名称的近似相关		
			德国分类系统	英美分类系统	法国分类系统
5	- 典型的 - 淋溶的		- 典型黑钙土 - 贫黑钙土	简育冷凉软土, 典型黑钙土, 黏淀冷凉软土, 灰化土, 黑钙土	
	黑土类 (Phaeozeme)	退化的草原土壤类群：具有深色、腐殖质丰富的 A- 层和脱钙的底土层	湿草原土, 草原土 (Prärieböden), 退化黑钙土	软土 (Mollisols), 黑灰土, 湿草原土, 火烧草原土	湿草原土
	灰黑土类ᵉ (Greyzeme)	具有腐熟腐殖质 A- 层和黏粒富集的 B- 层表面"漂白"的聚合体(耕作淀积 B- 层)	灰色森林土	软土类：黏淀冷凉软土, 汽湿软土, 灰色森林土	
6	高活性淋溶土类 (Luvisole)	淋溶土类, 具有较高阳离子交换率 (≥ 24 cmol(+)/kg 黏粒) 和盐基饱和度 (> 50%)	淋溶性的 (Lessives), 淋溶土 (Parabraunerd-en)	淋溶土类：湿润淋溶土, 冷凉淋溶土；灰棕色灰化土	淋溶土
	- 漂白的 - 深色的	(过去称"正常的")	- 红色石灰土, 棕色石灰土	- 暗红色夏旱淋溶土, 简育夏旱淋溶土 - 灰化棕色软土	- Sols fersiallitiques lessivés
	- 典型的 黏磐土类 (Planosole)	具有因水分阻塞而潮湿漂白的 E- 层及大理石纹状锈斑, 缓渗透底层的土壤类型	假潜育土, 乳清土 (Stagnogleye)	漂白潮湿淋溶土, 漂白潮湿老成土, 黏淀漂白软土	
	漂白淋溶土ᶠ (Albeluvisole)	具有舌状深达 B- 层的漂白层 (E- 层)	灰白色土	淋溶土类 (Alfisols)：舌状淋溶大类群	舌状淋溶土, Luvisols dégradés glossiques

续表 2

FAO-和WRB-土壤分类单元与德国、英美和法国土壤分类型近似相关的简要说明

分类单元[a]	特征简要描述	与德国、英美和法国土壤类型/土壤名称的近似相关		
		德国分类系统	英美分类系统	法国分类系统
6 灰化土类（Podzole）	灰化层（漂白E-层）和黑色至棕色的B-层（灰化B-层），腐殖质，Al和Fe聚积	灰化土，漂白土	灰化土	
7 低活性淋溶土[b]（Lixisole）	具有低阳离子交换率（<24 cmol(+)/kg黏粒）和高盐基饱和度（>50%）；它既与高活性淋溶土有别，也与低活性强酸土不同	富铁土（Fersiallite）	淋溶土：半干润淋溶土，干热淋溶土；富铁灰化土，红黄色灰化土	热带富铁淋溶土
低活性强酸土（Acrisole）	强风化，酸性，高岭土性土壤类型，具有黏粒迁移（黏化B层）及较低交换率（<24 cmol(+)/kg黏粒）和盐基饱和度（<50%）	富铁强酸土，红色黏土，棕色黏土	老成土（Ultisols），红黄色灰化土，淋溶铁铝土	淋溶富铁土，Sols ferrallitiques lessivés moyenne ou fortement désaturés à horizon B
高活性强酸土[b]（Alisole）	近似低活性强酸土，但具有较高阳离子交换率（≥24 cmol(+)/kg黏粒）和相应较低的Al-饱和度以及相应较低的盐基饱和度		潮老成土（Aquults），腐殖质老成土，湿老成土	富铁土，Sols fersiallitiques très lessivés
黏绨土类（Nitisole）	富含黏粒的黏绨B-层，稳定的多面体结构和光泽的聚合表面，低阳离子交换率和高盐基饱和度（>50%）；过去名为：Nitosol		淋溶土：湿润淋溶土，老成土；红壤土，干成土，红壤（Krasnozems）	富铁土
8 铁铝土类（Ferralsole）	深度风化的富铁铝（=富铁和铝氧化物）土壤类型，具有结构稳定的底土层（铁铝B-层），阳离子交换率很低（≤16 cmol(+)/kg黏粒），伪砂	热带红土，热带黄土，铁铝土，砖红壤	氧化土（Oxisols），风化铁铝土，砖红壤，红壤性土类	正常红壤或具有强不饱和B-层
聚铁网纹土[b]（Plinthosole）	富铁，大多有锈斑的铁铝土类型，干燥时变硬（"红土"）		氧化土：网纹潮氧化土；砖红壤，地下水砖红壤	Sols gris latéritiques

续表 2

FAO- 和 WRB- 土壤分类单元与德国，英美和法国土壤分类类型近似相关的简要说明

分类单元[a]	特征简要描述	与德国，英美和法国土壤图相关的近似相关		
		德国分类系统	英美分类系统	法国分类系统
8 有机土（Histosole）	有机质土壤类型（有机质层至少40 cm）	沼泽土，泥炭土	有机土，沼泽土，泥炭土，有机水成土	有机水成土
人为土[b]（Anthrosole）	主要由人为产生的土壤类型	人为土类，耕种土壤，农田土壤，混层土	人为土类，耕种土	

[a] FAO-UNESCO- 土壤图中包括的图例，所有经修订的28种主要土壤类型和其下属土壤单元的说明以如下主要土壤类型填入，其中有些土类（斜体字表示的）已被删除，随着引入冰成土，暗色土和硅胶结土及删除灰黑土（WRB，1998），主要土壤群组总数增至30，其1~8分组表示着主要土壤发生和土壤生态学的近似；它们也表示每种与美国土壤分类系统（括号里）相应的土壤阶元：
1 年轻土壤类型；全部气候带（新成土）
2 基岩影响的土壤；全部气候带（变性土）
3 弱发育的土类，具有 Bw- 层；全部气候带（始成土）
4 具有盐分积累的土壤类型；干旱气候地区（旱成土）
5 具有肥厚的腐殖质积殖质 A- 层；草原气候带（草原土）
6 具有黏粒或腐殖质积殖质的 B- 层，盐基饱和度中等至高；除热带外（淋溶土，灰土）
7 深度风化土类，倍半氧化物 B- 层黏粒积累，阳离子交换率和盐基饱和度大多较低；湿润热带（老成土，淋溶土）
8 深度发育，倍半氧化，Si 贫乏，无黏粒转移的风化土类；热带和亚热带（氧化土）

[b] 自1988 年起 Rom 修订的图例，因此在1975—1981年的世界土壤图中缺少。
[c] 自1988年起属于薄层土：石质薄层土→石质薄层土，薄色石灰薄层土→暗色石灰薄层土，黑色石灰薄层土→黑色石灰薄层土。
[d] 1988年删除，以钙积土，石膏土，砂性土，疏松岩性土取代。
[e] 1998年删除，以黑土取代。
[f] 1998年之前，灰化淋溶土（Podzoluvisole）。

第4章参考文献

BLUM, W. E. (2007): Bodenkunde in Stichworten. *Hirt's Stichwortbücher*. Borntraeger, Stuttgart (6. Aufl.), 179 S.

BLUME, H.-P., FELIX-HENNINGSEN, P., FISCHER, W. R., FREDE, H.-G., HORN, R. und STAHR, K. (eds.) (ab 1996 fortlaufend): Handbuch der Bodenkunde. Ecomed, Landsberg.

BRIDGES, E. M., BATJES, N. H. und NACHTERGAELE, F. O. (eds.) (1998): World reference base for soil resources: atlas. Acco, Leuven, 79 S.

CANARACHE, A., VINTILA, I. I. und MUNTEANU, I. (2006): Elsevier's dictionary of soil science. Elsevier, Amsterdam, 1360 S.

Commission of European Community (1985): Soil Map of the European Communities 1: 1 000 000. Luxemburg.

DECKERS, J. A., NACHTERGAELE, F. O. und SPAARGAREN, O. C. (eds.) (1998): World reference base for soil resources: introduction. Acco, Leuven, 165 S.

DRIESSEN, P. M. und DUDAL, R. (eds.) (1991): The major soils of the world. Agric. Univ. Wageningen und Kath. Univ. Leuven, 310 S.

EITEL, B. (2006): Bodengeographie. *Das Geographische Seminar*. Westermann, Braunschweig (3. Aufl.), 244 S.

FAO-UNESCO (1974–1981): Soil Map of the World, Vol. I-X und 18-Karten 1: 5 Mio. UNESCO, Paris.

FAO (1988, 2. Aufl. 1990): Revised legend of the FAO-UNESCO Soil Map of the World. *World Soil Resources Rep.* 60, Rom, 119 S.

– (1994): Soil map of the world – revised legend with corrections. *ISRIC Technical Paper* 20, Wageningen, 140 S.

HINTERMAIER-ERHARD, G. und ZECH, W. (1997): Wörterbuch der Bodenkunde. Spektrum, Heidelberg, 360 S.

HOLDRIDGE (1947), *s*. Lit. zu Kap. 5.

ISSS-ISRIC-FAO (1998): World reference base for soil resources. *World Soil Resources Rep.* 84, FAO, Rom, 88 S.

KUNTZE, H., ROESCHMANN, G. und SCHWERDTFEGER, G. (1994): Bodenkunde. Ulmer, Stuttgart (5.-Aufl.), 424 S.

MEENTEMEYER, V., GARDNER, J. und BOX, E. O: (1985): World patterns and amount of detrital soil carbon. *Earth Surf. Processes Landforms* 10, 557–567.

POST, W. M., EMANUEL, W. R., ZINKE, P. J. und STANGENBERGER, A. G. (1982): Soil carbon pools and world life zones. *Nature* 298, 156–159.

SCHACHTSCHABEL, P., BLUME, H.-P., BRüMMER, G., HARTGE, K. H. und SCHWERTMANN, U. (2002, 2008): Scheffer/Schachtschabel – Lehrbuch der Bodenkunde. Spektrum, Heidelberg (15. Aufl.), 593 S.

SCHROEDER, D. und BLUM, S. (1992): Bodenkunde in Stichworten. Hirt, Kiel (5.-Aufl.), 175 S.

SEMMEL, A. (1993): Grundzüge der Bodengeographie. Teubner, Stuttgart (3. Aufl.), 127 S.

STAHR, K., KANDELER, E., HERRMANN, L. und STRECK, T. (2008): Bodenkunde und Standortlehre. UTB (Ulmer), Stuttgart, 320 S.

USDA Soil Survey Staff (1999): Keys to soil taxonomy. Pocahontas Press, Blacksburg VA (3. Aufl.), 600 S.

WRB (1998): s.o. BRIDGES et al.

ZECH, W. und HINTERMAIER-EERHARD, G. (2002): Böden der Welt. Ein Bildatlas. Spektrum, Heidelberg, 120 S.

5 植被和动物界

植被和——遭受削弱的类群——动物界反映生态带的差异和分化,它们与其他任何类型景观生态的主要特征有明显不同(至少在人类广泛改变自然以前原本曾经是如此)。因此,本章着重讲述分论的植被和动物界。比较其他章节来说,这部分是有关地带性生态系统的各个组成部分(分隔部分(Kompartimente))的对比性提要。这样做的最终目的在于,显示自然界提供的地球巨大生活空间中多种多样的生活条件,同时指出植被和动物界物种多样性未来发展变化的风险和机会。

5.1 植被的结构特征

植被的结构特征包括植被高度和植被覆盖的密度(密度测定包括如叶面积指数(Blattflächenindex)、乔木主干数(Stammzahl)、基底面积(Basalfläche)),还包括生根深度(Durchwurzelungstiefe)和生根强度(Durchwurzelungs-intensität)、种类组成和生活型(Lebensformen)等。其中感兴趣的除了这些特征的空间差异,还有其时间维度,包括揭示一年中的季相变化(Aspektwechseln)和长期周期性的群落变化(衰老—再生—循环(Alterungs-Verjüngungs-Zyklen))及其朝向性发展(即演替(Sukzession)),在这一点上必须对生活型和以生活型为基础的植物群系(Pflanzenformation)做更深入的研究。

生物带的划分和生态带划分之间的一致性基于其显著的趋同**发展**(konvergenten Entwicklungen),这样的趋同是世界各地**不同的类群**(=植物系统类群(单位))由于适应**特定的立地条件**(Standortbedingungen)发展而来的,是在进化过程中通过少数**生活型或生长型**(与物种多样性比较)而形成的(附图5.1)。其中各个物种——虽然它们在分类学(基因型)方面是不同的——但在生态系统中它们有近似的外形和类似的功能(等价地位(Stellenäquivalenz),如新大陆的仙人掌(Kakteen)与旧大陆肉质多浆的大戟类植物(sukkulenten Euphorbien))的趋同现象就是最好的例证。

有鉴于此,对每种植物类群不仅涉及其种类组成,也涉及有关其**生活型谱**(Lebensformenspektrum)的阐述(=它们各自的物种生活型组成的百分比

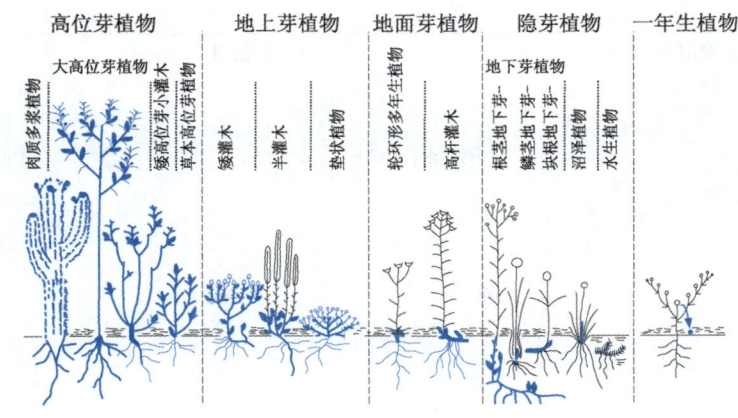

附图 5.1
依据劳恩凯尔（RAUNKIAER）的生活型分类（有选择，此处引自 SCHUBERT,1991），带蓝色标志的植物部分在不良季节（旱季或冬季）仍然生存，其他部分从不良季节一开始就死亡

（%-Anteilen）（较少用盖度）表示）。第一种方法用以划分植物类群的界限（这就是通常的物种组合），第二种方法则是**植物群系**（植被群系）划分。相对于第一种方法，第二种的优点体现在它们属于群落型相的**形态 – 生态的植被划分单元**（physiognomisch-ökologische Vegetationseinheiten）。这就是说，通过它们的形态特征的划分更容易表达非生物环境的分化（对气候的影响参看附图4.2中 HOLDRIDGE（1947）的三角示意图）。

这样的地域最大的植被类型就是地带性植物群系，例如北方的针叶林、夏绿的阔叶林和夏绿的阔叶针叶混交林、低北极苔原（niederarktischen Tundren）和常绿硬叶林（immergrünen Hartlaubwälder），它们的自然发展演变是适应全球气候分化的结果。因此，它们被当作顶极群系（Klimaxformationen）看待，这种群落总体可作为顶极植被（Klimaxvegetation）或简称为顶极（Klimax）来理解。生态带正是以一个或少数几个顶极群系（地带性植物群系）为代表的（或者原本曾经为代表的）（表5.1）。

表5.1　地带性植物群系与生态带之间近似等同的位置	
地带性植物群系 （顶极群系）	**生态带**
极地荒漠 高北极苔原 低北极苔原	极地/亚极地带
森林苔原 地衣森林 郁闭的北方针叶林 　– 常绿北方针叶林 　　（暗泰加林） 　– 夏绿北方针叶林 　　（亮泰加林）	北方带

续表

地带性植物群系 (顶极群系)	生态带
夏绿阔叶林和混交林 温带雨林 — 常绿阔叶林和混交林 — 温带针叶林	湿润中纬带
森林草原 高草草原 混合草原 矮草草原 荒漠草原 温带荒漠	干旱中纬带
硬叶林和硬叶灌木林群系	冬季湿润亚热带
亚热带雨林 月桂型林(Lorbeerwald)	终年湿润亚热带
冬季湿润禾草草原和灌木草原 夏季湿润多刺草原和多刺稀树草原 热带/亚热带荒漠和半荒漠	热带/亚热带干旱带
矮草稀树草原(干旱稀树草原)和旱生林 高草稀树草原(湿润稀树草原)和湿生林	夏季湿润热带
热带雨林	终年湿润热带

当人们考虑到与植物群系有关的动物界，便发展、增加了生物群落（Bioformation）或简短称为 Biom（同样也即生物群落）这一概念来代替植物群系的概念。一个地带性生物群落（Zonobiom）就是一个包括生活于其中所有动物的地带性植物群系。不同生物群落或不同植物群系之间的过渡地带称为生态交错区（Ökotone），在最高等级区域划分阶元中相应地称之为*地带–生态交错区*（Zono-Ökotone）。

生长型和生活型的分类有着不同的分类系统，这里必须介绍的是最著名的一种分类系统，也即上面提到的劳恩凯尔（RAUNKIAER）早在100多年前就已完成的分类系统（附图 5.1）。附图 5.2 显示个别植物群系的概览及不同生活型各自的特征。同时它还包含不同植物群系分布所依存的有关的年平均温度和年平均降水量的数据资料。

5.2 生态系统和生态带模型

一个自然的或近似自然的生态系统(即一个"生物–生态系统"（Bio-Ökosystem))是由植物和动物即生物群落（Biozönose）以及它们的（非生物的）

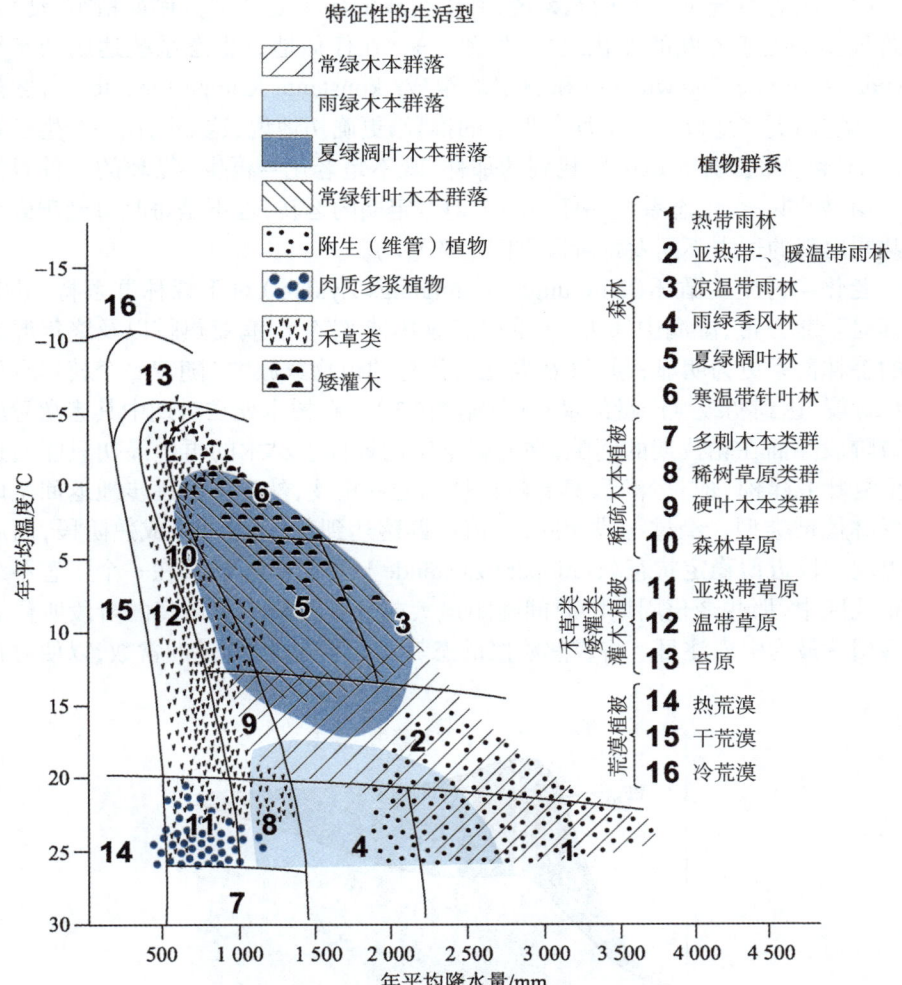

附图 5.2
地带性植物群系和生活型的分布与年平均温度和年平均降水量的依赖关系（SITTE 等，1998）

生活空间即生境（Biotop）[26]所组成的生命共同体，生物部分和非生物部分两者之间存在多种多样结构和功能的相互关系，在没有外来干扰的条件下，形成了一定程度稳定的、能够自我调节和有自我再生（"修复"）能力的功能结构系统，这种结构使得群落的物质周转和能量流动保持动态平衡，而且有机物质和矿物质的群落贮存量维持稳定。

---

26 依据另一种早先流行的概念，*群落生境*（Biotop）一词意为：生命共同体及其生活领域的全部。据此例如高位沼泽、池塘、海岸沙丘、干旱草地（Trockenrasen）或林缘地（Waldsäume）等就是一些"群落生境"。

由于生态系统本身是**动态系统**,其中组成的各个复合部分例如植被、动物界、群落气候等处于不断的变化之中,如此一来,在任何地方生态系统达成动态平衡(dynamische Gleichgewichte)和稳定的组成(konstante Kompartimente)当然都不现实。它们更多地仅作为平均条件下的推导,更确切地说,这如同在一个生态系统的每个(巨大的)分布地区所找到的那样,既不是老化—再生—循环的一种时间上的平均,如同一个生态系统在任何一个地方定期的运转,也不是每时每刻镶嵌结构式共同出现的过去不同发育阶段空间上的平均。

老化—再生—循环(Alterungs-Verjüngungs-Zyklen)对于森林群系特别明显,尤其对于北方带、湿润中纬带、冬季湿润亚热带、终年湿润亚热带以及终年湿润热带的森林群系更为明显,同时(在老化占优势的植物家族中)随着一个*成熟阶段*或*优化阶段*,达到初级生产量的最高值(附图5.3)。在树木死亡时期中其*老化阶段*或衰减阶段穿插在轮伐期的间隙,在变得空旷的地面上林木的再生最初只能通过对再生复壮或建构(成长)阶段具有特征性的先锋植物,然后才能逐步地返回至以前的森林植被类型。经过一段期间,当植物群落达到其(后来的)成熟阶段,而后这才出现一段**近似稳定状态**(stationäre Zustände)的时期。因此,在一个生态系统的分布地区中,那些老化周期的时间间距最大或分布面积比例最高的阶段所代表的群落相就最为引人注目。将成熟阶段的态势作为真实的、约计的常数,以便对在生

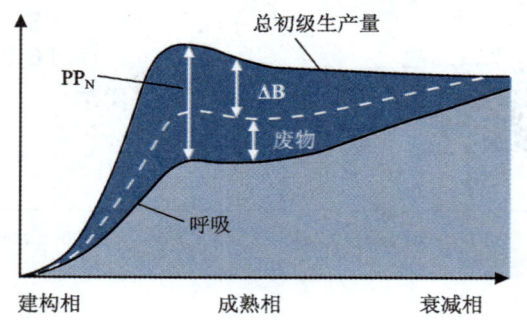

附图5.3
一个具有年龄阶段的森林群系初级生产量的变化、群落的增长、废物及呼吸(Kira 和 Shidei,1967)。最高的净初级生产量(PP_N)处在由建构相向成熟相的过渡区域;这时群落增长(ΔB)还是最大,而后由于生产性的叶片与非生产性根和茎的比例变得越来越不适宜,植物呼吸作用相对增加较快,因之净初级生产量(PP_N)又下降(在阔叶林中,如果其叶子的比例下降至总生物量的1%以下,木材便停止增长),同时还因为废物产生的比例上升,以至其群落增长的衰退比净初级生产量的增长显得更为强烈。在衰减阶段废物率最终超过净初级生产率,这就是说植物量缩减了。如果林木群体的年龄不一、大小混杂的话,则上述所有变化可能减轻或消失,并因此——与整个群落有关——老龄化和年轻复壮彼此"交织"在一起(代替时间上的交错)进行。

群落物质贮存和流通转换依赖于群落的年龄,这就意味着从群落的吸收和物质平衡的产物来看,如果可识别的话,其结果的意义只能说明(作为代表一个特定生态系统类型的一般性特征,例如热带雨林生态系统或温带阔叶林生态系统),在什么年龄阶段的森林所进行的调查和收集到的标志特征与群落年龄变化有哪些相关(与年龄有关的发展阶段)。

态学中通常的做法及在本书中所进行的实践给出一定的理由,了解(地带的生态系统)典型的生态系统并接受这里所说的一种稳态(Steady State),在这种稳态情况下(无论如何在一定的时间阶段)系统各个组成部分收益和损耗及流通与周转的平衡保持不变。

附图5.4介绍的模型示意图就是基于对生态系统这样的稳态假设(Steady-State-Annahme)而绘制的。它适用于更多的生态系统,但它们的平均状态不是无条件的,更多的情况下该模型描述具有自然特征的生物群落/生态系统。依据前面的论述,显然不用多说,数量资料仅仅是为了把群落发育过程中恒久延续和长期动荡变化实际发生的贮存量和周转率或多或少地作为取向参考值来理解。

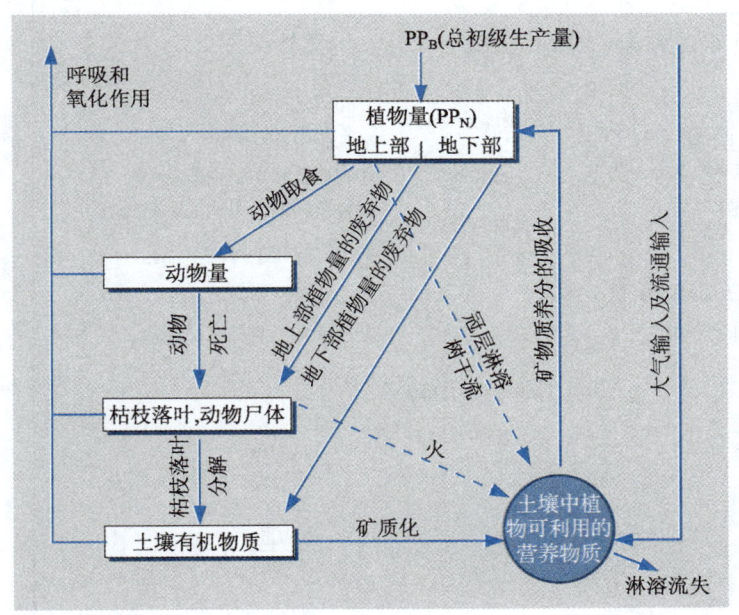

附图 5.4
一个自然或近似自然生态系统的简化模型示意图。这种基本示意图适用于各个个别生态带(例如附图7.18、附图8.12):图内方框面积和箭头宽度对应于各个贮存量和流通周转量的大小;相反,表示土壤中植物可利用营养物质(也即主要吸附在交换器上的养分离子)的圆面积只是与其他生态带系统的规模大致的对比。有机物质的测定单位以 t/ha 或 t/(ha·a)计算,矿物质流通周转单位为 kg/(ha·a)

5.3 生态系统中有机物质的贮存

框式图3简要地指出了那些值得注意的*有机贮存量*以及通过什么途径这些有机物质完成流通周转。框式图5是一幅相应显示有关*矿物物质*的概览图。

> 植物量(Phytomasse),即植物性的群落贮存量(Bestandesvorrat)或植物数量(Pflanzenmasse),是指所有生活植物及与之相关联的死亡部分的总量(通常不包括分解者(Destruenten)),例如树木茎干、树皮和已死的树枝。那些已经完全死亡却还站立着的植物不属于枯枝落叶,通常作为立枯死亡(Standing Dead)部分而单独记录。动物量(Zoomasse),即动物性的群落贮存

量,包括所有生活的动物(同样不包括分解者)。植物量和动物量一起组成生物量(Biomasse),也即所有生物的总量。由于植物量常常占到生物量的99%以上,因此把植物量等同于生物量的情况不在少数并且也是正确的。

枯枝落叶和腐殖质一起构成死有机物质(直接)铺展在地面上和土壤里,两者之间的界线在这里难以分清。土壤学家们把枯枝落叶定义为死有机土壤物质(或腐殖质)的一部分来避开这个问题,也就是使它们只有唯一一个概念。但是生态学者对此始终不总是一致的。因此,除有机物质外在矿质土壤(Ah–层)中很大程度上

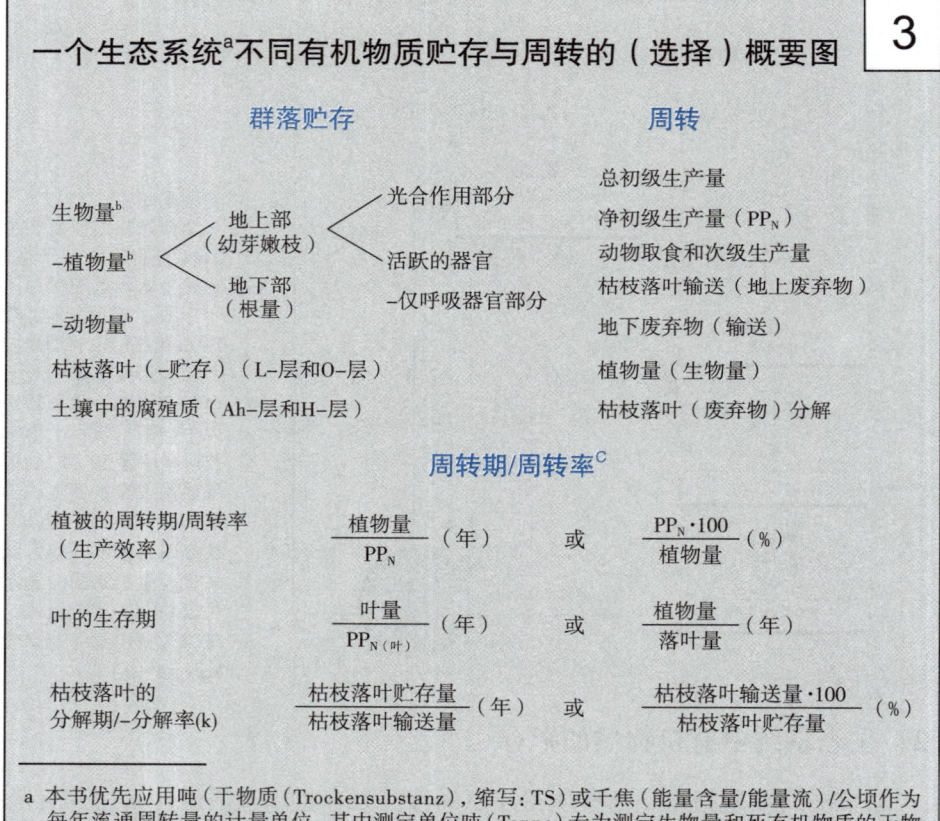

一个生态系统[a]不同有机物质贮存与周转的(选择)概要图 3

群落贮存　　　　　　　　　　**周转**

生物量[b]　　地上部(幼芽嫩枝) — 光合作用部分　　总初级生产量
–植物量[b]　　　　　　　　　　　　　　　　　　　净初级生产量(PP_N)
　　　　　　　　　　　　　　　活跃的器官　　　　动物取食和次级生产量
　　　　　　　地下部(根量) — 仅呼吸器官部分　　枯枝落叶输送(地上废弃物)
–动物量[b]　　　　　　　　　　　　　　　　　　　地下废弃物(输送)
枯枝落叶(–贮存)(L–层和O–层)　　　　　　　　 植物量(生物量)
土壤中的腐殖质(Ah–层和H–层)　　　　　　　　　枯枝落叶(废弃物)分解

周转期/周转率[c]

植被的周转期/周转率　　$\dfrac{植物量}{PP_N}$(年)　　或　　$\dfrac{PP_N \cdot 100}{植物量}$(%)
(生产效率)

叶的生存期　　　　　　$\dfrac{叶量}{PP_{N(叶)}}$(年)　　或　　$\dfrac{植物量}{落叶量}$(年)

枯枝落叶的
分解期/–分解率(k)　　$\dfrac{枯枝落叶贮存量}{枯枝落叶输送量}$(年)　或　$\dfrac{枯枝落叶输送量 \cdot 100}{枯枝落叶贮存量}$(%)

---

a 本书优先应用吨(干物质(Trockensubstanz),缩写:TS)或千焦(能量含量/能量流)/公顷作为每年流通周转量的计量单位。其中测定单位吨(Tonne)专为测定生物量和死有机物质的干物质。这些物质是由温度为105℃的烤箱烘干的。植物物质的能量当量以每克约相当18kJ(千焦)(=4.3kcal)计算。混合在植物量中的碳含量约为45%,在枯枝落叶中的约50%,而在腐殖质中的可达58%。然而分解过程中碳含量相对比较丰富,也有不同的解释。

b 如果包括立枯死亡量,准确的是指:现存生物量、植物量或者动物量(现存量)。

c 周转期就是时间阶段(大多以年计算)。在该期间内贮存量(例如植物量、动物量、枯枝落叶或腐殖质量)平均全部周转变换了一次。单位时间内贮存量转换部分即为周转率(大多以%表示),也即通过初级生产、次级生产、枯枝落叶转化输送和矿质化等在一年中的平均供应量,或者通过废弃物、动物取食、动物死亡、分解失去等进行计算,周转期/周转率可用以计算各种现存量之间的流通周转量,或可用来计算初级生产与矿质化之间总的周转量(参看前面的例子)。贮存量越大,周转期就会越长,而周转率因此下降。

往往把分解的枯枝落叶算做 Oh– 层里的土壤腐殖质。因为 O– 层之间的过渡大多是流体的,因此不可能有明显的区分,致使其进一步划分通常具有不确定性。在这本书里(如果不是另有说明)所有平铺的腐殖质盖层(Auflagehumus)包括在 Oh– 层按枯枝落叶计算。相反,泥炭总是属于与另外的死有机物质含量相同的腐殖质之类。

5.4 初级生产

5.4.1 光合作用和呼吸作用

每个(自然决定的)生态系统开始依靠绿色植物(自养生物(Autotrophe)或短期自养者)通过**光合作用**(碳同化)以潜在化学能的形式固定太阳能(初级能量投入),这就是以水和二氧化碳为基础物质的糖类结构的进一步合成:

光合作用的平衡方程:

$$6\ CO_2 + 6\ H_2O + 2\ 897\ kJ \longrightarrow C_6H_{12}O_6(葡萄糖) + 6\ O_2 \uparrow$$

光合作用一部分产物通过呼吸(Respiration)释放二氧化碳又失去了。这种损失随着温度的升高而增加(附图5.5),也即在温暖地带损失大于在寒冷地带:

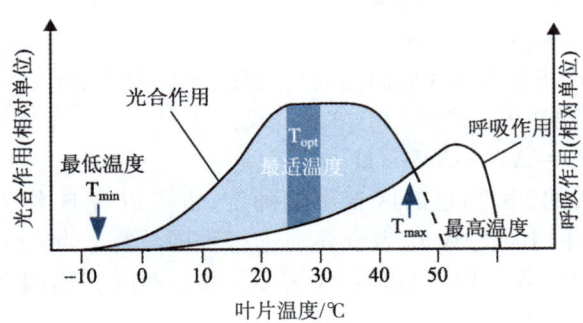

附图 5.5
光合作用和呼吸作用对温度的依赖(LARCHER, 1994)。净光合作用(蓝色面积部分)是由光合作用和呼吸之差产生的。在这个例子中,在 25~30 ℃净光合作用达到其最高值(深蓝色区域),前提条件是随着光照强度增大,温度也提高(这是通常的——日周期型的,也是区域性的——情况)

呼吸作用的平衡方程:

$$C_6H_{12}O_6 + 6\ O_2 \longrightarrow 6\ H_2O + 6\ CO_2 \uparrow + 2\ 826\ kJ$$

在一个植物群落/生态系统中通过净光合作用(光合作用减去呼吸作用)所得到的盈余的物质和能量的净收益,称为**净初级生产量**(PP_N)或简称初级生产量。无论是**光合作用的气体交换**(吸收二氧化碳和释放氧气)还是方向相反的**呼吸作用的气体交换**(吸收氧气和释放二氧化碳),都是通过叶表面上的气孔(Spaltöffnungen, Stomata, Poren)(通常多数位于叶的下表面)而进行的。蒸腾(气孔的蒸腾)作用基本上也采取相同的途径。在缺水情况下气孔能够通过保卫细胞而变狭或关闭,与此相应,光合作用也减弱或完全停止。

5.4.2 植物群落的初级生产量

植物的生产能力(*作物生长率*)是由每个基本面积单位(平方米或公顷)和时间单位(月、植被期或年)有机物质(以干重或碳量计算的生产量、净生产收入量)

所构成的。这里必须顾及：*群落增长量*（Bestandszuwachs）或（通常只在老年群落中发生的）*群落衰减量*是以（活的）植物量的形式（ΔB，B 为生物量）来表示的，以及关注通过（立枯死和废物形式的）死亡损失（Verluste durch Absterben，缩写：V_A）、动物取食（缩写：V_C）、火烧（缩写：V_F），以及所有地表的和地下的废物。**生态学的生产方程**描述净生产收入量的分配（利用）情况如下：

$$PP_N = \Delta B + V_A + V_C + V_F$$

在一些生态系统中，动物取食和火烧的损失（或——有关火灾方面——至少在较长时间阶段）一般是受到忽视的；死亡造成的损失在植被生长期间可能是少量的。因此，这一用来计算植物群落的净初级生产量的生态学生产方程式可简化为最简单的近似的形式：

$$PP_N \approx \Delta B$$

在有立枯死亡和废弃物（枯枝落叶层和死有机土壤物质）情况下，死亡的损失（V_A）直接导致死植物性物质量的增加（ΔW，W 源自 waste（废弃物）这个词）；当然，每项的数量比同时通过（不仅在立枯死植株上，也在近土壤层或土壤中）分解过程的进行使得这种增加降低下来（"D" 这一缩写符号来自 decomposition（分解）这个词）。这样一来，计算死亡损失的式子可表示如下：

$$V_A = \Delta W + D$$

如果把 V_A 代入第一个方程式并忽略不计后面的动物取食（V_C）和火烧（V_F），则可得到以下用以确定植物群落净初级生产量（PP_N）的公式：

$$PP_N = \Delta B + \Delta W + D$$

如果立枯死亡数量与（生活的）植物量的区分不能确定，也可以将 B 作为（包括两者在内的）现有植物量并相应把 W 作为废弃物进行程序计算。此处 D 的重要性保持不受影响：在这两种程序中不仅包括立枯死，也包括废弃物两者的分解量。

5.4.3 地球上植被覆盖层的生产效率

地球各处（单位面积产生的）初级生产量有明显的差别（附图5.6），这些差别很少也从不单独以每种植物不均衡的同化效率（光合作用可能性）来解释。重要的是

● 地面上植物量的规模和面积是什么样的，或（假如存在许多对光合作用无效的茎干材料）同化面积有多少，而且

● 土壤的和气候的位置条件有利于或有碍于植物的生长达到何种程度。

初级生产依赖于植物量、同化面积和辐射吸收

地带性植物群系的生产力一般较高，其**植物量越大，生产力就越高**（附图5.6和附图5.7，比较附图5.8），草地（草原、稀树草原）及藻类丰富的水域生态系统当然属于例外，它们在输出量（生物量）小的情况下提供很高的生产效率（例子见10.5.4）。

这清楚地表明，最终不是植物量而是**同化面积**（叶密度）及其与非生产性器官的比例决定着一个植物群落的生产力，这是因为通常只有叶参与碳同化。如果叶

的总面积因故变大(而这部分只有少量呼吸器官),这在同一情况下生产力也还是高的(相应地其生产效率与彼此邻接的草地和森林相同)。

叶面积指数(Blattflächenindex,缩写为 BFI,或英语 leaf area index,缩写为 LAI)是用来测定一个植物群落同化面积(Assimilationsfläche)的,指单位土地面积上全部(单面的)叶面积的总和,也即在水平方向叶的投影面积[27](projected leaf area)。尽管比例数是没有尺度的,但在文献中往往以 m^2/m^2(每平方米土地面积上叶面积的平方米数)作为测定单位。

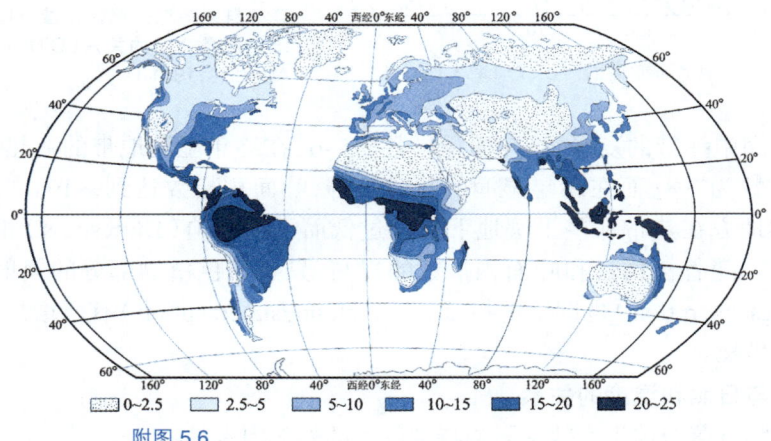

附图 5.6
地球上的年净初级生产量(单位:t/ha)(LIETH,1964)

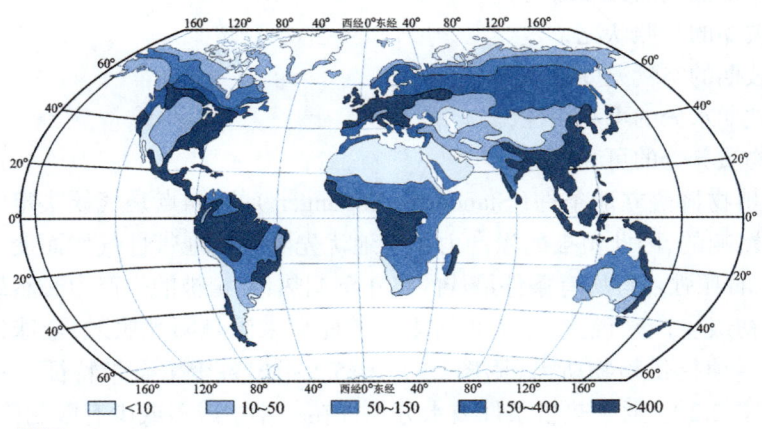

附图 5.7
地球上植物量的分布(地上部和地下部植物量,单位:t/ha,每公顷吨干物质)
(BAZILEVICH 和 RODIN,1971)

---

[27] 叶面积指数(LAI)最主要用于衡量光吸收和叶片摄入的能量以及降低植物群落的光照强度,它也适用于估算一个植物群落的蒸发量和降水拦截量:通常随着叶面积指数的增加蒸发量和降水拦截量两者也提高。在地貌学中,叶面积指数是坡地通过其植被覆盖免遭侵蚀而得到保护的一项指标。

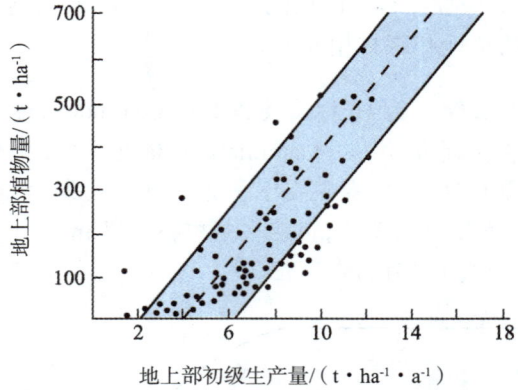

附图 5.8
森林群系中地上部植物量与地上部初级生产量之间的关系（O'NEILL 和 DE ANGELIS,1981）

在湿润中纬带的夏绿林,叶面积指数为5~6;在终年湿润地带的亚热带雨林,叶面积指数为7~8;而在终年湿润的热带雨林,叶面积指数达到9~10。叶面积指数最低的地方在热带那些土壤地下水位过低而干旱胁迫（Dürrestress）相应很严重的地区。随着植物量和叶面积指数的提高,只要绿色植物部分的辐射吸收量（Strahlungsabsorption）也即辐射拦截量（Strahlungsinterzeption）有所增加,群落生产量就会增长。

初级生产与日照和温度的关系

对植物群落全球生产效率影响特别巨大的外部因素是:
- 每年植被期的持续时间;
- 植被期的日照状况;
- 植被期的空气温度;
- 植被期水分的可利用性;
- 矿物质养分的可利用性。

上述植物群落立地条件（Standortbedingungen）的前4点是气候决定的,第5点是受气候影响的,因此植被的生产力相应地优先随纬度地带性气候而变。在全年高温多雨、日照强烈等所有条件最佳的终年湿润热带,植被的生产力必然最高。

对于初级生产来说,迄今为止最重要的能量来源是阳光照射,全球各地的日照以不同量值提供植物所需（附图2.1）。表5.2 指出各个生态带特征的一些范围（另参阅附图2.2）。通常热量条件或水分条件在一年中或多或少有限制阶段,植被原则上只能得益于当植被期入射至地面提供辐射能的那部分可利用光,这是不言而喻的,因为只有这部分光照才能提供形成初级生产的太阳能生长潜力（solare Wachstumspotential）（表5.2 第1栏和第2栏）。

事实上光合作用可利用部分被认为是**植物群落物质生产的有效功率**(利用效率(Nutzungseffizienz)、光能利用(Strahlungsausnutzung)或初级生产的能源产量值(Energieausbeute),或是指*净初级生产的辐射利用效率*(radiation use efficiency)、*光合作用效率*(photosynthetic efficiency))。在这本书里,它被定义为每个植被期全球辐射的*净初级生产量*(更准确地说:能量获得、能量结合)。根据迄今已有的测定,这个数值从所有地带的植物群系多年平均所得大约为 0.5%(或光合作用有效辐射(PHAR),为1%)[28]。假设植物干物质平均的能量当量是18 kJ/g,这样,每个生态带初级生产量就可按数量级计算(表5.2,第3栏和第4栏)。

表 5.2 各个生态带的全球光照与初级生产量					
生态带	一个植被期的全球光照[a]			净初级生产量	
	/(10^8kJ·ha^{-1})	年总量的 %	能量固定[b] /(10^8kJ·ha^{-1}·a^{-1})	干重[b] /(t·ha^{-1}·a^{-1})	干重[c] /(t·ha^{-1}·a^{-1})
极地/亚极地带	50~150[d]	20~50	0.23~0.75	1~4	1~4
北方带	150~300	50~75	0.75~1.50	4~8	4~8
湿润中纬带	300~400	75~80	1.50~2.00	8~11	8~13
干旱中纬带	150~300[e]	25~50	0.75~1.50	4~8	4~10(3~8)
冬季湿润亚热带	200~300	30~55	1.00~1.50	5~8	6~10
终年湿润亚热带	500~600	100	2.50~3.00	14~17	19~23
热带/亚热带干旱带	200~350[f] 100~200[g]	25~50 15~30	1.00~1.75 0.50~1.00	5~10 3~5	7~14(6~11) 4~6(3~5)
夏季湿润热带	350~550	50~85	1.75~2.75	10~15	14~21
终年湿润热带	500~650	100	2.50~3.25	14~18	21~29

a 每项列出的差距幅度表明它们之间大多数量值所在的界限。
b 假设:(a)物质生产的平均利用效率为植被生长期全球光照量的0.5%;(b)生产的植物量的能量当量(Energieäquivalent)为18 kJ/g 干物质总重(Ts$_{ges}$)(干重包括矿物质存量部分)。
c 假设:物质生产的利用效率朝向赤道方向增高0.4%~0.8%(解释见上文)。括号中的数字是对干旱地区辐射吸收量减少的修正,因为那里的植被覆盖只是零星片状的。如果把净初级生产量与光合作用可利用辐射能(从第1栏全球统计不足50%)相联系,上述利用效率数值可能加倍至0.8%甚至达1.6%。(冷热相同的)干旱地区属于较低值地区。
d 苔原。
e 草原。
f 热带多刺稀树草原。
g 亚热带草原。

---

28 地带性植物群系的利用率被认为是长期的,即考虑到生产薄弱的年龄阶段,以平均数表示。有些生产量一般很微小的能源,它们对地球表面能量平衡的影响在这里不值一提(参看框式图1)。

然而，对于温暖气候带的这种计算需要进行一定的修正，因为不但植物的气体交换具有明显的温度－依赖性（Temperatur-Abhängigkeit）（附图5.5），而且热带雨林和亚热带雨林的生产率数据，两者的能源效率都可能朝向赤道方向提高[29]，在较高纬度地带大约高出0.4%，在接近赤道附近大约高出0.8%。运用这一浮动的利用系数计算调整后的生产值见表5.2的最后一栏。

如果净生产量——如同这里已进行的——不是指整个植被期的光照，而只是指其中光合作用可利用的部分（仅为第1栏和第2栏光照输入量的不足50%），植物群落净生产量的有效功率可定义为，**在植被生长期植物群落光合作用结合的全球可利用辐射能量的百分数**（PHAR，见第2章气候），这样所提到的利用效率数值成倍增加，在苔原其差距达0.8%，在热带雨林其差距可达1.6%。在第3栏中列举的能量固定数据和在第5栏的生产量数据没有变化。

结果仍然也是——就像附图5.6和附图5.7的全球图中确认的——各个生态带显著地依据它们的光合作用效率的高低，它们的自然植物量与初级生产量也有所不同。因此人们有足够理由称它们为地球的巨大空间领域，这些地域通过自给自足、独立的自然赋予的生产潜力既对自然的也对农业的／林业的植物生产加上了地带的标记。

初级生产量与水及营养物质的关系

减少水分和养分供应可能导致对于植被生产的限制。在哪种水分和养分含量以及何种比例情况下进行生产取决于植物对水分和养分的利用效率，这也就是生产和水分消耗之间的关系或生产和（吸收营养元素的）土壤养分需求之间的关系。

单独一株植物的生产和耗水之间的关系可以通过光合作用的**水利用系数**（Wassernutzungskoeffizienten；缩写：WUE，来自英语 water use efficiency）表示，单位为克干物质（或 CO_2-净吸收）/千克（升）蒸发水。有时也反过来用耗水量（=蒸腾量）来表示，也即每生产1 kg 干物质（TS）耗水的体积（L）；人们称此为蒸腾系数（Transpirationskoeffizient）。

有关植物群落初级生产的水利用系数（WUE）是通过（通常仅指地面上的）植被覆盖面积的生产量（单位 kg/ha 或 g/m²）与这一面积的实际（= 当前的（aktuellen））蒸腾量（Evapotranspiration（ET_{akt}）；单位 mm）的比率来确定的（附图5.9）。其持续期间大多选择一个植被期或一年来计算。

在干旱地区（假设那里全部雨水都蒸发掉，也即其实际蒸腾量（ET_{akt}）的年总量与降水量大致相等）可用降水量取代蒸腾量，在这种情况下把蒸腾量

---

29 可能这种提高也相对减少反射损失（由于光线入射角度越陡，其反射率明显地就越小）。

说成雨量利用效率（Regennutzungseffizienz）（缩写：RUE，源自英语 rain use efficiency），或者称为初级生产的雨量因数（Regenfaktor）。

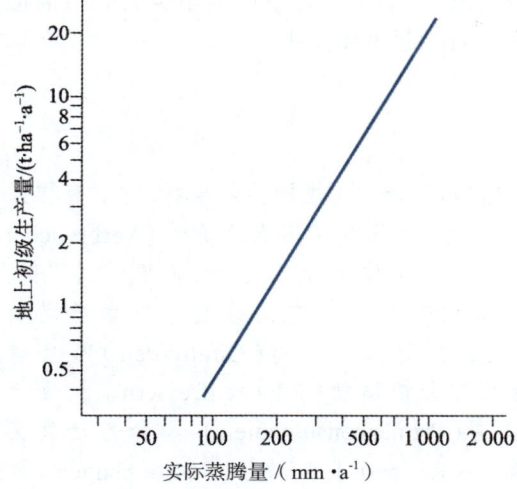

附图 5.9
地上初级生产量和实际蒸腾量之间的平均相关；由地球不同植物群系的调查计算而得（据 OSENZWEIG, 1968）

通常水利用系数（WUE）随着土壤实际蒸发量的增加而增大。依据附图5.9大致可见以下的相互对应：

— 在 ET_{akt} 为100 mm 时：0.05 g 干物质（TS）/m^2 每毫米（kg/m^2）ET_{akt}；
— 在 ET_{akt} 为1 000 mm 时：20 g 干物质（TS）/m^2 每毫米（kg/m^2）ET_{akt}。

土壤蒸发量的这种升高与群落植被增长及其实际蒸腾量（ET_{akt}）的增加相互有关，即水分供应变得更好，植物密度和高度发展得更好，使得那些通过土壤蒸发植物不能利用的供水份额变得越来越小。净初级生产量（PP_N）与降水量之间的关系，如同它们在不同地带植物群系中所确定的那样，参阅附图10.5、附图13.12 和附图14.10 。

一定期间（例如年度、植被期）群落生产与来自土壤的矿物质吸收之间的比率以矿物质利用效率（缩写：NUE，源自英语 nutrient use efficiency）表示。通常并以每吸收1kg 矿物质生产的干物质量（kg）为单位表示的净初级生产量。

在杂草和树叶中，即短命植物（和植物的短寿部分）矿物质利用效率（NUE）可快速转移（并因此矿物循环周期短），比起生命期较长的木本植物（和植物的长寿部分）它们的循环途径比较短；而且在那些土壤矿物质供应状况较好的地方，其"生产成本"一般比较低，因此也更容易被强化。由这些规律性的关联可以对矿物质利用效率（NUE）做例如以下的系列推断：热带稀树草原 < 森林草原 < 热带雨林；干旱富营养的热带稀树草原 < 湿润贫营养的热带稀树草原；落叶阔叶树的

叶＜常绿阔叶树的叶＜针叶树的针叶（也参阅201页及其后一页）。

矿物质利用效率（NUE）也可计算个别营养元素，如计算氮素-利用效率（Stickstoff-Nutzungseffizienz）等。

在全年都湿润的地区 NUE 具有最大意义，那里各处水供给至少暂时只需最低量相反，水利用效率（WUE）对植被生产效能起重要作用。

5.5 动物取食与次级生产

动物是**异养生物**（heterotrophe Lebewesen）或短期异养生物，它们直接或间接地以初级生产者生产的有机产品为食（因此又得名*消费者*（Verbraucher 或 Konsumenten））。相应的，动物的生产被称为次级生产，而它们本身被称为次级生产者。依据动物的基本营养类型将它们分属于草食性动物（Herbivoren）、肉食性动物（Carnivoren）、杂食性动物（Omnivoren）和食碎屑动物（Detrivoren）。草食性动物又称食植动物（Pflanzenfressern）、植食性者（Phytophagen）或称为初级消费者（Primärkonsumenten）；肉食性动物又称肉食动物（Fleischfressern）、捕食者（Räubern）、食动物者（Zoophagen）或被称为次级消费者（Sekundärkonsumenten）；杂食性动物又称广食性动物（Allesfressern）；食碎屑动物又称食腐者或食废物者（Abfallfressern）、腐食性动物（Saprovoren）或腐食者（Saprophagen）。这四个类群中的前三类都属生食者（Biophagen）或活食者（Lebendfressern），它们是真正意义上的消费者。食碎屑动物作为吃死有机物者被认为是生态意义重要的异养生物，它们多数属于与腐生性植物（细菌、真菌）一起的分解者（Zersetzer）类群（参看5.6），或是属于土壤中（体长约2 mm）的中型土壤动物区系（Mesofauna）（附图5.10）。

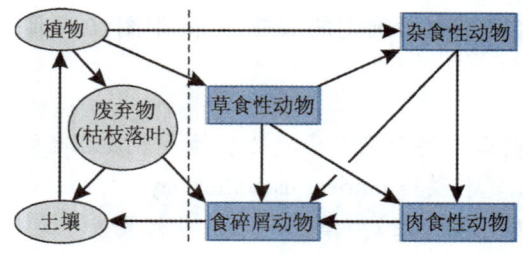

附图5.10
四类异养有机体主要生态类群（图中蓝色区域）。箭头指有机物质的转移（在异养范围内，通过取食而转移）

在大多数生态系统中**消费者（生食者）数量上的意义是很小的**，被草食性动物吃掉的地上植物量只有少数几个百分点（最多10%~20%；REMMERT, 1992），这就是说绝大部分初级生产量越过初级消费者直接到达食碎屑动物那里。在野生动物丰富的草原和热带稀树草原，草食性动物有较大比例的总转化量，而在北方带贫营养的沼泽地区草食性动物的转化量最小（见8.5.2）。

通过**动物有机体的物质流**和能量流（或许也通过一个种群）可区分为几部

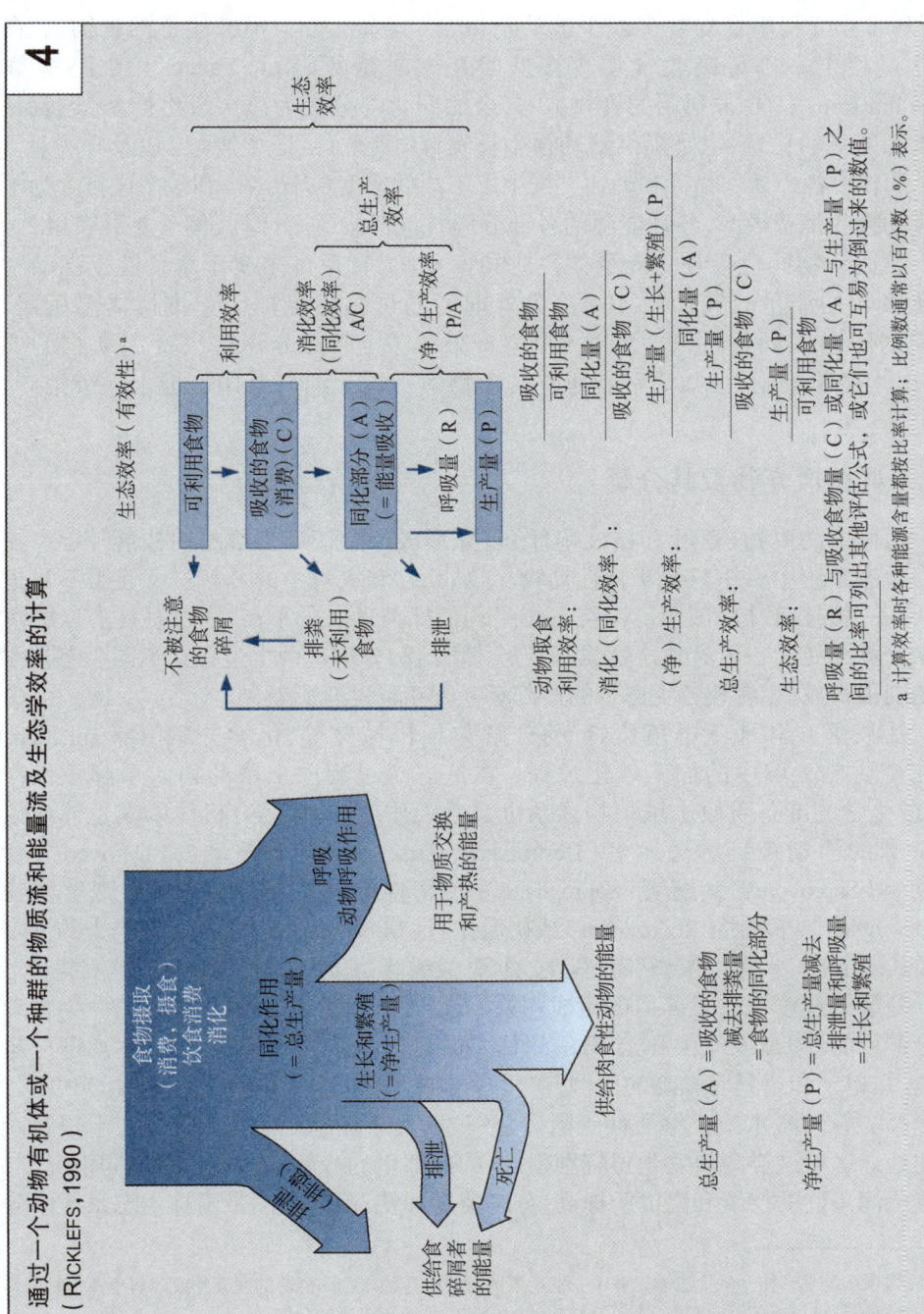

4 通过一个动物有机体或一个种群的物质和能量流及生态学效率的计算（RICKLEFS，1990）

分转化系列（框式图4）。流通转化从*食物摄取*（Nahrungsaufnahme）（消费）开始，大部分可利用食物或多或少被动物摄食（其余部分为不被注意的食物）。在消化过程中一部分吸收食物直接返回并变成*粪便*（Kot, Faeces）排出（排粪（Defäkation））（= 未利用的食物）。其余的同化部分成为总次级生产量，这就是物质和能量的总量，也是提供给动物生长发育/繁殖（= 净生产量）以及呼吸量。

周转在各个动物物种和动物类群中以不同的速度（周转率）和效率进行。为了计算**动物的消费效率**，各种能源的各部分周转量都按比率计算（例子参看表14.2）。

温血动物同化吸收的能量往往达80%~90%，相反许多属于草食性变温动物同化吸收的能量只有20%~40%。另外前者的许多能量被用于维持体温所需，相应的经它们同化进入生产量（净生产效率）的那部分物质比变温动物的要少，作为经验法则，已知消费者所吃的食物中平均大约只有10%进入次级生产。

5.6　群落废弃物及其分解

地面上的废物（落叶和枯枝茎秆）首先形成一个接近土壤的**枯枝落叶层**。在一个生态系统中——只要草食性动物、立枯死亡和火灾中的分解过程是微不足道的话——枯枝落叶层的厚度围绕一个平均值保持动态的平衡，通过*枯枝落叶的供给和分解*可使这一平衡的高度维持不变。供给和分解这两个过程在不同生态带中的差别很明显，相应地各生态带的*枯枝落叶贮存量*也有所差异。

枯枝落叶和地下群落废物[30]的**分解**包括机械破碎、化学分解（Dissimilation）和在矿质化土壤中的加工熟化过程。在这三个过程中土壤动物区系起重大作用，在化学的准备阶段土壤植物区系也起巨大作用，参与的有机体以其总体或依其特殊的活动被称为分解者（Destruenten, Zersetzer）、食碎屑动物（Detrivore）、食腐动物（Saprovore）、食腐者（Saprophage）；植物性的腐物利用者另称：腐生植物（Saprophyten）、降解者（Reduzenten）或矿质化者（Mineralisierer）等。它们当中的许多是极其微小的（= 微生物分解者：藻类、真菌、放线菌、细菌以及许许多多动物有机体）。

分解的速度取决于碎屑的组成（按大小（如粗大或细小枯枝）和化学–生物学的分解可能性）以及气候和土壤的条件。如果（木质素含量高的）粗大木质部分超过角质、单宁和蜡具有较高的比例、矿质含量低（例如不适当的C/N 比 或 C/P 比[31]）和干旱、寒冷、壅水或土壤酸性等阻碍分解过程，分解速度就是低的。在干旱和寒冷的地球区域这类障碍发生得特别强烈，因此那里的分解率最低。在相同情况下，随着湿润条件的持续和温度的提高，分解速度加快，因此在热带雨林生态系统中分

30　应当指出的是，在一些生态学论著中，把地下的有机废弃物与全部群落的废弃物或碎屑也算作枯枝落叶或枯枝落叶输送量，这样一来，枯枝落叶的分解就等同于碎屑的分解。

31　指碳含量与氮含量之间或碳含量与磷含量之间的比率。微生物分解最适C/N比（如对阔叶枯枝落叶）在10∶1至30∶1之间；对木质的枯枝落叶最适C/N比大约为100∶1（LARCHER，2001）。

解率最高（参看附图4.2）。

年度的分解率 K 可通过每年产生的废弃物和废物量的平均贮存量之间的比率加以计算（表5.3）。各个地带植物群系枯枝落叶及其贮存量见 SCHULTZ（2000a，第77页）。

表5.3 不同生态带中阔叶枯枝落叶或针叶枯枝落叶的分解速度（SWIFT, 1979）		
生态带	分解率（K） 年凋落物量 枯枝落叶贮存量	分解期（3/K） 达到95% 分解的年数[a]
极地/亚极地带： 苔原	0.03	100
北方带	0.21	14
湿润中纬带	0.77	4
干旱中纬带： 草原	1.5	2
夏季湿润热带	3.2	1
终年湿润热带	6.0	0.5

[a] 参照 OLSON（1963）。

5.7 矿物质周转

植物需要更多矿物性（=源自土壤的）营养元素用于它们的次生物质生产[32]，它们所需的大量元素是氮、钾、钙、镁、磷、硫等（每种各自含量占生物体干重的0.2%~2%），少量或微量元素（各自含量大多占生物体干重 < 0.02%）如硼、钼、氯、铁、锰、锌和铜等。某些植物家族（Pflanzensippen）对矿物元素例如硅和钠有特殊需要。

植物的矿物需求（依其总量和构成）来自于净初级生产量（PP_N）的水平和所生产各种有机物质的矿物组成成分，也即**矿物质接纳**（Mineralstoffinkorporation，M_{PHYT}）（见框式图5），后者不仅种类不同，而且同种植物个别器官的矿物组成也有变化，有些树木的叶片和针叶矿物质含量数倍高于它们的茎干和根。

大多数高等植物的矿物质吸收（Mineralstoffaufnahme；缩写符号：M_{BO}）是与水一起通过植物的根完成的，因此它和植物枝芽、叶片的蒸腾联系在一起，如果蒸腾受到遏制，例如干旱胁迫时气孔关闭，在这种情况下矿物质吸收也就相应减少（参看第164页和第220页）。

---

32 各种植物物质材料的合成，这与光化学过程相关联。

吸收可能超过或不超过 PP_N 的需求。如果一部分营养成分
- 在枝叶表面以矿物形式通过**分泌作用**（*Rekretion*，缩写：MR）又被排出或渗出（又称**冠层淋溶**（Kronenauswaschung）或**叶面淋溶**（foliage leaching）），而后当降雨时通过水滴和林木的**树干流**返回土壤中，或是
- 在植被生长期过程中叶片的细胞液过于丰富未能与生长过程衔接，这就会出现上述的前一种情况。

如果一部分阔叶或针叶中的有机物质在叶子凋落前（一些多年生灌木：地面上的枝芽和叶片死亡）吸收矿物质，在秋天或干旱期开始时留下的部分枝叶和芽经易位（*retransloziert*）而重吸收（*resorbiert*）并因此可为（下一年或下一个植被期的）PP_N 重新利用，这就发生后一种情况。重吸收的养分数量取决于成熟叶与老化叶（或刚脱落叶）（$M_{\Delta BL}$）的矿物质之间的差异，但其中要扣除淋溶损失（M_R）（见框式图5）。

有关框式图5：

　　大多数情况下初级生产的矿物质需求可由两条途径来满足，即通过土壤吸收（M_{BO}）和凋落前的植物叶子（$M_{\Delta BL}$）（易位或重吸收或内部循环）而返回。枯枝落叶、动物尸体和死亡植物根等以地上或土壤中有机联系的形式，通过生物-化学分解过程完成所获得矿物质（M_{VA}）的释放。达到矿质化的时间可能少于一年，但也可能需要数百年。通过树冠层渗透返回环境中的矿物质（M_R）以及通过降水从外部带来的矿物质相反可直接供林木再利用，这同样属于植物内部的矿物质循环，因此，可以把中期与长期的（间接）循环（$M_{VA}+M_{VC}$）和短期的（直接）循环（$M_R+M_{\Delta BL}$）加以区别，前一种循环过程可能由于火烧（M_{VF}）而明显缩短。

　　植物群落和生态系统的矿物质计算，通常以 kg/(ha·a) 为单位。假设矿物质返回量基本上超过地上与地下废弃物量（M_{VA}）参阅5.4.2中生态的生产方程，适用以下（简化的）方程式：

矿物质吸收　　　　　　$M_{BO}=M_{PHYT}+M_R$　　　　　周转系数　$K_M = \dfrac{M_{VA}+M_R}{M_{BO}}$

矿物质进入机体　　　　$M_{PHYT} = M_{\Delta B} + M_{VA}$

　　（ΔB = 生物量增加）　　　　　　　　　　　　矿物质利用系数　$\dfrac{\Delta B + V_A}{M_{BO}}$

矿物质的易位（重吸收）过程在氮元素和钾元素中特别常见（参看附图13.6）。

经过所谓的**冠层淋溶**（M_R）或**火烧作用**（M_{VF}）以一种**矿质化**形式成为其他有机结合物，而后又以地上的**枯枝落叶**、**地下的废弃物**（$M_{VA\,地下的}$）和**动物取食**（M_{VC}）等方式过程，矿物质返回（Mineralstoffrückführung）土壤中或地面上。

矿物质释放主要由有机废物通过真菌、放线菌和细菌所进行。释放所需时间（确定的期限，滞留时间（*residence times*））可能差别很大，既与矿物质同有机物结合的紧密程度有关，也和物质本身分解的速度有关（参看5.6）。一般情况下，举例来看，钾释放速度比氮和磷快，因此，在较低矿化率（Mineralisierungsraten）条件下，氮和磷两元素在土壤中的含量往往最低并因而限制植物的生长。

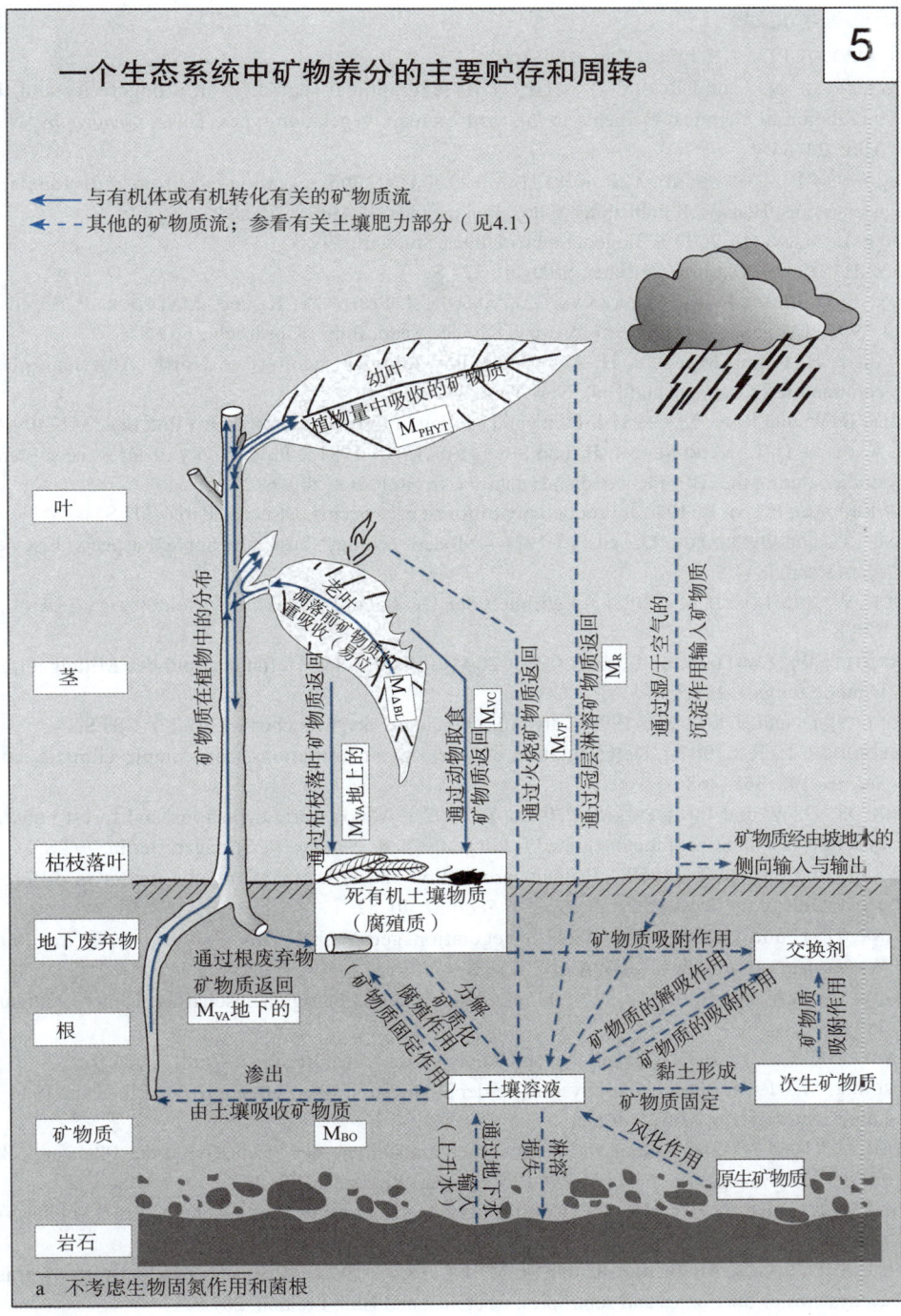

第5章参考文献

ARCHIBOLD (1995), *s.* Lit. zu Kap. Allg. Teil

BAZILEVICH, N. I. und RODIN, L. Y. (1971): Geographical regularity in productivity and the circulation of chemical elements in the earth's main vegetation types. *Soviet Geography*, New York, 24–53.

BEGON, M.E., TOWNSEND, C.R. UND HARPER, J. L. (2005): Ecology – From individuals to ecosystems. Blackwell Publishing/Wiley, Indianapolis (4.Aufl.), 752 S.

BEIERKUHNLEIN, C. (2007): Biogeographie. Ulmer, Stuttgart, 397 S.

BICK, H. (1989): Ökologie. Fischer, Stuttgart, 327 S.

BOX, E. O., PEET, R. K., MASUZAWA, T., YAMADA, I, FUJIWARA, K. und MAYCOCK, P. F. (eds.) (1995): Vegetation science in forestry. Kluwer Acad. Publ., Dordrecht, 663 S.

CHABOT, B. F. und MOONEY, H. A. (1985): Physiological ecology of North American plant communities. Chapman and Hall, New York. 351 S.

COLE, D. W. und RAPP, M. (1981): Elemental cycling in forest ecosystems. In: REICHLE, 341–409.

DE ANGELIS, D. L., GARDNER, R. H. und SHUGART, H. H. (1981): Productivity of forest ecosystems studied during the IBP: the woodlands data set. In: REICHLE, 567–672.

DUVIGNEAUD, P. (ed.) (1971): Productivity of forest ecosystems. UNESCO, Paris, 707 S.

ESSER, G. und OVERDIECK, D. (eds.) (1991): Modern ecology: basic and applied aspects. Elsevier, Amsterdam, 844 S.

FREY, W. UND LÖSCH, R. (2004): Lehrbuch der Geobotanik. Spektrum, Heidelberg (2. Aufl.), 528 S.

HÄRDTLE, W., EWALD, J. und NÖLZEL, N. (2004): Wälder des Tieflandes und der Mittelgebirge. Ulmer, Stuttgart, 252 S.

HEINRICH, D. und HERGT, M. (1998): dtv-Atlas Ökologie. dtv, München (5. Aufl.), 288 S.

HOLDRIDGE, L. R. (1947): Determination of world plant formations from simple climatic data. *Science* 105, 367–368.

JOHNSON, D. W. und LINDBERG, S. E. (eds.) (1992): Atmospheric deposition and forest nutrient cycling; a synthesis of the integrated forest study. *Ecol. Studies* 91. Springer, Berlin, 707 S.

KIRA, T. und SHIDEI, T. (1967): Primary production and turnover of organic matter in different ecosystems of the Western Pacific. *Jap. J. Ecol.* 17, 70–87.

KLINK, H.-J. und GLAWION, R. (1998): Vegetationsgeographie. *Das Geographische Seminar*. Westermann, Braunschweig (3. Aufl.), 278 S.

KRATOCHWIL, A. und SCHWABE, A. (2001): Ökologie der Lebensgemeinschaften. Ulmer, Stuttgart, 756 S.

KUTTLER, W. (ed.) (1995): Handbuch zur Ökologie. Analytica, Berlin (2.-Aufl.), 524 S.

LARCHER, W. (1994, 2001): Ökophysiologie der Pflanzen (früher, Ökologie der Pflanzen, 1984). Ulmer, Stuttgart (6. Aufl.), 408 S.

LIETH, H. (1964): Versuch einer kartographischen Darstellung der Produktivität der Pflanzendecke auf der Erde. *Geogr. Taschenbuch 1964/65*. Steiner, Wiesbaden, 72–80.

– und WHITTAKER, R. H. (eds.) (1975): Primary productivity of the biosphere. *Ecol. Studies* 14. Springer, Berlin, 339 S.

LONG, S. P., JONES, M. B. und ROBERTS, M. J. (eds.) (1992): Primary productivity of grass ecosystems of the tropics and subtropics. Chapman and Hall, London, 267 S.

MARTIN, K. (2007): Ökologie der Biozönosen. Springer, Heidelberg. 325 S.

O'NEILL, R. V. und DE ANGELIS, D. L. (1981): Comparative productivity and biomass relations of forest ecosystems. In: REICHLE, 411–450.

POLUNIN, N. (ed.) (1986): Ecosystem theory and application. John Wiley and Sons, Chichester, 445 S.

POMEROY, L. R. und ALBERTS, J. J. (eds.) (1988): Concepts of ecosystem ecology. *Ecol. Studies* 67. Springer, Berlin, 384 S.

POTT, R. und HüPPE, J. (2007): Spezielle Geobotanik. Pflanzen-Klima- Boden. Springer, Berlin, 330 S.

REICHLE, D. E. (ed.) (1981): Dynamic properties of forest ecosystems. *Intern. Biol. Progr.* 23. Cambridge Univ. Press, Cambridge, 683 S.

REMMERT, H. (ed.) (1991): The mosaic-cycle concept of ecosystems. *Ecol. Studies* 85. Springer, Berlin, 363 S.

– (1992): Ökologie. Springer, Berlin (5.-Aufl.), 363 S.

RICHTER, M. (1997): Allgemeine Pflanzengeographie. Teubner, Stuttgart, 256 S.

– (2001), siehe Literatur "Allgemeiner Teil"

RICKLEFS, R. E. (1990): Ecology. Freeman and Company, New York (3.-Aufl.), 896 S.

ROSENZWEIG, M. L. (1968): Net primary productivity of terrestrial communities: prediction from climatological data. *Am. Naturalist* 102, 67–74.

RUITER, P. de, WOLTERS, V. und MOORE, J. (2006): Dynamic food webs. Elsevier, Amsterdam, 608 S.

SCHÄFER, M. (2003): Wörterbuch der Ökologie. Spektrum, Heidelberg (4. Aufl.), 452 S.

SCHMITHÜSEN, J. (1968): Allgemeine Vegetationsgeographie. De Gruyter, Berlin (3.-Aufl.), 463 S.

SCHROEDER, F.-G. (1998): Lehrbuch der Pflanzengeographie. Quelle und Meyer, Wiesbaden, 459 S.

SCHUBERT, R. (1991): Lehrbuch der Ökologie. Fischer, Jena (3. Aufl.), 657 S.

SCHULTZ (2000a), siehe Literatur "Allgemeiner Teil" SCHULZE, E.-D. (ed.) (2000) s. Lit. zu Kap. 9.

SCHULZE, E.-D., BECK, E. und MÜLLER-HOHENSTEIN, K. (2005): Pflanzenökologie. Spektrum, Heidelberg, 846 S.

SITTE, P. et al. (eds.) (1991, 1998, 2002): Lehrbuch der Botanik. Spektrum, Heidelberg (33. 34. bzw. 35. Aufl.), zuletzt 1124 S.

STEINHARDT, U., BLUMENSTEIN, O., BARSCH, H. (2005): Lehrbuch der Landschaftsökologie. Spektrum, Heidelberg, 294 S.

SWIFT, M. J. (1979): Decomposition in terrestrial ecosystems. Blackwell, Oxford, 372 S.

TISCHLER, W. (1990): Ökologie der Lebensräume. Fischer, Stuttgart, 356 S.

– (1993): Einführung in die Ökologie. Fischer, Stuttgart (4. Aufl.), 528 S.

TOWNSEND, C. R., HARPER, J. L. und BEGON, M. E. (2005): Ökologie. Springer, Berlin (2. Aufl.), 647 S.

WALTER und BRECKLE (1983–1994), s. Lit. zu Kap. Allg. Teil. – (1999), s. Lit. zu Kap. Allg. Teil.

WARING, R. (2007): Forest ecosystems. Elsevier, Amsterdam, 440 S.

WHITTAKER, R. H. und LIKENS, G. E. (1975): The biosphere and man. In: LIETH und WHITTAKER, 305–328.

6 土地利用

人类对土地的利用**深远地改变了**自然景观(附图6.1)。

多数情况下,在土地利用过程中人们只改变自然的某些原始属性,**以便不致消除生态带的差异**。更确切地说,各种人为实行的农业或林业的土地利用类型都基于人类自己的决定,这些不少是久远历史时期就决定的,据此可使其回归到另一类生活状况。这些决定通常与自然赋予的可能性密切符合,但也保持技术进步的途径,适于发展为新的利用系统甚或迫使走向开放的系统,这最终导致以前的植被被另一类同样适于自然的农业景观所取代,这类农业景观的生态带区分(及其亚带划分——例子参看:JÄTZOLD,1984)与从前的自然植被的反应几乎是相同的,附图C和表6.1能够用来说明这种吻合(Koinzidenz)。

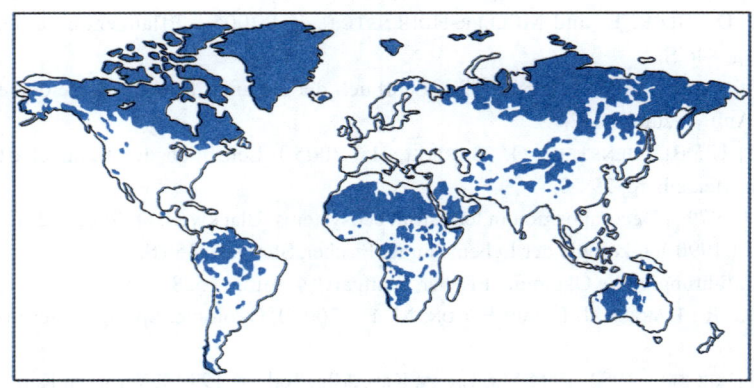

附图 6.1
地球的自然保留地域,图示1988年状况(据麦克洛斯基(MCCLOSKEY)和斯伯丁(SPALDING),1989)

表 6.1　农业区和生态带之间的近似相关

农业区	生态带 [a]
干旱地区粗放的移动式经济和绿洲经济	**热带/亚热带干旱带**、干旱中纬带和**冬季湿润亚热带**：各带仅指旧大陆
– 游牧、半游牧	– 荒漠和半荒漠
– 转移牧场（Transhumanz）	– 多刺稀树草原、亚热带草原、冬季湿润亚热带
寒冷地区粗放的游牧经济（驯鹿）	**极地/亚极地带和北方带**：苔原和北方的泰加林带；各带仅指旧大陆
广泛固定的牧场经济（牧场经营（Ranching））	新大陆**干旱中纬带**和拉丁美洲和南非的热带/亚热带干旱带，各种半干旱边缘地区；此外还有拉丁美洲、澳大利亚及非洲的夏季湿润热带部分居民稀少的地区，在南美还包括终年湿润热带
强化的绿色农业	**湿润中纬带**：欧洲、南美洲和澳大利亚各沿海地区
干湿交替热带传统的农业经济	**夏季湿润热带**（部分地区跨越热带/亚热带干旱带的多刺稀树草原和终年湿润热带的森林地区）：非洲、印度（水稻田除外）、拉丁美洲（牧场除外）
以水稻田为主的灌溉农业	**夏季湿润热带**，终年湿润亚热带和终年湿润热带，全部在东南亚地区
冬季降雨地区的耕地经济和永久性作物经济	**冬季湿润亚热带**
大企业式的谷物经济	**干旱中纬带**（草原）和南美及澳大利亚的热带/亚热带干旱带（草原）
专门化农业经济（专业农场）	**终年湿润亚热带**（东南亚地区例外）
温带纬度地区强化的混合利用系统	**湿润中纬带**
具有采集经济、移动式耕种和永久性作物经济的热带湿润地区和雨林地区	**终年湿润热带**、夏季湿润热带（湿润稀树草原）。采集经济在南非和东非及澳大利亚的热带/亚热带干旱带的多刺稀树草原也有
小农场的谷物、需加耪锄的作物（Hackfrucht）和牧草种植的中纬度和高纬度森林地区	**北方带和湿润中纬带**（温带雨林）
不宜居住地区	**极地/亚极地带**：冰荒漠和极地荒漠，在北美也包括苔原；**干旱中纬带和热带/亚热带干旱带**：沙漠和砾石荒漠；高山地区

a　半粗体字符表示：所指生态带具有最好的位置关联；在有关的分论章节中重点描述该农业区。

生态带的特性不仅从质的方面也从量的方面影响农业和林业的土地利用，这些特性确定可能利用类型的界限并将有关利用限制在自然生产潜力的范围内，此外，它们还提供利用过程中需要注意的线索：

● 在种植面积中增加哪种类型的生产，其产量能够超过生态带植物群系的初级生产量（例如通过更好地利用自然赋予的生产时期或借助灌溉或建造温室人为延长生产期等）。

● 哪些植物栽培措施的费用是必要的（例如施肥、植物保护、使用高产优质品种等），然而需要指出的是，所有集约化农业土地经营只有在不断提高技术和能源（化石矿物能）使用情况下才是可能的，另外，这也意味着附加能源与每一能量单位收获量的比例明显变得越来越差。

第6章参考文献

ANDREAE, B. (1983): Agrargeographie. De Gruyter, Berlin (2.-Aufl.), 504 S.

ARNOLD, A. (1997): Allgemeine Agrargeographie. Klett-Perthes, Gotha, 247 S.

DOPPLER, W. (1991): Landwirtschaftliche Betriebssysteme in den Tropen und Subtropen. Ulmer, Stuttgart, 216 S.

GRIGG, D. B. (1974): The agricultural systems of the world. Cambridge University Press, Cambridge, 358 S.

JÄTZOLD, R. (1984): Das System der agro-Ökologischen Zonen der Tropen als angewandte Klimageographie mit einem Beispiel aus Kenia. *44. Dt. Geogr. Tag*. Steiner, Stuttgart, 85–93.

LAST, F. T. (ed.) (2001): Tree crop ecosystems. *Ecosystems of the World* 19. Elsevier, Amsterdam, 504 S.

MARTIN, K. und SAUERBORN, J. (2006): Agrarökologie. UTB (Ulmer), Stuttgart, 297 S.

MCCLOSKEY, J. M. und SPALDING, H. (1989): A reconnaissance-level inventory of the amount of wilderness remaining in the world. *Ambio* 18, 221–227.

PEARSON, C. J. (ed.) (1992): Field crop ecosystems. *Ecosystems of the World* 18. Elsevier, Amsterdam, 576 S.

REHM, S. (ed.) (1986): Grundlagen des Pflanzenbaues in den Tropen und Subtropen. *Hdb. der Landwirtschaft und Ernährung in den Entwicklungsländern* 3. Ulmer, Stuttgart (2. Aufl.), 478 S.

RUTHENBERG, H. (1980): Farming systems in the tropics. Clarendon Press, Oxford (3.-Aufl.), 318 S.

SCHULTZ, J. (1984): Agrargeographie. In: GAEBE, W. et al. (eds.): Sozialund Wirtschaftsgeographie Bd. 3. Harms Handbuch der Geographie. List, München, 22–112.

SICK, W. D. (2002): Agrargeographie. *Das Geographische Seminar*. Westermann, Braunschweig (3. Aufl.), 208 S.

World Atlas of Agriculture (1969), Instituto Geografico de Agostini, Novara, 62 Karten.

分论
9 个生态带特征

7 极地/亚极地带

7.1 分布与亚带划分

极地/亚极地带(Polare/subpolare Zone)分布于两极(附图7.1),在陆地范围此带结束于朝向赤道的极地树线附近(参阅8.5.3)。极地/亚极地带所有地域几乎都位于持续多年的冻土带,其总面积2 200万 km²(其中1 400万 km²分布在南极洲),约占地球陆地的15%。

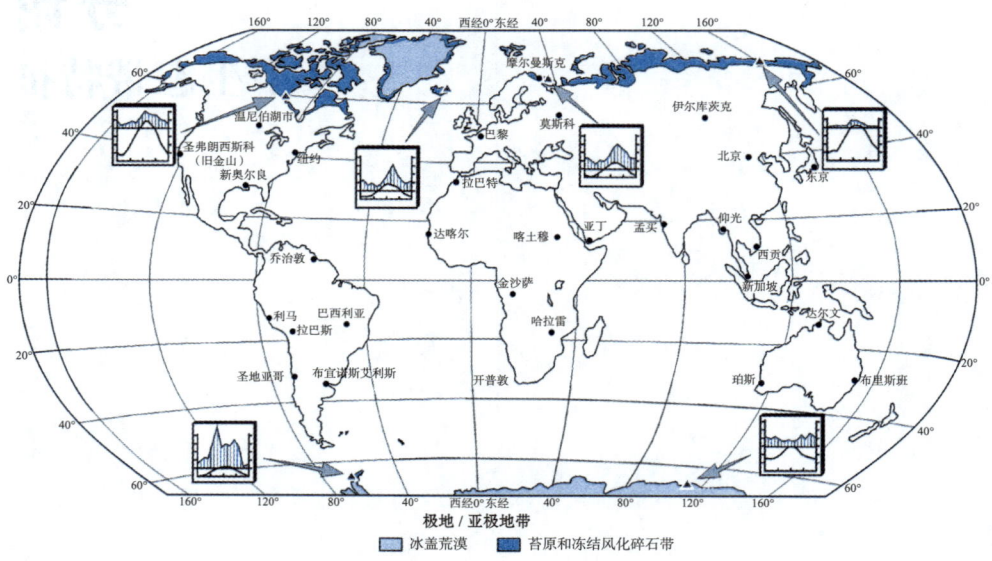

附图7.1

极地/亚极地带,分布于两极,此带2/3地区位于南极洲,主要为冰盖气候(Eisklimate),北极这部分地区以苔原和冻结风化碎石带占优势

此带约有3/4面积被永久性冰雪所覆盖,因此属于**极地**冰盖荒漠(polaren Eiswüsten),它几乎包括全部南半球极地地区。

但北极的这部分地区则相反,人们看到的格陵兰岛和一些更广阔的近极地的岛屿,大部分为无冰川的地区。

冰盖和无冰区之间的界限大体上与**气候**的雪线一致:雪线朝北极方向平均多年降雪多于夏季的融雪,而在雪线朝赤道方向情况通常相反,每个夏季积雪都融解消失。雪线和冰冻界限并不一致,有的地方冰舌(Gletscherzungen)越过其原料积累区朝向赤道方向推进。

依据温度条件和与之相适应的不同的植被,无冰区能够继续细分出一个极地冻结风化碎石带(Frostschuttzone)和一个**苔原带**(Tundrenzone)。在极地冰盖气候区,水几乎完全以固体形式出现,不同的是,在冰缘区域近地表的土壤层中土壤冰与土壤水之间的年周期变化或下雪和降雨之间的变换是具有特征性的。与此相应,这里的永久性冻土具有较深的*夏季解冻层*(附图7.2),与融冻变化相羼系的地貌学过程(冻融动态过程(frostdynamische Prozesse))塑造地表形态特征(参阅7.3)。

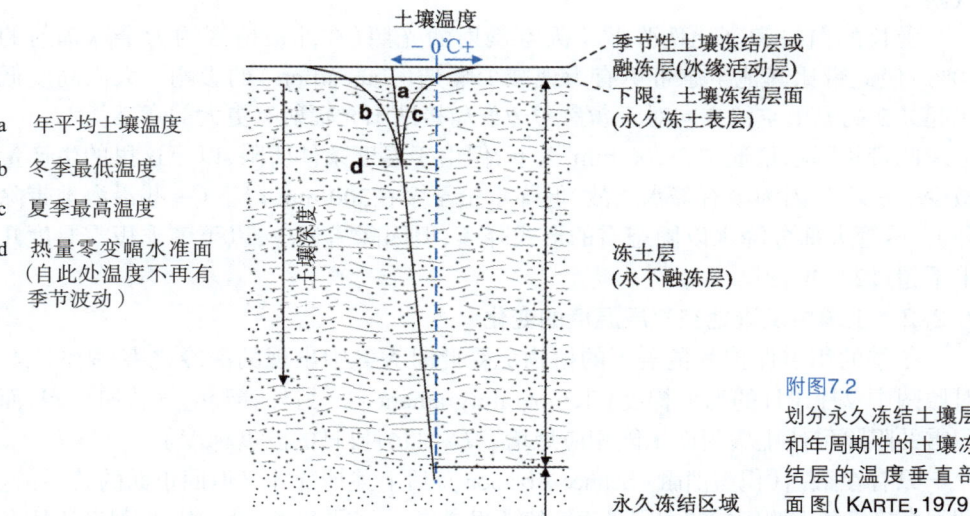

a 年平均土壤温度
b 冬季最低温度
c 夏季最高温度
d 热量零变幅水准面(自此处温度不再有季节波动)

附图7.2
划分永久冻结土壤层和年周期性的土壤冻结层的温度垂直剖面图(KARTE,1979;SUGDEN,1982)

7.2 气候

7.2.1 气温、昼长、降水

有关气候波动值方面,通常苔原带最温暖的月份平均温度在6~10℃,且一年中其温度最高的3个月——例外情况为4个月——保持5℃以上;向极地方向最高月平均温度下降,至少到达冻结风化碎石带,气温在6℃以下,到达极地荒漠带,那里是冻结风化碎石带最冷的区域,气温降至2℃以下。

在亚极地海洋部分地区冬季降温微弱,但向极地方向和向大陆方向冬季则降温显著,在这些地方年温度变幅从<10 K 到>50 K(=从最高到最低月平均温度之差;见附图7.3)。相反各地和全年的*昼夜温差*(tageszeitlichen Temperaturunterschiede)很小。

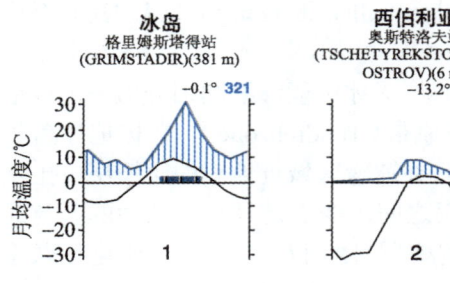

附图 7.3

极地和亚极地带气候图。冰岛站（1）显示由于受亚极地海洋影响的关系：年温度变幅低，有相对较高的降水量。西伯利亚站（2）与冰岛站情况明显相反，因为地处高极地大陆的关系：温度变幅随着强烈的冬季降温显著增大，降水量只有冰岛站格里姆斯塔得（Grimstadir）的1/4

接近两极昼夜间光照差别也几乎消失。逐日昼夜变换的地方出现长达*半年的从极夜到极昼的变化*，也即光照不仅支配**热量**，而且也支配一种**太阳的**年周期**气候**。

漫长的白昼和高比例弥散于天空漫射的光照（在北极地区约为全球辐射的50%）使此带比其他生态带更有力地减少曝光（Exposition）的影响。太阳高度低比起其在高悬上空的方向对于*倾斜的边坡地*接纳阳光辐射有更大的意义。

此带年降水量通常在200 mm 以下，但由于温度条件所限，以至这里的生产量微少——不是因为罕有降水之故，但降水量至多在300 mm 以下（一些沿海地带除外）。尽管大部分降水以固态雪的形式降落，但因降雪量少，以至冬季积雪厚度几乎不超过20~30 cm。

7.2.2　土壤中及近地空气层温度的变化

冬季的**积雪**保护其覆盖下的植物免受此时大气中出现的深冷之害（附图7.4，对照图中2月10日的温度梯度（Temperaturgradient））。另外春天空气普遍变暖，而积雪的阻隔致使土壤因而未能相应地增温（对照6月1日的温度梯度）。

只有在**融雪**（积雪消融（Schnee-Ablation））后上述情况才又返回正面的关系：这期间直接接触土壤表层的太阳光逐渐使那里增温，导致那里的土壤温度明显高于所在地近地表空气层（bodennahe Luftschicht）的温度，因此土壤开始解冻并使冬季一直冻僵的生物得到一股有力的温度推动力（Temperaturschub），从而开始正式的*植被期*。植被开始生长的时间可能有小范围短时间至数周长的变动，这是由于有些地方冬季降雪被风吹刮，局部积雪厚度可达数米，而另一些地方成了几乎无雪的地面，因此，相应的，它们的融雪过程需要长短不同的时间。

近地面区域的有利气温整个夏季都保持着（附图 7.4 中 7月19日和8月1日的温度梯度），甚至到初秋那里的温度仍高于冰点，而在标准高度的测量站或即使仅离地面1 m 高的地方也已经测得零下好几度了（对照9月1日的温度梯度）。因此，事实上的植被期要迟于依据气象服务所获得的测定结果。

重新进行的**土壤冻结**从表层开始，下层土壤（直到冻土层）仍然长时间保持不冻（附图7.5）。在冻结的表层土壤与底部冻土层之间，随着冻结前缘的进展自然而然产生一种能够导致发生冻结裂缝的压力（例如出现非*分选的细土圈*（Feinerdekreise））。

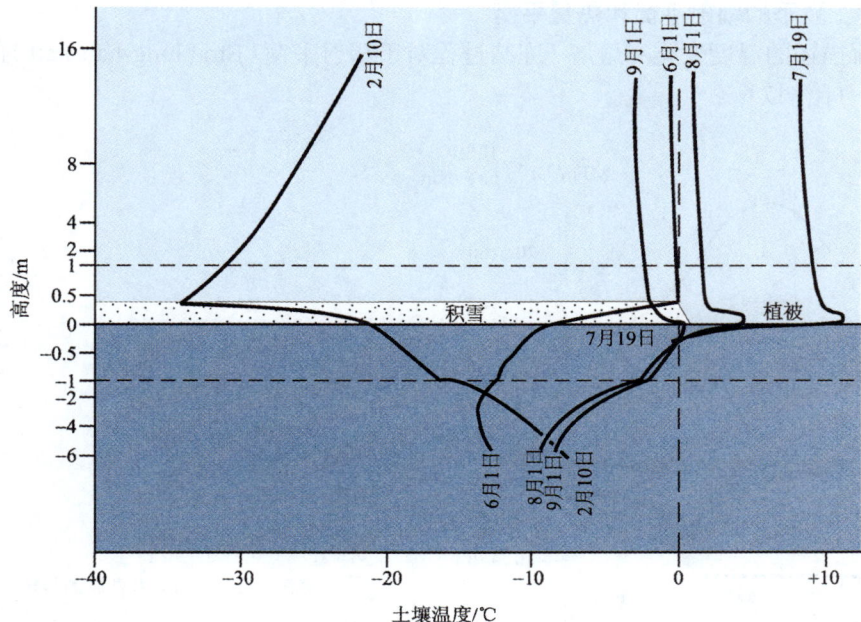

附图 7.4

阿拉斯加（Alaska）（北纬 71°）巴罗（Barrow）苔原的垂直温度梯度，5个特征性时间（引自 WELLER 和 HOLMGREN, 1974）。稀薄的雪被对土壤表层的保护只是适度推迟冬季低气温的到达，而到初夏土壤明显变暖。第二年下半年近地表空气层的温度明显超过较高空气层的温度。必须注意：近地空气层和上层土壤的比例尺是有区别的

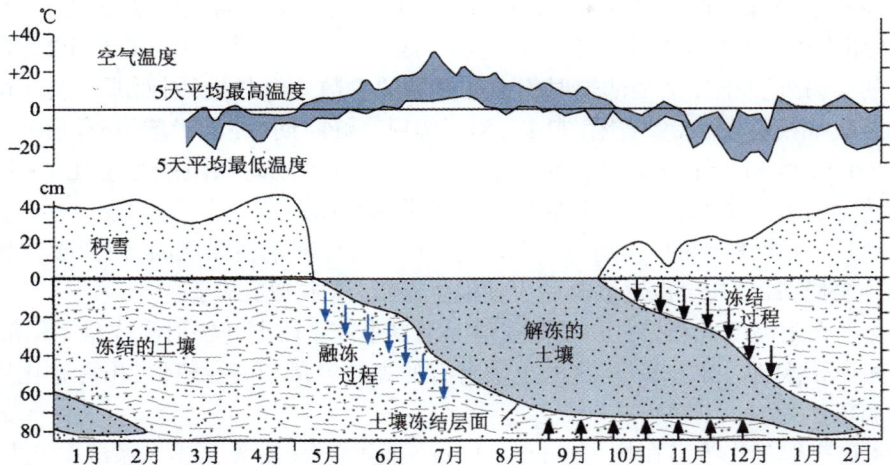

附图 7.5

在北斯堪的纳维亚阿比思科（Abisko）Stordalen（地上200 cm）的气温、积雪覆盖和土壤冻结的年度变化（引自 SKARTVEIT 等 1975）。值得注意的是，自10月份在永冻土层面至从表面重新开始的冻结土壤之间水和空气都被包围，未冰冻区域在随后的月份变得更窄，但（在给定的海洋气候条件下）剩余部分直到下一年仍然存在。这种由上、下液压传递逐步冻结的低温恒定压力能够造成对土壤表面的冷冻冲击（Frosthub）、冻结断裂（Frostaufbrüchen）、冻胀形态（Auffrierformen））和在土体内部的起泡活动（Brodelbewegungen），这就打乱和破坏土壤层次的形成并从而形成冰成土（Cryosole）（见7.4）

7.2.3 夏季的辐射平衡和热量平衡

所描述的温度变化和融解/冻结过程对于辐射平衡（Strahlungshaushalt）的解释如下（附图7.6）：

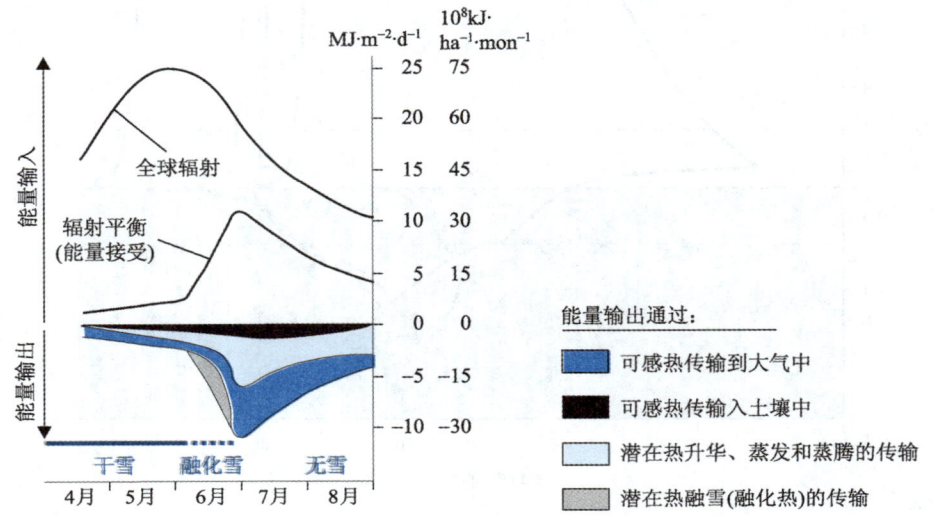

附图7.6
苔原带的夏季辐射与热平衡；依据在加拿大、阿克塞尔海伯格岛（Axel Heiberg Island）（北纬79°、西经90°）的测定（OHMURA，1984）

在一个全球性的比较中，极地/亚极地带得到的年平均太阳能量最少（参看表5.2和附图2.1）；辐射平衡只在从4月至9月或——在南半球——从11月至2月是正平衡的。另外由于几乎全部辐射集中在夏季的少数几个月份，因而那个期间每天的光照数量相对较高（参看附图2.2），到了辐射高峰时期（在北半球为6月份），它与超过 $60 \times 10^8 \mathrm{kJ}/(\mathrm{ha} \cdot \mathrm{mon})$（mon 为月）低纬度地区辐射数量级是可比的（虽然最高约为一半大小的强度，而且它们是在每天24h中发射的）。

极地/亚极地带的陆地表面和邻近的大气当**夏季来临而增温**，但变暖过程进展十分缓慢，其最高值也远远落后于其他生态带，这主要是基于：

- 在太阳高度低和持久积雪覆盖情况下夏季前半段期间辐射吸收量是低的。
- 由于大部分水（冰）丰富的土壤具有的高热容量和高导热性，积雪融化后土壤增温依然微弱。
- 许多能量作为潜在热（latente Wärme）通过升华、蒸发从生态系统中流失。

7.3 冰缘区范围内的地貌和水文

极地/亚极地带生态带虽然几乎所有地方的年降水量均低，而且与此相应其径流模数（Abflussspende）也低，然而**通过流水的冲蚀**（Abtragung）通常以**线状冲**

刷过程（*侵蚀*（Erosion））和**面状的**坡面剥蚀**过程**，也即*冲刷剥蚀*（Spüldenudation）占支配地位，这是与那里很高比例的降水份额成为径流（50%~70%）以及径流模数脉动式出现相联系的（附图7.7）：当6月份或7月份积雪融化，此时大部分冰雪融水在仍然冰冻着因而不透水的略有倾斜的山坡地面上，呈面状迅速地流向河流，80%~90% 总径流量集中发生在2~3周之内。一旦最上面的土壤层由于冻结脱离了结合体，大量精细好土就可能遭到剥蚀，即冰缘冲刷剥蚀（periglaziale Spüldenudation）。在一些河流中，在这段短暂期间暴发了强大的洪水，洪水又支持水流携带来的浮冰块，使侵蚀效率更加显著。但无论如何，只有当浮冰块的**保护性冰壳**（Aufeisbildungen）在谷底被砾石岩块撞破，冰水沉积的攻击作用这才开始。

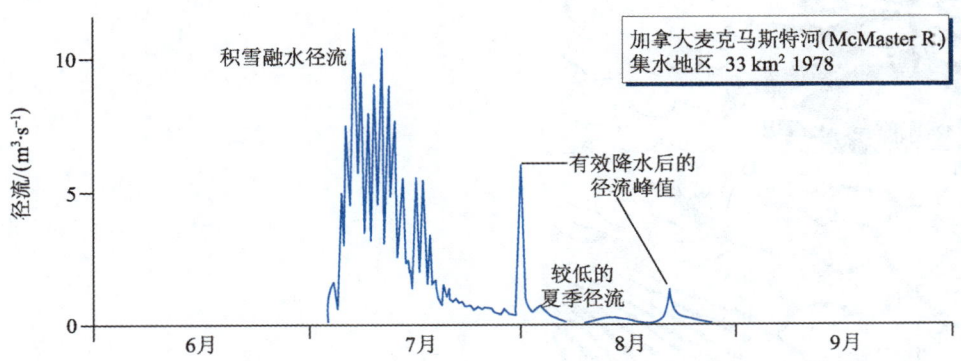

附图 7.7
在极地/亚极地带冻土条件下一条河流的径流行程（PROWSE，1994）。径流发生仅限于少数夏季月份

冻融动态过程及其类型

在特殊方式下与冷冻转换相联系的冻融动态过程是典型地带性的，这一过程当在土壤和岩石中的水分冻融时体积发生变化，每次胀或缩体积变化达10%（例如冻结风化碎裂（Frostsprengung）、融冻扰动（Kryoturbation）、冰冻崩解（Gelifluktion）；此处参照 FRENCH, 1976; KARTE, 1979; SCHUNKE, 1986; STÄBLEIN, 1987; SUGDEN, 1982; WASHBURN, 1979），它们的有效性是风化壳中冷冻转换频率和含水量的一种作用（风化壳 = 在未风化坚硬岩石外部的疏松材料覆盖层）。以下所形成的类型是它们改变地貌的结果：

● 冻结风化成因的碎石。冻结风化碎裂作用或多或少甚至能够分解裂开（放射爆裂（Kernsprünge））紧连基岩的大岩石块，由此产生的外观上棱角状的冻结风化碎石，在极地荒漠和高北极苔原的最北地区尤其引人注目，这些地区因而得名*冻结风化碎石带*。若以碎石产生位置而论，在平坦地形区形成本土型的（autochthonen）*冻结风化碎石原野*（Frostschuttfeldern）类型，例如粗大碎石原野（Blockschuttfeldern）、石海（Blockmeeren），或以侵蚀形式在陡峻山坡的山麓或山崖脚下形成的外来异域型的（allochthonen）冻结风化碎石坡类型。

96　分论　9个生态带特征

● **多面体结构**土壤或**多边形结构土壤**，也即*多边形地面*。这是有关在平坦的或顶多稍倾斜、无植被或植被稀少地区的空间**土壤格局**，是**土壤物质的垂直和水平分选**（冷冻分选），使非均质、原始混合的物质在土壤表面发生外观上的改变，呈石环土（Steinringe）、石质多边形土（Steinpolygone）、石岛土（Steininseln）、细土群岛（Feinerde inseln）、石带土或细土带（Feinerdestreifen）等多边形结构土壤类型。石环和石质多边形连在一起成为广泛的石网土（Steinnetzen）（附图7.8）。

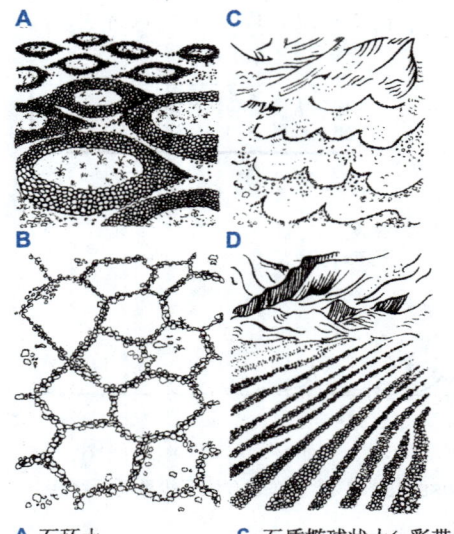

附图 7.8
多面体结构土壤（GANSSEN, 1965）。这是经过冻结动态过程的作用（在石质椭球状土和石带土中也经过重力条件下的物质运动）与物质（颗粒大小的）分选作用相联系而形成的结构性土壤

A. 石环土
B. 石网土
C. 石质椭球状土（=彩带土）
D. 石带土

● 冰楔（Eiskeile）在由于低温冷冻收缩[33]（至少 −15∼ −20 ℃）的冰冻裂隙中逐步形成，而且冻土（见俯视图）被分解崩裂为多边形网状，它们的网眼大小通常在10∼ 40 m。这些从隆起凸缘增加的覆盖物质超过冰楔边缘，充满框架式的多边形原野，同样位于两隆起之间冰楔上方的凹沟大多被水持平（附图7.9和7.10），接着可能成为沼泽，进而形成*多边形沼泽*（polygonal mires）。

● **冻胀丘**（Thufure），也即*冰丘*（Hummocks）、*冻胀土丘*（Erdbülten）。这是一类最高不超过半米的最小的**冻胀小丘**（Auffrierhügel），通常密集汇聚出现，带有封闭的植被覆盖，大多由细致的无机矿物材料形成并且具有常年不解冻的源自冻土或土中冰的核心。

● **穹形泥炭丘**（Palsas）是显然相对陡峭高大（达到10 m）、存在泥炭和（不断）

33　低温冷冻收缩（*frost cracking*，*thermal contraction*）每开氏度大约 0.05 mm /m 冰柱。在富冰土壤基质中可能温度下降4K的情况下第一条裂隙就已形成，其产生是由于高比率温度下降所促成。

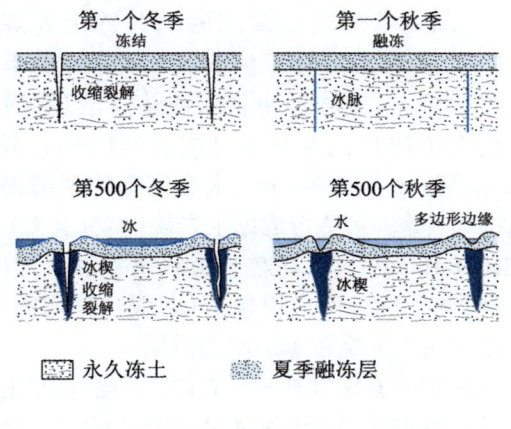

附图 7.9

冰楔的形成（SUGDEN, 1982）。在深度冻结温度条件下发生的收缩裂隙收纳夏季融解的水，这些水（最迟）在接下来的冬季冻结成为冰脉，这个过程历经几个世纪之久重复进行，冰脉最终发展成为强大的冰楔，在俯视图中可以看到它们连接成为多边形结构（附图7.10）

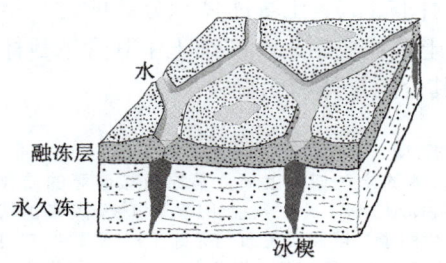

附图 7.10

夏季多边形冰楔示意图块（BUTZER, 1976）

冻结的物质形成的一个核心，通常以冰透镜体形式离析冰所引起，它们大多成群出现在*泥炭沼泽*（Palsenmoore），并且也是森林苔原带中一类普遍分布的地带性现象。

● **冰水岩盖**（Pingos）又称*冰核丘*（Eiskernhügel）、*冰岩盖*（Hydrolakkolithe），最高50~100 m，是最高的冻结丘。它们与穹形泥炭丘的区别除了更为强大外而且冰体显得更封闭，同时不具有生物成因的覆盖层。其形成参看附图7.11。

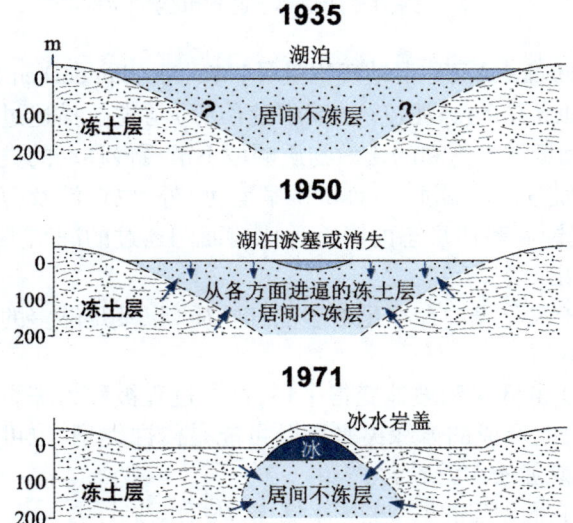

附图 7.11

一座冰水岩盖的形成（MACKAY, 1972；经修改）。一个湖泊淤塞后其下面存在的居间不冻层（Talik）开始从各方面冻结，与之相关的体积增大导致这个地方穹形隆起，在这一隆起物里面在接近向下进逼的冷冻前缘形成结晶冰（冰核（Eiskern））

- **融冻洞穴类型**（Abschmelzhohlformen）是出现在富冰的永久冻土递降分解或土壤冰体（例如多边形冰楔结构、冰水岩盖或穹形泥炭丘）解冻情况下随之必然的现象。由于其外观类似岩溶地貌，因被称为冷岩溶或热岩溶（参看热融洼地（Alasse），见8.3）。它们的规模大小按直径看有些可能达到100 m，但少有超过1 000 m 的。通常它们是水深不到1 m 最深3~4 m、水流壅塞的*融陷湖*（Thermokarstseen）。经过一段时间后它们将会淤塞并可能形成冰水岩盖（参看上文）。

融冻洞穴类型以及冻胀类型（Auffrierformen）只能在*热平衡*状态下形成，以免干扰当地冻土及其周围地区。发生的那些干扰举例来说包括（起隔热作用的）植被覆盖状况的改变如过度放牧及堵截拦水或人为烧荒等引起的后果。

与融冻有关的地势降低程度取决于——除解冻深度外——在融解的永久冻土层中超额冰或过量冰（Excess-Ice）的含量（附图7.12）。土壤冰体积分数的含义意味着融解过剩时即不再有更多可吸收的水从土壤释放出来。在细土中其含冰量体积超过土壤的40%~50%，而在较粗的土壤中其含冰量体积明显较少。

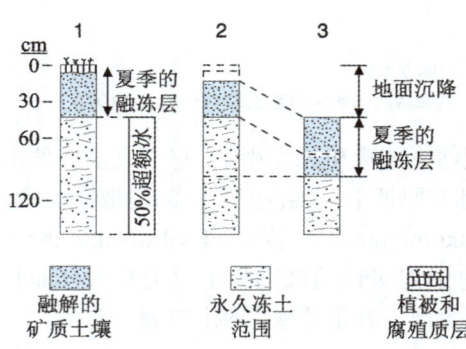

附图7.12

在富冰的永久冻土上一处苔原植被破坏的结果（FRENCH, 1981）。1号柱状图表示植被破坏前的状况，也即植被层和腐殖质层完好无损、夏季融冻层深达45 cm。且其下方存在的永久冻土超额冰含量为50%（见文中）。如果当前植被覆盖层和腐殖质层（假设为15 cm）遭到毁坏（见 2号柱状图），那里合理的基础隔离保护被去除，致使夏季融冻的深度加深，在本图所示例子中由45 cm 增至60 cm（见3号柱状图），其中原始的融解层位于30 cm 范围内，其余的 30 cm 发生自60 cm 中附加融解的永久冻土层，来自过剩的融水，这等于30 cm 土壤深度的水分已被释放，也即等于这个地区沉降的数字

- **融冻泥流盖层**（Gelifluktionsdecken）又称滑动残积盖层（Wanderschuttdecken）或融冻泥流阶地（Wanderschuttstufen）。融冻泥流（*冰缘泥流作用*）与先前描述过的过程和类型的区别在于它们是大量被水饱和的松散物质顺坡下滑缓慢移动的类型，这些物质的产生除参与*冰冻动态过程*（膨胀运动和收缩运动）外，也还涉及*引力*的方向和大小，它们对地表的侵蚀和整体形态的影响远比前面阐述过的冻结类型和融冻类型大得多，而且也更突出。

融冻泥流移动的前提条件在于风化壳中存在足够多的细物质（以及足够多的贮存水），而且地面的坡度至少2°~3°。

融冻泥流长期作用导致地面变得低深和坡地变得平坦，这个过程被称为冻裂夷平（Kryoplanation）作用，同时由此形成的冰缘夷平面既可能是侵蚀类型，也可能是堆积类型，也即*冻裂夷平阶地*或*融冻泥流阶地*。

另外融冻泥流的有效性比通过它们创建的类型的频率低，这是可以估计的。

事实表明，这些广泛由松散材料覆盖并且其中大多也已进行了土地开发的山坡地，其侵蚀率比相对已经较低的风化率（Verwitterungsrate）也还是较小的，大多数情况下每年总计只有几个厘米的数值。

7.4 土壤

在苔原带和冻结风化碎石带（包括永久冻土带），下列因素和进程影响*土壤发生*（*Pedogenese*），也即影响土壤形成（Bodenbildung）。

1. 土壤发生过程局限于夏季的融冻层，也即在一年中仅有少数几个月份能够进行，并且最多达到1 m深；只有在粗颗粒（就是通常所指的少冰的）基质中土壤融冻层可能更深。

2. 融冻层下面其余的永久冻土层妨碍融解水/雨水的渗入与渗透，可能导致长时间过度潮湿甚至积水。

3. 随着较高的土壤水分含量低温的过程（融冻扰动、融冻泥流）有效性的增加，从而导致*低温特性*（kryogene Merkmale）部分取代成土过程。

4. 主要的机械风化作用如冻结风化碎裂使土壤形成粗颗粒结构。

5. 化学与生物转化受到抑制，腐殖质分解破坏并因而随之释放出其中含有的矿物质营养成分，黏土矿物的形成也极其缓慢，有可能造成大量枯枝落叶堆积和腐殖质的富集（附图7.13）。

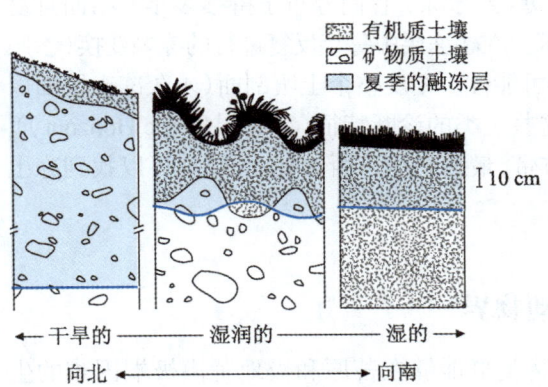

附图 7.13
北极苔原带土壤与原始湿度有关的标志性特征分化（NADELHOFFER 等，1992）。所显示的顺序有一定局限（主要依据热量分布的规律性），针对土壤特征南北向的变化。由以下一般性的表述可以推断：1. 土壤有机物质的含量（包括枯枝落叶）的增加与土壤湿度的加大（或向南面），是从水分数量很少且排水良好（或冷‑干）的地点到水分数量极其巨大且经常被水饱和（或相对温暖）的地方。2. 基于温度隔绝性能的高低，随着较高腐殖质（枯枝落叶）含量和茂密植被的减少，夏季的融冻深度超过永久冻土层，使得腐殖质（或有机质）层更深入到达持久性土壤冻结层面的范围，这个层面（几乎完全）是保护其免致进一步分解的界限

在这些条件作用下所形成最常见的土壤单元属于寒冻潜育土（Gelic Gleysolen），也就是属于*苔原潜育土类*（Tundrengleyböden）。在这些土壤类型中，上层土壤为厚度达到40 cm 的泥炭层（有机质层（histic）（H‑层）），接着突然转为黏土状的*潜育层*（Gley-Horizonte，G‑层），潜育层带有斑点的上段（Go‑层）相当于在夏季融冻层中形成的壅堵滞水带。

未经潜育作用的土壤发现于排水良好的地区，这些地方至少在夏末能够排出堵塞水。如果成土作用程度相对更为进展，它们则属于**寒冻雏形土**（Gelic Cambisolen）（*北极棕壤*（Arktische Braunerden）），此类土壤有几厘米厚的 A- 层及随着的暗棕色 Bw- 层。通过旅鼠（和其他挖洞啮齿类的挖掘活动可能使当地土壤发生显著的混合作用。据 WALTER 和 BRECKLE（1986）的研究报道，旅鼠种群在它们夏季建造洞穴时搬运多达250 kg /ha 的土壤到地面上。

低洼地区中**寒冻**有机土（Gelic Histosole）在接近苔原潜育土的地方可能具有（比上面提到的）更厚的有机质层（参看第33页）。因为只有当地的植被生产足够丰盛，巨厚的泥炭层才有可能形成，而有机土的厚度随植被状况而变，沿极地方向越往北越是衰落直至最终到极地荒漠完全缺失。

在冻结风化碎石带，由于气候不适宜，也因为积雪融解时的侵蚀再沉积作用（融冻泥流）、融冻扰动、冲刷作用等，土壤发生过程几乎永远超不过原始土壤阶段，在浅层近地表或多岩石情况下土壤发育为**寒冻薄层土**（Gelic Leptosole）（希腊语 *Leptos* = 薄的），否则发育为**寒冻**疏松岩性土（Gelic Regosole）（希腊语 *rhegos* = 上覆岩层）。前一类是富含骨骼状至粗颗粒的土壤，后一类则相反为黏土至亚黏土状的。这两类土壤一致之处就是，它们的 A- 层发育程度都很微弱（也无粗腐殖质或泥炭之类的腐殖质盖层），缺少潜育作用和 pH 为碱性（加拿大、格陵兰）或中性/弱酸性（俄罗斯）范围（ALEKSANDROVA, 1988）——与极地/亚极地带普遍酸性至强酸性反应的其他土壤类型相比是有差别的。

在1998年土壤分类系统革新后，大部分前面提到的土壤类型归属新成立的土壤单元冰成土（Cryosole; 希腊语 *kryos* = 寒冷、冰冻），它们分布于持续多年冻结而且夏季融冻层最深达到1 m 的永久冻土地区。在融冻层中每年反复进行的冻融变换（参照附图7.5）阻止不同深度土壤层形成的可能性。相反整个土壤剖面（永久冻土层面以上）可能发生扭动（融冻扰动），成为这些土类的诊断特征（寒冻层（cryic Horizont））。

冰成土的发生向南深入远达北方带，最远到达东西伯利亚，那里可以找到冻土延伸的最南边的地点（参照附图8.2）。

7.5　苔原和极地荒漠的植被和动物界

在极地/亚极地带，只有少数植物类群能够在苔原和极地荒漠极端困难的生活条件下生存，因为要面对短促与寒冷的植被期、过度潮湿和养分缺乏的土壤以及冻裂变形和泥流沉积破坏等恶劣环境。因此，苔原植被普遍由**种类贫乏的社群**（Gesellschaften）组成：在大多数地区超过90%的维管植物（Gefäßpflanzen）的植物量仅由区区少于10种的植物所构成（CHAPIN III 和 KÖRNER, 1995）。在生境更差的极地荒漠中缺少酸性禾草类如苔草（Seggen）、羊胡子草（Wollgräser）和泥炭藓类（Torfmoose, *Sphagnum* spp.），同样也缺少矮灌木类。

大多数维管植物属于地上芽植物（Chamaephyten）和（更常见的）地面芽植物（Hemikryptophyten）(参阅附图5.1)，可能10%~20%属于隐芽植物（Kryptophyten）。因为这里的夏季实在是太短暂，所以，对于头年的种子从发芽到重新形成种子这类需要较长发育期的一年生植物（Therophyten），在这里几乎完全缺失。地上芽植物的生长高度大多在30 cm以下，这一群落高度通常与晚冬期间积雪的厚度相当。由于存在永久冻土层，植物根区几乎不可能向土壤深处发展，以至**生物圈层的垂直扩展特别低微**("薄弱")。在极端的情况下，它们的长度仅只有少数几个厘米或甚至还更少（例如在硬皮结壳地方的社群中，其生命空间仅只局限在相对微温的几毫米土壤（或岩石）表面）。

这里**地上芽植物和地面芽植物相对于其他生命类型的优越性**在于，一方面它们是相对高生长的生命形式，基于它们的生长是在温度较适宜的近地表空气层中进行的（参照附图7.4）。另一方面它们自身的防冻保护和先进的营养发展有最佳的相互联系。冬季积雪覆盖层可以保护芽体或近地表的芽，当①极端低温、②风剪（Windschur；由于风移动冰晶而损毁植物）、③春夏增温而土壤尚冻结未化时，免于遭受寒冻、强风或干旱之害；并在每年夏季植物恢复生长时至少一个完整的根系业已存在，在地上芽植物中这时就连芽系统也已准备就绪，因此这两种生命形式都可以不必太"耗损精力"和"花费时间"进行同化作用或再生产来形成叶和花，常绿矮灌木甚至能够直接开始进行光合作用。具有多年生耐寒冻的叶是它们的另一类生活型，因为这样可以减少植物体对矿物质的需求（参看7.5.4），相应提高它们的地理宽度比例。在高北极地区甚至有许多草本植物保留它们的叶子过冬。

7.5.1 植被的划分

位于本带南部的苔原带植被覆盖是郁闭的。朝极地方向，也即寒冻增强并且许多地方还遭受（季节性的）干旱胁迫，这种情况越往极地方向越严重，植被也越来越稀疏，直到最后只剩下一些尚属适宜之地生长有稀疏的植物。

相应于这样的**南 – 北变化**，极地/亚极地的冰缘区域基本上可以细分为更多的**环极带**（zirkumpolare Zonen）。如果是依据维管植物的盖度进行细分的，其结果例如划分为*低北极苔原*（niederarktische Tundra）、*高北极苔原*（hocharktische Tundra）和*极地荒漠*（polare Wüste）（附图7.14；也可参看附图8.9）。苔原带和冻结风化碎石带之间的界限首先按照气候形态学的观点来确定，它位于高北极苔原带的范围内（附图7.15）。

与纬度有关的地带性被**小范围植被的划分**所叠加，这种划分与**坡地位置和土壤基质**有密切关系，而在这两种情况中最终的*区别基于温度和湿度的收支平衡*。

● *坡地位置（坡向坡度）*关系到风，从而影响冬季积雪的厚度和延续时间，由此可能导致冬季/初夏冷胁迫/干旱胁迫程度的差异，而且使夏季植被期提前或推迟来到。山坡暴露部分存在一定危险，其植被可能被冰雪颗粒损伤，细土可能被强风吹失。

● *坡地位置、坡向*关系对光照是否有利，光照时间是延长或推迟，光照量是增

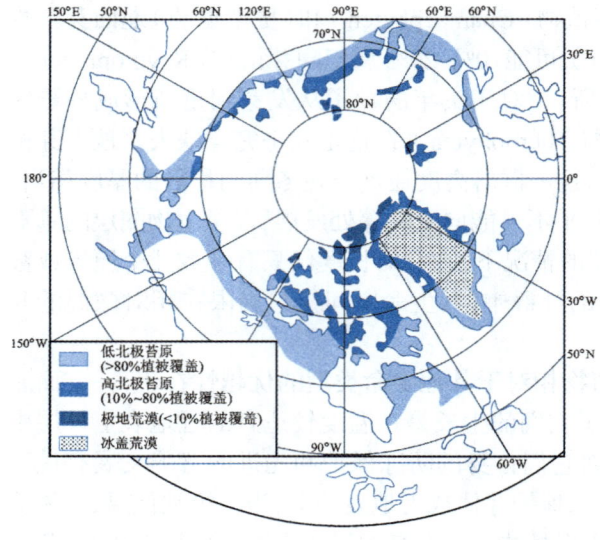

附图 7.14
按照植被覆盖程度对极地/亚极地带的划分（IVES 和 BARRY, 1974）

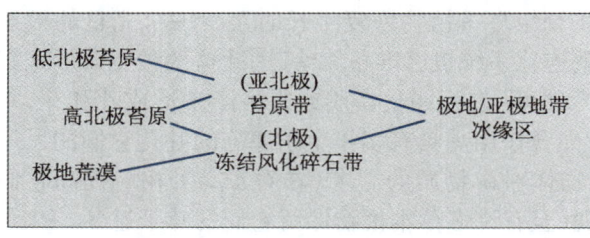

附图 7.15
依据植被地理学和气候形态学的观点，极地/亚极地带（仅指冰缘区域）生态亚带的划分

加还是减少，并从而影响植物根区和近地表空气层增温与否。

● 坡地位置关系到坡面流和壤中流（Interflow）以及**土壤基质影响土壤透水的程度、土壤融冻的深度和以冻融转换为动力的土壤移动效率**。在排水良好的矿质土壤中夏季融冻层的厚度以南坡的为最大（另参阅附图7.13），但在洼地中也可能由于通过来水获得能量而增大夏季融冻层的厚度。

在极地/亚极地带那些迎风暴露的地方，也即一些因强风吹袭、积雪稀少、冬天特别寒冷随后又特别干旱的环境，那里的植被经常以地衣类（Flechten）植物（地衣苔原）或生长极端矮小硬叶型（skleromorphe）的和常绿的矮灌木（**石楠类矮灌丛**）占优势；在背风位置和低洼地（积雪区域、积雪小谷地）的一些极长期遭积雪覆盖的地面上以苔藓植物（**苔藓苔原**（Moostundren））、**积雪小谷地群落**为主；但在积雪早期融解的地方发现少数几种耐寒矮灌木（形成矮灌木苔原），它们的最适生长条件为其提供足够强大的保护；在潮湿生境大多以低矮的柳树（**柳灌丛群落**）占优势，或杂类草和苔草形成的草甸状植被，即**低地泥炭草甸**（Niedermoorwiesen）或称**草甸苔原**。

7.5.2　植物量与初级生产量

总体来看，植物量随地理纬度的降低和海拔高度的下降（也即随空气温度的升高和植被期的变长）而增加，达到大约30 t/ha，与此有关*叶面积指数变大超过1*。当短短的植被生长期间（在低北极苔原大多为6—8月份）除了密云笼罩的夜晚，光合作用全天候昼夜地进行，并且直到接近植被生长期结束前持续不断的都是正面的结果（这就是说，总初级生产量在任何时刻都大于呼吸损耗，对照附图5.5）[34]。然而短暂凉爽植被期的缺点和不适宜的土壤特性是不可能抵消的：因此这里的初级生产量稀少，每年每公顷只有1~2 t（最高大约每年每公顷4 t），是地球上所有湿润地区中初级生产量最低的地方。

对该带生产性能低微的解释是，那些生长虽矮小的灌木往往具有极高的树龄（或许已经100岁，其中极端高龄的甚至已经达到200岁），因此**在一次干扰损害后这类植被**完整的**再生恢复**需要很长的一段时间。就这点来说，苔原植物群系应该属于敏感的类群（据雷默特（REMMERT），1980）。其他的评论不像这样的评判，如果恢复不作为原始物种的再生和原始的年龄组成来定义，而是作为从*前生产效能的恢复*。更多的研究证实，例如，一次火烧过后其再生恢复很迅速地完成（参阅下面的章节，尤其第104页的脚注36）。

7.5.3 动物界和动物取食

草食性动物的比例，特别是哺乳动物和鸟类多年转化的植物量，其数量级平均为净初级生产量（PP_N）的5%~10%。极地/亚极地带与其他生态带相比，这个比例数是高的（仅只在稀树草原和草原地带草食性动物的生态学意义还要大），在许多土壤类型中微生物的活动跟不上分解输送到土壤中的许多植被废弃物，这也使得草食性动物在苔原带显得特别重要，它们对**维护矿物质循环**起极大的作用，由此可以说，如同消费者依赖于植物一样，植物反过来也依赖于吃它们的消费者。最重要的草食性消费者——如同在热带和温带的某些草原国家——是有蹄类（Ungulaten）（这带的有蹄动物如饲养驯鹿（Rentiere）、野生驯鹿（Karibus）和麝香牛（Moschusochsen），啮齿动物如旅鼠和兔形目动物如野兔、家兔；还有雪鸡和一些水禽，尤其野生雁鸭类，同样起重要的作用；无脊椎动物通过取食的转化作用不明显。

本带中体型较小的动物物种在少数几年内**极端的周期性种群数量波动**是具有特征性的，它们证明其本身作为 r-*对策者*（r-Strategen）在环境条件有利时迅速繁殖[35]并且在此情况下比大型动物能够更好（更快）地利用这类"短暂的机会"；而作为 K-*对策者*（K-Strategen）则不同，它们对环境变化的反应较慢，但它们更能经受住不利的环境条件（REMMERT 1992）。通常情况下，每年食物供给量的变化是种群密度波动的直接原因，其中有些物种以种群繁殖增加或数量减少作为对食物状

34　苔原植物具有低的光补偿点和光饱和点，其生理生态类似于在温暖气候中生活的耐阴植物（Schattenpflanzen）。

35　短时间内大量繁殖是可能的，因这类动物孕期短、年繁殖多窝且每窝幼仔数多（例如西伯利亚旅鼠（*Lemmus sibiricus*）一次孕期21天，每年生育9窝，平均每窝7仔；据BATZLI，1981）并且后代性成熟迅速。据在阿拉斯加巴罗（Barrow）长达20年的考察，旅鼠种群密度每3~6年一次大增长，每公顷增加150~225只个体；而此前期间它们的个体数曾下降至1~5只（BLISS，1997）。

况变化的反应,如旅鼠以及其他挖洞穴居鼠类,还有雪鸡种群波动大多也由于食物供给的变化:它们的种群密度在获得丰富食物后迅速提高,而后经历一段或长或短食物短缺迫使其种群(大多同样突然的)衰减;只有这样,植被本身才能够再度恢复对草食性动物的食物供应量并开始新一轮繁殖周期(附图7.16)。

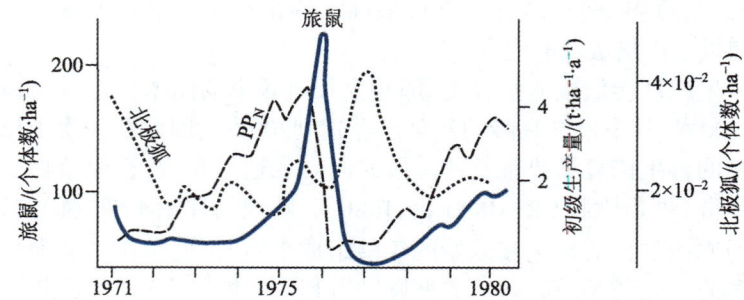

附图 7.16
在俄罗斯弗兰格尔岛(Wrangel-Insel)啮齿类变色旅鼠(*Dicrostonyx torquatus*)种群数量波动及其与苔原生产力和北极狐(*Alopex lagopus*)种群密度之间的相互关系(CHERNOV 和 MATVEYEVA,1997)

重视在土壤中恢复矿质供应的一个阶段对植被的恢复是必要的,这样尽管动物过度取食对植物群体发生干扰损害,但土壤得以迅速恢复并继续生产矿质含量相对丰富的植物量[36]。增加矿质供应的原因首先在于先前动物的取食,因为动物取食显著加快了有机物质的分解(矿质化)并由此导致了一种**肥料效应**(Düngereffekt)。

7.5.4 分解与矿物质周转

在苔原地带初级生产量中生态上的欠缺由于这种有机废物分解中的亏欠而加重:与热带雨林相比较,苔原的 PP_N 只有热带雨林的大约1/10;相反其分解比热带雨林要长100~1 000 年(表7.1)。

表7.1 苔原与热带雨林初级生产量和分解期的比较

植物群系	数量级	
	初级生产量 /($t·ha^{-1}·a^{-1}$)	分解期 / a
苔原	2	100~1 000
热带雨林	20	1

---

36 HENRY 和 GUNN(1991)描述加拿大苔原的一个极端例子。在那里的一个40 km^2海岛上,1987年夏季有500~1 000头野生驯鹿生活着,在海冰融化后鹿群遭到封锁,当岛上全部植物被吃光后,所有的动物最终全都饿死。但到了下一年植被就已经由过度放牧得到恢复:不仅植被的种类组成而且其生产效能都相当于邻近陆地正常环境中放牧的苔原地面。

苔原带分解率低正好解释了为什么在苔原生态系统中（特别在低北极苔原）**有厚枯枝落叶覆盖层和高腐殖质含量**。没有任何其他生态带有如此微少的植物量比率和类似这样高数量比例的死有机物质。通常情况下死有机物质量超过总有机物质的90%（总有机物质＝生物量＋枯枝落叶＋腐殖质），而且在峰值地区死有机物质绝对量每公顷达到300~600 t；除苔原带以外，只有北方带的森林生态系统可能达到上述这样的量值（但无论如何，死有机物质量明显具有较高平均值的北方带只是在那些经常沦为泥炭沼泽的地方；参阅8.5.2和8.5.6）。

分解迟缓的因素（Hemmfaktoren für die Zersetzung）是多方面的，包括缺乏热量、大多数枯枝落叶 C/N 比例组成不合适，以及处于酸性的和经常——由于广泛壅水——贫氧的环境，其中以后面提到的这一因素最为重要，而温度的作用则相对次要。因此，对气候变暖增温方面没有重大的可期待的变化（另参看2.3）。

腐殖质和枯枝落叶富集的结果是大部分养分元素被固定为植物不能利用的一种形式，这就是说，这些聚积的有机物质形成的不仅是一种**碳汇**（Kohlenstoffsenke）（见下面），而且也是一种**养分汇**（Nährstoffsenke），养分固定对**氮**供应特别不利。依据 NADELHOFFER 等（1992）的研究报道，每年每公顷只有1~6 kg N 矿质化——相反在北方的生态系统和温带生态系统为15~200 kg N，在热带雨林生态系统可达到 900 kg N（附图7.17）。

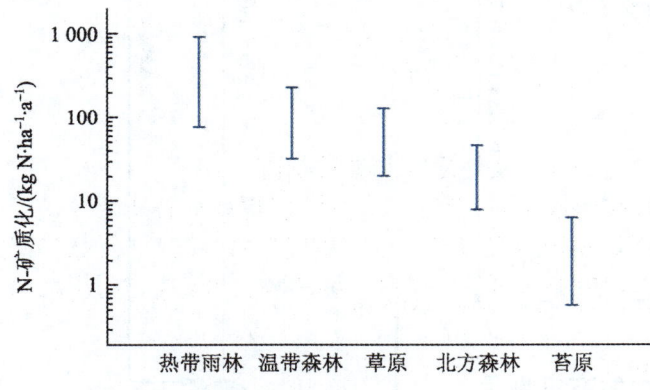

附图 7.17
不同地带生态系统中氮元素的矿化率（Mineralisierungsraten）（NADELHOFFER 等, 1992；有修改）。这是指净矿化率，就是由有机物质释放氮的差异并通过微生物（例如通过反硝化作用）重新固定化（进一步解释见书中正文）

矿物质供应方面的极大困难迫使苔原植物形成特殊的适应贫营养土壤的一些特性。值得提到的是，**许多矮灌木的叶能够多年存活而不脱落**（也就是**常绿的**），它们以这种方式控制其植被期间的养分需求并且最终无需达到高的矿物质利用效率，也就是说，以少量的矿物质生产相对更多的有机物质！这点也意味着，矿物质浓度在植物组织中是低的，并且植物死后的可分解性因此也是有限的。

在**夏绿的**地上芽植物和地面芽植物中需要很大部分的矿物质（尤其需要 N、K 和 P）以及糖类，这些物质由活着的部分芽体或地下的器官组织来提供，这些贮存有矿物质的枝芽和地下器官组织是过去一年由死亡器官通过物质易位

（Retranslokation）转换而来的，它们对于植被期开始地上部枝芽的生长具有特别的意义，特别在已经普遍变暖而土壤大部分仍冻结着的情况下。

7.5.5 一个苔原生态系统模型

生态系统模型（附图7.18）——如同习常所见模型一样——是从稳态条件（Steady-State-Bedingungen）出发的，对于苔原生态系统来说，比起一般情况无论如何这是有疑问的：许多研究结果指出，这里在不受干扰情况下也并非到处都是一种平衡的稳态，相反，**净初级生产量始终大于分解率**，因此死有机物质的贮存量不断的增大。这种情况在所有沼泽是肯定的，根据许多学者的调查那里土壤中碳的数量每年增加0.3~1.2 t /ha；在排水良好的矮灌木苔原碳增加的平均值仍然达0.23 t /ha，这相当于增加有机干物质为0.7~2.7 t/ha 或0.5 t/ha（对照8.5.6）。

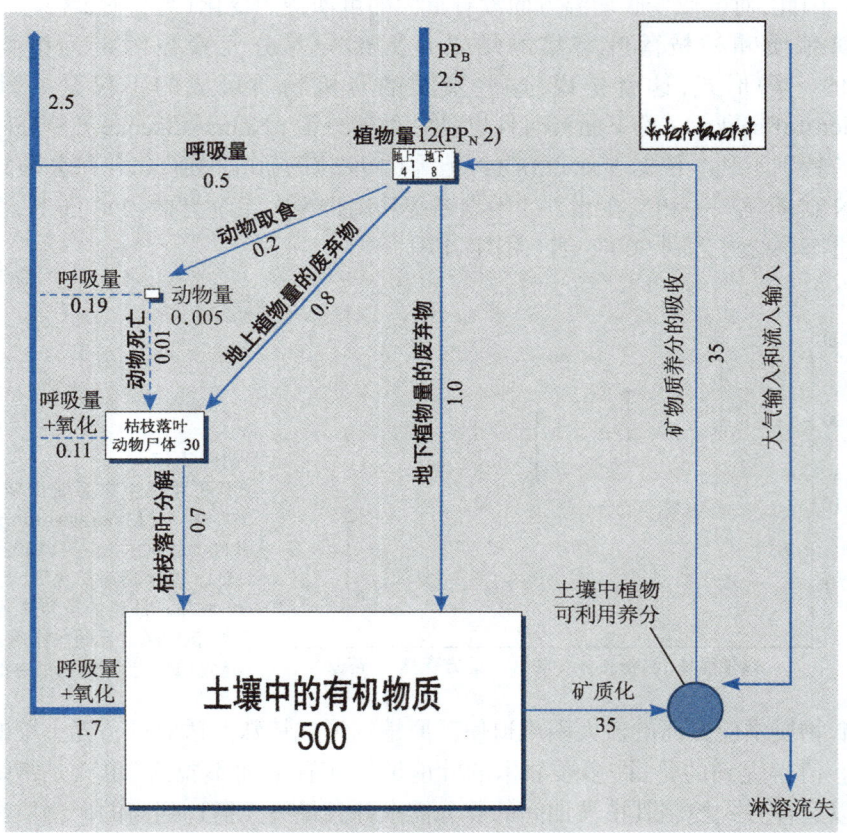

附图7.18

一个寒冻潜育土地区的矮灌木苔原生态系统的简化模型（具贫营养的 H- 层），依据 BLISS 等（1981）、TIESZEN（1978）、WIELGOLASKI（1975及1997）等的资料汇编而成，模式图参看5.2。特别引起注意的是对微少的植物量与存贮在土壤中巨大的有机物质的数量（主要为粗腐殖质和泥炭）的比较，由此可知苔原基本上代表一种地下生态系统（belowground ecosystem）（OECHEL 等，1997）

目前全球范围**苔原土壤贮存的有机碳**超过50 Gt（吉吨；1 Gt = 10亿吨），最高估计大约100 Gt，每年增加量超过0.07~0.17 Gt。有机碳贮存量最大的地区发现于低北极的 Horst 禾草 – 矮灌木苔原和酸草（Sauergras）– 低地沼泽，但在半荒漠由于它们极高的面积比例也蕴藏可观的碳贮存量。

7.6　土地利用

极地 / 亚极地带以**无居民区占压倒优势**（在所有生态带中它是居民最贫乏的地带），仅有也值得一提的是在亚北极苔原有些居民，不过数量还是稀少得很，今天生活在那里的总计大约 200 万人。属于当地本土的居民部分包括大约 90 000 在格陵兰和在北美（少数在西伯利亚东北部）的爱斯基摩人（因纽特人（Inuit）），还包括在北欧的 35 000 拉普人（Lappen）后裔以及较大数量源自西伯利亚原住民的亲属如萨摩耶特人（Samojeden）、雅库特人（Jakuten）、东雅库人（Ostjaken）、楚科奇人（Tschukschen）等。

传统上爱斯基摩人被视为**高度专业**的渔民和猎人，主要依靠猎捕鱼类、海豹和鲸为生。欧亚大陆北方的居民自早从**事游牧至半游牧式**的驯鹿养殖，夏季在苔原间或与苔原类似的山区高阶地间放牧畜群，而在较南部（或低地）冬季期间偶尔转移到森林地区。目前在那里总面积约为 300 万 km² 的地区有将近 300 万头驯鹿，各地已能应用现代化管理，例如控制牧场变化、增施氮肥、播种高产的混合草种等，使苔原成为世界上最重要的肉类生产地区（一些乐观的专家这样认为）。

有关驯化麝香牛的希望也连带被提出。这种兽类既能提供肉类，其皮毛也可利用。因为麝香牛以灌木柳（一些柳树种类（*Salix* spp.）；在高北极苔原则以芦苇）作为喜爱的饲料植物，它们和以草类及地衣为食的家饲驯鹿和野生驯鹿几乎不存在饲料竞争。

现代的利用方式遇到一些**自然条件方面的困难**，例如在住房建造和道路修建中存在一些特别的问题：因为夏季的融冻层各处水分过饱和，而后泥浆固结，而**建筑的地基**必须固定在冻土区域，但同时要做到热量保持不向下传导。另外也可能存在高度冻结的危险，例如如果道路建设时其底部结构过于强烈绝缘，冻土层因此就有可能向上生长。

提供给居民食品和水也是特别昂贵的事，因为极地的农田耕种界限远在南边的北方针叶林带内，而且地下水普遍只以冻结的状态出现。还有同样困难的是清除居民家庭和工业废弃物，因为自然分解作用几乎不能完成。由于苔原植被的破坏可能导致可耕地随之变得过湿，如同它们在现代化的居住区周围普遍发生的那样（见附图 7.12 热喀斯特（Thermokarst）及第 115 页热融洼地）。

苔原概要一览图

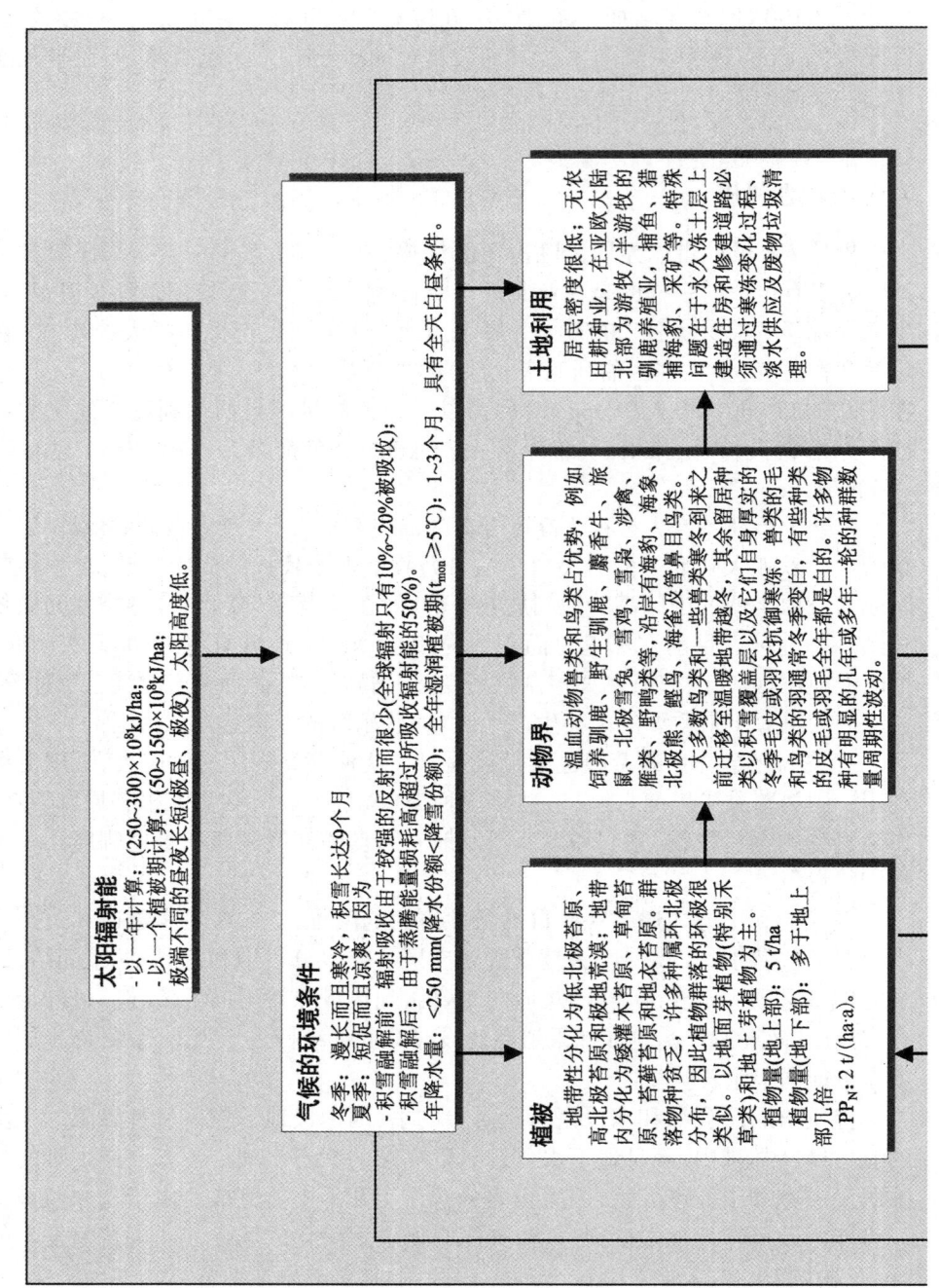

7 极地/亚极地带

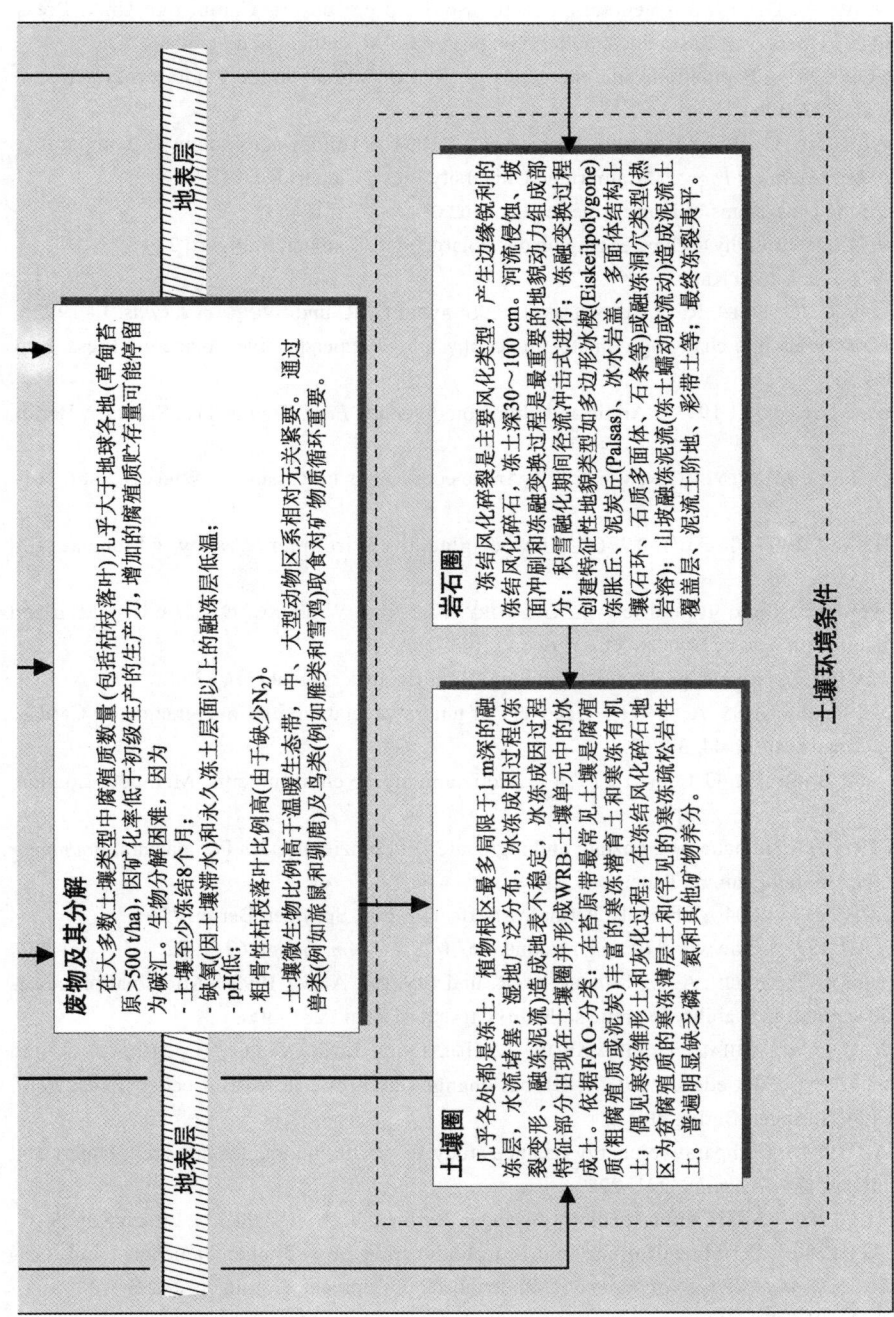

废物及其分解

在大多数土壤类型中腐殖质数量（包括枯枝落叶）几乎大于地球各地（草甸苔原 >500 t/ha），因矿化率低于初级生产力，增加的腐殖质仍存量可能停留为碳汇。生物分解8个月。
- 土壤至少冻结8个月；
- 缺氧（因土壤滞水和永久冻土层面以上的融冻层低温）；
- pH 低；
- 粗骨性枯枝落叶比例高（由于缺少 N_2）。
- 土壤微生物比例高于温暖生态带，中、大型动物区系相对无关紧要。通过兽类（例如旅鼠和剧能）及鸟类（例如雁类和雪鸡）取食对矿物质循环重要。

岩石圈

冻结风化碎裂是主要风化类型，产生边缘锐利的冻结风化碎岩，土深30~100 cm。河流侵蚀，坡面冲刷和冻融变换过程是最重要的地貌动力组成部分。积雪融化和冻期同径流冲击式坚持进行；冻融变换过程创建特征性地貌类型如多边形冰楔(Eiseilpolygone)、冻胀丘、泥炭丘(Palsas)、冰岩盖、多面体结构土壤（石环）、石质多面体、石条等）或融冻洞穴类型（热岩溶）；山坡融冻泥流（冻土蠕动或流造成泥流过程覆盖层、泥流洼地、彩带土等；最终冻裂表平。

土壤圈

几乎各处都是冻土，植物根区最多局限于1m深的融的冻层，水流堵塞，湿地广泛分布，冻成成因不稳定；地表不稳定、融冻泥流造成地表不稳定。冻融泥流并出现在土壤冻单元中常见是土壤有机质（粗腐殖质或泥炭）丰富的寒冻潜育土和寒冻冻性土。依据 FAO-分类：在苔原带常见的寒冻潜育土和灰化过程；偶见寒冻锥形土和灰化过程；在冻结风化碎岩松散地区为贫腐殖质土和（罕见的）寒冻薄层土的寒冻松岩性土。普遍明显缺乏磷、氮和其他矿物养分。

土壤环境条件

第7章参考文献

ALEKSANDROVA, V. D. (1988): Vegetation of the Soviet polar desert. Cambridge Univ. Press, Cambridge. (Übers. von Rastitelnost poliarnykh pustyn SSSR, Nauka, Leningrad 1983).

BATZLI, G. O. (1981): Populations and energetics of small mammals in the tundra ecosystem. In: BLISS et al., 377–396.

BLISS, L. C., HEAL, O. W. und MOORE, J. J. (eds.) (1981): Tundra ecosystems: a comparative analysis. *Intern. Biol. Progr.* 25. Cambridge University Press, Cambridge, 813 S.

–(1997): Arctic ecosystems of North America In: WIELGOLASKI, 551–683.

BLÜMEL, W. D. (1999): Physische Geographie der Polargebiete. Teubner, Stuttgart, 239 S.

BUTZER (1976), *s.* Lit. zu Kap. 3.

CHAPIN III , F. S., JEFFERIES, R. L, REYNOLDS, J. F., SHAVER, G. R. und SVOBODA J. (eds.) (1992): Arctic ecosystems in a changing climate: an ecophysiological perspective. Academic Press, New York, 469 S.

– und KÖRNER, C. (eds.) (1995): Arctic and alpine biodiversity. *Ecol. Studies* 113. Springer, Berlin, 332 S.

CHERNOV, Y. I. und MATVEYEVA, N. V. (1997): Arctic ecosystems in Russia. In: WIELGOLASKI, 361–507.

FRENCH, H. M. (2007, 1. Aufl. 1976): The periglacial environment. Wiley, Chichester (3. Aufl.), 458 S.

–(1981): Permafrost and ground ice. In: GREGORY, K. J. und WALLING, D. E. (eds.): Man and environmental processes. Butterworths, London, 144–162.

GANSSEN, R. (1965): Grundzüge der Bodenbildung. Bibliogr. Inst., Mannheim, 135 S.

HENRY, G. H. R. und GUNN, A. (1991): Recovery of tundra vegetation after overgrazing by Caribou in arctic Canada. *Arctic* 44, 38–42.

IVES, J. D. und BARRY, R. G. (eds.) (1974): Arctic and alpine environments. Methuen, London, 999 S.

KARTE, J. (1979): Räumliche Abgrenzung und regionale Differenzierung des Periglaziärs. *Bochumer Geogr. Arb.* 35. Schoeningh, Paderborn, 211 S.

KIMBLE, J. M. (ed.) (2004): Cryosols. Permafrost-affected soils. Springer, Berlin, 726 S.

MACKAY, J. R. (1972): The world of underground ice. *Ann. Ass. Am. Geogr.* 62, 1–22.

NADELHOFFER, K. J., GIBLIN, A. E., SHAVER, G. R. und LINKINS, A. E. (1992): Microbial processes and plant nutrient availability in arctic soils. In: CHAPIN III et al., 281–300.

OECHEL, W. C., CALLAGHAN, T., GILMANOV, T., HOLTEN, J. I., MAXWELL, B., MOLAU, U. und SVEINBJÖRNSSON, B. (eds.) (1997): Global change and arctic terrestrial ecosystems. *Ecol. Studies* 124. Springer, Berlin, 493-S.

OHMURA, A. (1984): Comparative energy balance study for arctic tundra, sea surface, glaciers and boreal forests. *GeoJournal* 8, 221–228.

REMMERT, H. (1980): Arctic animal ecology. Springer, Berlin, 250 S. –(1992), *s.* Lit. zu Kap. 5.

SCHUNKE, E. (1986): Periglazialformen und Morphodynamik im südlichen Jameson-Land, Ost-Grönland. *Abh. Akad. Wiss. Göttingen* 36. Vandenhoeck u. Ruprecht, Göttingen, 142 S.

SKARTVEIT, A., RYDEN, B. E. und KÄRENLAMPI, L. (1975): Climate and hydrology of some Fennoscandian tundra ecosystems. In: WIELGOLASKI, Bd. 16, 41–53.

STÄBLEIN, G. (1987): Periglaziale Mesoreliefformen und morphoklimatische Bedingungen im südlichen Jameson-Land, Ost-Grönland. *Abh. Akad. Wiss. Göttingen* 37. Vandenhoeck u. Ruprecht, Göttingen, 114 S.

SUGDEN, D. (1982): Arctic and Antarctic. Blackwell, Oxford, 472 S.

THANNHEISER, D. und WÜTHRICH, Ch. (2002): Die Polargebiete. Das Geographische Seminar, Westermann, Braunschweig, 299 S.

TIESZEN, L. L. (ed.) (1978): Vegetation and production ecology of an Alaskan arctic tundra. *Ecol. Studies* 29. Springer, Berlin, 686 S.

WALTER und BRECKLE (1986): *s.* Lit. zu Kap. Allg. Teil.

WASHBURN, A. L. (1979): Geocryology: a survey of periglacial processes and environments. Arnold, London, 406 S.

WEISE, O. (1983): Das Periglazial. Geomorphologie und Klima in gletscherfreien tiefen Regionen. Borntraeger., Berlin, 199 S.

WELLER, G. und HOLMGREN, B. (1974): The microclimates of the arctic tundra. *J. Applied Meteorol.* 13, 854–862.

WIELGOLASKI, F. E. (ed.) (1975): Fennoscandian tundra ecosystems. *Ecol. Studies* 16 und 17. Springer, Berlin, 366 S. und 336 S.

–(ed.) (1997): Polar and alpine tundra. *Ecosystems of the World* 3. Elsevier, Amsterdam, 920 S.

8 北方带

8.1 分布

北方带（Boreale Zone）是地球所有生态带中唯一一个**只在北半球发生**的地带，其分布广袤，南北宽度至少700 km；在北美洲其东西延伸长约1 500 km，而在欧亚大陆东西更长达2 000 km（附图8.1）。对照苔原带来看，以下的地球区域全部或大部分属于北方带：加拿大、美国阿拉斯加、斯堪的纳维亚、俄罗斯北部和西伯利亚。

属于北方带各部分的地域相加总面积接近2 000万 km²，或大约占地球陆地面积的13%，如同本书前面所描述的极地/亚极地带一样，由此可见北方带也属于地球上一个比较大的生态带，与地球上其他（原始的）*森林地带*（也即湿润中纬带、终年湿润亚热带和终年湿润热带）比较而言，就分布面积而言，它占据一个明显的领先位置。

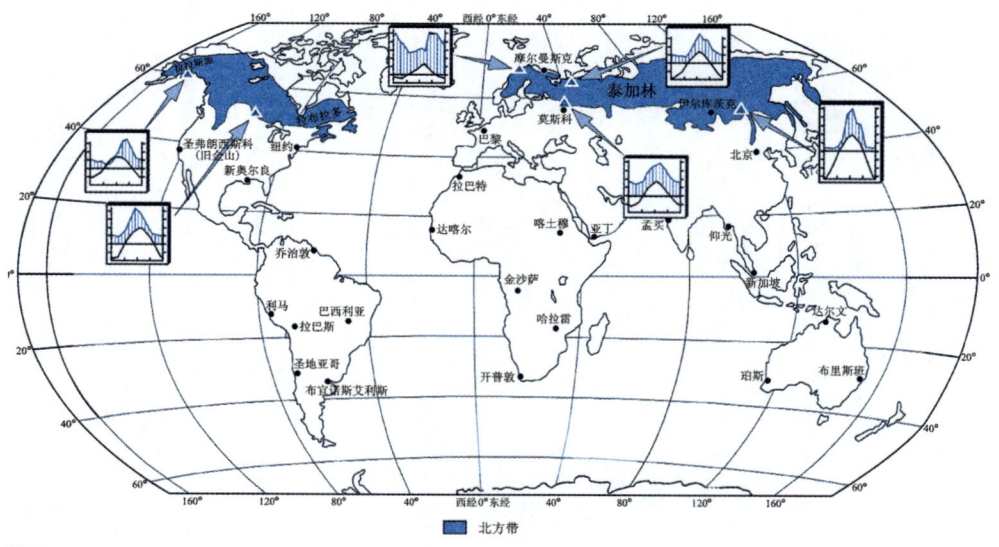

附图8.1

北方带。分布为北半球环极分布，其靠近大陆东部的南部边界延伸至北纬50°，其西侧部分由于温暖洋流（墨西哥湾暖流或黑潮暖流（Kuro-Schio））的影响南界仅到达大约北纬60°。在高度大陆性条件下直接连接（干旱中纬带的）草原，其余部分为（湿润中纬带）的夏绿林；北方带与（极地/亚极地带的）苔原带北界邻接极地树线；在欧亚大陆它们到达的最北点为北纬72°30′（泰米尔半岛），而在北美到达的最北点为北纬69°（加拿大西北部）

8.2 气候

该生态带平均温度≥5℃（植被期）的月数为4~5个月，很少有6个月的；平均温度≥10℃出现的月数至少1个月，最多3个月（罕有4个月）。

仅在高度大陆性地区植被期可能缩短到2~3个月，但随后其温度相对都较高（大多 > 10℃）。

处在上述条件下的地带性植物群系，就是直到今天地球上还广泛保存的北方针叶林。

就气温条件而言，跟随北方针叶林之后的是其南面的落叶阔叶林（湿润中纬带），那里平均温度≥10℃的月数大约4个月，并且具有至少6个月在充足湿度条件下的植被期；另外为草原和半荒漠（干旱中纬带）。

极地树线的北侧连接苔原，树线的走向与7月份10℃等温线有广泛而且良好的吻合（附图8.2），有关树线的位置关系及其起因可参阅8.5.3，它与冻土的分布不存在相关性（见8.3）。

全年总**降水量**为250~500 mm（某些地方约达到800 mm）[37]，高于苔原带，但如果与地球其他湿润地区相比较，北方带的降水量还是低的（例如湿润中纬带的降水量约高于北方带一倍）。很大一部分降水量以雪的形式降落，但以雨水的形式降落的比例大多数情况下还是比较大的。冬季北方带的积雪覆盖层比冻原地带厚30~100 cm，但积雪持续的月数比苔原带短6~7个月。

在**植被生长期间光照条件以昼长夜短**（Langtag）**至永昼无夜**（Dauertag）**为主**，也即夏至（Sommersolstitium）时在南部边界附近一天中白昼时数至少达到16 h，而在最北的地方一天中24 h都是白昼。这种情况的缺点是——如同在苔原带的情况一样——相对于低纬度地带这里的太阳辐射强度较低，至少一段时间被抵偿了。由于光照条件特殊，因此每年5月至7月这几个月份中其全球辐射量可高达每月大约60×10^8 kJ/ha的高峰值，甚至还更高，类似于赤道附近的生态带同一时间段所得到的辐射值（参阅附图2.2）。

尽管如此，北方带**空气温度**仍然比较低，因为——同样类似于苔原带（虽然不是非常明显）——大部分辐射光能被长期存留的积雪反射而消失，并且后来一部分光能通过融解水的蒸发成为潜热而转移。当然尤其重要的是，较高辐射量和辐射正平衡的时间段是比较短的，而且起初冻结，后来——融冻以后——一段时间水分饱和的土壤具有高热容量和高热导率，因此只能缓慢增温。

区域性气候差异第一级区分既包括欧亚大陆也包括——较不明显的——北美地区，其与**大陆性和海洋性的东西差异**程度有关，因此夏季和冬季之间温度的差异基本上取决于海洋均衡影响所及的大陆延伸得有多远。

---

[37] 主要的较高降水量（有些地方超过1 000 mm）出现在西部和东部的沿海地带以及欧亚大陆和北美的近海岛屿上。

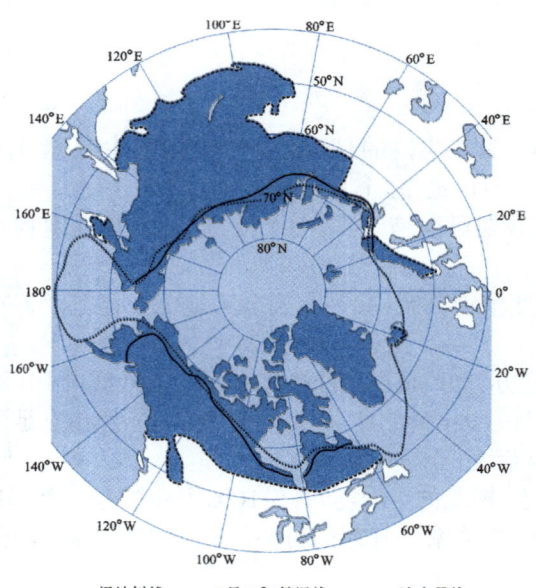

附图 8.2
北半球 10℃等温线与极地树线的路径走向
(STÄBLEIN, 1987)

—— 极地树线　　····· 7月10℃等温线　　---- 冻土界线

呈现在眼前的这两幅气候图(附图8.3)可能是极端的情况。其中第一幅图(采自西伯利亚中部的资料)显示**寒冷-大陆性气候类型**：极度寒冷的冬季,其绝对最低温度在极端情况下低达−70℃,夏季短促但相对比较温暖,其绝对最高温度可能超过30℃,相应的这里的年平均气温很低(大部分低于−5℃)而且年温度变幅很高,高于所有其他生态带,冬季这里相对少雪,地下自一定深度以下永久冻结。

第二幅图(采自阿拉斯加南部的资料)显示**寒冷海洋性气候类型**：这种气候夏季较为凉爽,而冬季基本上是比较温和的,其年温度变幅因此明显小于上述寒冷－大陆性气候类型,而其年平均温度较高(在0℃左右),冬季的积雪覆盖层比较厚,冻土层的出现仅只是不连续的乃至零星的,或者——比较罕见——完全不出现。

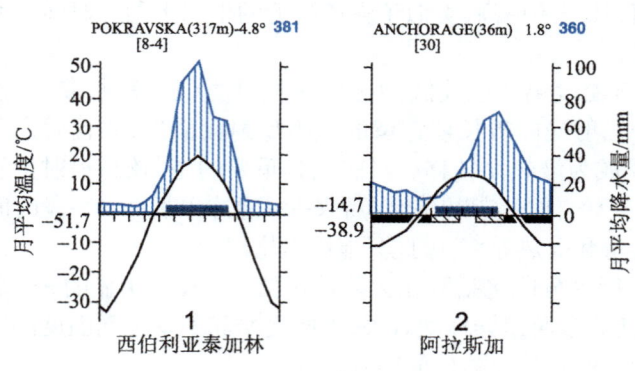

附图 8.3
北方带寒冷－大陆性气候类型(1)和寒冷－海洋性气候类型(2)示意图。随着大陆性增强年温度变幅加大,而且夏季降水量比例增多

8.3　地貌和水文

如同极地／亚极地带一样,北方带大部分地区当**更新世寒冷时期**(pleistozänen

Kaltphasen）多次被大陆冰川所覆盖（但在西伯利亚冰川只覆盖了中西伯利亚山地和东西伯利亚山区），因此这些地区今天广泛的地表形态也是比较近期地质史发展的结果（例如土壤年龄最多12 000年）。

与湿润中纬带不同，北方带的大部分地区曾经处在更新世内陆冰川作用的中心，与此相应，**冰蚀作用**（Glazialerosion）居主导过程，使大地表面因之形成岩石平原（Felsflächen）、圆形丘陵（Rundhöcker）和（今天湖泊填充其间的）基岩盆地（Felsbecken）。相反，冰川期或冰水沉积作用的堆积并不重要，如果它们在某些地方仍然有所发生，大多与内陆冰川最近的消融期的堆积有关。

冻融动态过程及其类型

在欧亚大陆广大北方带的分布地区范围内存在**连续的永久冻土**，（几乎）所有其他的地区——在那里如同在北美一样——至少属于**零散的永久冻土**区，这就是说，如同极地/亚极地带一样，就北方带来看，冻融动态过程及其类型也是具有特征性的（附图8.4），那里特别要提到的生物成因的地理景物例如穹形泥炭丘和串珠沼（Strangmoore 或 Aapamoore）；还有（矿物成因的）冻胀土丘也相当常见，作为发生融冻洞穴类型的热融洼地（参看以下内容）其外观十分引人注目。

串珠沼是一类位于倾斜坡地表面的贫营养沼泽，是由有矮灌木定居的泥炭藓形成的狭长（"串珠"）带状格局（较少网状格局），其团块凸缘中间的低洼地区大多有水充填，串珠的走向是多角形地横越整个山坡并有可能在土壤蠕动（Bodenfließen）情况下短时间内使植被发生开裂。

热融洼地（Alasse）是高含冰的地下冻土层强烈融解并由于受压倒塌（Zusammensacken）而发生的，往往形成千米宽的平坦洼地（附图8.5），也即是说，它们与*融冻喀斯特类型*（Abschmelzkarstformen）或*热喀斯特类型*（Thermokarstformen）有关，这点如同在苔原带中已经描述过的那样（见7.3）。

融冻过程经常与比较小的古老的冻结土体有联系（因此大部分发生在零星的或不连续的永久冻土地区），但它们也能造成地区气候的改变，例如它们对森林火灾后或对（在连续冻土区域的）森林成为采伐迹地后的调节作用。因为随着森林的采伐，林冠层对辐射的吸收转移到地表层，并使得那里变得比较干，还有温度条件也与前不同，其直接的结果就是永久冻土层的融冻深度变得比较深，这反过来又可提供给土壤更高的含冰量，结果导致该地地表面发生相当程度的土壤下陷。

而后如此形成的洼地大多充满了水，最初这些水（通过提高辐射吸收量和增加进入地面的热流量）加强融冻进程，并随之加深融冻洞穴形态。这个过程能够通过死有机土壤物质分解的强化而得到进一步发展。有机土壤物质是以前保存在永久冻土地区的。这也就是说，在它们的相互作用关系中存在更多正面的反馈（附图8.6）。

如果这些占据融冻洞穴类型的湖泊或池塘淤塞了，则条件反过来：在此种情况下，与之相关的良好的植被覆盖又可以起隔绝温度的作用，使得夏季进入土壤的热流受到阻滞，其结果可能形成使地表穹形隆起的更大的地下冰冻体。

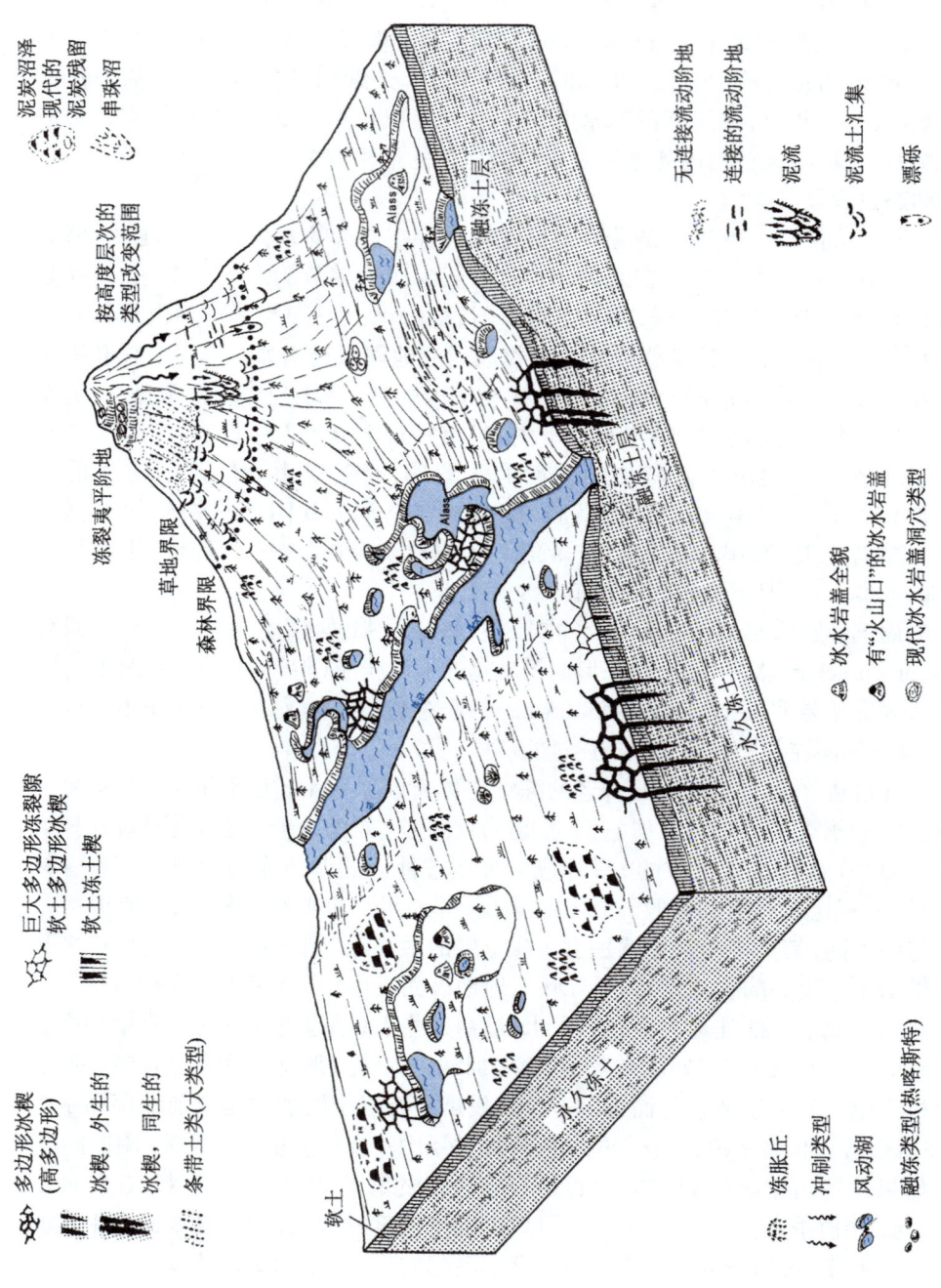

附图 8.4
北方冰缘带地貌类型的示意图块（KARTE, 1979）

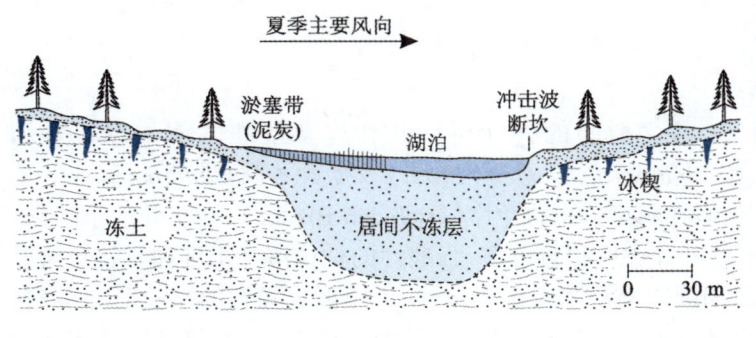

附图8.5
融冻低地或热喀斯特洼地(热卡斯特湖)(BUTZER,1976)。由土壤下陷造成的地面沉降是与当地强化了的融冻过程有关

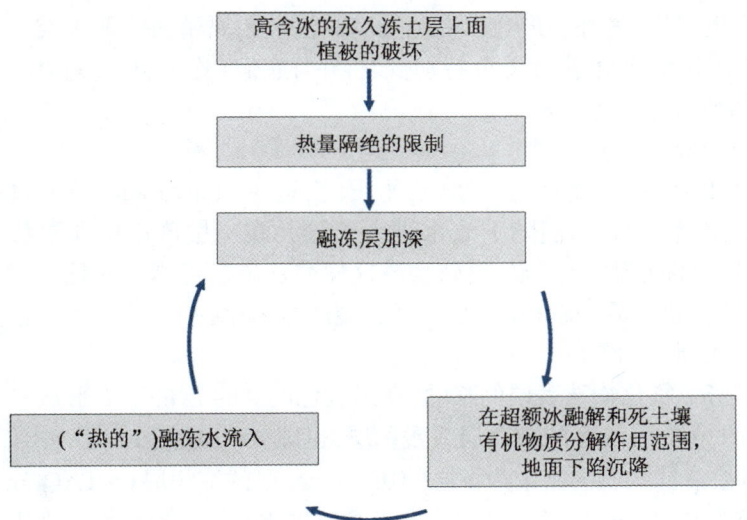

附图 8.6
一个融冻洞穴类型的形成

河流水体(Fließgewässer)

  北方带**河流的流量**是很不均衡的,在4月份或5月份,当所有积雪在很少几周时间内而且在集水区的各个部分(至少较小的一些河流)在仍然冻结着的土壤上面差不多同时融化,就会出现**极端的**径流**高峰**。山谷中春季融化的雪水涌进那时还冻结着的河流并且在河谷平原(Talaue)中寻找*外生的*(epigenetisch)、新的河床,与此同时常常形成宽大支流(Breitenverzweigungen)。

  融雪结束后径流迅速回落,夏季的降水量无论如何不是很高,几乎对径流补给不起什么作用,因为这个期间蒸发耗费达到类似的数量级。只有到了秋季时,当蒸发量随着空气温度的下降而降低时,降水量才能再次以可观的分量补充径流,并因此也使河流的水位重新略为上升。只有等到冬季降雪来临,这种趋势又才得以扭转,从仅靠地下水补充河流径流量的时候起径流达到其最小值,这种情况一直持续到下一年春季积雪融化前。在完全位于连续冻土区域的积水地区,一旦夏季的融冻层又被冻结达到永久冻土层面,径流便完全停止。

8.4 土壤

在北方针叶林带,富含树脂的针叶树针叶和许多矮灌木例如**帚石楠属**（*Calluna*）、乌饭属（*Vaccinium*）、欧石楠属（*Erica*）及仙女木属（*Andromeda*）等属种,这些矮灌木具有类似杜鹃花植物的叶片（ericoiden Blätter）（＝坚硬的小叶；欧石楠属一些衍生种）,针叶和硬叶很难分解,强酸性的枯枝落叶土壤和矿物土壤一年中至少有很长一段期间以寒冷和潮湿占主导,以至形成强大的枯枝落叶层（比位于其下方的 Ah– 层还要厚）。在长期存留的壅塞水或受到水位高达地表层的地下水影响的条件下产生泥炭,另外还形成粗腐殖质。泥炭和粗腐殖质这两种类型的腐殖质由于它们的矿化率低微,因而养分特别贫乏,并且它们（作为腐殖质盖层）基本上不混合,平铺在矿质土层上。

灰化作用——灰化土（Podzole）

在沙质酸性环境中分解形成的低分子腐殖物质（富里酸（Fulvosäuren）和富里酸盐（Fulvate））是水溶性的,它们随下渗水进入土壤并在土壤剖面中向下移动,在到达较深的土层沉淀（固定）下来,腐殖物质这样的移位过程称为**灰化作用**（Podsolierung）,与这些有机物质一起移动的还有（在硅酸盐风化物中所产生的）铝氧化物和铁氧化物（＝倍半氧化物）。

通过腐殖物质和倍半氧化物从表层的移动,在黑灰色的 Ah– 层的下面形成一个淡色的、粉煤灰状的20~60 cm 厚**漂白层**或**残积层**,也即 **Ae－层**或 **E－层**,并且在其下方有一层以淋溶渗滤物质的富集为标志的10~30 cm 厚的淀积层（＝FAO 分类系统中的灰化淀积的 B– 层）。后者上半部分由于腐殖物质的较强烈积累而染成棕黑色（Bh– 层）,其下半部分则相反——以倍半氧化物的积累为主——多为锈棕色（Bs– 层）。在强烈的 Fe 富集情况下这些地方可能形成铁磐（Ortstein）,但在硬盘中通常也保留相当高比例的粗孔隙,因此很少对渗流起壅堵体的作用,但它妨碍植物根系的发育和扩展。所描述的土壤层次用于诊断**灰化土**（附图8.7）[38]。在广大的北方带,这些土壤层次代表了占主导的并因之对于这一生态带具有突出特征的地带性土壤类型,它们是灰化土–雏形土–有机土–土壤带最重要的组成部分（参看附图4.5）,而这一土壤带基本上等同于北方带。

灰化土的**肥力**很低,其酸性土壤反应、低交换率和低盐基饱和度及在（石英）砂质和缺乏黏粒的 A– 层为单粒结构（因此吸水能力低）以及在 B– 层形成铁磐等都属于此类土壤不良的性质（附图8.8）。

---

38 灰化土按德语拼写大多用 *Podsol*,本书优先采用国际通用写法,因为它更适合这种土壤名称的词源特性：它源自俄语 *pod zola* ＝下层灰土,所有其他以 –*sol* 结尾的土类如 Cambisol（雏形土）、Arenosol（沙性土）和 Luvisol（高活性淋溶土）的词尾部分来源相反,在拉丁文中 *solum* ＝土壤。

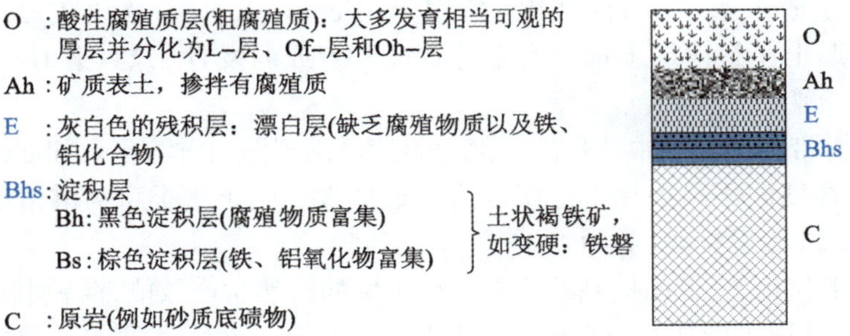

O ：酸性腐殖质层(粗腐殖质)：大多发育相当可观的厚层并分化为L–层、Of–层和Oh–层
Ah：矿质表土，掺拌有腐殖质
E ：灰白色的残积层：漂白层(缺乏腐殖物质以及铁、铝化合物)
Bhs：淀积层
Bh：黑色淀积层(腐殖物质富集)
Bs：棕色淀积层(铁、铝氧化物富集)
土状褐铁矿，如变硬：铁磐
C ：原岩(例如砂质底碛物)
O
Ah
E
Bhs
C

附图 8.7

灰化土剖面示意图

灰化土
饱和雏形土(棕色土壤)
黑钙土(黑色土壤)
黏粒/% 4.5 16 18
有机物质/% 6 3 7
pH 4.2 6.1 7.0
Ca-、Mg-、K-、Na-、及(H+A1)-离子的饱和度/%(圆形面积相当于KAK的总数)
Mg+K(3)
Ca(23)
H+Al (74)
Mg(6)
K+Na(5)
Ca (64)
H (25)
Ca (91)
Mg+K+ Na(8)
H(1)
KAK/cmol(+)·kg⁻¹ 12 18 28
盐基饱和度/% 26 75 99

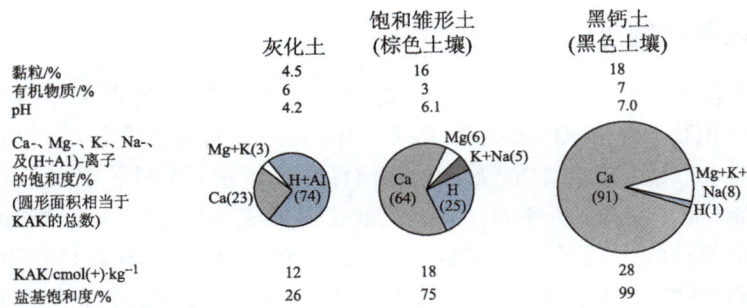

附图 8.8

一种灰化土阳离子交换率(KAK)、阳离子成分组成和盐基饱和度，它们与一种富营养雏形土及一种黑钙土的比较(SCHROEDER 和 BLUM，1992)。在所有特征比较中，灰化土是最不良的土类，它的 KAK 只有雏形土 KAK 的1/3，也只有黑钙土 KAK 的不足一半。在灰化土中只有约1/4的 KAK 被营养离子覆盖；也即只有 3–cmol(+)/kg；而在雏形土为18的3/4，也即13.5–cmol(+)/kg；在黑钙土中 KAK 几乎全部(99%)被营养离子所覆盖，也即28–cmol(+)/kg。这就是说，在可交换性能方面雏形土比灰化土高出4倍，而黑钙土的营养性阳离子更比灰化土的多9倍。它们各自的土壤深度(生根深度)通常还是有差别的，这与提供可利用营养物质有关。灰化土的有机物质含量比例相对较高，为6%，黑钙土的为7%，而雏形土的仅3%，但这并不意味着是灰化土的优点；因为其有机物质属于生物学上无效的粗腐殖质，其中以几乎尚未分解的植物残体为主

其他土壤单元

在排水不良的地方(特别是延伸于西西伯利亚和加拿大中部一些地区的平坦低地区域)广泛形成和分布有强大的泥炭层(= H– 层)，这些被诊断为**有机土**(希腊语 *histos* = 组织)，它们的厚度至少达到 40 cm。在北方带范围内这些土类属于水成的寒冻有机土(Gelic Histosolen)或(永冻土范围以外的)纤维有机土(Fibric Histosolen)。

在中西伯利亚和东西伯利亚以及加拿大落基山脉的一些大陆地区，发育的土壤与上述相反，以**雏形土**为主(参阅9.4)；而在永冻土地区大多还出现寒冻雏形土；此外则为贫营养雏形土或(较少见的)富营养雏形土；在一些比较陡峻的

山坡地发生的土壤主要为(寒冻)**薄层土**(Leptosole)(希腊语 *leptos* = 薄的)。无论是雏形土还是薄层土都只有中等程度发育或弱发育(只具有 Bw– 层或仅只有(A)C– 剖面)。

在北方带朝向湿润中纬带的南部边界地区出现漂白淋溶土(Albeluvisole)(参看9.4),而在朝向干旱中纬带的南部边界地区发育的土壤类型为**淋溶黑土**(Luvic Phaeozeme)(参看10.4.1)。

类似于灰化土,上面提到的所有几种土壤的自然生产效能都特别低微,它们全都(富营养雏形土例外)为强酸性而且缺乏植物养分元素,大部分土类的物理性状也是不好的。

8.5 植被和动物界

北方带虽延伸广阔,然而区域差异却比较微不足道,各处占主导的(或原始占主导的区系植物)是相似的并且以常绿**针叶林**为主(有时也有针叶树与落叶阔叶树的混交林),广袤的针叶林被无数局部沼泽化的湖泊(湖相平原)以及(大多数)寡营养**沼泽**(泥炭沼泽)所穿插。靠近北部边界形成一片宽广的**森林苔原**,这也就是与苔原带邻接的生态交错区(Ökoton)。以上针叶林、沼泽和森林苔原所有三个植物群系的物种组成全都贫乏稀少(虽然物种丰富度高于大多数苔原植物群落)。

8.5.1 北方针叶林

北方针叶林的乔木层主要以不同种类的云杉(*Picea* spp.)、松(*Pinus* spp.)、落叶松(*Larix* spp.)或冷杉(*Abies* spp.)占优势,其中经常可以见到在超过数千平方千米林地上只生活一种树木。冬季无叶的落叶松在极端大陆性的东西伯利亚占据巨大的面积(称为亮泰加林),并分布在整个西伯利亚一直达到极地树线。

针叶树从它们多年生针叶获得好处,其特殊之处在于它们对矿物质的需求量与每年更换新叶的阔叶树相比较有明显的降低(参看9.5.4),就这点来说,多年生的针叶可看做是对土壤矿质缺乏的一种适应,并且其通过冻土向下收缩的根区也是对冬季寒冷和寒冻干旱的适应。养分供应困难也使树木呈现出稀疏的状况(减少根的竞争)以及——与中纬带的云杉和冷杉的树形相反——显示令人瞩目的细长生长型。

此外,中纬带的针叶林的外貌,与北方带针叶林比较也有明显的不同,通常无论灌木层还是草本层都发育丰富。前者经常可以见到的落叶林木例如桦木属白桦树(*Betula* spp.)、杨属杨树(*Populus* spp.)、柳属柳树(*Salix* spp.)、花楸属(*Sorbus* spp.)、桤木属桤木(*Alnus* spp.)和梣属梣木(*Fraxinus* spp.)等种类,而后者最多见的为地衣和(生活在茂密树丛下的)苔藓。除了极地/亚极地苔原以外,没有任何其他生态带中地衣和苔藓这两类低等植物如此类似而明显地具有代表性,此外,也还可能都具有高比例的矮灌木种类。

森林大区域（亚带）的分化是跟随南北气候的变化而发生的。在俄罗斯其森林通常被划分为*北泰加林、中泰加林*和*南泰加林*，在北美洲由南部*郁闭的森林带*划分出一个北部*开阔的地衣森林带*（附图8.9）。

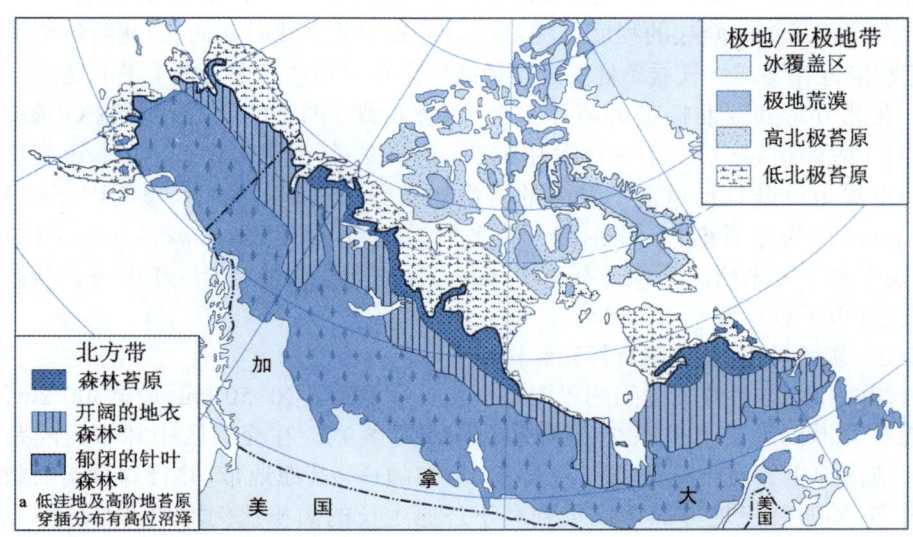

附图 8.9
北美洲的北方带和极地/亚极地带大区域（亚带）的划分（ELLIOTT-FISK, 1989）。南部郁闭的针叶林朝向北面首先出现的是开阔的地衣森林，继续往北陆续出现的为极地森林界限、森林苔原，最后出现极地树线，这也就是北方带与极地/亚极地带的分界，由此往北，苔原取代了北方森林带。极地/亚极地带亚带的划分依据 BLISS 等（1981）的报道

举例来看，明显的引人瞩目的小范围的差异是与土壤湿度的变化和辐射曝光有关，或是——更经常出现的情况——代表老/旧林不同的*再生阶段*，大多由于当地的森林火灾、昆虫取食毁坏、风力摧折或洪水泛滥等诱因，使局部森林的发育重新开始，因此造成多种多样植被形态镶嵌共存并使植物群落的更新阶段、成熟阶段和衰老阶段也产生一定程度的差异。一种稳定状态（steady state）意味着森林缺乏长时间自我维持[39]，群落不同新老部分的镶嵌不断推动群落本身，同时使生态系统整体保持数千年以上的稳定（动态镶嵌稳定状态（shifting mosaic steady state））。

8.5.2　泥炭沼泽

北方带的大部分地区至少10%面积中有泥炭沼泽，泥炭沼泽面积甚至可能更大。泥炭沼泽发生在原始无林的景观地带，它们由为数极少的几种苔藓、硬草类

---

[39] 一个植物群落与年龄有关的变化当再生恢复开始时迅速完成，但在它们进一步变化过程中速度往往放慢，因此在晚期年龄阶段（与时间有关）有个一定程度的稳定期并在森林组合镶嵌中相应具有一定的优势地位，因此它们最先满足稳态的需求并能够在严格意义上将它们的特征当做地带性的类型特征（也参看5.2）。

(苔草属（*Carex* spp.）、羊胡子草属（*Eriophorum* spp.））、杂草和矮灌木所组成，那些（主要参与形成泥炭的）*泥炭藓属藓类植物（Sphagnum–Moose*）具有特殊的能力，通过自身不断增长使泥炭层增厚增高隆起，超过最初壅堵水水平面的高度从而成为**高位沼泽**（Hochmooren），此后其矿物供应只能靠大气的沉降作用。

高位沼泽抬高**隆起的程度**是随着泥炭形成的适宜性而变的，因此高位沼泽的发育相应地在海洋性气候条件的近岸地区好于在大陆性夏季炎热干旱的地区。

在北方带和亚北极带的沼泽中全部（冰后期）**固定的碳贮存量**据 Gorham（1991）估计达 445 Gt（吉吨）（其中98.5% 的碳贮存在泥炭中）[40]，这部分碳几乎占到世界范围陆地地域活的和死的有机物质所固定碳量的1/4（参阅附图8.13），Gorham 认为冰后期（Nacheiszeit）碳平均增长率（净汇（*net sink*））每年为0.096 Gt，现今每平方米沼泽面积还有 0.076 Gt/a 或 23 g/a，这相当于一年中每公顷泥炭增长量（以干重计算）大约0.5 t。

8.5.3 森林苔原、极地森林界限和树线

苔原和北方针叶林之间的界限范围被一个宽度为10~50 km，最宽300 km，称为森林苔原的地带－生态交错区所占据（附图8.9）。在交错区中林木间隔距离宽大疏落地生长直到到达纯粹的或——典型的——苔原地带，并且森林镶嵌状渗透分布，同时往极地方面可以见到利于苔原生长的面积比例增加，相反，往赤道方面变为利于森林生长的面积比例增多（附图8.10）。设想的最北方出现个别树

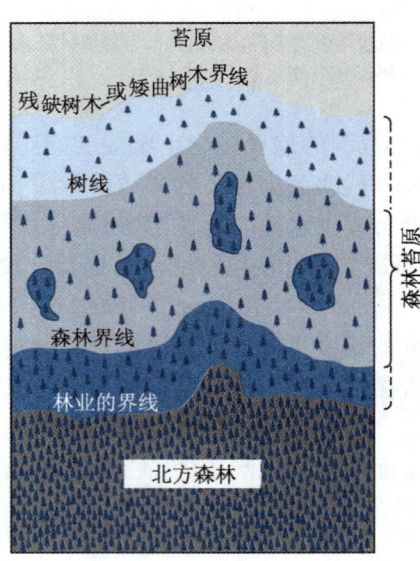

附图 8.10
北方针叶林带与苔原带之间的过渡区域——森林界限和树线（Hustich,1966）

40　基于以下假设：全部沼泽面积为342 万 km², 泥炭层平均厚度2.3 m，单位体积质量0.122 g/cm³，碳含量为51.7%。

木[41]或树木群组的连线称为**极地**（或北方的）**树线**，森林（基本上）郁闭分布[42]的北方界限称为**极地**（或北方的）**森林界限**。那里以针叶树占优势，它们占据森林界限地带；只有在显现海洋性气候条件的斯堪的纳维亚、冰岛、格陵兰岛和堪察加半岛等地有桦树。

夏季气候变暖的持续期长短及范围大小对**极地树线的历程**（参看附图8.2）至关重要，起决定性的作用：如果植被生长期月平均温度 ≥5℃ 平均在4个月以下（或只有105~110天日平均温度≥5℃）或者夏季仍然很凉爽（没有任何一个月份的月平均温度≥10℃，或总积温 < 600℃（所有日平均温度 >0℃的温度总和）），在这样的条件下，即使最能适应低温的树木种类直到整个夏季生长期结束也不再形成新芽，其同化器官的活动也就此终止，致使它们加重承受冬季的冷冻干旱（Frosttrocknis），它们中许多种类的*再生能力*也遭终结：在森林苔原中有萌芽活力的树木种子只有当温暖的夏季远远超过平均温度（或甚至只有当这样温暖的夏季连续多年出现）才能形成，或是只有少数夏季才可能出现种子萌发所必需的较高最低温度（特别是土壤温度）[43]。在接近树线之处如此例外的温暖夏季的出现频率降低到近乎于零。

8.5.4 植物量与初级生产量

成熟的北方针叶林的**植物量**，其北部所生产的植物量大约150 t/ha，而其南部的产量大约为北部的两倍。北部与南部植物量的这种梯度变化，很明显是由于越向南方树木的高度和密度越是增加，这反映了向南的方向适于植物生长条件的气候持续期更长而且更温暖。

北方针叶林植物层的**初级**生产特别由于各地（也包括其最南部分）存在的气候不宜而受到限制，但也受到（有时确实是重要的）来自矿物养分供应瓶颈（Engpässen）*的限制*，相应的自然条件下这些森林生产的植物量（多年平均）几乎不超过4~8 t/ha，其中较高的产量只有在养分丰富而温暖的朝阳坡地以及温暖的南部泰加林才能达到。

8.5.5 分解、土壤有机物质和矿物质贮存[44]

北方带有机废弃物的**生物分解**进行得特别缓慢（比湿润中纬带夏绿林的生物分解慢很多），对分解发挥完全起重要作用的是火[45]。与此相应每次死土壤有机物

---

41 大多仅包括那些树形明显（非残缺生长）的完整树木，而且具有比方说5 m以上的最低高度。

42 依据 LARSEN（1989）的定义，森林终止和森林苔原开始的地方，那里森林覆盖面积比例低于75%，那些由于土壤原因（例如存在沼泽）因而无林的地段忽略不计。

43 因此森林苔原的大部分树木属于少数年份（年龄组），它们每组的年龄表明那些年份是植物的有利年景。

44 更多的资料参阅9.5.4。

45 火是北方生态系统一个基本的要素，许多森林区火的平均复发时间只有50~100年，这里引起大火的触发器通常为雷击（这与同样经常发生在热带稀树草原和热带雨林大多由人为引发的火灾原因是不同的）。经过火烧的林地森林的更新通过火的作用既可使矿物质推力获增，也使土壤得到增温更强和更深的好处，从而使永久冻土层面下降和分解过程加快。与此相应第一更新阶段出现比较茂盛的灌木群系，其中对环境要求更高的阔叶树例如杨树和桦树占优势，而且也代表动物界更丰富的物种数目和个体数量。

质的现存量远多于最近一次森林火灾前的存量,在极端情况下——也即在老群落中长期无火灾的间歇期之后——其靠近土壤的枯枝落叶层可能增多达到1 000 t/ha,并因此远超过植被中活的有机物质量(附图8.11)。

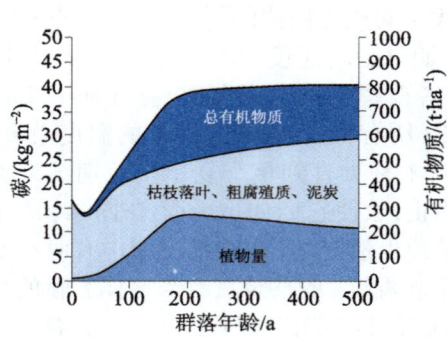

附图 8.11
北方针叶林中的植物量和死土壤有机物质(SOM)与群落年龄有关的数量变化(据 KASISCHKE 等,1995)。由于分解率极低,土壤碳的积累可能超过几十年,也可能超过几个世纪(参看8.5.6)到达很高的水平,在输送和分解之间才能达到平衡。附图中表示的是500年以后或许还不是这种状况,这就是说,这片森林继续作为吸收碳的净汇区(Nettosenke),植物量的增加相反在接近200年后并在到达一种低得多的水平上就停止(图中停在大约300 t/ha 期间),而后其向前进展略呈下降趋势

由于死亡植物(部分)分解缓慢,除了碳还有**大比例份额矿物养分受到束缚**;通过形成泥炭,其中一部分甚至永远从物质循环中失去,特别关系到氮和钙及较少量钾。

由不充分的*氮 – 循环*(Stickstoff–Recycling)引起的氮缺少可部分地得到补偿,氮需求的30%~40% 通过(由针叶/叶片)的*易位*得到代偿,超过200种树叶通过易位氮利用效率很高;还有通过蓝藻的固氮作用也是补充供应无机氮(铵)的重要途径。

8.5.6　北方针叶林生态系统

附图8.12尝试描述稳态条件下一个中等存贮和周转量的北方针叶林生态系统模型。然而这里的这种假设比起其他的来说是不现实的:估计北方带与苔原一起(参看7.5.5)整个北方森林和沼泽形成十分显著的特殊情况,它们(以极大可能性)生产**永久盈余的有机物质**(APPS 和 PRICE, 1996)(另参照附图 8.11),而所有其他地带的生态系统(中等的)具有均衡的物质收支状况。有些学者例如 BIRD 等(1996)在 C^{13} 和 C^{14} 测定的基础上找到这种估计的确证。高纬度地区的森林土壤发挥对人为 CO_2 净汇(*net sinks*)的作用,APPS 等(1993)经过估算认为,北方带每年净存贮的有机碳为0.7 Gt,苔原带净存贮的为 0.17 Gt 。

这导致北方带和苔原带目前总共有超过400 Gt(WAELBROECK, 1993),甚至可能达到700 Gt(APPS 等, 1993)**碳**(以枯枝落叶、腐殖质或泥炭的形式)**固定在土壤有机物质中**。如果把上述数值与估计贮存在全球土壤中的有机碳总数1 500 Gt 及目前存在大气中的大约750 Gt 来比较的话(附图8.13),这是多么巨大的数量。

在整个高纬度地区,也即在死土壤有机物质和在植物量中[46]固定的(存贮的)碳大约占到地球陆地区域现有贮存量的1/3(PRICE 和 APPS,1995),而整个高纬度地区的面积比例仅为全球陆地面积的1/6。因此,考虑到全球碳收支的平衡,保护北方森林如同保护热带森林至少是同样重要的。

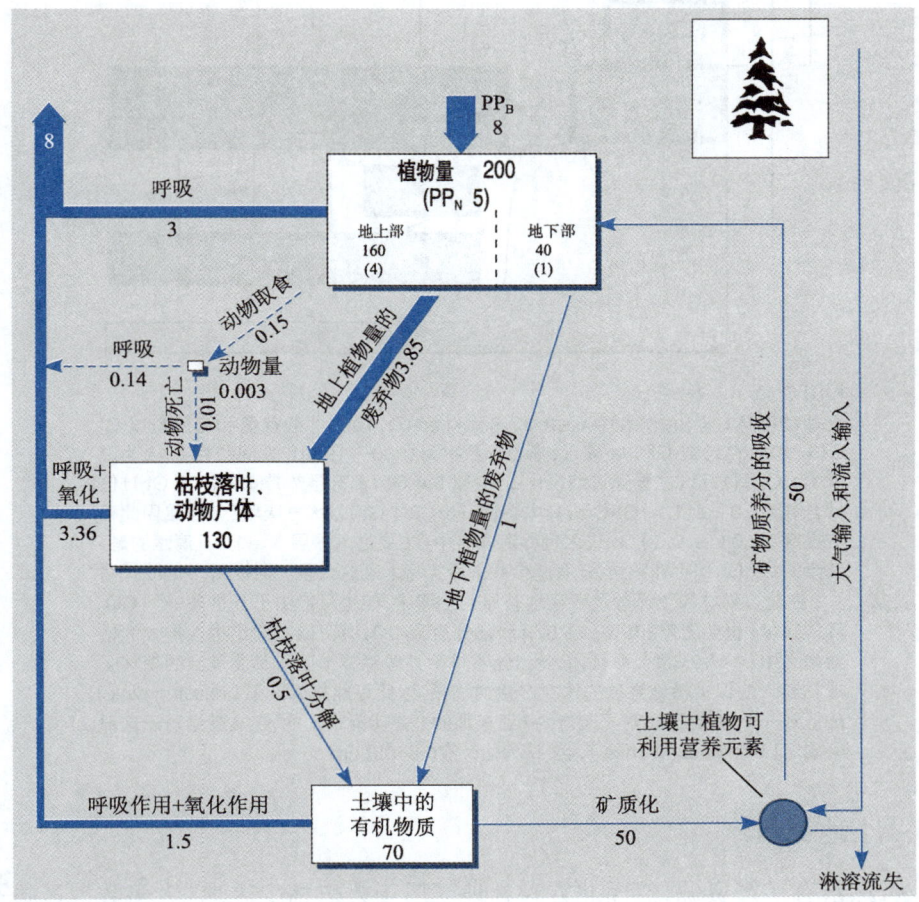

附图 8.12
一个简化的北方针叶林生态系统模型(据佩尔森(PERSSON),1980;舒加特(SHUGART)等,1992及其他报告编制),模型示意参阅 5.2。北方针叶林的特征在于土壤中或近土壤层死有机物质(枯枝落叶和腐殖质)的贮存量达到与活物质的贮存量相同的数量级,特别需要注意的是,其中2/3属于枯枝落叶层,这本身表明枯枝落叶的分解率异常低微,每年不到3%。动物群落是稀疏的,森林火灾对于养分循环比动物取食所起的作用远为重要。土壤中植物可利用的矿质数量是少的

---

46 APPS 等人(WAELBROECK 也同样)认为,植被(现有植物量)仅大约100 Gt,假设苔原和北方森林一起约2 500万 km²,平均1 g 有机碳相当2.2 g(干重)植物量,由此计算得知每公顷有接近100 t 植物量。就森林而言这个数值事实上是可信的(参阅8.5.4),但还要考虑到植物量贫乏的苔原(参看8.5.2)和沼泽(此两者一起粗略估计大约占总面积的1 000万 km²)作为平均值可能的真实性。

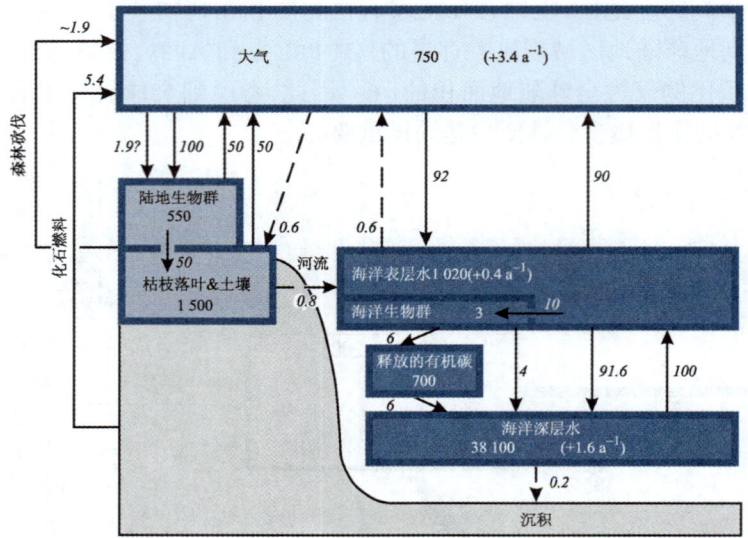

附图 8.13
全球碳循环（据 SIEGENTHALER 和 SARMIENTO，1993），贮存量和流通量以 Gt C（= 10^{15} g C）或 Gt C/a 表示；所标示数字为1980—1989年期间的数字，人为影响的 CO_2 排放量（主要通过燃烧化石燃料（5.4 Gt）和开垦热带森林（1.9 Gt））估计合计为7.0（± 1.1）Gt C/a，其中将近一半（3.4 Gt）被大气吸收（其含量因此相应提高），2.0（± 0.6）Gt 进入世界海洋之中（主要进入深层水域）。不清楚的是，其余的1.9 Gt 保存在哪里，还有此余额是否实际上有这么多。据推测，一部分"消失"在北方森林和沼泽以及亚极地苔原的土壤中，但也可能由于开垦条件下 CO_2 释放较少（也参阅第265页脚注57）和部分盈余 CO_2 有可能被固定进入扩大的植物量之中（参看2.3.4），而且，除此以外不排除某些森林地区尤其北美洲的森林区造林和火的保护措施导致的木材产量的增长，以此可能把未知汇（missing sink）降低到一个数量级，这对于北方的/亚极地的汇是实际加上的，在文献中对于这部分碳汇（Kohlenstoffsenke）大多认为估计在0.5~0.8 Gt

8.6 土地利用

虽然富有矿产资源，然而北方森林地区属于人口稀少之地（大多数地区每平方千米少于5位居民），而且这里总体来说也是地球上通过人为影响相对较少改变的区域。有特色的土地利用方式是伐木和泥炭开采以及传统的动物毛皮狩猎和野生浆果采集等，相反，比较而言这里的农业利用居于次要地位，有希望的发展行业维系于野生动物管理和旅游业。

伐木业大约覆盖全球纸张需要和原木需求量的90%，所以说，就这方面北方带对生产的贡献也是很可观的，对于北方森林必须作为有关的巨大森林面积来看待[47]。虽然不知道确切的数字，但其**林业的单位面积产量很低**，这也是显然的。关

---

47 北方森林估计蕴藏3/4全球软木的增长贮备。

于商业木材利用的问题,其困难程度通常由南向北而增加:
- 地处偏远,也即是说,到达加工和消费中心的运输距离长(河流向北流,因此木材运输如同平常其他多种物资的运输一样,不能利用河流来进行),当地的劳动力几乎没有;
- 冬半年处于低温和厚雪覆盖状况下;
- 单位面积可利用木材的数量和质量都低:相对稀疏的林相,树木生长高度比较矮小,许多木材只能用来造纸或用做燃料;
- 低生长性能:虽然重新伐木是可能的,但森林的恢复重新生长和植树造林比起在我们这里需要更长的时间。

为了维护木材的贮备,应使广泛而且经常进行的单纯开发与有计划的*植树造林*相伴实行。

在北方带的欧亚大陆部分**泥炭采掘**有特别重要的意义(PAAVILAINEN 和 PÄIVÄNEN,1995),估计苏联泥炭藏量多达2 000亿~2 500亿吨,这是世界总储藏量的66%(GORE,1983)。值得开采的泥炭产地分布在一个总面积为60万 km² (0.6Mio. km²)的地区(MARKOV 和 KHOROSHEV,1986),1984 年这里的采掘量曾达170百万吨(170 Mio. t)(世界范围1989年采掘总量:217.5 Mio. t)。其中将近9/10用于农业的土壤改良,其余主要作为在偏远的住宅区的发电厂或暖气设备的燃料。

种植业在永久冻土分布地区中,只有那些夏季融冻层至少深达1 m 的地方才有可能。一般情况下,极地农业种植界限在森林界限退后纬度5°~10° 的地方,最北端的谷物类是*春大麦*(Sommergerste),对这种作物来说这里还有90~95天过得去的生长期。在北欧,其极地种植界限在北纬70°。其次可以种植的另一类谷物为夏燕麦和黑麦,这两种作物对土壤要求很低,因此它们也适合在贫营养的灰化土地区种植。根茎类作物马铃薯渗透到达最远的北方(在斯堪的纳维亚同样达到北纬70°)。

最北的森林地区大部分(例如在欧亚大陆)用来作为**驯鹿牧场**(见7.6),在北美它们与苔原合在一起属于人类不宜居住地区(Anökumene)。

鉴于农业的潜力低微,其他利用方式逐渐赢得各方面的兴趣,因此在美国通过控制利用非驯养的**野生驯鹿**的前景展望正在经历考验,但愿驼鹿(Elch)和美洲赤鹿(Wapitihirsch)等野生动物管理(Wildtierbewirtschaftung)和利用也得到相关的发展。

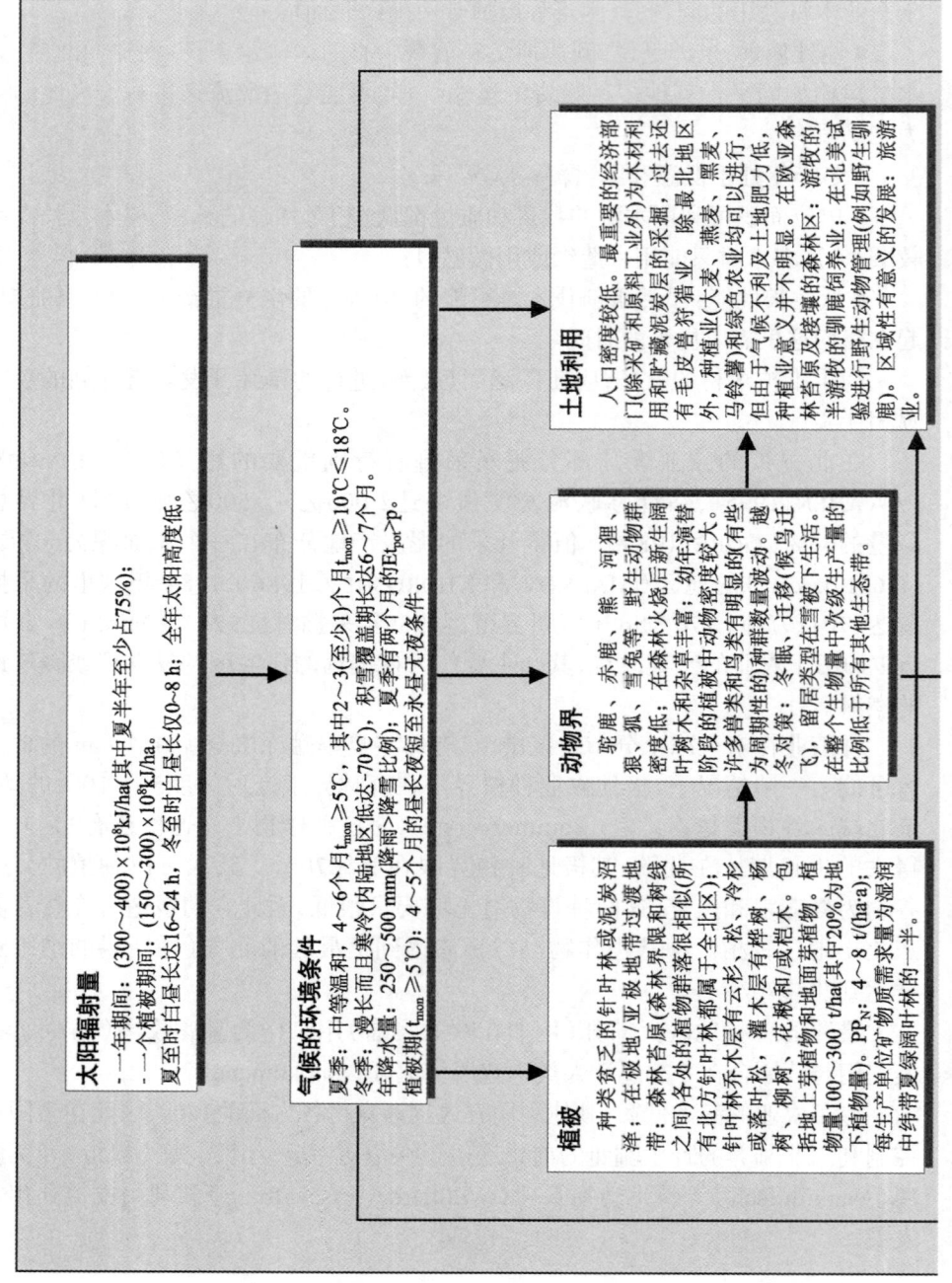

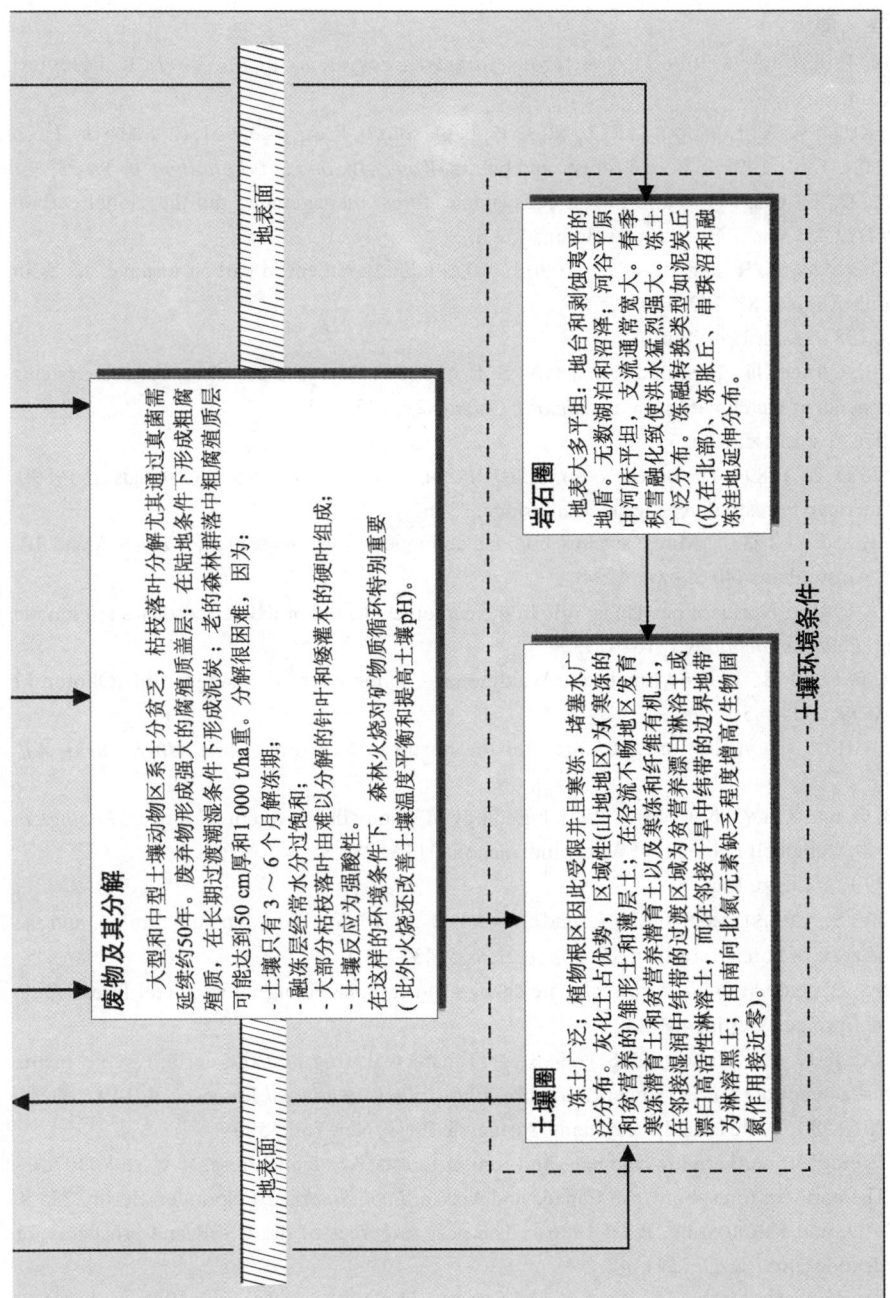

第8章参考文献

ANDERSSON, F. A. (ed.) (2006): Coniferous forests. *Ecosystems of the World* 6. Elsevier, Amsterdam, 646 S.

APPS, M. J., KURZ, W. A., LUXMOORE, R. J., NILSSON, L. O., SEDJO, R. A., SCHMIDT, R., SIMPSON, L. G. und VINSON, T. S. (1993): Boreal forests and tundra. *Water, Air, and Soil Pollution* 70, 39–53.

– und PRICE, D. T. (eds.) (1996): Forest ecosystems, forest management and the global carbon cycle. *NATO ASI Ser./G* 40. Springer, Berlin, 452 S.

BIRD, M. J., CHIVAS, A. R. und HEAD, J. (1996): A latitudinal gradient in carbon turnover times in forest soils. *Nature* 381, 143–146.

BLISS et al. (1981), s. Lit. zu Kap. 7.

BONAN, G. B., CHAPIN Ⅲ, F. S. und THOMPSON, S. L. (1995): Boreal forest and tundra ecosystems as components of the climate system. *Climatic Change* 29, 145–167.

BUTZER (1976), s. Lit. zu Kap. 3.

ELLIOTT-FISK, D. L. (1989): The boreal forest. In: BARBOUR, M. G. und BILLINGS, W. D. (eds.) (1989): North American terrestrial vegetation. Cambridge, 33–62.

GORE, A. J. P. (ed.) (1983): Mires: swamp, bog, fen and moor. *Ecosystems of the World* 4A und 4B. Elsevier, Amsterdam, 440 S. bzw. 479 S.

GORHAM, E. (1991): Northern peatlands: role in the carbon cycle and probable responses to climatic warming. *Ecol. Applications* 1, 182–195.

HOLTMEIER, F. K. (1985): Die klimatische Waldgrenze – Linie oder Übergangssaum (Ökoton)? *Erdkunde* 39, 271–285.

HUSTICH, I. (1966): On the forest tundra and the northern tree-lines. *Ann. Univ. Turku A Ⅱ* 36, 7–47.

JONSSON, B. G. und KRUYS, N. (eds.) (2001): Ecology of woody debris in boreal forests. *Ecological Bulletin* 49, Campbell Publishing/ Wiley, Indianapolis/USA, 280 S.

KARTE (1979), s. Lit. zu Kap. 7.

KASISCHKE, E. S., CHRISTENSEN Jr., N. L. und STOCKS, B. J. (1995): Fire, global warming, and the carbon balance of boreal forests. *Ecol. Applications* 5, 437–451.

– und STOCKS, B. (eds.) (2000): Fire, climate change and carbon cycling in the boreal forest. *Ecol. Stud.* 138. Springer, Berlin, 461 S.

KOLCHUGINA, T. P. und VINSON, T. S. (1993): Climate warming and the carbon cycle in the permafrost zone of the former Soviet Union. *Permafrost and Periglacial Processes* 4, 149–163.

LARSEN, J. A. (1980): The boreal ecosystems. Academic Press, NewYork, 500 S.

– (1982): Ecology of northern lowland bogs and conifer forests. Academic Press, New York, 307 S.

– (1989): The northern forest border in Canada and Alaska. *Ecol. Studies* 70. Springer, Berlin, 255 S.

MARKOV, V. D. und KHOROSHEV, P. I. (1986): The peat resources of the USSR and prospects for their utilization. *Int. Peat J.* 1, 41–47.

MARTIKAINEN, P. J., NYKÄNEN, H., ALM, J. und SILVOLA, J. (1995): Change in fluxes of carbon dioxide, methane and nitrous oxide due to forest drainage of mire sites of different trophy. *Plant and Soil* 168–169, 571–577.

PAAVILAINEN, E. und PÄIVÄNEN, J. (1995): Peatland forestry. *Ecol. Studies* 111. Springer, Berlin, 248 S.

PERSSON, T. (ed.) (1980): Structure and function of northern coniferous forests – an ecosystem study. *Ecol. Bull.* 32, Swedish Nat. Sci. Res. Council, Stockholm, 609 S.

PRICE, D. T. und APPS, M. J. (1995): The boreal forest transect case study: global change effects on ecosystem processes and carbon dynamics in boreal Canada. *Water, Air and Soil Pollution* 82, 203–214.

SCHERER-LORENZEN, M., KÖRNER, C. und SCHULZE, E.-D. (eds.) (2005): Forest diversity and function. Temperate and boreal systems. *Ecol. Studies* 176. Springer, Berlin, 400 S.

SCHROEDER und BLUM (1992), *s.* Lit. zu Kap. 4.

SCHULZE, E.-D. et al. (1999): Productivity of forests in the Eurosibirian boreal region and their potential to act as a cabon sink – a synthesis. *Global Change Biol.* 5, 703-722.

SCHULZE, E.-D. (ed.) (2000): *s.* Lit. zu Kap. 9.

SHAVER, G. R., BILLINGS, W. D., CHAPIN III, F. S., GIBLIN, A. E., NADELHOFFER, K. J., OECHEL, W. C. und RASTETTER, E. B. (1992): Global change and the carbon balance of arctic ecosystems. *BioScience* 42,433–441.

SHUGART, H. H., LEEMANS, R. und BONAN, G. B. (eds.) (1992): A systems analysis of the global boreal forest. Cambridge University Press, Cambridge, 565 S.

SIEGENTHALER, U. und SARMIENTO, J. L. (1993): Atmospheric carbon dioxide and the ocean. *Nature* 365, 119–125.

STÄBLEIN (1987): Periglazial und Permafrost in Polargebieten. *Münchener Geogr. Abh.* Reihe B, 4, München, 97–107.

THANNHEISER, D. (1994): Die Vegetationsvielfalt des kanadischen borealen Nadelwaldes. *Essener Geogr. Arb.* 25. Schöningh, Paderborn, 1–21.

TRETER, U. (1993): Die borealen Waldländer. *Das Geographische Seminar.* Westermann, Braunschweig, 210 S.

TUHKANEN, S. (1984): A circumboreal system of climatic-phytogeographical regions. *Acta. Bot. Fennica* 127, 1–50.

VAN CLEVE, K., CHAPIN III, F. S., FLANAGAN, P. W., VIERECK, L. A. und DYRNESS, C. T. (eds.) (1986): Forest ecosystems in the Alaskan taiga. *Ecol. Studies* 57. Springer, Berlin, 230 S.

VALENTINI, R. (ed.) (2003): s. Lit zu Kap. 9.

VENZKE, J.-F. (1990): Beiträge zur Geoökologie der borealen Landschaftszone. Geländeklimatologische und pedologische Studien in Nord-Schweden. *Essener Geogr. Arb.* 21. Schöningh, Paderborn, 254 S.

VITOUSEK, P. M., ABER, J. D., HOWARTH, R. W., LIKENS, G. E., MATSON, P. A., SCHINDLER, D. W., SCHLESINGER, W. H. und TILMAN, G. D. (1997): Human alteration of the global nitrogen cycle: sources and consequences. *Ecol. Applications* 7, 737–750.

WAELBROECK, C. (1993): Climate-soil processes in the presence of permafrost: a systems modelling approach. *Ecol. Modelling* 69, 185–225.

WIEDER, R. K. und VITT, D. H. (eds.) (2006): Boreal peatland ecosystems. *Ecol. Studies* 188. Springer, Berlin, 435 S.

9 湿润中纬带

9.1 分布

湿润中纬带(Feuchte Mittelbreiten)大范围分布区位于北半球北美洲和欧亚大陆的东西两侧,在南半球的南美洲、澳大利亚和新西兰只有较小的分布区。在冷洋流和暖洋流分别影响下,各地湿润中纬带分布的纬度位置有所不同:在大陆西侧它们位于纬度40°~60°,在大陆东侧大致位于纬度35°~50°,略近赤道(附图9.1)。全球各处分布区加在一起面积大约为1 450万 km²,或为地球陆地面积的9.7%。

湿润中纬带朝极地方向邻近北方带,朝赤道方向在大陆西侧邻接冬季湿润亚热带,而在大陆东侧则与终年湿润亚热带毗邻。在北半球高度大陆性地区范围内或是完全缺少湿润中纬带,这就是说从北方针叶林带接着直接出现冬季寒冷草原带,或是在北方针叶林带和冬季寒冷草原带两者之间只有一条狭窄的过渡带。

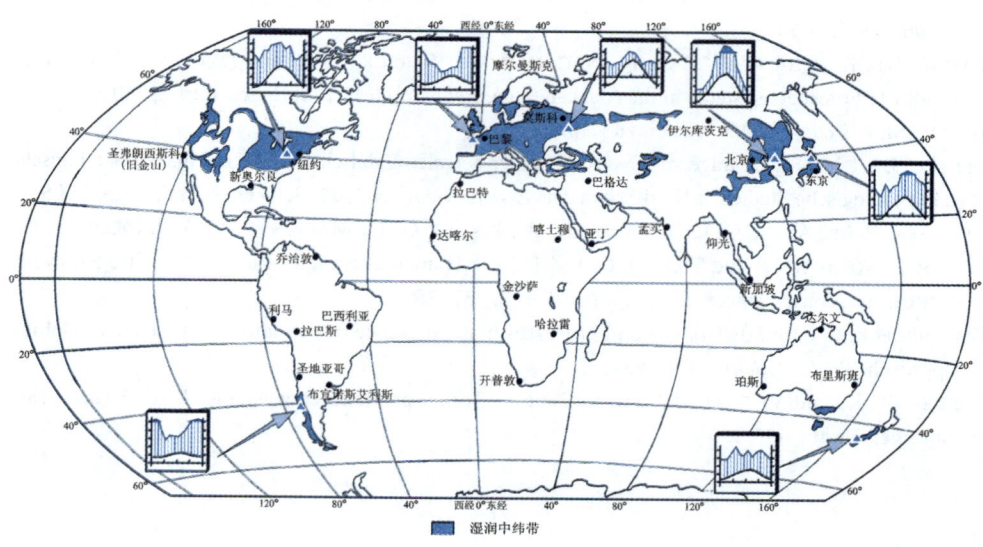

附图 9.1
湿润中纬带,它的分布地区是分离零散的,主要分布在北半球

9.2 气候

就像前面阐述过的苔原带和北方针叶林带这两个生态带一样,湿润中纬带同样具有上面表述过的**季节性不同的温度年变化过程**,其最低温度和最高温度保持在冬季寒冷程度和夏季炎热程度之间,通常情况下朝极地方面或朝赤道方面达到其邻近生态带的冷或热的程度。该带一日间的温度波动——大于极地/亚极地带和北方带,但小于干旱中纬带和亚热带及热带纬度地带的生态带——处于居中的类型。所以湿润中纬带的热量条件可以被看做属于*温和的*(gemäßigt)或*温带的*(temperat)类型,假如以流行的气候名称为例来说,这一生态带的气候就是*凉温带气候*(kühlgemäßigte Klimate),或与植被名称联结一起称为*温带雨林*(temperate Regenwälder)。

在湿润中纬带范围内存在的**区域性的温度差异**(比北方带还要明显)是通过自东向西的变化而凸显的,这种变化是由海洋和陆地影响的转换而引起的(附图9.2)。在*高度大陆性的地方*植被期只有半年而且冬季低温降至−30℃以下;在受到*海洋影响的气候地区*,植被期延续较长;在一些沿海地区全年都是植被生长期:最冷月的平均温度保持在2℃以上,少数地区甚至超过5℃,另外,夏季气候变暖<15℃(最暖月的平均温度),不及大陆性地区(最高月平均温度普遍≥18℃)。相应的不同区域的温度年变幅差异也很大,在大陆性气候地区温度年变幅高达40 K,相对来看在海洋性气候地区温度年变幅只有10 K(均以月平均温度作比较)。某些沿海地区凉爽之极,以至粮食作物不能成熟,相反在高度大陆性条件下月均温度(t_{mon})的峰值≥18℃超过3个月之久(亚热带:最少4个月)。然而各地年均温度的数值却是接近的:它们大多在6~12℃。

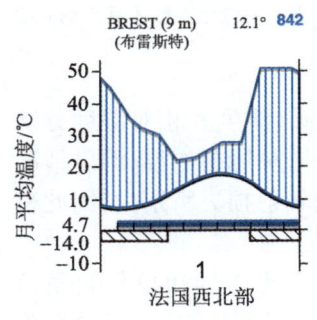 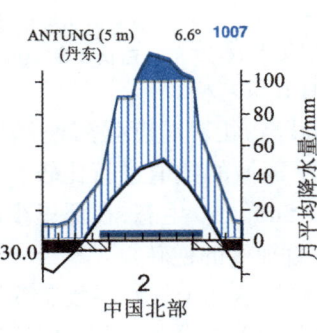

附图9.2

湿润中纬带的海洋性气候类型(1)和大陆性气候类型(2)的示意图。在海洋影响下冬季温和(极端情况:全年均为植被期)而且夏季凉爽,降水量大部分集中在冬季。在大陆的影响下夏季比较热而冬季比较冷(植被期缩短至6个月);降水量大部分集中在夏季

有关湿润中纬带的昼长,同样处于中间的地位:冬季白昼最短时约为8 h,而夏季白昼最长时约为16 h。夏季太阳辐射约70%(冬季只有大约50%)直接到达地表。因为日弧(Tagbogen)在夏季并不过长(在北纬50°,最大240°),**南坡**得到的阳光辐射值明显高于北坡。南坡相对适宜的温度明显表现在德国的葡萄种植区单方面坡向的种植状况。

与温度变化的情形不同,湿润中纬带的**降水量**没有显著的季节差异,各不同年度间降水量的差异也是有限的,至少年降水总量方面是这样,湿润状况至少有10个月降水量 p(mm)>2 t(℃)(参阅附图2.3),因而农业利用得益于**高度的**雨量可靠性,但这并不排除有时偶发的长期干旱,为此补充田地的灌溉可能是需要而且适当的。

本带大多数地区**年降水总量**为500~1 000 mm,虽然比起降水量最高的湿润热带/亚热带,它的年降水量只有一半,但仍居于湿润热带/亚热带之后所有生态带的次高之位,其中一小部分降水通常以**降雪**的形式降落。由于带来降雨的气旋随着与海洋距离的增加而逐渐失去效力,因此在距离海洋由近及远这个方向降水量也就普遍地相应减少。

有关一些**群落气候的特殊性**可由附图9.3 得出,由此出现随后的附图9.4。

当**夏季**到来时辐射吸收大部分在林冠的上层进行(A 和 B),与之相

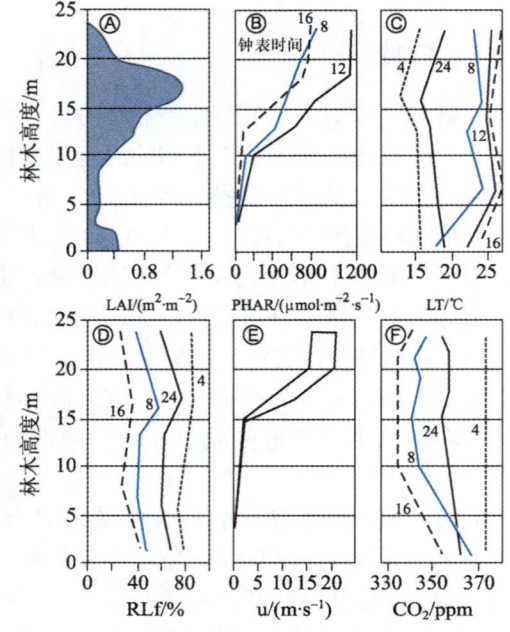

Ⓐ 分层的叶面积指数
Ⓑ 光合作用有效辐射
Ⓒ 空气温度
Ⓓ 空气相对湿度
Ⓔ 风速
Ⓕ 空气中CO_2含量

附图 9.3
夏季时中欧地区一处混交林气候参数的垂直剖面图(ELIÁS 等,1989)

应林冠上层白天温度升到最高、相对湿度强烈地降到最低(温度和相对湿度分别与树冠下面的空气层和树干区域的数值进行比较)。另外,林冠层的温、湿度情况也属植物群落的某种层聚(Stratum)生态,在那里夜间的辐射损失特别大,因此夜间温、湿度发生一种所谓垂直梯度的逆转。

由此继续,以至温度和湿度这两个气候参数在森林不同层次之间的差异随群落高度的增大而变得显著(C 和 D):在群落内部气候比较均衡,较湿、较热和霜冻危险都比较少,在冠层可能出现显著的干旱胁迫(Dürrestress),有些情况也能发生冷胁迫(Kältestress),这对白天有较高太阳辐射量或夜间较高辐射损失值的群落尤其如此。

虽然风的变化没有一定的规律,但只要密集的植物群落抑制空气的湍流运动,空气动力学的平衡过程更多地通过扩散来进行(E)。在这种条件下,接近土壤的空气层随之也出现——作为土壤呼吸结果——夜间 CO_2 含量升高(F)的现象;而

当白天到来在植物重新吸收 CO_2 进行光合作用之后,夜间 CO_2 含量的这种升高又会降下来。

冬季森林落叶,林中不同高度层次缺少所谓的垂直分异或是只存在微弱的差别。

9.3 地貌和水文

湿润中纬带被认为是**温和的地貌活动地带**,比较来说无论风化还是剥蚀过程进行均较为缓慢。因此,例如许多更新世寒冷时期(pleistozänen Kaltphasen)形成的冰川和冰水沉积的剥蚀类型及沉积类型甚至第三纪的剥蚀平原(残余)至今还保留着。

风化作用

在矿物风化过程中,水化作用(Hydration,也称 Hydratation)起着重要的作用,这里它涉及 H_2O- 偶极的积聚,界面阳离子过度负荷,从周边的岩石带向里进展,随着相关的膨胀(= 形成围绕界面离子的水壳)从而导致一种使岩石结构松开的爆破性效应。

水化作用的同时往往还进行通过水解作用的化学变化,这些变化发生在由于水的解离形成的 H^+ 与岩石矿物的阳离子交换的情况下,这同样引致岩石矿物的晶格变得疏松从而达到最终分解。这一反应程度随着 $[H^+]$ 的提高而加强,也即随着土壤 pH 的降低以及较高的土壤温度而加大。水化作用和水解作用能够引起坚实岩石的剥离也即鳞剥(Abschuppungen)和崩解(Vergrusung)作用。

石灰石和白云石风化时**碳酸风化作用**处于前面部分。碳酸是通过土壤空气(在那里它的比例由于根呼吸和土壤微生物呼吸而高于大气层)和水的反应而形成的。溶解作用过程的强度随着 CO_2 含量的增高而增加,并且低温(!)对溶解较为适宜。在坚实的岩石中钙质风化导致**岩溶类型**(例如灰岩溶沟(Karren)、岩溶漏斗(Dolinen)及具有钟乳石洞穴)的形成,在疏松物质(例如冰碛(Moräne)、黄土(Löss))和一些土类(如黑钙土)中引起(由表层向下逐渐进展的)脱钙作用。

与机械的风化作用相反,化学风化(在潮湿的气候条件下)是依靠到达深层的水的运动,其作用也能相应地深入到地表之下的土壤和岩石中,因此湿润中纬带的土壤类型普遍比以上讲过的极地/亚极地带和北方带的土壤发育得更深。另外,那些化学风化基于全年较高温度强烈进行的地方——极端情况——在热带雨林下(见15.3.1),与极地/亚极地带和北方带比较,后两个生态带地面比较平坦。

径流和剥蚀

本带约有1/3降水量成为径流,对比来看,北方带径流量接近50%,苔原带超过50%,但因本带降水量高于北方带和苔原带,以绝对水量而论,湿润中纬带每单位面积流量(即径流模数),通常还是比北方带和苔原带大(参阅表3.1及附图4.3)。

由于土壤质地大多比较粗和土壤结构稳定(因之土壤具有高渗透能力以渗透雨水),加以具有郁闭的植被①,径流主要经由内部流动和地下水从陆地地面流向河流(各种降水事件,它们的强度超过最大可能入渗率是罕见的)。相应的冲刷剥蚀(Spüldenudation)作用的效应也是微小的,而且和雨水有关的径流高峰通常在降水事件数天之后才跟着发生。注:①冬季失去植被保护时,可以覆盖多层枯枝落叶和干枯杂草保护土表(田地除外)。

河网密度是高的,所有的河流都是持续不断有水的;冬季也有径流维持,在大陆性地区某些情况下河水在冻结的冰层之下。湿润中纬带**径流行程**远小于上述两个生态带,此两者的强大径流是由于春季时融解冬季的冻冰和积雪所决定的。而对湿润中纬带的径流行程有较大影响的是过去一年的降水量分配和相对高的夏季蒸发量支出,因此这里比起冬季有冰冻和积雪条件的地带,大多数地区明显表现出夏季径流最低,而一年中的最高径流跟随在季节性降水最多的时刻之后,也即海洋性气候地区在春季,大陆性气候地区在秋季。虽然出现临时短暂的侵蚀活动,**河流的形态学效能**仍然不突出,相应的线性侵蚀的深度是低的。

9.4　土壤

比较所有其他的森林气候地区,湿润中纬带具有**适宜的土壤发育**条件,这指的是它们的*酸性化较低*。相对来说,湿润中纬带土壤中形成的腐殖质有*腐熟腐殖质*(Mull)和*半熟腐殖质*(Moder),这些较好的腐殖质类型优于在北方带主要发生的粗腐殖质(Rohhumus)。至于夏季湿润热带和终年湿润热带/亚热带,特别适宜的黏土矿物形成居于重要位置。代替弱吸附源自高岭石类的两层黏土矿物,那些在地带性土壤类群中占主导的地带,在温带凉爽湿润条件下发生形成强吸附的源自伊利石和绿泥石类的三层和四层黏土矿物,它们赋予湿润中纬带土壤高得多的阳离子交换率。在普遍仅为弱酸性反应的条件下,大部分土壤类型因此具有相对较高的矿物质养分含量,还有农民施肥带入土壤的肥料,这些能够大量被吸收(如在湿润热带的例子)并由作物依据本身需要逐渐地交换吸收。

在湿润中纬带内发生的所有土壤类型中,典型高活性淋溶土(在北美也有漂白高活性淋溶土)(也即淋溶土(Lessivés)、次生棕壤(Parabraunerden))以及贫营养和富营养的雏形土(棕壤(Braunerden))有最广泛的分布。它们往往紧密且相邻近地出现,其中,高活性淋溶土(在较高增湿强度状况下)发育在 $CaCO_3$ 富集的基底之上(但也发生在无 $CaCO_3$ 的基底上);反过来雏形土经常发现在比较贫瘠和干旱的原岩斜坡上,那些地方由于侵蚀妨碍致使土壤的发育停留在较早期阶段。

雏形土(Cambisole;拉丁名称 *cambiare* = 变更之意)有一层暗色的富有腐殖质的 A-层,向下逐渐成为大多呈棕色的 Bw-层(在原地风化,*雏形 B-层*),接着又转为无明显界限的 C-层(原岩)。A-层和 B-层一起可达一米半厚,它们大多具有适宜的水平衡和空气平衡的稳定结构。在 Bw-层中的棕色化是由于自由铁氧化物/氢氧化物（首先是针铁矿）的形成，这些物质来源于原生矿物质风化时所释放的铁。依据盐基饱和度可以把肥沃的（盐基饱和度>50%）的*富营养雏形土*（Eutric Cambisole）与养分贫乏的（盐基饱和度<50%）的*贫营养雏形土*（Dystric Cambisole）区分开来。最初的发育例如在玄武岩和冰碛碎屑黏土上，后来在花岗岩和砂岩上，进一步发育可能导致成为高活性淋溶土或者灰化土或漂白淋溶二。

高活性淋溶土（Luvisole，拉丁名称 *luere* = 冲洗之意）是以通过黏土的移位（矿物胶体转移）由 A– 层进入 B– 层（*黏化 B– 层* =Bt）为特征的。相应其剖面显示 Ah—E—Bt—C 的土层序列。在*典型*（Haplic）（过去称*正常*（Orthic））高活性淋溶土中，缺少黏粒 E– 层，比起略带黑色的富有腐殖质的 Ah– 层和黏粒富集的深棕色 Bt– 层，色泽稍显明亮（漂白高活性淋溶土（*Albic L.*）的 E– 层是白色的）。Ah– 层和 E– 层在一起可能达到约半米厚，Bt– 层可能达数米厚，作为中等淋洗程度的土类，高活性淋溶土通常显示中等至偏高的盐基饱和度（在干旱地区显示较高饱和度的趋势）。最低饱和度（在 pH 7 条件下测定）依据定义位于50%（在地下 Bt– 层中125 cm 上面）。在砂粒丰富的表土层，由于其中颗粒较粗往往导致矿物胶体转移量相对增加，相反也能呈酸性。

在凉爽和湿润气候条件下，随着不断下降迁移活动的进展，使得 E– 层发生强烈的褪色，由此形成**漂白高活性淋溶土**（灰色淋溶土（Fahlerden）；以前称为灰化淋溶土（Podzoluvisole））。在与北方带的过渡地带常出现这种情况，那里除了灰化土（见8.4）外，特别是*富营养漂白高活性淋溶土*占据广大面积。漂白高活性淋溶土一个显著特征是具有"淋溶漂白的舌榫"（"albeluvic tonguing"），即浅色残积层（E– 层）舌状侵入其下方连着的深色的富有黏粒的黏化 B– 层（Bt）。

在干旱加重的条件下，也即在与干旱中纬带的过渡地带，发生的土壤类型则是黑土（Phaeozeme）（参阅10.4）。

在地形序列的低端，就像在其他许多生态带的情况一样，土壤处于壅塞水或地下水的影响下。表9.1列出这类水成土和它们的形成环境的概要。在所有湿润生态带中出现的为潜育土（见8.4）和冲积土，只有**黏磐土**（Planosolen）几乎专一属于在湿润中纬带和干湿交替的热带和亚热带（平坦地形区）的土类，而且有机土（参看8.4）也同样仅见于中纬带和纬度更高的地带。黏磐土的拉丁名称 *planus*，即平坦之意，在德国的土壤分类系统中假潜育土（Pseudogleye）即属于此类。黏磐土是有关在黏土沉积物上受临时性堵塞水影响的土壤，在它们的剖面中一个比较暗色的黏粒富集的（水分壅堵的）B– 层连着漂白的 E– 层。**冲积土**（Fluvisole，拉丁名称为 *fluvius* = 河流）是年轻的土类（剖面只有 A–C– 层），发育在河漫滩、沼泽和红树林，它们的性质主要取决于其成土母岩材料的种类并因此有强烈的变化。

在高山极度寒冷和潮湿条件下在 Bw– 层上面可能形成强酸性（贫营养的）Ah– 层（暗色层），此层的盐基饱和度在50%以下，这与松软层有差别。这些以前也被称为腐殖化棕壤（Humusbraunerden）的土壤类型，自1998年起被建立为一个独立的土壤单元，即**暗色土**（Umbrisolen，拉丁名称为 *umbra* = 阴影），如同雏形土它们的发生也是世界范围的。

表9.1 湿润中纬带的水成土类型（SCHROEDER 和 BLUM, 1992）

独特因素	滞育水	地下水（缩写符号 GW）			
	具有干、湿期交替	具有不同的 GW 水位和 GW 水位波动幅度			
		矿质土壤		有机土壤	
		有洪水	无洪水	矿物体在 GW 上面	矿物体在 GW 上面
发育类型	临时的定期的	（在河谷中）变幅大并且旱有洪水发生	中等变幅并常有洪水发生	地下水相对养分丰富（河流供水的（低位泥炭沼））	地下水养分贫乏（靠降雨供水的（高位泥炭沼））
	定期改变的氧化还原过程，浸润期过程，氧化过程，弱扩散过程，所有方向扩散	沉积作用；定期改变的氧化过程，氧化还原过程进程，主要为垂直方向	强烈的空间急剧分化的氧化还原过程；强扩散进程，垂直和水平方向	主要为富营养的有机物质的积累，还原过程为主	主要为贫营养的有机物质的积累，还原过程占优势
特征	大理石花纹，具斑点，没有氧化和还原层	有层次，大多没有还原层	有层次，氧化层在黑蓝色还原层之上	芦苇泥炭和莎草泥炭在还原层上，炭蓝黑色淤泥层	水苔泥炭层
土壤类型	假潜育土	河漫滩	沼泽	低位沼泽	高位沼泽
FAO-系统	黏磐土	冲积土	潜育土	富营养有机土	纤维有机土

9.5 植被和动物界

按照气候的情况,湿润中纬带总体应是**自然森林地带**。但曾经存在北半球的自然森林由于伐木、火烧式开垦、森林牧场开发等,几乎全部遭到毁坏,通常只有那些不具有农业或其他价值的地方以经济林取代自然林。与过去和与其他森林气候地带(终年湿润亚热带除外)相比较,今天的湿润中纬带森林是贫乏的。

存在于北半球的湿润中纬带植物全部属于**全北区**(Holarktis)植物区系(Floren),而位于南半球的则全部属于**南极区**(Antarktis)或无论如何属其边缘地区的植物区系。这就意味着,北部和南部存在的植物区系(和动物区系(Faunen))相比之下在很大程度上各自表现其独特性,然而,尽管东部和西部的距离相当遥远,植物区系和动物区系两者却是相似的。

依据当前的(或许更早的)**乔木层优势的生活型**,有关湿润中纬带的天然林大多为*夏绿阔叶林*(sommergrüne Laubwälder)或由夏绿阔叶树和常绿针叶树组成的*混交林*(Mischwälder);少有单纯的*针叶林*(见于北美的太平洋西北地区)或由常绿阔叶树组成的*雨林*(大多在南半球局部地区以及过去也见于西欧一些沿海地区),其中,夏绿阔叶林和混交林属于湿润中纬带原本的(潜在的)地带性植被类型,因此,本书把它们放在前面进行植被描述。

9.5.1 季节性夏绿林

在一年之内,与温度有关的气候的季节性反映在植被的**引人注目的**季相变化(Aspektwechseln)上。原则上来说,地球上这样的季相变化在那些(干湿或冷热)有明显不同的季节性相互更替的地区都能找到;这就是说,除了终年湿润热带和终年湿润亚热带及热带/亚热带干旱地区的极端炎热沙漠以外,季相变化在所有的生态带都能见到。然而,在那些植物区系包含高比例常绿类群的地方,也即是说,在冬季湿润亚热带、北方带和极地/亚极地苔原带,或者那里植被由于生境过度干旱而衰退如在所有的荒漠和半荒漠,以上这些地区季节性的季相变化显得相对不明显。因此,中纬度地区(这里尤指湿润中纬地区)和夏季湿润热带,尽管它们分布地域广泛,"季相变化"还是成为其地带特有的标志和特征。中纬度地区一年四季的差别如下:

春季

当春季来临之时:
- 往年的种子发芽;
- 树木和灌木形成新枝、新叶和花蕾;
- 多年生植物萌发嫩枝幼叶;
- 动物由冬眠(冬季冻僵)中苏醒,(许多昆虫)从越冬的地方钻出,离开保护其过冬的藏身处(常常在土壤中)转移到树干或树冠层并积极地活动;

- 候鸟从温暖的越冬地带返回；
- 许多鸣禽类频繁而响亮地鸣唱；
- 大多数动物物种在春天交配，随后生育后代。

动物重新觉醒的生活开始于森林地面，因为这时候（木本植物萌发新叶之前）太阳光的照射还几乎不受阻挡地到达林下地面（附图9.4），阔叶林的枯枝落叶层和最上面的土壤层增温比灌木层和林冠层快得多和早得多。这种本初的优点突出表现在许多草本植物春季开花，地面芽植物由它们在土壤表层的完好根系发出新芽，或由一些长寿器官如埋藏在土壤里的块茎、球茎或块根（地下芽植物根的深度很浅）抽出新枝芽。随着时间的推移光辐射的吸收层越来越多地转到上面的层次，灌木和幼树经过叶芽开展至稍晚时候整个林冠层的叶片形成。

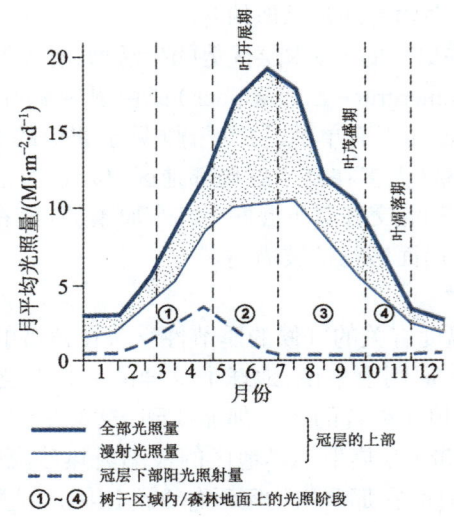

附图 9.4
在英国剑桥一处阔叶林中，与叶生长状况有关的年度辐射提供量和光照强度（LARCHER, 1994）。树干区域和森林地面可以区分为以下几个阶段（WALTER 和 BRECKLE, 1983）：1 为春季光照阶段（叶子生长之前）；2 为过渡阶段（从发芽至叶片开始全部长出）；3 为夏季遮阴阶段；4 为叶片凋落后明亮的秋季阶段。在北方带的常绿针叶林中森林地面上没有不同的光照阶段

夏季

夏季是夏绿林长满树叶的季节，叶片浓密地生长在树木的枝干间，随后果实和种子将会成熟。在林冠紧密郁闭的森林中这段时间树干区内和林中地面的光照非常之少（极端情况下只有大约森林外部光照量的10%），以至那里只能生长初级生产量低微的阴性植物（Schattenpflanzen）。

秋季

秋季来临，阔叶树的叶、木本植物的种子和果实大多在少数几周内脱落，草

本植物的地上部死亡，**夏季生产的大部分物质返回到土壤上面或土壤中**。在落叶前有机物质进行降解，一部分 N、Fe、P 和 K 元素被**吸收**（易位）至植物的枝条和茎秆中（见下面）。伴随着叶子的脱色作用（绿色变为灰黄色，例如桤木、梓树和柳树叶）或染色作用（绿色变成红色至黄色色调，例如枫树叶和白桦树叶），这种变化赋予秋季的森林以独特的色彩丰富的外观（多彩**秋季叶色变换**，人们誉称为印第安之夏）。

在初秋（部分在晚夏）——也即早在树木落叶前和草本植物被"收集取走"之前——大部分食虫候鸟就已经离开，另外，其他许多繁殖鸟类作为过路鸟或冬季来客由高纬度地区迁徙飞到这里。

冬季

在冬季几个月份中，植物本身调整其光合作用，放慢它们的生物化学土壤过程，许多兽类（如獾、松鼠）进入冬季昏睡（Winterruhe），或有些种类（如刺猬、睡鼠）进入冬眠（Winterschlaf）。几乎所有地表生活的变温动物，如两栖类、陆生蜗牛、昆虫和蜘蛛等进入一种冷冻僵（Kältestarre）状态或者——如同在大部分昆虫和蜘蛛类中——其成虫死亡而以卵、幼虫或蛹在树皮下或土壤里度过冬季不良环境条件。

越冬鸟类包括留鸟（Standvögel）和漂泊鸟（Strichvögel）以及冬季来客（冬候鸟（Zugvögel））长出密实的保护鸟体的冬季羽衣，兽类麋子、鹿、野猪、狐类、貂类等的冬季毛皮也变得细密厚实。

9.5.2 森林的水平衡

湿润中纬带**夏绿林地区的水平衡**同样也显示**明显的季节变化**：冬季的盈余水储备于土壤中逐渐增多直至水饱和并使得地下水径流增强（深层渗透）；相反夏季的消耗可能或多或少引起大量水短缺情况（附图9.5）；春季时土壤水收支大多数年景是平衡的（ΔWs = 0），这就是说在春季期间土壤保持水饱和状态。

从附图9.5中表明的关系状况在很多方面与**常绿的针叶林**是有差别的，这就是松树树干运行量低得多，云杉树干的运行量实际等于零，因为许多悬挂的分枝把水分从树干引走。再者云杉树冠夏季和冬季——因为常绿——截留的雨水比夏绿阔叶树的截留量格外得多。在关于德国森林生态系统研究的 Solling– 项目（ELLENBERG 等，1986）框架范围内调查得知，云杉年平均截留量总计为露天旷地降水量的27.2%，比山毛榉林调查取得的17.1% 数值多了近一倍。后一数值与附图9.5 中提及的比例数正好相符。

当比较植被生长期间的蒸发量耗损时涉及这一期间生产的植物物质，它们显示进一步的差别，这就是云杉生产每千克干物质蒸发耗水量为220 L，而山毛榉生产同样数量干物质只需耗水 180 L，也即后者具有明显较高的水利用效率（比较低的蒸发系数）（与上述乔木树种相比，草本植物每生产1 kg 干物质需要300~400L 水）。

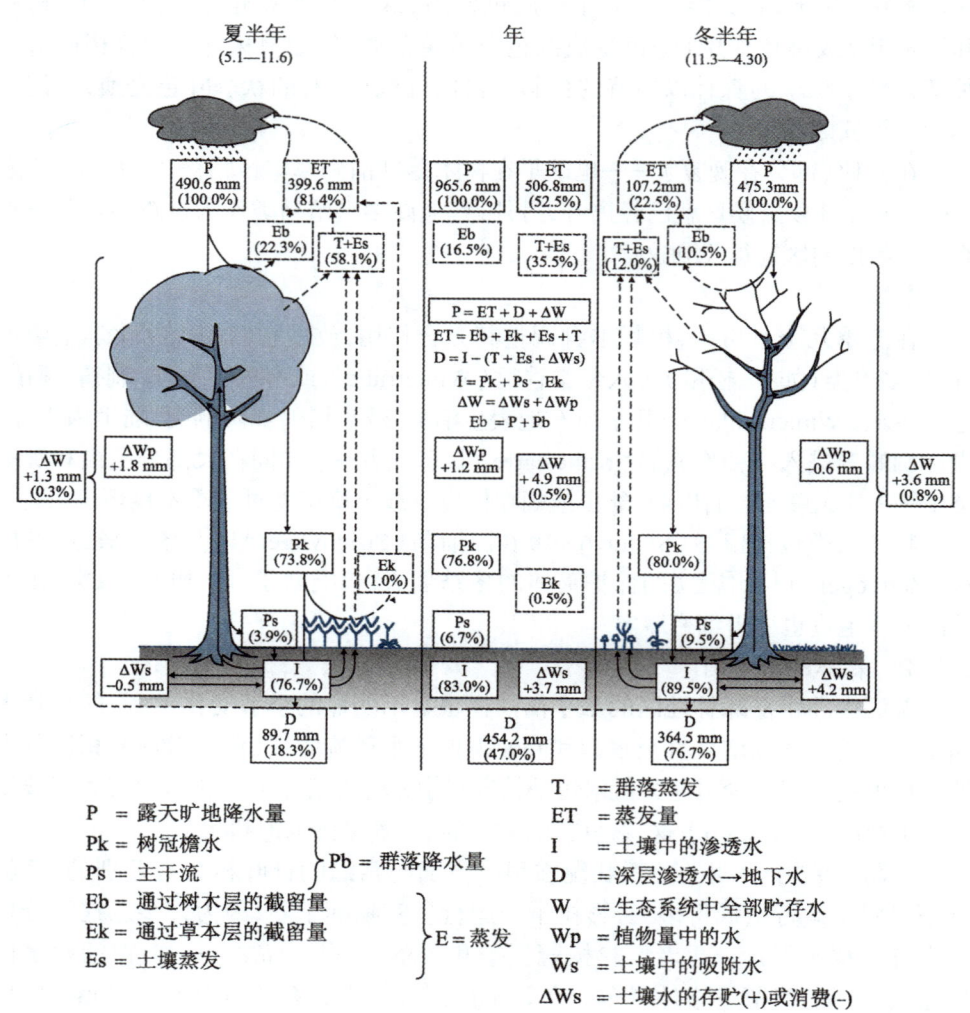

附图 9.5

比利时一处橡树林（Eichenwald）长满树叶和冬季落叶状况下的水平衡（据 SCHNOCK 1971，略有改动）。年平均（1964—1968）降落的水量值为 965.9 mm，其中蒸发 506.8 mm（52.5%），进入径流 454.2 mm（47.0%），还有 4.9 mm（0.5%）存贮于植物量当中。夏半年和冬半年得到大约同样多的降水量。它们的水平衡根本区别在于：在夏绿阔叶林中夏季的截留损失和通过蒸发消耗的水量大约为冬半年的 4 倍（399.6 mm 对比 107.2 mm）。与此相应冬季渗透进入土壤的水量多得很多（364.5 mm 对比 89.7 mm），因此径流模数随之较高。土壤蒸发量由于枯枝落叶层的隔绝作用（夏季还有冠层的遮阴）各个季节都是低的

9.5.3 植物量与初级生产量、增长和衰减

首先,如同其他森林类型一样,植物量的增长也需要经过几十年的群落年龄。这依据构成群落的树木种类,最长的100~200年以后才能达到。大多数情况下每公顷植物量在200~400 t,其中大约20%属于根部植物量。附图9.6中所显示的例子表明,初级生产量达到最高值之前已经在40~55年之后了,那时地面上的净初级生产量大约为11 t/(ha·a)(附图9.6)。在此期间,维管植物物种多样性也达到最高,这是因为有一些发育阶段还很年轻的物种也出现在那里。

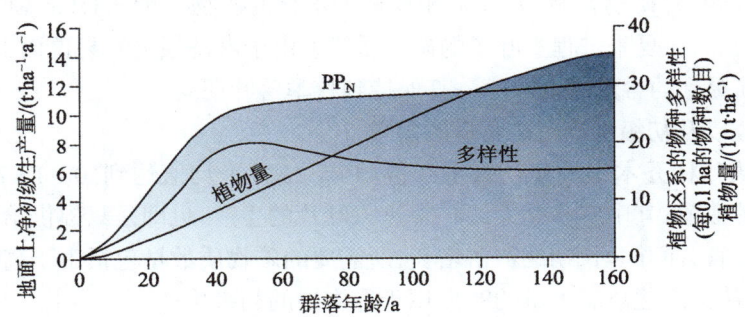

附图 9.6
在美国东部湿润中纬带的一片橡树–松树混交林与群落年龄有关的初级生产量、植物量和物种多样性的变化(WHITTAKER, 1970)

初级生产量的分配是**增长**还是**衰减**(或者甚至完全衰落为废物),这同样与群落年龄有关(对照5.2和附图5.3)。初始时群落显然以增长为主,后来废弃物相对占有优势,但依照数量计算一直达到衰减阶段废物量还是保持在增长量之后。只要树木没有倒下,也即主要产生细小的枯枝落叶,存在的树叶量为2~4 t/(ha·a),其衰减量在60%~80%,其余的生产量分配在芽鳞、花、果实、树皮和树枝之中。

9.5.4 矿物质的收支——与北方针叶林的比较

以下所列出并在附图9.7中应用的有关矿物质贮存及其流通周转的数字,是基于国际生物学项目框架内的研究成果,由欧洲和北美洲14处夏绿林相应的个别数值平均而得出的,这里评估的数值主要来源于表格式的个别概述,是 COLE 和 RAPP(1981)以及 DE ANGELIS 等(1981)获得的上述14个森林站点的数据。与北方森林的比较值也出自前面的来源,这是在阿拉斯加云杉丰富的群落进行三次调

查的平均结果。

植物量中的矿物质贮存

无论在北方针叶林还是在夏绿阔叶林中,乔木层的平均矿物质含量都不到1%,但夏绿阔叶林绝对含有比较高的矿物数量,因为它们的植物量是比较大的。这两类森林相一致的情况在于,钙(Calcium)是它们的矿物质中最常见的代表,并且其余(已知的)营养元素的数量比例按以下次序排列:N >K >Mg >P。

但是,在平均值的后面却蕴藏有明显的差别,一般而论,树叶的矿物质含量高得多,树皮的含量稍高,而木质部分矿物含量明显较低。依据附图9.7中提及的数据,阔叶树的叶片矿物含量为4.3%,相反树干木材的矿物含量只有0.6%(所涉及的均指干物质)。在夏季进程中叶子的矿物质浓度由于淋洗损失和易位而下降(钙除外),但上面提到的含量高低顺序一直保持到秋季落叶期间。

矿物质吸收以及初级生产对矿物质的需求

夏绿阔叶林乔木层的净初级生产量($PP_{N乔木层}$)平均值达到10 t TS ha/a,这样值得注意的数值,其中有多达大约40%进入叶片的生产,也即是只提供给特定的季节性同化器官,而并非长期的群落增长,所**需要的矿物质数量**包括由于高矿物质含量的叶片,甚至高达总需求量的80% 用于乔木层的初级生产。

相反在**常绿针叶树**当中(针叶周转率普遍很低)主要形成矿物质贫乏的木料:其乔木层的 PP_N 只有大约1/4和不足50% 必需的矿物质进入到*针叶生产*中。

因此,温带阔叶树的净初级生产量与北方针叶树比较,其每一生产单位需要更多的矿物质(磷除外)。如此一来,夏绿阔叶林每千克氮平均只生产103 kg有机物质,相反北方针叶林比它多生产了一倍,也即是说,针叶林的矿物质利用效率(Mineralstoff-Nutzungseffizienz)明显比较高(尤其有比较高的氮素 – 利用效率)[48]。

此外因为落叶阔叶树也具有较高的净初级生产量,在矿物质需求方面与面积有关的差异就更大、更为突出:假定进行一项相对于针叶林加倍高的净初级生产量,这就产生接近4倍更高的矿物质需要量。

因此,**夏绿阔叶林对土壤肥力的要求更高**(土壤的植物养分供应状况),它们每公顷土地每年8~12 t 的初级生产量需要80~120 kg 氮(其中60~90 kg 来自土壤,余数来自其秋季脱落之前的叶子)——两者比较,北方针叶林4~8 t 的初级生产量只需20~40 kg 氮,因此,后者即使在贫瘠的地方也还能够茁壮生长。

---

48 较高的氮素 – 利用效率的负面作用在于,所形成的(低氮)植物组织死后很难分解,并因此使得生态系统中氮循环变得缓慢。

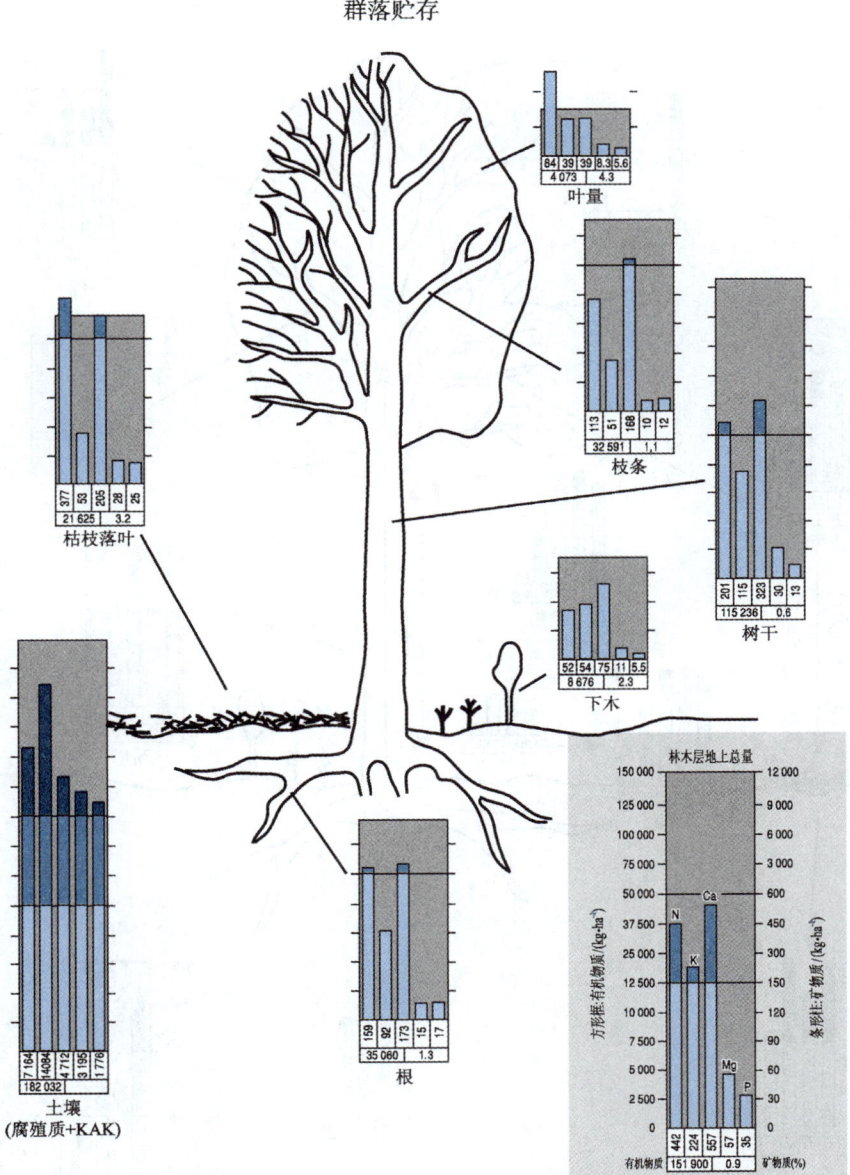

附图 9.7a

湿润中纬带夏绿阔叶林物质贮存及其流通周转（平均值源自欧洲和北美洲14个不同的调查点，由 COLE 和 RAPP（1981）的数据计算和汇集而来。有机物质通过方形框来呈现，矿物质（N、K、Ca、Mg 和 P，各自以这一顺序由左向右）通过条形柱呈现出来，比例尺由150 kg（矿物质）或12 500 kg（有机物质）起缩小为1:5，和由600 kg（矿物质）或50 000 kg（有机物质）起缩小为1:100。乔木层的贮存量与个别贮存量的总和不相等，这是因为枝条和树干只有12个数值可用于取得平均值的缘故。对于土壤的矿物质报告（腐殖质 + KAK）所涉及的数量，科尔和拉普（COLE 和 RAPP）在他们的工作中每每称之为土壤–生根区（soil–rooting zone）。是否确实在所有情况下矿物质是土壤有机物质或是可交换的部分，这些数值尚不能确定

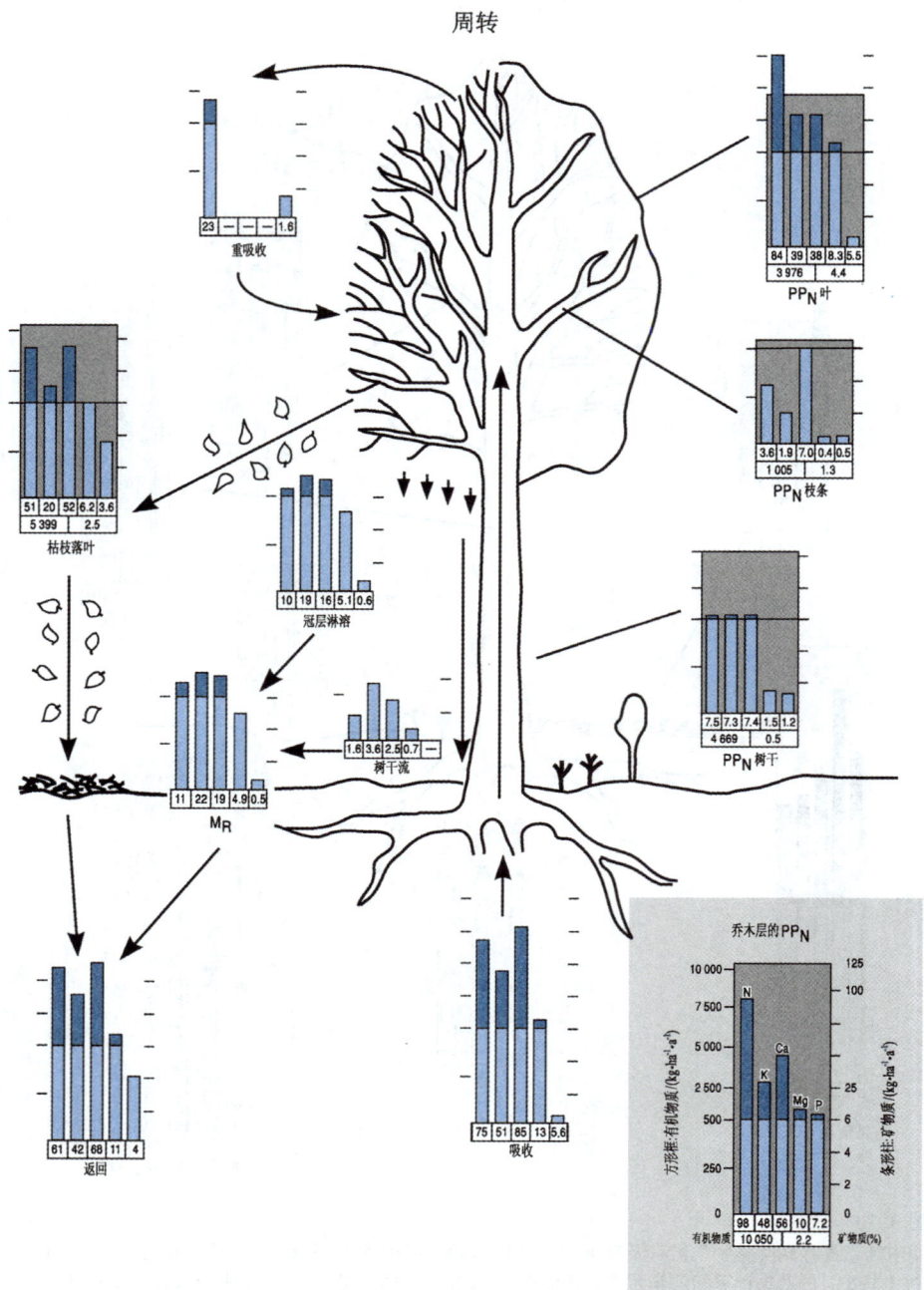

附图 9.7b

比例尺由6 kg（矿物质）或500 kg（有机物质）起缩小为1∶12.5。平均值是由不相等的 n 次数（按照可用性进行研究选择）所得。这可以解释在乔木层的 PP_N 与由各个别数值得来的返回量总值之间相比产生的细小差异

矿物质返回（Mineralstoffrückführung）

有关矿物质返回方面也产生了很大的差异。在湿润中纬带**夏绿林**中，如同已经提到的，在枯枝落叶中有较高比例矿物质的叶子，每年由这条途径返回的矿物质的数量相应也就比较多。14处森林的平均数当中包括全部地上废弃物（也即包括一部分木质在内）5.4 t/(ha·a)，矿物质的平均含量为2.5%，这就是说，只通过凋落物这一项每年每公顷返回的矿物质就有135 kg，这足足是地上群落贮存量的10%。

关于有机废弃物值得提到的以矿物的形式返还的是经由冠层冲刷而产生的，粗略估计（所涉及的每种的接受量）：氮和磷是10%~20%，钙为30%，镁40%，还有钾甚至达到60%，总量大约为50 kg 或为矿物质总返回量的1/4。这说明，每年返回的数量超过所吸收养分的80%，虽然枯枝落叶在这段期间只占乔木层净初级生产量（$PP_{N乔木层}$）的54%。

枯枝落叶分解与矿物质释放

大量的凋落物使得夏绿阔叶林中地面上有一个封闭的枯枝落叶覆盖层（其质量例如达到21.6 t/ha），但由于**凋落的枯枝落叶**在几年之内就被分解了，因此这层覆盖物总是不厚（只有几个厘米）。而北方针叶林生态系统的有关情况正好相反：在那里由于分解过程进行得非常缓慢，凋落的枯枝落叶的转化输送量少很多，相对具有高得多的枯枝落叶覆盖层。在枯枝落叶层中所包含的矿物质数量无论如何较少成为负面的，因为在湿润中纬带富含阔叶的凋落物中含有的矿物质多（达到3.2%，相比之下针叶树的枯枝落叶含有的矿物质只有1% 稍多），因此可平衡其数量的亏损赤字。

假定在一种动态平衡下（凋落的枯枝败叶与分解的同等多）对阔叶林的枯枝落叶的分解时间进行计算，它的一个平均**周转期**（Umsatzdauer）为4年，而对针叶林的计算，其枯枝落叶周转期大约需要350年。然而，个别情况下，这里相差如此显著的分解时间，也与群落死亡部分的大小及它们具有什么样的物质组成有关（这就是说，也是与它们属于哪些植物种类）和存在何处（在地表层或土壤深处还是浅处）有关，所以粗大枯枝比细小枝条的分解期要长，是可以理解的（附图9.8）。

有关**阔叶树叶的分解**，依据不同的树木种类，只需一年半至三年，在中欧地区一些树木种类的分解期依照以下顺序而加长：桤木、榆树＜欧洲鹅耳枥＜椴树＜枫树＜梣树、桦树＜欧洲山毛榉、橡树。

在土壤有机物质（枯枝落叶和 A– 层）的**分解**方面，真菌和细菌占最大的比例，测定得知，它们在土壤微生物群（Edaphons）中对呼吸 CO_2 的贡献达到90% 以上，只是它们在生物量中所占比例稍显较低。其余将近10% 的土壤呼吸大约有一半属于蚯蚓和其他种类。

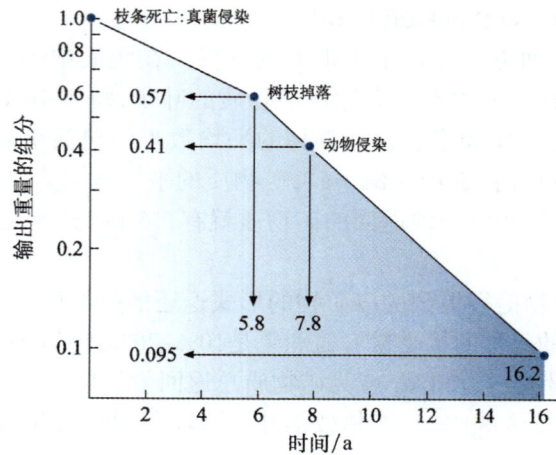

附图 9.8

木质树枝（直径 >2 cm）的分解期。依据斯威夫特（SWIFT）等人（1976）在英国的一处由橡树、梣树、白桦和榛灌木组成的夏绿林（Meathop Wood）对木质枝条的分解持续16年的研究。一根树枝在其死亡与掉落地面之间迁延了将近6年的期间内，已经有40%的木质被真菌所分解，这相当于每年为8.4%的耗损率，随后在森林土壤上面有许多钻木昆虫加入，使分解加速至每年17.1%

内容摘要

由上所述得出**结论**如下（附图 9.9）：

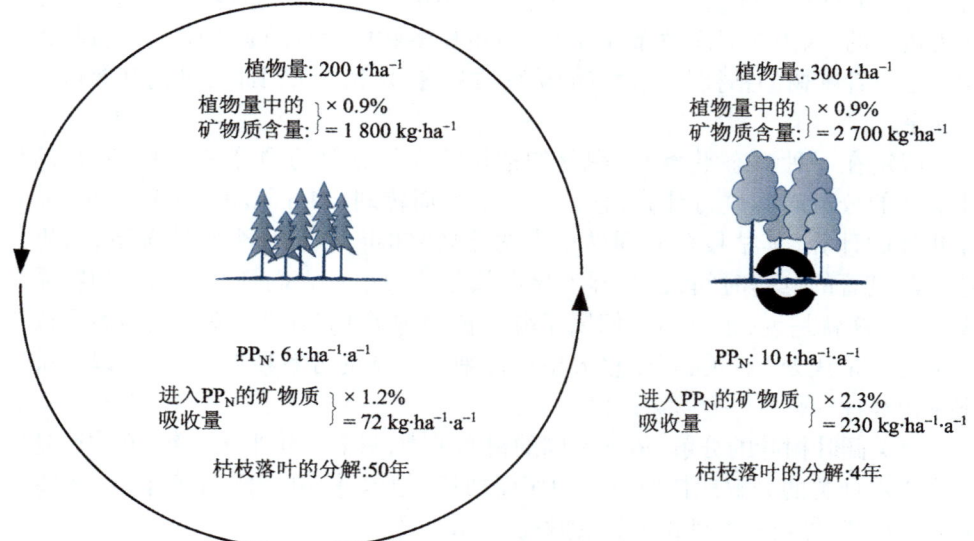

附图 9.9

湿润中纬带夏绿阔叶林和北方针叶林的矿物质循环示意图。植物量中的矿物质含量在两个森林群系中百分比是类似的，但在阔叶林中基于其较高的植物量它的绝对值较大。明显不同的是，与北方针叶林相比，在夏绿阔叶林中矿物质的吸收、需求和返回量都高得多，并且枯枝落叶的分解时间短得多。在这幅附图中假设一种动态平衡状态，在数量适度的情况下，PP_N 等同于废弃物，而且矿物质吸收等同于矿物质支出

- 湿润中纬带的阔叶林有一种短暂而强烈周转的矿物质循环：养分吸收在春季和夏季是高的，其中的大部分已经在随后到来的秋季随落叶而返回到土壤，并且其枯枝落叶（包括木质的部分平均）在4年内释放。
- 相反，北方带的针叶林有一种长期的处于低水平的矿物质循环：净初级生产量（PP_N）对于矿物质的需求是低的；因为（相对于木质部分）富含矿物质的针叶是多年生的并因而每年矿物质消耗是少的；另外，由有机物质释放矿物质需要更长的时间；因此养分供应的"瓶颈"问题，在北方带针叶林比起要求矿物质量更多的湿润中纬带阔叶林发生得还多。

9.5.5 一个夏绿阔叶林的生态系统模型

依据前面已经用于描述两个生态带矿物质循环的示意图，附图9.10的这个生态系统模型描述湿润中纬带的一个夏绿阔叶林（在稳态条件下）具特征性的群落贮存与周转。

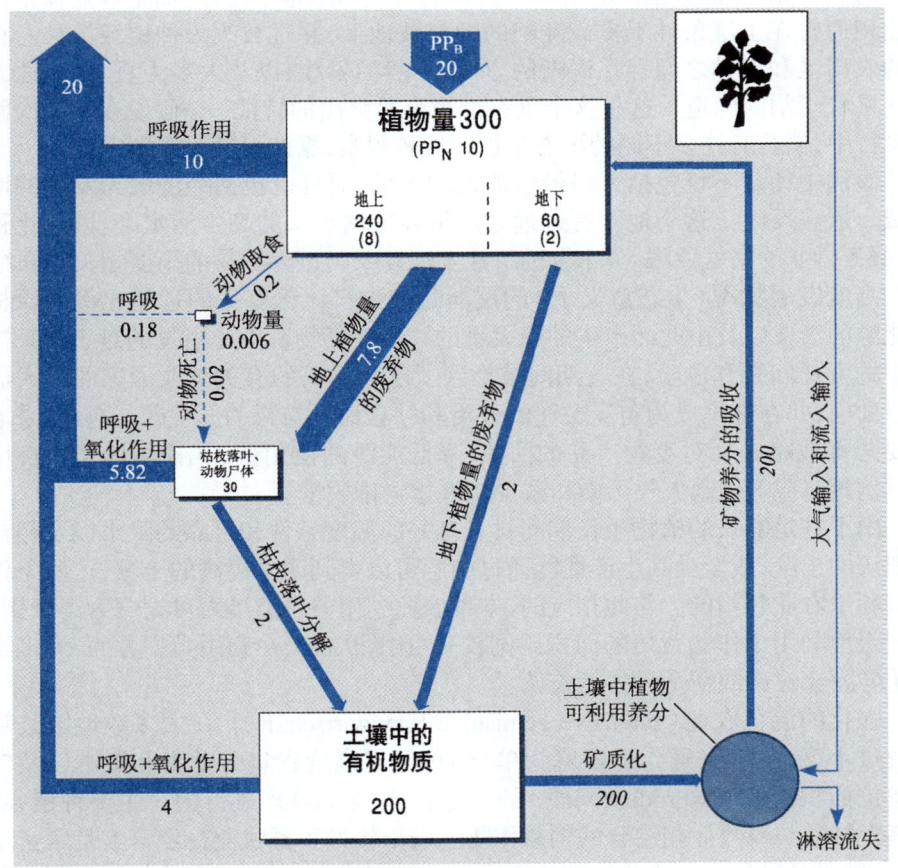

附图 9.10
湿润中纬带夏绿阔叶林的一个简化的生态系统模型（依据 DUVIGNEAUD，1971；ELLENBERG 等，1986；JAKUCS，1985；REICHLE 1970 的数据资料汇集编制）。模型示意图参看5.2

与北方森林生态系统相比,对湿润中纬带值得注意的是:
- 枯枝落叶覆盖层薄得多(缺乏那些典型的强大的粗腐殖质覆盖层);
- 但土壤的腐殖质含量明显比较高(再者腐殖质的质量较前者也好得多);而且
- 植物量明显占到生态系统的有机物质总量的一半还多(在北方森林中主要为死有机物质)。

9.6 土地利用

在湿润中纬度地带生活着比它的面积比例大得多的人口数量,是巨大的人口密集中心(Dichtezentren der Menschheit),它们就是:①欧洲和②美国东部以及③东南亚和东亚,其中前两部分延伸广大,在第三部分日本、韩国和中国的大部分地区均位于其分布界限之内。

这就清楚地表明,这里自然环境的改变比其他大多数生态带进行的更为深刻而全面。例如,大部分沼泽和河漫滩排水后被改为绿地或耕地,而至今还保留的森林面积通常在土壤条件不良或陡峻的倾斜坡地上,并且被改为种植经济林。在开阔的农田区和森林之间存在清晰的、一目了然的界线,以及大多为直角的、通常密集网格状切割的廊道。这是这个生态带当今最突出的特征——假设在每一次漫长的飞行中,倘若对许多不同的生态带进行比较观察,据此可易于识别它们。

湿润中纬带不仅包括人口最多的地球区域,而且也包括**经济最为发达的地球区域**。这点反映了这个地区有远远超过世界平均水平的高生活水准、城市化程度高、服务行业的高就业率、高水平的工业发展以及与世界贸易的高度相关与联结。

高度发展状况(生态意义上)的反面是与人口比例有关的远超比例的原材料和能源的消费以及由此而产生的超大量的垃圾废弃物。由此引发的对于未来需要承担的责任问题和危险,在这期间被推到了已经觉悟的有关工业国家的广大居民阶层面前,并在那里成为备受关注的政治和社会讨论与行动的主题。对此,采取的首要防御战略是针对废物产品的回收、降低能源的使用量(无论如何与经济增长的比例相对应)、控制大气污染和减少二氧化碳排放量。

由于在足够长的植物生长期间具有良好的温度条件和可靠的降水以及相对比较肥沃的土壤,或至少其生产性能通过施肥可以得到明显提高的土壤,这些条件都是有利于**农业利用**的。与此相应的,本带农业利用的自然潜力可划归为高级别,因此把土地利用于作物栽培的面积比例较高(附图9.11),在利用类型方面,大多经营*强化的混合农业*或*强化的绿色农业*。

强化的混合农业(Intensive gemischte Landwirtschaft)。在大多数地区其管理是通过小型或中型(通常以家庭为单位)的具有高度密集劳动力和资本以及较高的单位面积生产率(Produktivität)的*一些企业*(农场)来进行的。主要种植谷物、根茎作物和与畜牧业相结合的饲料作物。农田耕种和畜牧业在经营上是紧密结合的(例如种植产物也用来为企业内部自己的牲畜生产饲料)。无论如何在所涉及的总体范围内,所利用的动物和植物的种类数量是大的。

湿润中纬带最常见*粮食作物* 有小麦(Weizen)、黑麦(Roggen)、大麦(Gerste)、燕麦（Hafer）和——自最近几十年来——也已有的玉米。马铃薯、大田蔬菜、甜菜和饲用甜菜属于最常见的*根茎作物*。普遍种植的还有油菜。*牧草种植*包括三叶草、紫花苜蓿和大量绿色植物。永久性作物在这个地区的出现虽然有别于北方带，但与朝向赤道方面毗邻的冬季湿润亚热带和夏季湿润亚热带相比，仅有次要的意义。水果种类有苹果、樱桃、梨和李子等，草莓类中草莓和覆盆子（树莓）有一定数量，在一些温暖区域还栽培有葡萄。

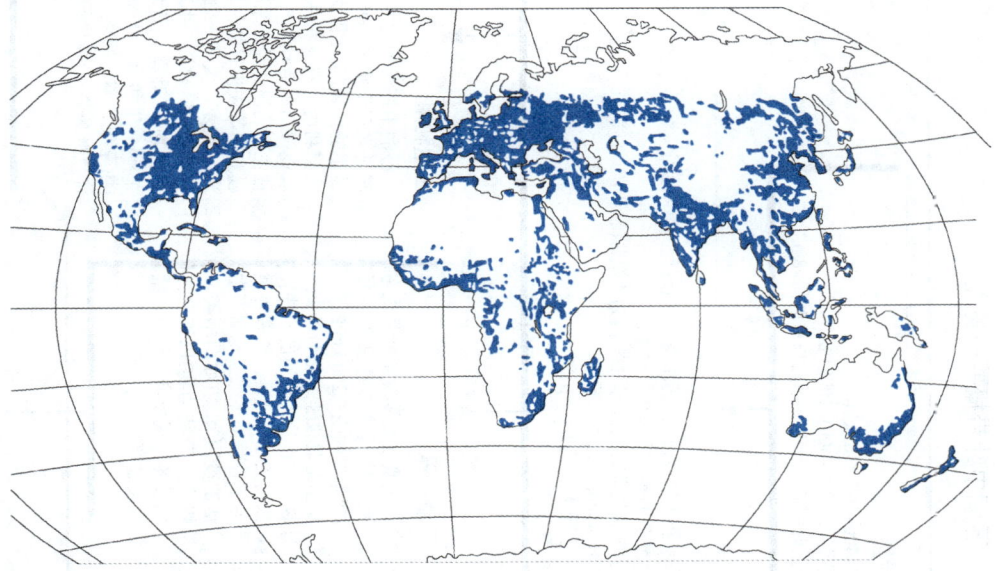

附图 9.11
植物种植利用面积（农田和永久性作物、绿地）的全球分布（据 CRAMER 和 SOLOMON, 1993）。分布范围集中在地球陆地相对较小部分。它们包括几乎全部湿润中纬带、终年湿润亚热带和干旱中纬带的草原，其他的重点分布区见于两个热带生态带的一些局部地区，例如在东南亚（那里大多为灌溉的水稻栽培区）

现时代的发展变化在很多地方促成某些较大的企业单位和企业分支部门的专业化。因此衍生出一种接近于*专业的大企业式的农作经济*，就像在终年湿润亚热带和夏季湿润热带的一些地区的情况一样，这在很大程度上是具有特征性的。当然显著的差异在于：前一种情况下种植的是温带经济作物，而在后一种情况下种植的是热带/亚热带经济作物。只有玉米的种植是跨带的。

强化的绿色农业（Intensive Grünlandwirtschaft）位于沿海地区和一些山区的较高海拔地带，那里凉爽湿润的气候条件有利牧草的生长。其中在永久牧场的基本饲料大部分针对奶牛饲养或肉牛饲养（很少有绵羊饲养）。通过强化经营管理（及其他如施肥、播种高价值牧草和三叶草、排水改良土壤等），使牧草产量和质量进一步提高，使草场放牧牲畜的承载能力（Tragfähigkeiten，载畜量）从每公顷2个提高到3个大牲畜单位（GVE）。草场利用或者作为牧场或者作为草地（为舍饲时收集干草之用）。

一种建立在可青贮牧草植物的基础上的类似强化的畜牧业经济，也在所谓生长饲草的气候以外的地区发展了起来（例如在北美洲的玉米－奶牛带）。

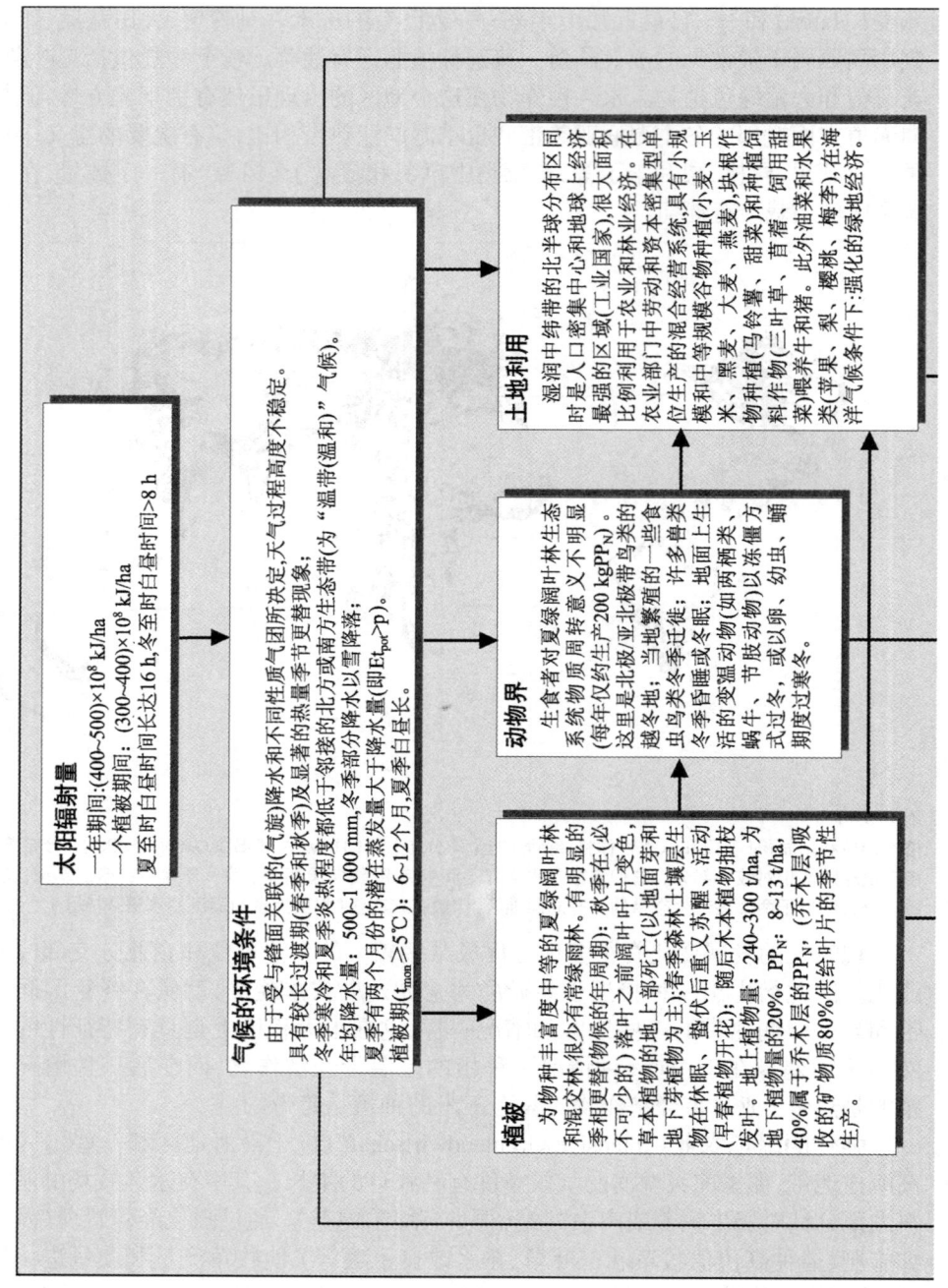

湿润中纬带概要一览图

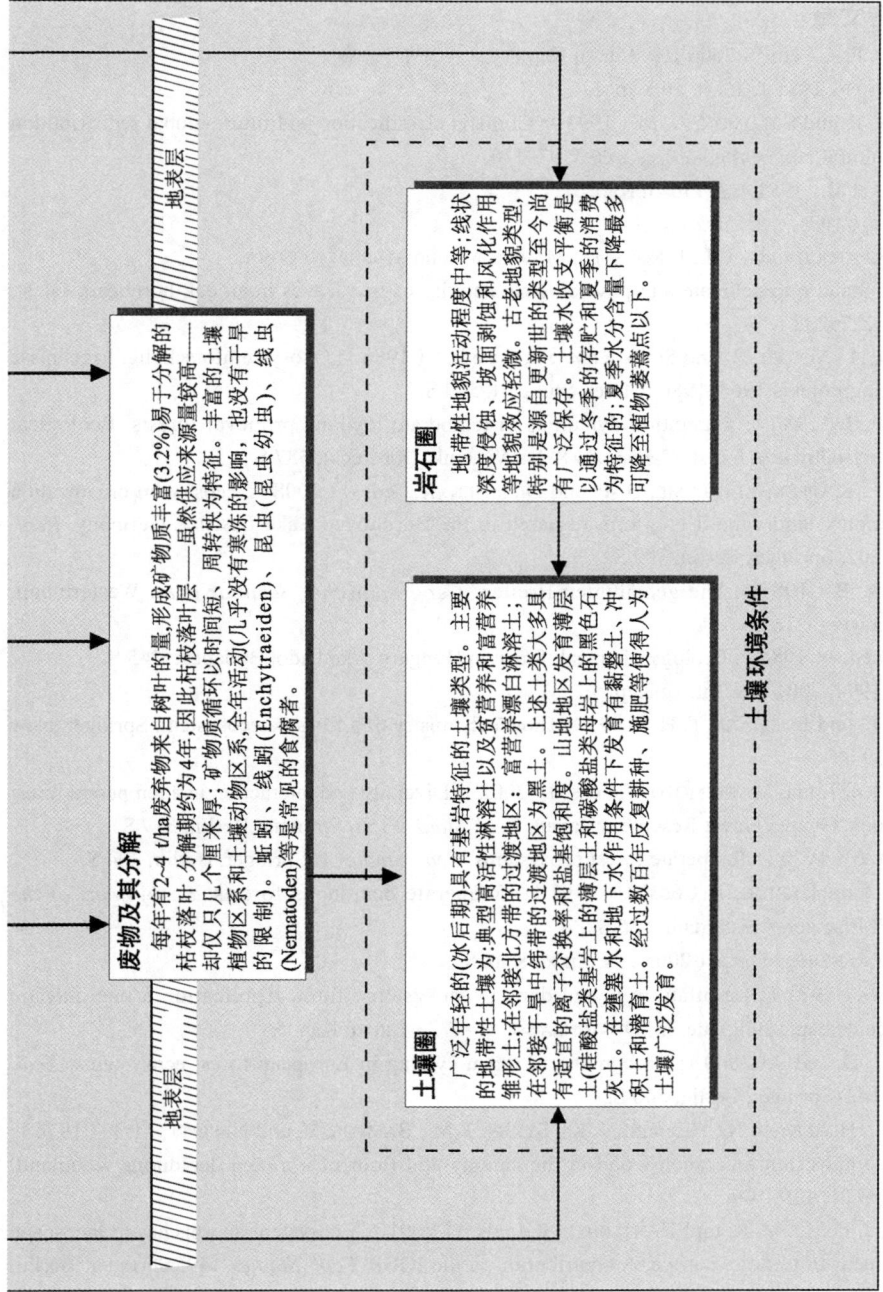

第9章参考文献

ANDERSSON, F. A. (ed.) (2006): s. Lit. zu Kap 8.

COLE und RAPP (1981), s. Lit. zu Kap. 5.

CRAMER, W. P. und SOLOMON, A. M. (1993): Climatic classification and future global redistribution of agricultural land. *Climate Research* 3, 97–110.

DE ANGELIS et al. (1981), s. Lit. zu Kap. 5.

DUVIGNEAUD (1971), s. Lit. zu Kap. 5.

ELIÁS˙, P., KRATOCHVÍLOVÁ, I., JANOUS, D., MAREK, M. und MASAROVI˙COVÁ, E. (1989): Stand microclimate and physiological activity of tree leaves in an oak-hornbeam forest. *Trees* 4, 227–233.

ELLENBERG, H., MAYER, R. und SCHAUERMANN, J. (eds.) (1986): Ökosystemforschung. Ergebnisse des Sollingprojekts 1966–1986. Ulmer, Stuttgart, 507 S.

FALINSKI, J. B. (1986): Vegetation dynamics in temperate lowland primeval forests. Ecological studies in Bialowieza forest. *Geobotany* 8. Dr. W. Junk, Dordrecht, 537 S.

FRÄNZLE, O., KAPPEN, L., BLUME, H.-P. und DIERSSEN, K. (eds.) (2008): Ecosystem organization of a complex landscape. Long-term research in the Bornhöved Lake District, Germany. *Ecol. Studies* 202. Springer, Berlin, 392 S.

HOFMEISTER, B. (1985): Die gemäßigten Breiten. *Geographisches Seminar onal*. Westermann, Braunschweig, 216 S.

JAKUCS, P. (ed.) (1985): Ecology of an oak forest in Hungary. Akadiadó, Budapest, 545 S.

LARCHER (1994, 2001), s. Lit. zu Kap. 5.

LIKENS, G. E. und BORMANN, F. H. (1995): Biogeochemistry of a forested ecosystem. Springer, New York, 159 S.

NAKASHIZUKA, T. und MATSUMOTO, Y. (eds.) (2002): Diversity and interaction in a temperate forest community. Ogawa Forest Reserve of Japan. *Ecol. Studies* 158. Springer, Berlin, 319 S.

REICHLE, D. E. (1970): Temperate forest ecosystems. *Ecol. Studies* 1. Springer, Berlin, 304 S.

RÖHRIG, E. und ULRICH, B. (eds.) (1991): Temperate deciduous forests. *Ecosystems of the World* 7. Elsevier, Amsterdam, 635 S.

SCHERER-LORENZEN, M. et a. (2005): s. Lit zu Kap. 8.

SCHNOCK, G. (1971): Le bilan de l'eau dans l'écosystème forêt. Application à une chênaie mélangée de haute Belgique. In: DUVIGNEAUD, 41–47, s. Lit. zu Kap. 5.

SCHULZE, E.-D. (ed.) (2000): Carbon and nitrogen cycling in European forest ecosystems. *Ecol. Studies* 142. Springer, Berlin, 500 S.

SWIFT, M. J., HEALEY, I. N., HIBBERD, J. K., SYKES, J. M., BAMPOE, V. und NESBITT, M. E. (1976): The decomposition of branch-wood in the canopy and floor of a mixed deciduous woodland. *Oecologia* 26, 139–149.

TENHUNEN, J. D., LENZ, R. und HANTSCHEL, R. (eds.) (2001): Ecosystem approaches to landscape management in Central Europe. A contribution to the IGBP. *Ecol. Studies* 147. Springer, Berlin, 652 S.

VALENTINI, R. (ed.) (2003): Fluxes of carbon, water and energy of European forests. *Ecol. Studies* 163. Springer, Berlin, 270 S.

WALTER und BRECKLE (1983), s. Lit. zu Kap. Allg. Teil.

WHITTAKER, R. H. (1970): Communities and ecosystems. Macmillan, London, 162 S.

10 干旱中纬带

10.1 分布与亚带划分,干旱地区的一般特征

地球的干旱地区包括全球陆地的将近1/3,其中一大半处于温暖的气候地带,主要在南北半球纬度15°~35°,也即属于**热带/亚热带干旱带**(见第13章)。

干旱中纬带(Trockene Mittelbreiten)的一些地区,直接与热带/亚热带干旱带邻接,朝极地方向到达纬度55°。干旱中纬带的最大地域部分位于欧亚大陆和北美的中西部,它的全部地域面积总计为1 650万 km^2 或为地球陆地面积的11.1%(附图10.1)。

有关干旱中纬带**邻接地带的边界地区**——也即与湿润中纬带和北方带的交界地带——**气候的标准值**前面可能有所阐述,此外就是与热带的邻接地带,那里当植物生长季节温度充足(各个月份月平均温度≥5℃),而且年降水量超过200 mm,并有多于4个月的湿润期。热的判断标准适用于那些直接与热带/亚热带接壤的地区,例如图兰(Turan)与伊朗之间、美国的中西部和墨西哥之间以及南美的东巴塔哥尼亚(Ostpatagonien)和盘帕(Pampa)之间。凡是热带/亚热带开始的地方,那里①冬季寒冷如此轻微,以至热量对植物生长的限制可以忽略不计,这就是说,那里最冷月的平均温度不再下降至5 ℃(在干旱中纬带最少有一个月的月平均温度<5 ℃);②夏季增温平均至少5个月超过18 ℃。

在干旱中纬带内部按照干燥度及与之适应的植物群系,按照土壤类型以及农业利用方式和利用潜力划分为多个**有明显区别的区域部分**:如果植被期间最低降水量达到100 mm 而且随后有2~4个月的湿润期,这样的地区生长(或原本发育)草原,在这些地方大部分可以种植小麦;相反,如果植被期间降水量少于100 mm,在这样的地区只能见到半荒漠;及至降水量低达50 mm 以下,更是只能发育荒漠植被了。

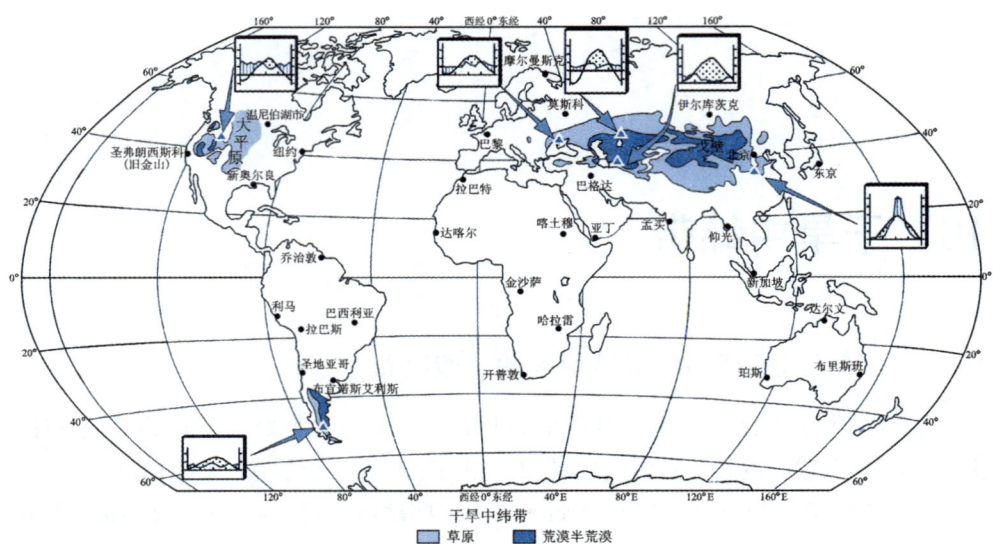

附图 10.1

干旱中纬带。分布重点位于欧亚大陆和北美大陆地区,在北纬 35°~55°。在南半球它们的分布仅略为扩展至东巴塔哥尼亚和新西兰的南岛

在欧亚大陆干旱地区局部区域按纬向顺序在其北部出现森林草原(Waldsteppen),相反在北美大陆按经向顺序在其东部出现高草草原(Langgrassteppen)。

在干旱中纬带,依据面积比例以**草原**[49]占优势(或早先原本草原占优势)的区域在全部地区中大约达到75%。与此相应本章论述的重点针对草原地区,相反,荒漠和半荒漠作为第13章热带/亚热带干旱带的中心点,在那里荒漠和半荒漠所占比例大约60%。因此可以简单明了地说,热带中纬带形成草原带(Steppenzone),而热带/亚热带干旱带相反产生荒漠带(Wüstenzone)。

无论在中纬地区还是在热带和亚热带地区,***所有干旱地区***都具有***与湿度有关的区域性条件/特征***:

- 干旱植物生长期间限制在一年中的少数月份(最多5个月);
- 雨季期间仍然缺水(干旱胁迫),这是最不利的因素(高降水变率,土壤中水分贮存量低);
- 单纯靠雨水耕种(Regenfeldbau),因此是不可靠的,具有很高的风险,或需应用特殊的方法(例如经营旱作农业(Dry Farming)、选种速生耐旱的作物品种、补充灌溉等);

---

49 草原是温带–热带干旱带(中纬和亚热带)开阔的(无树或树木稀少的)植物群系,其中以禾草、杂类草或——比较罕见(如在荒漠草原)——矮小木本植物占优势,在某些方面其外貌类似于在热带/亚热带干旱地区、赤道边缘地带开敞的禾草草原(Grasfluren),在夏季湿润热带称为**稀树草原**(Savannen)。

- 天然植被以发生和表现在盐生植物中的旱生形态特征以及或多或少外观稀疏的群落为标志；
- 净初级生产量（PP_N）低（荒漠、半荒漠、荒漠草原的地上PP_N可利用上限可能仅达3 t/(ha·a)（SMITH和NOBEL，1986），而在半干旱的过渡地区PP_N为6 t/(ha·a)；
- 河流只有短小的水流，而且最终流入不排水的洼地（内流排水）；
- 土壤水上升运动导致碳酸钙富集，有时也引起土壤剖面中的硫酸钙和其他易溶性盐类富集，因此常使pH提高至碱性范围，并使盐基饱和度达到100%；可能形成源自次生富集的钙结壳、石膏硬皮或石英结核。

10.2 气候

如同湿润中纬带一样，干旱中纬带也位于温带西风带或气旋性西风漂移带，不同的是，干旱中纬带地处前面说过的**背风位置**（Leelage）**或大陆性位置**，与此相关它具有较长的日照时间和较高的太阳辐射量以及比较低的降水量和较大的温度变幅。

在大多数月份中干旱中纬带的**降水量**保持在潜在蒸发量以下。降雨的时间分配在许多地区也集中于一定的季节，是高度无规律（不可靠）的：在"雨季期间内"出现长的干旱时段是经常的，降水量偏离年均值的百分比相当突出。

发生在大部分地区的干旱胁迫属于冷干旱胁迫：至少一个月平均气温降至冰点以下，并形成至少停留数天、往往停留数月之久的积雪覆盖层。除了某些例外的情况，干旱中纬带因此也被称为*冬季寒冷干旱带*。

当**盛夏期间**干旱中纬带的太阳辐射量类似于在热带/亚热带干旱带同一时间的高数额，因为比较大的白昼时数补偿了较小的辐射角度。与此相应本带夏季炎热，除了东巴塔哥尼亚和新西兰例外，月平均温度超过20 ℃（但最多为3个月），有些地区月平均温度达到30 ℃，其中更高的日最高温度各地多有出现。

10.3 地貌和水文

在地球的所有干旱地区，无论是位于中纬度地带、亚热带或是热带地区，它们的地貌形态发生进程大体是一致的。区域性的差异与干燥度的变化及岩石类型的相关程度比起随地理纬度而改变温度更为密切。因此，把干旱中纬带和热带/亚热带干旱地区有关的*地貌和水文*章节放到一起来讨论，似乎更恰当，本书把它们放到第13章。在这里必须讲解的是一些仅发生在干旱中纬带的地貌动力学过程及其类型，属于此类的有（岩石）冻结风化碎裂（Frostsprengung）、融冻泥流（Gelifluktion）和针状冰的形成（Kammeisbildung）。

只要有足够的水分存在于岩石中,**冻结风化碎裂**对裸岩和砾石起重要的作用,如果情况是这样,那么干旱中纬带的冻融动态过程(还有与融冻有关的泥流作用,参阅下面)的有效性,可能大于在湿润中纬带所发生的情况,因为冰冻变化比较经常而且空气温度降至冰点以下更低;此外缺少隔热的植被覆盖层,霜冻可更深地穿透到土壤和岩石之中。

以融冻为条件的泥流作用(Solifluktion = **融冻泥流**),在那些冬季进程中或在春季融雪过程中下层尚还冻结的土壤遭强烈浸湿的地区,各地这样的地方产生的泥流都会参与剥蚀侵蚀作用。尤其引人注目的是,融解的泥浆流(Schlammfließen)竟然有发生在草原地区已收获田地上的现象。通过种植冬季谷物能够减少这类泥流物质的运动。

针状冰的形成。"如果在晴朗的夜晚土壤温度下降至冰点以下,在不长草木的地表面,最上面的土壤孔隙由于冷却水蒸气凝华而形成冰结晶,这种结晶呈针状向上增长的同时把接近地面的土壤细屑……掀起抬高"(AHNERT,2003),这种作用导致土壤的松动并因此有利于其他类型剥蚀作用过程的进行,尤其是冲刷剥蚀和风蚀;但此外,针状冰对于(来自蓝藻、地衣和真菌菌丝的)生物成因的硬壳(biogene Krusten)的形成起抑制作用。

径流发生也具有一定特殊性:在夏半年中这个生态带的降水并不很多,源于冬季形成的薄积雪层的春季融水则多得多,产生了按时和持续的附加径流。

10.4 草原的土壤

10.4.1 地带性土壤

在干旱/半干旱气候条件下,对于在湿润地带具有特征性的土壤淋溶(= 易溶性盐类碳酸盐、铁–氧化物和铝–氧化物、富里酸和带有渗滤水的黏土矿物的向下位移)相对来说没有什么意义,或者甚至出现相反的位移(也即由于上升(aszendente)水的作用),通过这样的过程**钙质土**(Pedocale)取代铁铝土(Pedalferen),这些是以自由的碳酸盐和高盐基饱和度为标志的。在典型情况下,它们的层次系列显示一个松软的 Ah– 层(富含腐殖质、具有 > 50% 盐基饱和度的 A 层),经过一个钙富集层 ACk 转入 C– 层母岩;或为一个简化的 A–C– 剖面。

干旱中纬带草原土壤的腐殖质类型是**腐熟腐殖质**(Mull),在与高聚合腐殖酸和腐殖化中间产物与黏土矿物汇集一起的情况下,形成稳定的富含氮素的有机矿物质复合物。它们在有机土壤物质中的数量通常是高的(松软 A– 层):其他条件相同的情况下,在一些黏土状土壤类型中它们随年降水量的增加和年均温度的降低而增多,其结果是产生与此有关的较高的初级生产量或较低的分解率(附图10.2)。

这类土壤具有良好的团粒结构,交换率和水容量都是很高的,这是此类土壤具有**高潜在肥力**的基础,限制植物生长的原因仅在于气候干旱这个单一因素。

区域性的黑土、黑钙土和栗钙土随湿度降低的程度而相互取代(见附图10.3和附图10.7)。

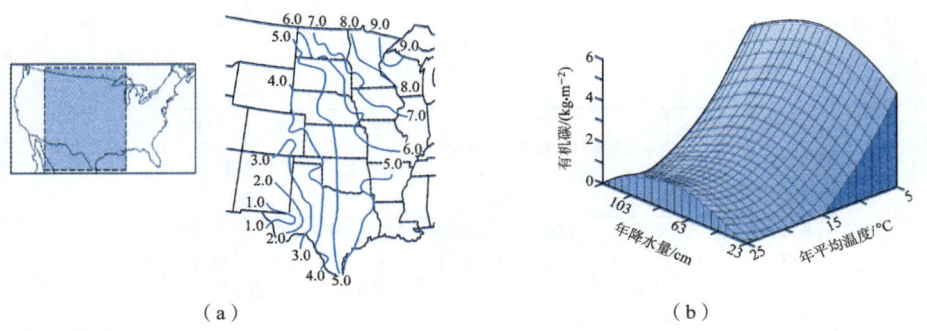

附图 10.2
美国大平原地区黏土质土壤(20% 黏粒,40% 岩粉)上部 20 cm 的土壤有机物质(kg C/m²)(据 BURKE 等,1989):(a)区域分异;(b)与温度和降水量的相关。腐殖质含量随年降水量向东部的增多和随年平均温度向北部的降低而提高,因此在此地区东北部腐殖质含量达到最高(本插图系原文插图)

黑土(Phaeozeme)

黑土分布在最湿润(年降水量500~700 mm)的草原地区。这类土壤腐殖质丰富,深棕色至灰黑色(其希腊语名称 *phaios* = 灰黑之意)。这是一类底部达到很深主要为富含碱性沉积物(通常为黄土)的土壤,任何情况下**脱钙作用和棕色化广泛进行**,它与其他草原土壤的区别在于缺少一个石灰质富集的土层(因此在土壤分类中黑土也被当做一类*退化的草原土壤*。

黑钙土(Chernozeme)

黑钙土出现地区按照干旱程度居于中间位置(年降水量400~550 mm)。这是暗色的土壤类型(俄语中 *chern* = 黑色之意,*zemlja* = 土地),它的 Ah- 层厚50~100 cm,腐殖质含量可能在10% 以上(中欧的黑土腐殖质含量为2%~6%),普遍适宜的结构特征和高交换率还得归因于高腐殖质含量。

除了某些属于火山灰土(Andosolen)土类外,黑钙土**独特而强大的 Ah - 层的发育**基于多重因素,这些因素包括:

- 母岩原材料的质地(含碳酸钙的松散材料——通常为黄土);
- 半干旱和冬季寒冷的(大陆性)气候;
- (原先)草类和草本植物丰富的植被(高草草原至混合草原)以及
- 土壤动物的混合搅匀活动(生物扰动(Bioturbation))。

上述这些因素在地球气候季节性变化的条件下,一方面(当湿润温暖季节来到时）出现暂时性相当大生物量的生产（具有适宜的 C/N– 比并且因此可为消费者和分解者较好地利用）；另一方面（当干热季节和寒冷季节来到时）都出现相当长且持久地抑制微生物分解活动的时间段，与此相应腐殖质有更多的积累，有机物质生产的比例是大的。随之有机物质在土壤中的运行由挖掘生活的草原动物例如仓鼠（Hamster）、黄鼠（Ziesel）、草原犬鼠（Präriehunde）或还有蚯蚓等来处理。

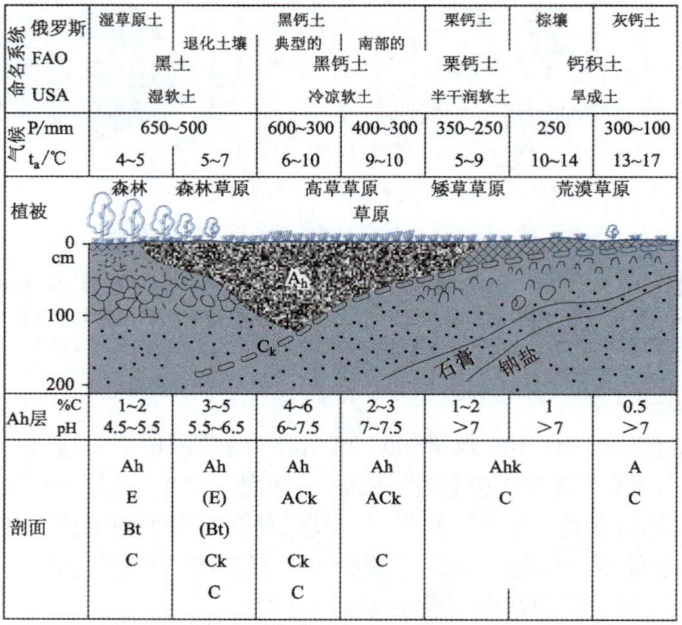
命名系统
俄罗斯
湿草原土
黑钙土
退化土壤
典型的
南部的
栗钙土
棕壤
灰钙土
FAO
黑土
黑钙土
栗钙土
钙积土
USA
湿软土
冷凉软土
半干润软土
旱成土
气候
P/mm
650~500
600~300
400~300
350~250
250
300~100
t_a/℃
4~5
5~7
6~10
9~10
5~9
10~14
13~17
植被
森林
森林草原
高草草原
矮草草原
荒漠草原
草原
0
cm
100
200
A_h
C_k
石膏
钠盐
Ah层
%C
pH
1~2
4.5~5.5
3~5
5.5~6.5
4~6
6~7.5
2~3
7~7.5
1~2
>7
1
>7
0.5
>7
剖面
Ah
E
Bt
C
Ah
(E)
(Bt)
Ck
C
Ah
ACk
Ck
C
Ah
ACk
C
Ahk
C
A
C

附图 10.3

乌克兰、俄罗斯及其周边国家的草原土壤（引自 SCHACHTSCHABEL 等，1998）。随着干旱程度的加重，Ah–层的厚度及其腐殖质含量（%C）最初增加，但随后又降低，相反的其他变量随干燥度的改变起同方向的变化：矿物胶体转移（Lessivierung（E））变少，石灰含量（Ck 和 ACk）、石膏和钠盐以及 pH 不断升高

栗钙土（Kastanozeme）

此类土壤发生在年降水量从400~200 mm 的地区，在这一降水量范围内栗钙土取代黑钙土的分布。它们的 Ah– 层是棕色的，不如黑钙土的厚（其拉丁名称 *castanea* = 板栗之意；栗棕色土壤；在美国过去称为栗钙土（Chestnut Soil））。剖面中经常有次生性的钙富集和石膏富集层。它们所在的地形部位高于黑钙土，反映其处在更为干旱生境的一个迹象还在于，其下部土壤中可能出现水溶性盐类。自然植被为矮草草原。

10.4.2 盐化土壤

在湿润、半湿润气候地区的一些壅水浸渍坡地或高地下水位的地方，发生有潜育土、黏磐土、冲积土或有机土等土壤类型（参看附表9.1），而在热带、亚热带和——较罕见的——极地/亚极地带的干旱地区同样一些壅水浸渍坡地或高地下水位的地方，发生的却是盐化土类型，这样的盐化土壤（Halomorphe Böden）备受人们关注之处在于，它们的可溶性盐或钠含量如此之高，以致大多数（栽培）植物类群在其中生长都会受到损害，也即需要小心采取防盐措施或以能够较好适应盐胁迫（Salzstress）的品种来代替，在极端情况下，以上面提到的具有较高抗盐性的盐生植物取代之。

盐土（Solonchake）

盐土（俄语名称 sol = 盐之意）是以在上层土壤中（Az– 层；z 表示盐）或在下层土壤中（Bz– 层）高含量、易溶于水的次生性富集的盐分（盐积性能；质量分数最少为0.2%）为标志特征的土壤类型，因此，它们也被称为*盐渍土*（Salzböden）。

盐土中的**盐类**大多为氯化钠、硫酸钠或（Bi）– 碳酸钠，很少有氯化镁或硫酸镁和硫酸钙。不同盐土属性的差异取决于这些盐类的种类、数量和分配。

在盐土地区耕种，只有在土壤盐分被淋洗之后才有可能栽培植物，而在灌溉状况下却经常导致新盐分的补充。一种淡水洗盐的方法只在某些地区可能获得成功，这就是那些地方的地下水是能够流通排走的，并且地下水位较低或者——例如咸海附近的种植区——有可以利用于排水的管道系统。

碱土（Solonetze）

碱土是以高度 *Na*– 饱和的吸附络合物（>15%）在土壤上部40 cm 的黏化B– 层（其下的碱化层 = Btn）为标志特征的土壤类型，因此它们也被称为*钠土*（Natriumböden）。

通常碱土的形成是富含 Na– 盐的盐土脱盐淡化后由于地下水位降低或也因为湿润气候的改变所致。碱土对于农田作物栽培的利用潜力极其低微，不利方面包括强碱性反应、与膨胀和收缩有关的土壤机械操作性能（有时为烂泥状，透气很差而且堵塞潴水，有时成为带有干收缩裂缝的硬土块）和微少的可利用营养元素。此外，高 Na– 浓度对大多数作物有毒害作用。通过添加石膏有时能够使钙离子相对替换钠离子（随后再冲洗新形成的易溶性硫酸钠即可）。

10.5 草原的植被和动物界

无论是干旱中纬带还是热带/亚热带干旱地带，在它们的核心区域都是干燥的荒漠和半荒漠以及其边缘的——大多邻接湿润地带的较宽广的过渡带——半干旱禾草草原/杂类草草原地带或下层具有丰富草类的开阔的木本群系。凡是分布在干旱中纬带和亚热带的此类群落,被称为*禾草草原*(Grassteppen)或*灌木草原*(Strauch-steppen),有些情况下为*多刺草原*(*Dorn*-steppen)(在北美的草原特称为*普列利*(Prärien)),其他还有称为*多刺稀树草原*(Dornsavannen)的。

与亚热带灌木草原和热带稀树草原不同的是,**禾草草原**广泛地完全无林,单用这里的半干旱气候条件是绝不能够解释的,而是要看到这与优势的地带性土壤等多方面因素有关。草原土壤对于植物可利用水极高的存贮性能,适合于以独特的方式极端强化扎根的草原草类,相比而言,木本植物扎根粗放、深度一般。而在热带/亚热带缺乏相应的腐殖质丰富土壤的形成(参阅13.4),且草类较少具有密集的根系,因此,那里——在没有干扰的条件下——草类的生长失去相对于树木生长的优势,从而形成草类–树木的混合组合。

10.5.1 草原类型

区域性干燥度的变化导致大范围不同草原类型(Steppentypen)的形成,依照干旱加剧的顺序(气候序列)它们依次为:

森林草原

作为*生态带*森林草原发生于欧亚大陆北方带和湿润中纬带与干旱地带的过渡地区,与前面提到的两类(原始的)森林带相比,这类植被以其林相比较透亮松散和岛状草地(Grasinseln)为标志特征。随着越来越接近真正的草原地带,森林消失得越来越多直到最终只剩下*森林小岛*(Waldinseln)。森林草原带的优势土壤为黑土。

高草草原(湿润草原、富杂类草草原、草甸草原)

在高草草原带虽还能见到森林小岛,但仅局限于一些岩石地形区或径流汇集地,这种情况本身可以用山岳水文学来解释,与森林草原带相比,较少以气候原因来解释。这里的草类组成封闭的草斑,达到成熟阶段至少高50 cm,有时甚至超过200 cm。杂类草中(包括菊科植物和豆科植物家族)很多种类具有代表性。草本层的叶面积指数值大多超过1(最高者明显超过更多),因此这类草原与矮草草原相比大约高了一倍。

这里夏季月份中有超过3个月的干旱期,但一年中仍有更多月份是湿润期(或冰雪季节)或至少为亚湿润期(具有 >50%Et_{pot} 的降水量),年度平衡(p 减去 ET_{pot})最高接近负值。春季融化的雪水能很好地滋润、湿透整个土壤层,使得一直到春夏之交土壤中也不缺水。氮素养分不足是这里提高 PP_N 的首要限制因素。此带占主导地位的土壤类型为黑钙土。

混合草原

北美洲混合草原大面积发生在从湿润草原到干旱草原的过渡带,那里它们以一方面由中高草类和另一方面由矮草草原的矮秆草类组成鲜明的廊道状相间条带为特征。

矮草草原（干旱草原、贫杂类草草原）

除了袭夺河附近有一些河岸林以外，矮草草原是完全无林的。大多数草类呈现一种簇状生长的外貌（生草丛草地、生草丛草原或丛生禾草草原（tuft-grasssteppe），它们的生长高度只达20~40 cm，草丛基部覆盖的土壤表面不到50%，植被期内叶面积指数通常低于1；植被期以外叶面积指数一般更低，几乎接近于零。

那里干旱期长达7~10个月，或至少为半干旱期。只有春季是植被期。此带占主导地位的土壤类型为栗钙土。

荒漠草原

这一草原类型——与气候有关也是由于放牧的结果——主要为矮灌木和半灌木，草类生长相当稀疏。这里多年生植物和其他草本植物都是低矮的，相反，一年生植物反倒比"真正的"草原植物长得高。植物群落所在地地面有中等空隙度（盖度（Deckungsgrade）>50%），大部分荒漠草原地区只有1个月湿润期。主要土壤类型为干旱土（Xerosole）（参看第213页及第214页）。

荒漠草原的发生往往归因于（例如在北美）沙漠的存在，也即荒漠／半荒漠展露的伙伴集团（例如据 WEST，1983）。这不仅是土壤冲刷、地面裸露的原因，而且也与高比例木本植物的空缺有关。除了森林草原生态交错区以外，草原是半干旱地区唯一的禾草类和草本植物形成丰富的地区。

以下"生活型"一节主要接着上面的介绍，也即仅涉及禾草草原和杂类草草原。

10.5.2 生活型：对冬寒和夏旱的适应

大多数草本植物属于**地面芽植物**，但也出现有较大比例属于**春季开花的地下芽植物**和**一年生植物**，所有这些生活型典型的越冬方法——植物越冬部分只埋藏在土壤中（最多到达地表附近）或只以种子越冬——联系到那里冬季积雪覆盖层很薄的情况，上述生活型特别明显地适应寒冷，提供给予植物对**冷胁迫**（Kältestress）足够的保护。

相反，夏季的**干旱胁迫**（Dürrestress）产生一种比冷胁迫更大的压力负荷，其中显而易见的是，每年春季和春夏之交地面上的植物量新产生的芽器官总是随着天气过程的有利或不利，在不同年度之间有着明显的变动。例如，俄罗斯南部的一片矮草草原，其地面上的植物量在湿润年份为4.5~6.3 t/ha，而在干旱年份仅为0.7~2.7 t/ha；然而对比来看，其地下植物量在不同年份却保持不变（WALTER 和 BRECKLE，1986）。

在矮草草原和荒漠草原，与原始降水条件有关的干旱胁迫由于土壤中比较高的含盐量（参阅10.4.2）和相应有限的水供应而可能变得更尖锐，进而发生**盐胁迫**（Salzstress）。

在各类草原中发生的**其他更多的胁迫因素**，如较高的放牧压力（过去为野生动物取食，如今为放牧饲养动物）、高季节性温度变幅和火。

在适应干旱方面，许多植物表现出旱生形态**特征**（xeromorphe Merkmale）（另参看13.5.2），按照自然属性降水量越少的地方，这种特征发生得越频繁和越明显。在上面提到的草原类型列出的顺序中，相应的表现在：叶片较小和较厚，表皮细胞和保卫细胞的体积减小，单位叶面积的气孔数量增加，叶脉的密度提高并且有许多种类叶片往往能够卷曲（皱褶），许多灌木的叶片退化甚至消失（这些也被认为是针对冬季寒冷发生的反应）。

因为矿物营养成分是随着土壤水被吸收的，在水分供应受局限的情况下，同时也出现**营养物质吸收减少**的后果。这就是说，对于植物生产来说，关键瓶颈在于两个方面，或是在光合气体交换方面（由于气孔在干旱胁迫下关闭），或是在次生物质合成方面（由于缺乏矿物质）。

10.5.3 动物界和动物取食

所有的草原是——或者原先曾经是——动物很丰富的地区，无论是在旧世界（Alte Welt）还是在新世界（Neue Welt）都出现大群的**有蹄类**。在欧亚大陆有草原野马（Tarpane）和赛加羚羊（Saiga-Antilopen），在东巴塔哥尼亚草原有野生羊驼（Guanakos）和盘帕鹿（Pampahirsche），而在北美的普列利草原则有美洲野牛（Bisons）、叉角羚（Pronghorns）、鹿，以及在18世纪几百万的野马（17世纪时从西班牙探险者那里脱缰跑掉的马匹在野外繁衍产生的后代）。

至今在一些还算保存完好的草原地区，种群保持较大密度的**哺乳类**有野兔（Hase）、兔（Kaninchen）和许多啮齿类动物如欧黄鼠（Ziesel）、草原犬鼠（Präriehunde）、豚鼠（Meerschweinchen）和多种小型鼠类。

有蹄类和啮齿类作为草食性动物（或者——在啮齿类中——常常为杂食性动物），在草原生态系统中对于物质转化的重要贡献在于：只要它们的取食活动正常进行，便会促进初级生产、提高幼芽嫩枝的产量并加速系统随后的循环利用。小型啮齿类每隔几年特征性的定期大量繁殖，随着其繁殖高峰期到来后90%植物量可能被它们吃掉。

鸟类中有些种类是（或者曾经是）作为吃谷粒（草种籽）者而著称，例如雉鸡类（Rauhfußhühner）和鸨类（Trappen）的一些种类。

无脊椎动物中最重要的草食性动物是蝗虫类，它们的取食量可能达到地上植物生产量的25%。具有次要意义的是多种鞘翅目甲虫（其中包括象鼻甲）和鳞翅目幼虫。

草原常见的肉食性动物是丛林狼、獾类、多种鼬类（Wieselarten）和众多的猛禽类物种。许多地方（可能除一些热带草原外）肉食性猛禽如鹰类（Adler）、鵟（Bussarde）、鸢（Milane）、鹞（Weihen）和隼类（Falken）等都可能以类似较高的物种数目和种群密度出现。这些较大型肉食性动物同样是草原景观中显而易见的一部分，也是草原的财富，作为小型和中型食草兽类的捕食者也清楚地显示其价值所在。

10.5.4 植物量、初级生产量和分解

如果对低植物量的草原生产量（取决于草原类型）进行测定，2~15 t/(ha·a)就是极高值。在森林草原和高草草原中，它们的林带和草原地带发生在类似的气候条件下（仅土壤有差别），这样其生产效率就可直接进行比较：结果表明，这两个群系的生产面积大致相等，然而林带的植物量比草地带的植物量高10~15倍。

草原生产更为经济，因为在地上它不形成非生产性（仅有呼吸，也即消费性）的木质化枝干，而**只有光合作用活跃的器官**（但与树木相比，草类根部占有相对较高比例）。相比而言，这对**草层内光照的均衡分布**也比较有利（附图10.4）。由于叶片主要呈竖立状排列，因此至少还有一半光合可利用光照量到达植物群落的中间（*消光系数*（Extinktionskoeffizient）≤0.5）。在森林中光衰减通常比较强烈，在树干区往往只能得到大约外部光照量的10%；（参照附图9.3和附图9.4）。所有（也即包括热带的）草原地带，那里的水供应至少暂时处于最低状况，其规律是，地上植物量和初级生产量区域性的差异直接与年度的或植被期间的降水量有关（或相应的通常与植被期的长短或实际蒸发量相关联（附图10.5；另参阅附图13.12和附图14.10）。

这种关联不仅反映在时间的比较（同一地区不同年份雨季的比较），也反映在空间的比较（不同地区雨季多年平均值的比较）。RISSER（1988）发现，北美大草原每毫米（平均值）年降水量每公顷大约生产5 kg 地上植物量。至于热带和亚热带草原地带的**雨量利用效率**可参阅第223、225、248及249页等。

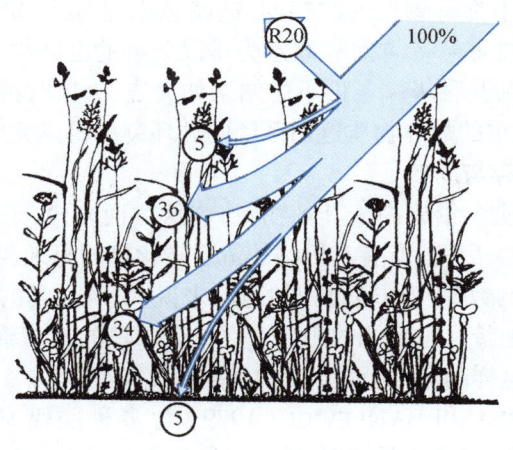

附图 10.4
一处草地辐射衰减（CERNUSCA,1975）。与林地中的情况不同，有较高比例光照射量深入草地植物群落中（直到草层中部仍还有 >50% 的外来光）

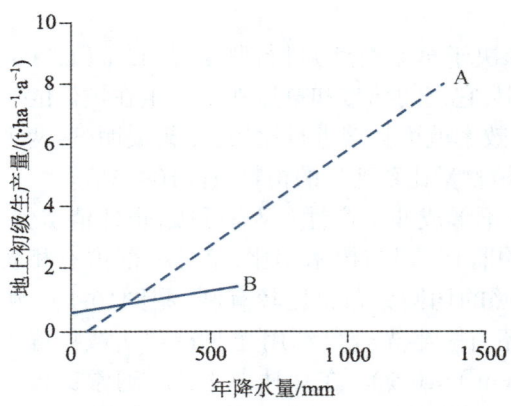

附图 10.5
北美草原地上初级生产量与年降水量之间的关系（LAUENROTH 和 SALA，1992）。曲线 A 显示生产量的差异，反映它们在美国的草原中心区域与平均年降水量的关系。与此相对，曲线 B 显示在科罗拉多（Colorado）北部某一地区一处矮草草原的生产量，这是在一个较长期间（长期实验）过程中生产量随逐年变化的降水量而变动的情况，也即与降水有关的产草量。B 上升比 A 慢，这是因为每次与其地区平均降水量相应的植被结构的调整，只是有限的并且过去几年对降水盈余的延迟反应在个别年份中才能进行。在 PP_N 和各个年度的温度差异之间不存在任何关系

由于植物地上部分最迟在秋季绝大部分死亡，因此每年的**枯枝落叶输送量**大约等同于当年地上净初级生产量（PP_N）。这些（基本上易于分解的）枯枝落叶主要在一年之内迅速地通过非常丰富的土壤植物区系和土壤动物区系完成分解，在后者中有许多大型和巨型土壤动物区系的代表类群，因此那里没有什么地方存有较厚的枯枝落叶覆盖层。

地下植物量的寿命长于地上部分，但最多总计也只能存活几年（最高年限 4 年），这就是说，植物的根量也相对较快地更换。

这种独特状况使草原生态系统因此产生：①极短的、几乎以一年为周期的物质循环和能量流通和②相应的保持接近稳态状况（附图 10.6）。在包括苔原和荒漠的所有其他生态带中都有较长的贮存期，这就是说，能量和矿物质以持久的木质化的群落生长的方式而存储，或／和固定为难以分解的废弃物，而后在老龄化阶段（衰减阶段）或者作为某种极端条件下的结果如火烧、大风吹折或者由于极端干旱年景，使较大比例数量的贮存物质返回系统的循环突然得以完成。

10.5.5 矿物质贮存与周转

系统中的矿物质含量远高于其植物量，就这方面来说，干旱中纬带草地生态系统也是独一无二的，因此，所有有机物的流通转化都明显地与矿物质的周转相联系。按照参与物质的数量和周转过程的速度来说，生产强劲的高草草原的矿物质循环胜过所有其他地带生态系统的循环。在比较干旱的禾草草原至少相对于有机物质的周转量也是这样的。

依据 TITLYANOVA 和 BAZILEVICH（1979）为多种类型草原编制的一些数据，**氮、钾、钙、镁和磷在植物活的枝芽中的含量**平均为 4%~5%，而在根部大约为 2%~3%，它们的含量随气候干旱度的加重和土壤中盐浓度的增加而提高。所提到的元素成分中可能——尤其在禾草类中——含有更高比例的硅（Si），在盐渍化的地方土壤还含有硫、氯和钠。与绿色的枝芽相对比，立枯死亡物和枯枝落叶中含有较低比例的钾、氯、钠和硫，反之含有较高比例的硅、铁和铝。

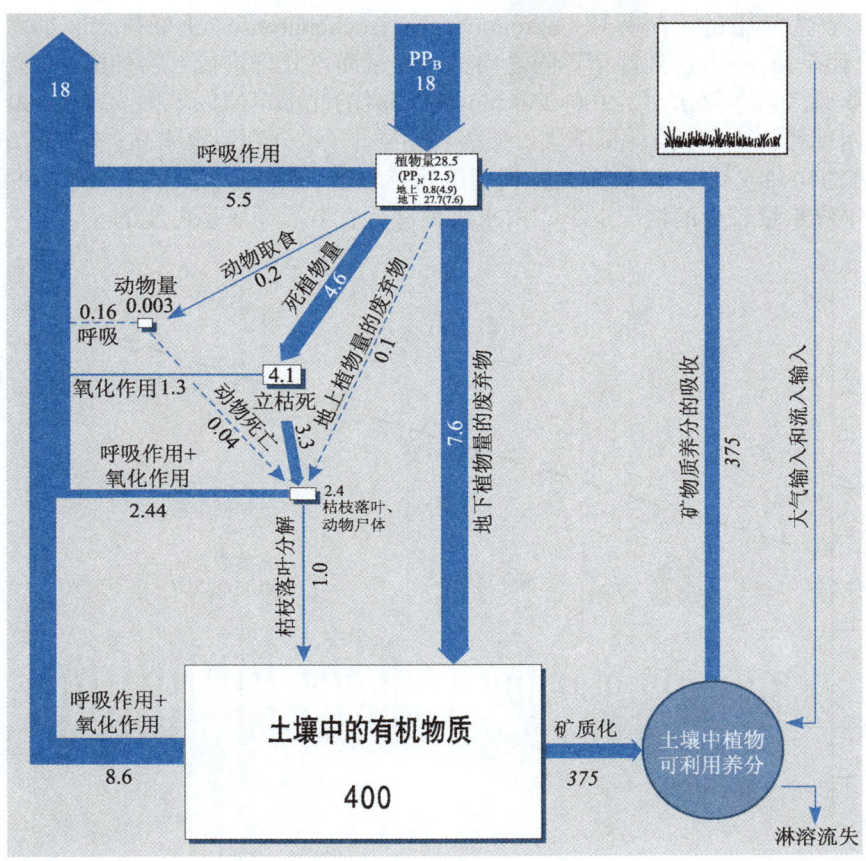

附图 10.6
一个简化的冬季寒冷干旱带草原生态系统模型。这些数据(=平均值)来源于自1968—1972年在加拿大马塔多(Matador)的一项研究(COUPLAND 和 VAN DYNE, 1979); 虚线: 估计填入。模型示意图参阅5.2。植物活枝芽平均量总计为0.8 t/ha, 地上净初级生产量为4.9 t/(ha·a)。每年约有1.3 t/ha 的枝芽生产量直接通过立枯死(Standing Dead)当中的分解过程而失去, 也即没有进入枯枝落叶量之中, 而且因此也未到达土壤中生活的异养生物那里, 因此有别于其他图表, 立枯被作为一个单独的部分加以描述。草原生态系统的特征是: ①根群量远大于枝芽量; ②涉及生物量的物质流和能量流绝对而且必然是高的; ③绝大部分有机物质以腐殖质的形式存在

10.6 土地利用

地球上所有的干旱地带, 也即包括热带/亚热带干旱地带, 都是农业上收益低微之地, 与此相应也是居民稀少的地方。只有草原是一种例外, 那里依据人口密度而论虽然同样也属于地球的"空旷地带", 但是长期以来几乎全部被用于农业生产。在高资本投入的情况下, 在此出现大企业型、规模宏大的生产形式。那里除种植谷物外, 还有牧场经营(Ranching)。前者(种植业)主要分布在先前的高草草原和过渡区域先前的矮草草原, 后者(牧畜业)主要利用矮草草原和荒漠草原(附图

10.7），农艺学中的干旱界限（agronomische Trockengrenze）正好位于它们两者之间，也就是说，一直达到这个界限之内其降水量尚可允许进行谷物种植。在温暖的南部草原区域*年降水量*为300~350 mm，在凉爽的北部草原区域则为250~300 mm。在采用现代化应用技术（见下文），如播种耐干旱（水分利用效率高；参看第76页及其后）的物种或品种，以及在充分利用田间持水量（见第50页及其后）的条件下，即使在年降水量较少的情况下单靠雨水耕种进行农事活动还是可能的。

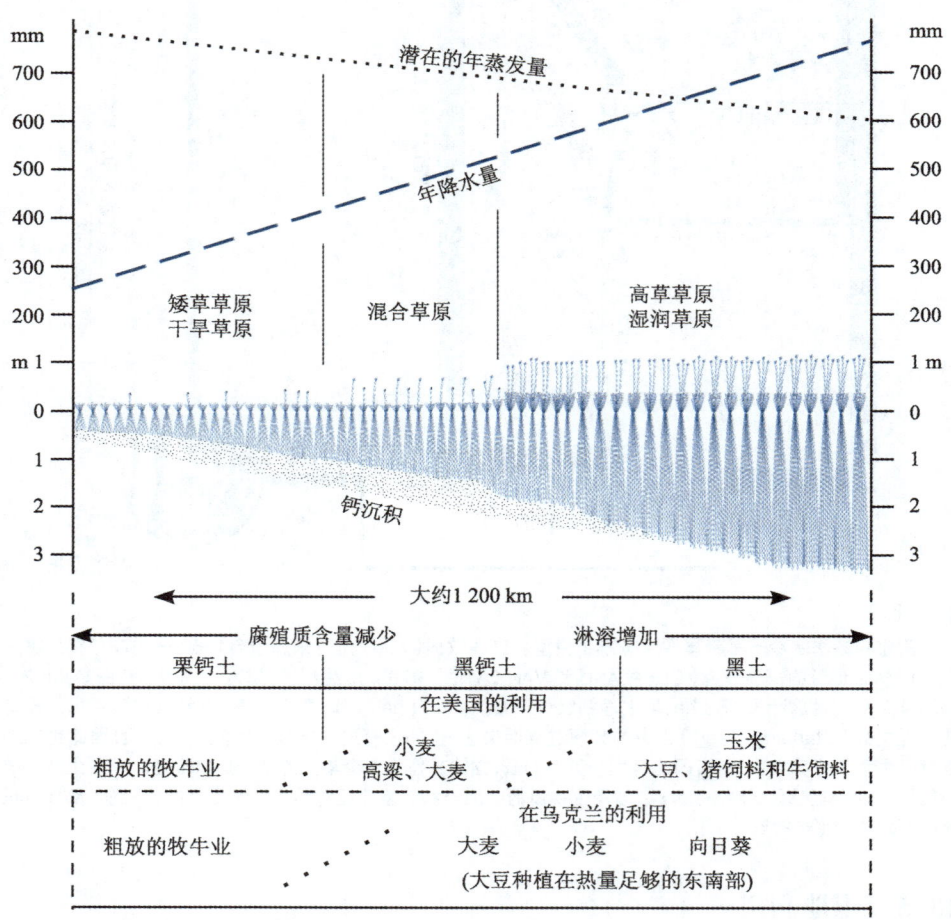

附图 10.7
矮草草原和高草草原在乌克兰和北美地区的农业利用（JÄTZOLD, 1984）。在过去的混合草原和高草草原的边缘干旱地带以大面积的粮食种植占主导，而在矮草草原则以粗放的牧场经营为主。美国的玉米种植带位于原来的高草草原地区

10.6.1 大企业型谷物经济

小麦是最重要的市场产品。小麦的种植是由大企业在非常大的轮作田地里（大

面积经营）完成的，是在投入大型的机器动力设备及最少的劳动力（资本密集型、劳动广泛型经营管理）的条件下进行的。通过这一**高度商业化和机械化的大面积生产的组织形式**，可以大为降低小麦的生产成本，使得谷物种植经营在和先前的草原及北美普列利大草原上通常粗放进行的放牧经济的竞争中，能够得以广泛施行。

当前在温带草原地区（也有部分在亚热带草原）生产的小麦对于**人类的营养供给作出了相当可观的贡献**（也是对地球广阔偏远地区的奉献）。可能这些成就得益于某些方面的自然优势，也就是较高的土壤肥力、丰富的太阳辐射能以及广阔而平坦的平原地形，这些有利条件便于大型机械的投入使用，因此也利于实现大企业型的经营管理。

那些依靠雨水耕种界限范围内的地区，只要在那里种植耐旱的经济作物如谷子、花生、鹰嘴豆（Kichererbsen）或芝麻等，就必须采用**旱作农业系统**（Dry-Farming-System）或进行人工灌溉。在旱作农业运营过程中，农场经营者在各个年度轮流变换黑色休耕地（Schwarzbrache；指休耕地地面上无植被），这样能够减少水分的蒸发，由此可以保持土壤中的水分储备，从而有利于下一年大田作物的生长。

依据降水亏缺程度，这样的休耕每两年、三年或四年进行一次是必要的。相应的，休耕地面积与耕种面积比例的变化从50%经过33%降为25%。附图10.8显示不同年度单位面积收益的休耕效应。

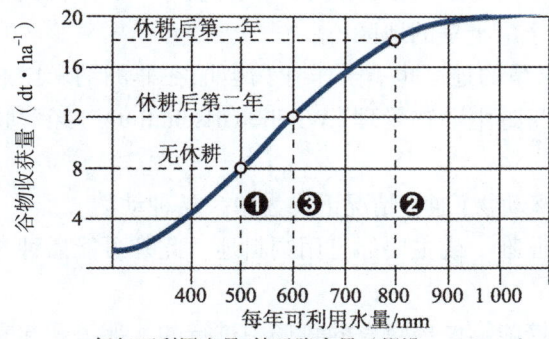

每年可利用水量（等于降水量（假设：500 mm）加上土壤中贮存的前一年/几年的水量）

❶ 每年耕种（无休耕）：
年可利用水量：500 mm，
收获量8 dt/(ha·a)

❷ 每年种植和休耕交替进行：
种植年份可利用水量：800 mm，
收获量(18+0)：2=9 dt/(ha·a)

❸ 每种植两年、休耕一年的循环：
第一年可利用水量：800 mm，
第二年可利用水量：600 mm
收获量(18+12+0)：3=10 dt/(ha·a)

附图 10.8
旱作农业系统中休耕地的效应（ANDREAE，1983）。在所显示的实例中耕种面积的高收益是在作物轮作序列（3）的持续时间得以实现的。年降水总量假设为500 mm

覆盖休耕可以作为黑色休耕的替代，例如，由浅根系的苜蓿（三叶草）覆盖的放牧草地，几年之后其下方土壤中的水分存贮量也可以提高。

10.6.2　广泛稳定的牧场经济和草地的管理

广泛的牧场经济在地球的干旱地区是以一种（半）游牧的畜牧形式或稳定的牧场经营形式进行的。前者（游牧式）是旧大陆干旱地区从荒漠到草原或热带稀树草原的传统利用方式，其主要分布区域位于热带/亚热带干旱地区，因此会在与之有关的那些生态带章节中讲述（参看13.6.1）。相反，后者（稳定式）**牧场经营**是现代化的、完全以商业为目的而建立起来的广泛的牧畜业经营方式，是由定居在美国和澳大利亚的欧洲移民发展起来的，而后从那里传播到旧大陆的一些地区（例如，非洲南部）。其传播重点位于中纬地带和亚热带矮草草原，在这一点上表明这种做法是有道理的。

牧场经营，就像游牧活动一样，处于与耕作业的竞争之中，而且像那些大多数情况下处于劣势并经常遭受干旱的地区：只要这个年度的降水量达到牧草生产（牧场收益、草地生产量）的需求量，每100 ha 牧场面积平均放养密度（mittlere Besatzdichte）能够达到30~40大牲畜单位（=GVE）（Viehbesatzdichte 意为牧畜放养密度），牧场经营业就可能成为具有竞争性的农业活动。

牧场经营的典型特征：

- 具有由500~10 × 10^4 ha 极端巨大的经营面积。草场面积越大，单位面积产草量越少。相应的最大的牧场处于最干旱的地区；
- 大多数为养牛业，在最干旱的地区也有养羊业（例如，在非洲纳米比亚的卡拉库尔（Karakul）绵羊），有时与野生动物管理（Wildbewirtschaftung）经营联系在一起（如北美野牛，见下文）；
- 最常见的销售产品为屠宰动物（通常情况下均为单一品种动物）；
- 天然草场是这里的牧畜业唯一或主要的可用饲料地。此外可能播种一些适口性更好的牧草作为补充饲料；
- 放牧是在有大型围篱连接能够监控牧畜的牧场中进行的。那里看起来一望无际的、笔直拉起来的、带刺的铁丝网常常是唯一的或者至少是最突出的标志，在整个宽阔的比较自然的土地上，总之这是进行牧场经营的一种有效利用方式；
- 高的风险是由于干旱所引起的饲料短缺造成的；
- 相对于面积来说，牧畜量、劳动力和资本的投入以及营业收入都非常低（但如仅依靠游牧活动单位面积生产率还更低），牧场经营与此相反，劳动生产率很高。
- 大量的资本（投资支出）投入到牧场建设。

可能不损害资源的最大的放养密度（= *最佳放养密度*），这就是一个牧场的容许负载（Belastbarkeit）或承载能力（*carrying capacity*），第一个近似值来自地上初级生产量得出的适合的饲用植物（牧草或饲草生长）量,反过来其最大值根本上受限于降水数量（附图10.5）。在大多数情况下,雨量利用效率（rain use efficiency）每毫米年降水量 在3~6 kg/（ha·a）之间。

从 ANDREAE（1983）对美国西部两个图表的比较可以得知,其中一个显示每头牛占有的草场面积,另一个显示的是年降水量的分布情况,由此能够粗略地得出在表10.1中所阐述的相互关系。

这类计算自然要考虑的是,随着**放牧压力**（= 每单位饲草数量的牧畜单位数）的增大可能导致草原植物区系的改变,如果牧放的牲畜偏好某些植物物种（选择性去叶（selektive Defoliation））或者对于叶片大量被吃掉的植物本身存在着不同的物种敏感性。与此相对应的是,植物生产的饲草价值和由此而产生的牧场性能显著地降低。

在强度放牧的情况下可能产生的另一个问题是,硕重牛只的沉重踩踏下所造成的土壤压实板结,这可能会降低雨水入渗率,并成为地表径流和沟侵蚀发生的诱因。如果土壤结壳（Crusting）即土壤紧实（Bodenversiegelung）是通过雨滴的溅蚀效应（Splash-Effekte）发生的,其频率和有效性将会增加。

表10.1 美国西部牛的放养密度与降水量的相关关系

年降水量	每100 ha 牛的头数
< 250 mm	3~5
250~500 mm	5~16
500~750 mm	16~50

在前面所谈到的一些问题中,有关野生动物管理代替家养动物管理这样的问题没有（或者没有同样鲜明地）被提及。无论如何这种变化是与其他（特别是经济）的问题相关联的,因此,迄今为止在草原上所进行的野生动物的利用,除了对个别物种的初步尝试以外,尚无更多其他成效。原则上似乎只有北美的野牛（Bisons）和巴塔哥尼亚的野生羊驼（Guanakos）符合野生动物管理利用的要求。

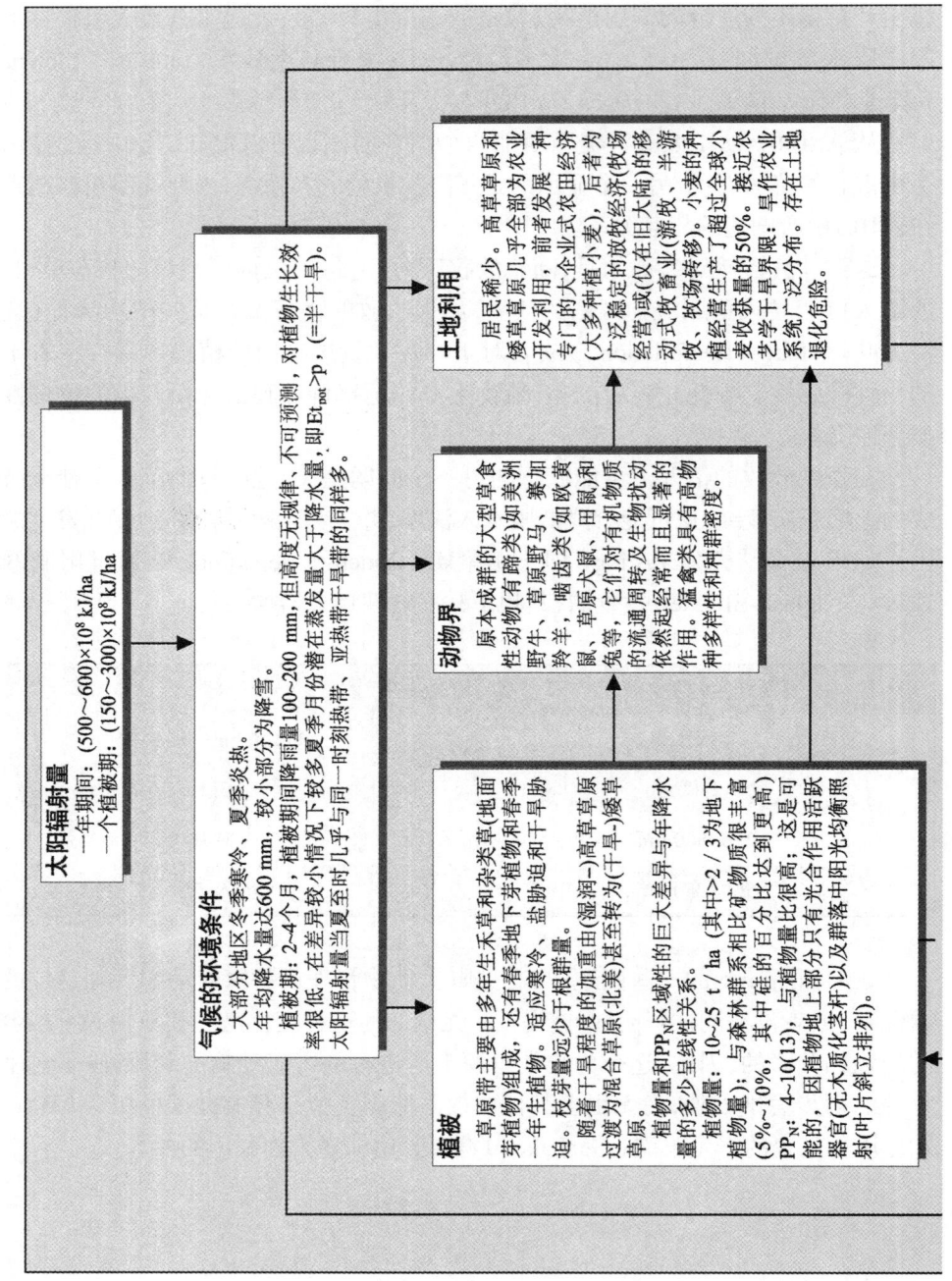

草原地带概要一览图[50]

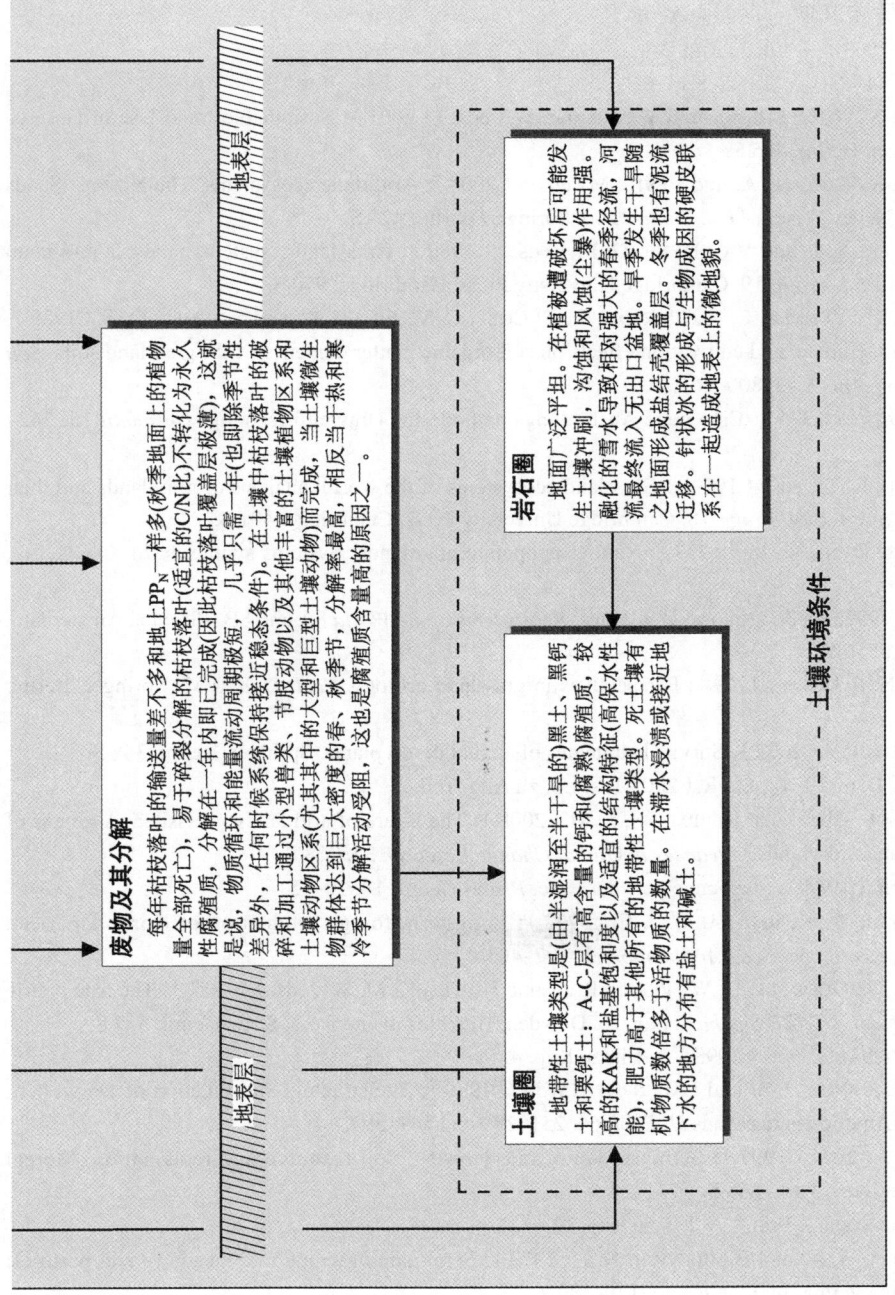

干旱中纬带的荒漠和半荒漠合并在附图13.16中。

第10章参考文献

AHNERT (2003), *s*. Lit. zu Kap. 3.

ANDREAE (1983), *s*. Lit. zu Kap. 6.

BRECKLE, S.-W., VESTE, M. und WUCHERER, W. (eds.) (2001): Sustainable Land Use in Deserts. Springer, Berlin, 465 S.

BRECKLE, S.-W., YAIR, A. und VESTE, M (eds.) (2008): Arid dune ecosystems. The Nizzana Sands in the Negev Desert. *Ecol. Studies* 200. Springer, Berlin, 475 S.

BREYMEYER, A. I. und VAN DYNE, G. M. (eds.) (1980): Grasslands, systems analysis and man. *Intern. Biol. Progr.* 19. Cambridge University Press, Cambridge, 950 S.

BURKE, I. C., YONKER, C. M., PARTON, W. J., COLE, C. V., FLACH, K. und SCHIMEL, D. S. (1989): Texture, climate, and cultivation effects on soil organic matter content in U.S. grassland soils. *Soil Sci. Soc. Am. J.* 53, 800–805.

CERNUSCA, A. (1975): Eine neue Ausbildungsmethode für Umweltforschung. *Umschau* 75, 242–245.

COUPLAND, R. T. (ed.) (1979): Grassland ecosystems of the world: analysis of grasslands and their uses. *Intern. Biol. Progr.* 18. Cambridge University Press, Cambridge, 401 S.

– und VAN DYNE, G. M. (1979): Natural temperate grasslands: Systems synthesis. In: COUPLAND, 97–106.

–(ed.) (1992, 1993): Natural grasslands. *Ecosystems of the World* 8A und 8B. Elsevier, Amsterdam, 469 S., 556 S.

FRENCH, N. R. (ed.) (1979): Perspectives in grassland ecology. *Ecol. Studies* 32. Springer, Berlin, 204 S.

GUTTERMANN, Y. (2002): Survival strategies of annual desert plants. Springer, Berlin, 348 S.

HORNETZ, B. und JÄTZOLD, R. (2003): *s*. Lit. zu Allg. Teil.

HUTCHINSON, Ch. F. und HERRMANN, S. M. (2008): The future of arid lands - revisited. A review of 50 years of drylands. *Advances in Global Change Research* 32, 228 S.

JÄTZOLD, R. (1984): Steppengebiete der Erde. *Praxis Geogr.* 14, 10–15.

LAUENROTH, W. K. und SALA, O. E. (1992): Long-term forage production of North American shortgrass steppe. *Ecol. Applications* 2, 397–403.

RISSER, P. G., GOODALL, D. W., PERRY, R. A. und HOWES, K. M. W. (eds.) (1981): The true prairie ecosystem. *US/IBP Synthesis Ser.* 16. Dowden, Hutchinson and Ross, Stroudsburg, 557 S.

SCHACHTSCHABEL et al. (1998), *s*. Lit. zu Kap. 4.

SIMS, P. L., SINGH, J. S. und LAUENROTH, W. K. (1978): The structure and function of ten western North American grasslands. *J. Ecol.* 66, 251–285 und 547–597.

SKUJINS, J. (ed.) (1991): Semiarid lands and deserts – soil resource and reclamation. Marcel Dekker, New York, 668 S.

SMITH und NOBEL (1986), *s*. Lit. zu Kap. 13.

TITLYANOVA, A. A. und BAZILEVICH, N. I. (1979): Semi-natural tempe rate meadows and pastures: nutrient cycling. In: COUPLAND, 170–180.

WALTER und BRECKLE (1986, 1991), *s*. Lit. zu Allg. Teil.

WEST, N. E. (ed.) (1983): Temperate deserts and semi-deserts. *Ecosystems of the World* 5. Elsevier, Amsterdam, 522 S.

11 冬季湿润亚热带

11.1 分布与区域划分

冬季湿润亚热带（Winterfeuchte Subtropen）（即地中海式亚热带）是地球上最小的生态带，其总面积仅占地球陆地面积的1.7%，约刚超过250万 km²，它除了涉及面积有限以外，还是全球所有生态带中最为离散分布的一个生态带，也即它发生在5个相互孤立的区域，这5个区域同样分布在多个不同的大陆上（附图11.1），而且这些区域分别位于大陆的**西侧**，在纬度30°~40° 热带/亚热带干旱带与湿润中纬带之间沿海岸向内陆不到100 km 的一条狭窄地带（地理位置濒临海洋），仅只在地中海地区冬季湿润亚热带向东伸展到旧大陆陆块之中，但在那里基本上也还是**邻近海岸的**，在地中海地区其分布范围大致到达纬度45° 处。

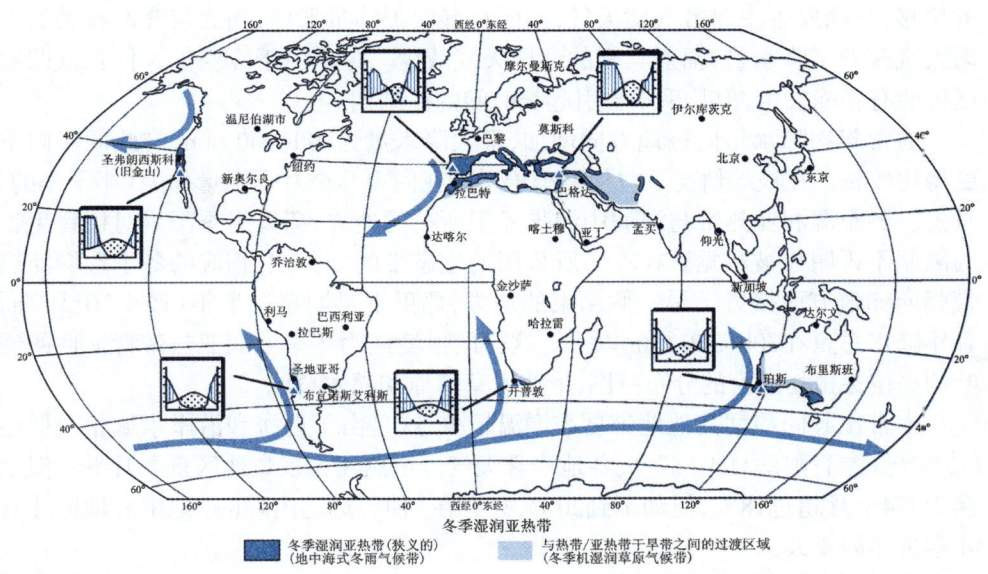

附图 11.1
冬季湿润亚热带，是地球所有生态带中面积最小和最为支离破碎的一个带。它的各个部分均位于南北两半球大陆西侧地理纬度30°~40°

与冬季湿润亚热带各个部分呈现分散隔离状态有关,在它们的**各个发生地域之间出现了许多差异**,如植物区系和动物区系、物种多样性、许多形态的和生态的特征以及文化、经济发展方面的差异,都能见到各种有关的例子。附图11.2显示有关各种差异的程度。

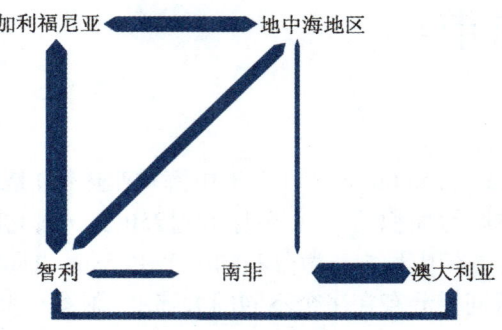

附图 11.2
地球上5个冬雨地区之间的亲和度(Affinitätsgrade)(据 DICASTRI 等,1981)。箭头粗细表示相符程度所占比例。所作比较包括地表形态、气候、植被、土地利用等

11.2 气候

每当夏季期间冬季湿润亚热带处于副热带–热带边缘高压带的势力范围,辐射和干燥天气占优势(**夏季干旱期**)。冬季期间则相反,随着行星辐射带和气压带的位移,穿插发生中纬带气旋天气,如同在湿润中纬带那样,随之与锋面有关的下雨天气改变了降水量,辐射丰富的高压天气减少。冬季由于冷空气入侵在低凹地区可能有霜冻发生,但几乎不会引起长时间的冻结期。

通常**年均降水量**向极地方向增加,最大降水量为800~900 mm,与此同步雨季变得比较长。在极端情况下包括夏季干旱期在内有几个月是雨量稀少(半干旱的)月份。冬季湿润亚热带与湿润中纬带界限所在的地方,那里夏季干旱对植物生长的限制不再明显被察觉。在本书所采用的生态带的划分中,相应的冬季湿润亚热带朝向赤道方面接近干旱一侧结束的地方,那里干旱期超过半年(最少7个月)而且年降水总量在300~350 mm 以下。这样的生境成为冬季湿润亚热带特征性的硬叶的高位芽植物适宜的分布范围,形成禾草草原和灌木草原。

本带比起同纬度其他地带**夏季增温**较少,这是由于近海和沿岸水域相对低温(冷洋流(参看附图11.1))造成各地多雾天气。虽然在大多数地区夏季月平均温度至少有4个月超过18℃,但却不到20℃,只有在(伸展远达内陆的)地中海地区才有非常炎热的夏天。

同样,**冬季的寒冷**程度也很有限,除了一些朝向极地方面(=亚地中海)的边缘地区以外,本区最冷月平均温度也不低于5℃(偶尔有霜冻,但并不是常规性的)。因此低温不再有过多的限制(没有较长期间的温度原因引起植被休眠),但对于植被和植物栽培,春季和开始第一次降雨后的秋季显示一种比冬季更加有利的湿

度－温度形势。真正的胁迫时期是夏季,这时最重要的选择因素或多或少是缺水期间过长和十分有限的水供应状况。

11.3　地貌和水文

与冬季湿润亚热带各个地区夏季干旱这一共同的气候特点相结合,该带总体的地貌动力学特征在于,**冲积和剥蚀作用过程**或多或少局限于**冬半年**的较短时间阶段中,但其规模仍可能相当可观。剥蚀作用取决于与局部较高的地形能量(Reliefenergie)和广泛的近地表土壤的结合。但是在许多灌木群系中全年或许至少从雨季(也即从夏季干旱期之后)开始,各处都还存在稀疏的植被以及——例如与湿润中纬带比较——相对薄弱的枯枝落叶层,这一特征同样是明显的。上述这两种情况都会减少土壤的吸水性能,增强溅蚀效应并且有利于**地表径流**(Overland Flows)的加强。

火有可能进一步增强这种效应。通过火烧作用植被更强烈地稀疏、衰落甚至完全毁坏,而且枯枝落叶(可能连同全部腐殖质层)都可能被烧掉。在硬叶灌木林群系中几乎每隔几十年就会发生一次这样的火烧(见11.5.4)。

在那些人类通过例如过度放牧损害或几乎完全毁坏植被覆盖的地区,那里河流侵蚀、冲积剥蚀和滑坡(Rutschungen)作用更为奏效。这样的劣化情况目前是如此的广泛普遍,使得它几乎可以被称为亚热带地中海式的一种典型的特征。

地表径流占据降水量的高比例份额,这同时也意味着,**河流径流强烈依赖于降水**并因此会发生很大的波动。即使是小河流也可能在短时间内变得急流汹涌,从而导致**高的漂砾负载**(Geröllfrachten)和**悬浮物负载**(Schwebfrachten)(通常负载量 >50 kg/m^3,高峰期间甚至还高达这一数值的3~4倍(LEHOUÉROU,1981),其后果可能是堤坝断裂、严重洪水泛滥、深度侵蚀切割作用,同样就像不受控制的冲积堆积,例如就像山地河流进入平原地区突然失去落差留在河流附近的砾石锥或平坦冲积锥的形式;而后河流向下游更远处流淌,所携带的细小的悬浮物沉积下来——沉积地点大多接近或就在海岸附近——大量的沉积作用有助于肥沃**冲积平原和三角洲**的扩展。在地中海地区这种冲积平原作为居民点和农业区具有重大的经济意义,比起其他大部分位于崎岖山区和人口稀少的沿海区域,借此也提升了它们在文化领域的价值。

当夏季干旱期间,许多河流又收缩为涓涓细流的小溪,或完全干涸因而消失不见。

11.4　土壤

密网格的山地水文地理分化结合不同岩相(例如碳酸盐岩类、硅酸盐岩类)相互作用,加上人类引起的侵蚀过程(土壤侵蚀、岩溶化作用、洪水灾害)以及古气候的变迁(残遗土壤(Reliktböden)),形成了多种多样(通常为非地带性的)土壤类型组成的小范围区域。它们中许多土类表现出显著的磷和氮的缺少,尤其在南非和澳大利亚湿润亚热带地区的有关土壤就是如此,在那里古老陆地表面养分贫乏的岩石(前寒武纪的和古生代的基底岩石、石英砂)占主导地位(附图11.3)。

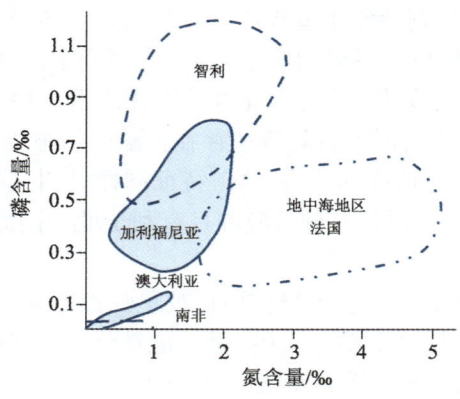

附图 11.3

冬季湿润亚热带5部分地区土壤的磷含量和氮含量状况(DICASTRI 等,1981)。其中,澳大利亚和南非冬雨地区的土壤特别缺少养分

人们如果注意到许许多多特殊情况(那些可能归并为相当大比例的土地面积),也即目光针对那些面积中等、土壤发育历经较长期间不受干扰的倾斜坡地,如此一来它们显示,一定土壤类型的全部多样性往往反复出现,以此被看做是地带性土壤的形成,就是这类**深色淋溶土**(Chromic Luvisol),它涉及一类大多染为鲜红色至红棕色淋溶性的土壤,这类土壤通常发育于碳酸盐基岩上,从而是碱性成分丰富和腐殖质贫乏的倾向于浅层近地表(基岩脆弱不抗侵蚀)并且在干旱期硬结的土壤类型。红化作用是由于在土壤中形成细粒分散的赤铁矿,这种状况表明该土类处于土壤发育后期阶段,黏粒含量高、表层土壤脱钙作用和底层土壤中次生性钙富集等其他特征均属于此阶段,也常被高岭土化所证明(JAHN,1997)。

同样引人注目的红色和红棕色表现在许多地区的土壤中,但总的来看,极少发生**深色雏形土**(Chromic Cambisole),此类土壤缺少淋溶土壤类型特征性的黏粒位移。

在欧洲地中海地区既有深色淋溶土也有深色雏形土,依据它们的颜色分别称之为红色石灰土(*Terra rossa*)或棕色石灰土(*Terra fusca*),它们的出现可以回溯到第三纪残留的成土过程,而按照另一种观点只能追溯至更新世。

在加利福尼亚、智利中部、南非开普敦的冬季湿润亚热带部分地区有很高面积比例为深色淋溶土,在欧洲地中海地区深色淋溶土所占面积比例中等,而在澳大利亚冬雨地区深色淋溶土只偶尔有发生。

在许多地方(尤其在地中海地区和澳大利亚)继深色淋溶土其次常见的土壤类型是以次生性钙富集(碳酸盐化)为特征的**钙积土**(Calcisole)(与先前的*钙质雏形土*(Calcic Cambisole)单元基本相同),以及已经在有关湿润中纬带章节中阐述过的富营养雏形土,后者按照面积比例顺序来说可作为本带居第三位的常见土壤类型。

11.5 植被和动物界

11.5.1 种类多样性、硬叶林与硬叶灌木林群系

在冬季湿润亚热带所有各部分地区物种多样性都显著很高,是继终年湿润热带之后位居第二的高物种多样性的生态带。**许多类群,甚至较高分类等级类群**(分类族群单元;例如科)都是**地方性特有**的类群。单位面积中最高的物种多样性发现于小范围南非冬雨地区,在那里维管植物物种总数超过6 000种,因此与同等面积热带雨林相比大约高出3倍之多(据 MOONEY,1988)。面积稍大一点的加利福尼亚和澳大利亚西南部,维管植物物种总数为5 000种(这个数字大约为北美植物区系物种数目的1/4;据 MOONEY,1988)或8 000种(据 HOBBS,1992)。而在地中海地区,按照外部界限来统计,其物种数为18 000~25 000,其中大约一半物种为本地特有。

除了最干旱和养分最缺乏的地方以外,冬季湿润亚热带所有各部分原先很可能以**常绿硬叶林**(immergrüne Hartlaubwälder)占优势(在其位于北半球的两部分也有**松林**)。阔叶林方面,地中海西部地区曾为*刺叶栎*(Quercus ilex)林、——局部也有*高山栎*(Quercus suber)林——,相反在地中海东部地区为一种灌木栎(Quercus Calliprinos)林。

人类的入侵——在地中海地区已经有数千年,而在大多数其他地中海式地区也有数百年——广泛破坏了硬叶阔叶林和针叶林,在原有植被遭破坏的地方大部分演化为**硬叶灌木林群系**(Hartlaub-Strauchformationen),这类植被同样显示出明显的退缩趋势。硬叶灌木林群系决定着今天地中海区域的景观,因此在所有的气候亚区中,它们的分布可以被用来作为冬季湿润亚热带的界限指标(附图11.4)。

附图 11.4
地中海地区马基群落和加里哥宇群落的分布
(据 QUÉZEL,1981)

所有地中海区域的硬叶灌木林群系可以概括在集合名词 Matorral（马托拉尔群落，即常绿硬叶刺灌丛）一词之中，在第一级区分中有较高生长和较矮生长马托拉尔群落的区别（附图11.5）。**高生长马托拉尔**群落的区域性名称很多，如在地中海地区称马基群落（Maquis，法国）和 Macchia（意大利），在智利中部称 Matorral，澳大利亚称 Mallee（桉树矮林），南非称 Fynbos（丰伯斯群落），而在加利福尼亚称 Chaparral（沙巴拉群落，也即常绿灌木林）；至于**矮生长马托拉尔群落**，依据其区域语言及其发生，它们的名称分别使用加里哥宇群落（Garrigue，法国）、托米里亚群落（Tomillares，西班牙）、弗利干那群落（Phrygana，希腊）、Kwongan（澳大利亚）、Coastal Sage（Scrub，矮灌丛，北美）和 Jaral（智利；一类矮灌木群落）。从所提及的名称中马基群落（Macchie）和加里哥宇群落也被应用于超出它们地域范围一般意义的*高生长*或是*矮生长*（*也称低生长*）硬叶灌木林群系。

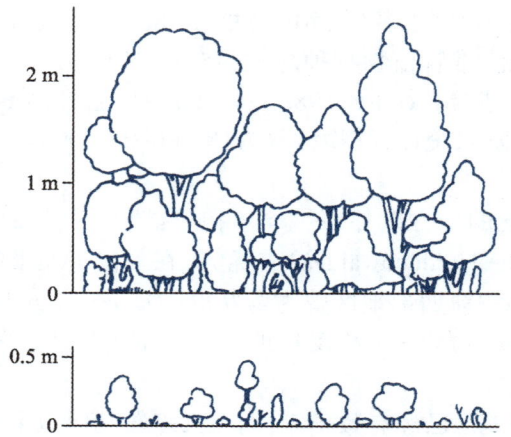

附图 11.5
一个高生长的密集的马托拉尔（马基）群落和一个低生长的开敞的马托拉尔（加里哥宇）群落的结构（TOMASELLI，1981）

高生长马托拉尔群落是一类高度至少半米、最高可达数米并由多种相当密集生长的灌木种类所组成，偶尔有一些小乔木突出生长于群落中。灌木多是无叶的或小叶型至月桂树叶片型的，有些种类具有刺，下木为特别的矮灌木和半灌木，在透光的地方也有丰富的草本植物区系。

矮生长马托拉尔群落是在极端情况下由一类仅达膝盖高的地上芽植物组成的较为密集至比较稀疏的群落，其中的球茎和块茎地下芽植物尤其具有代表性。只要人类停止入侵（放牧、火烧），大多数较高灌木得以生存，在生长起来的灌木保护下地面芽植物也即半隐芽植物（Hemikryptophyten；多年生牧草和草本植物）就能生长和传播。

指明的*各种不同类型灌木群系各自的发生起源，这并不总是确切可信的*，在某些情况下它们是否也作为自然的*终极群落*（Schlussgesellschaften）（特别依赖于干燥度），还是作为一定程度上永久性的人为引起的*替换类群*；或是看做相对短暂的衰落 –（退化 –）阶段（Degradations-(Regressions-)stadien）（*后森林指标*）或是（进步性的）**再分级 – 发展阶段**（Regradations-(Progressions)-stadien）（*后农业指标*），这些还并不完全确定。统一性在于，在不太寒冷和不太干旱的条件下植被的天然恢复经过草本植物类群或草地类群阶段而后总是形成硬叶灌木林群系，先前随着人为干扰的严重程度或多或少经过一个阶段到后来又能调整为近乎自然的硬叶林，也可能成为针叶林。只有在半干旱和炎热条件下硬叶灌木林群系的*演替*似乎才会停止，在那里这个类群似乎是终极群落。

11.5.2　生活型及对夏旱的适应

与夏季湿润热带和（在终年湿润亚热带与热带/亚热带干旱带之间过渡地带的）亚热带夏雨地区形成鲜明对比的是，所有地中海类型地区均以**常绿乔木和常绿灌木种类**占优势，它们的多年生叶片内部由于有较高比例来自纤维素和木质素支持组织成分构成的硬厚壁的支撑加强作用（附图11.6），使得叶片相对呈现比较厚实、坚硬（可折碎的）或革质的外观，甚至在巨量水分损耗情况下（膨压下降至零）这种叶子也不至枯萎。

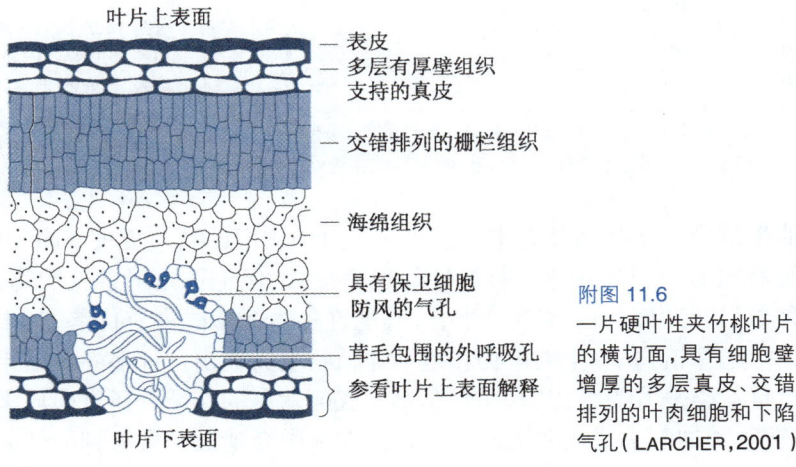

附图 11.6
一片硬叶性夹竹桃叶片的横切面，具有细胞壁增厚的多层真皮、交错排列的叶肉细胞和下陷气孔（LARCHER, 2001）

这些以硬叶性（Sklerophyllie）（相对于中叶性（Mesophyllie）和软叶性（Malakophyllie））所标志的特征组合，其发生以类似的方式代表着极其不同的植物科属，它们被作为是适应亚热带冬湿气候条件的极好例子，这类趋同适应（Konvergenz）是在经常遭受干旱胁迫和较强烈太阳照射条件下演化来的，特别多见于地中海地区，其他条件类似地区也有发生。此外其发生如同许多地中海地区土壤中的情况，还由于氮素缺乏的缘故，但也发生于中纬度和高纬度地区例如高位沼泽和石楠荒原。

硬叶性往往与叶片的其他一些特征相结合，这些特征主要适应于控制植物的水分收支平衡的，例如真皮细胞外壁增厚、具光泽的蜡质涂层、被有茸毛、叶脉紧密及气孔区低陷（气孔分布密度高但形状小）。

代替硬叶性的适应，某些植物种类显示季节双型现象（saisonalen Dimorphismus）。作为对夏季干旱胁迫的适应：这些植物雨季时的叶片为中生形态，而旱季时大多为数量较少的旱生形态的叶片所取代；另外由此所达到的蒸腾量的减少代偿了植物生长的耗损（参看5.4.1和5.7）。这样，随着叶片的变小甚至还在硬叶性状况下每张叶片的光合作用率可能下降（MAGARIS 和 MOONEY,1981），但却仍能保持其水分收支平衡，甚至在低水势情况下生命仍然活跃（附图11.7）。季节双型现象特别常见于加里哥宇群落的矮生长灌木种类中。

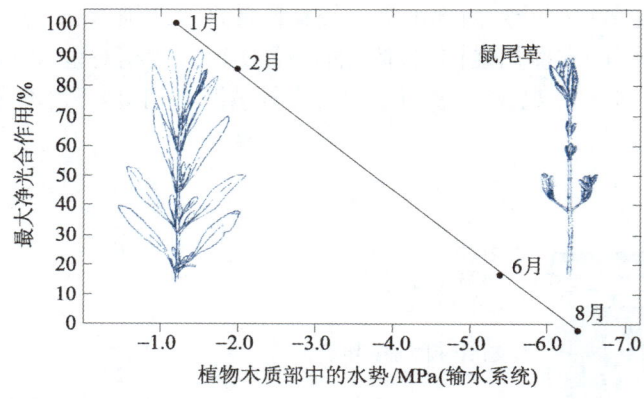

附图 11.7
加利福尼亚沙巴拉群落中具季节双型叶的鼠尾草（*Salvia mellifera*）同化率的季节变化（MOONEY 和 MILLER,1985）

其他生活型。硬叶阔叶乔木和灌木——由于它们的高覆盖度（郁闭度）——有理由被看做冬季湿润亚热带特征性的生命形式，但绝不是最常见的物种类群。按照物种数目和频度（＝个体数）来看，其他许多生命形式占有优势，其中尤以数量丰富的半隐芽植物、一年生植物和地下芽植物更为突出。许多冬季一年生植物和多年生草本类争芳斗艳，尤其在春季盛开五颜六色的花朵。还有肉质多浆植物分布，在智利和加利福尼亚尤为常见。目前在地中海地区经常见到的仙人掌和龙舌兰是新近的物种，它们的原产地在新大陆。

11.5.3 动物界

植物种类的多样性、密网格的山地地形的分异以及在不同灌木群落、石楠灌木类群、草本群落和森林群系之间小区域的环境变化形成了多种多样的栖息地，相应的，其动物区系也是丰富的（例如与相邻的湿润中纬带比较），特别引人注目的是这里种类繁多的鸟类（尤其鸣禽类、猛禽类、雉鸡类、鸠鸽类等），爬行类（尤以蜥蜴类为多）和各种节肢动物（弹尾目（Collembolen）、蜱螨类（Milben）、蚁类、蜘蛛类、甲虫、千足虫（Tausendfüßler）、唇足类（Hundertfüßler）、蝎类（Skorpione）、鳞翅目（Schmetterlinge）、白蚁类（Termiten）等）。

动物类群物种丰富度通常随维管束植物物种丰富度沿半干旱至湿润的气候梯度而增长（附图11.8）。随着气候梯度朝湿润方向增大，这样如果植被的冠层覆盖加大变密，随之蜥蜴类的物种丰富度又会收缩减少（SPECHT，1994）。

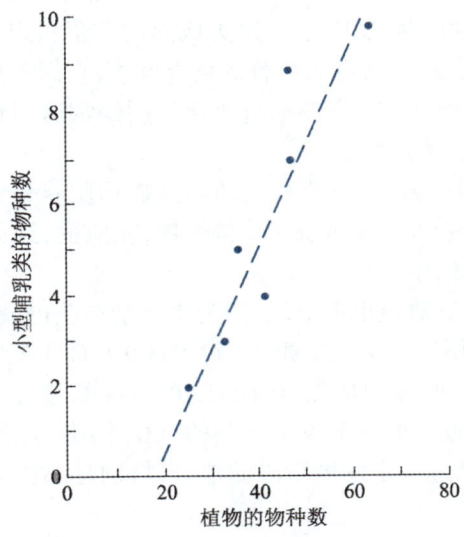

附图 11.8
在地中海式的澳大利亚南部生态系统中、小型哺乳类的物种数量与植物物种多样性的相关关系（SPECHT，1994）

与夏季湿润热带和亚热带夏雨地带相比，冬季湿润亚热带当夏季时处于高温和干旱双重胁迫条件下，因此邻近的半荒漠地带有许多适应干热生活条件的动物类群，夏季进行季节性迁移来到此带栖居生活；然而同样也是和该带直接相邻的湿润中纬带，则罕有动物种类来到冬季湿润亚热带生活。但无论如何总的来说，冬雨地带成为许多来自中纬度或高纬度地区迁飞过路鸟群或越冬候鸟休息和觅食的地方。

11.5.4　火

地中海周围地区丛林／森林大火有时甚至威胁到人类及其居住地，扣人心弦的火灾消息扩散传播，在加利福尼亚或南非的开普敦地区几乎每年夏季重复着那甚为确定要发生的火灾。事实上在大多数地中海式地区火灾的**平均恢复期间**只有少数几十年，因此，火烧现象属于地中海式生态系统主要的同样也是固有的特征，虽然今天大多数火灾是通过人类的手导致的。

地中海型植被是特别具有**火灾危险性**的，因为炎热和干旱季节碰到一起，灌木和乔木通常密集生长，加以含醚油类和树脂使得硬叶和木材部分变得容易燃烧。因此灌木林和森林火灾与冬季干旱热带稀树草原的那种经常只是表面过火的草地火灾相比，情况截然不同：烈焰烧到之处便遭到毁灭，地面上的植物量全部付之一炬的严重情况并不少见。

森林火烧和丛林起火属于地中海型地区的自然环境因素，对此本土植物显示许多明显的适应火烧的属性，例如有许多乔木和灌木种类显示具有很高的再生能力（Regenerationsfähigkeit）；它们的种子在过火以后发芽能力反而更好（或者有些种类的种子甚至过火后才能发芽）。

许多灌木群系因此不仅是适应于火烧的，而且也是以火烧为条件的群落（火对于这些灌木群系是一种保障性的生态因素）。这类成熟的群落可以被看做火－顶极群落（Feuer-Klimax-Gesellschaften），意为演替的终极群落，它们不再能自我维持（因为它们对大气候条件还不能适应），需要通过火烧作用经常退回到先前的演化阶段，而后再重又出现它们的演替式发展。

群落燃烧的**好处**在于，可使那些结合在有机物质里的矿物质养分元素较早释放出来，比有机废弃物单靠生物化学分解的情况来得快速，相应的，经火烧后第一年群落植物量的增长达到峰值（附图11.9）。

但在这"一划"（指引燃）之下**缺点**更占上风，因为生物量在获得最初成果后，其返回等级最终又降低，单位面积生产率也是如此（附图11.9），而且在经火烧过的坡地上，径流或/和深部渗透都有明显的加强（附图11.10）。深部渗透的增强加重了土壤侵蚀及养分的淋溶，并导致山坡下部发生不利的沉积作用。此种类型土地的降级退化通常发生在那些已经过一定发展阶段的地方，特别是那些火灾频率很高的地区。

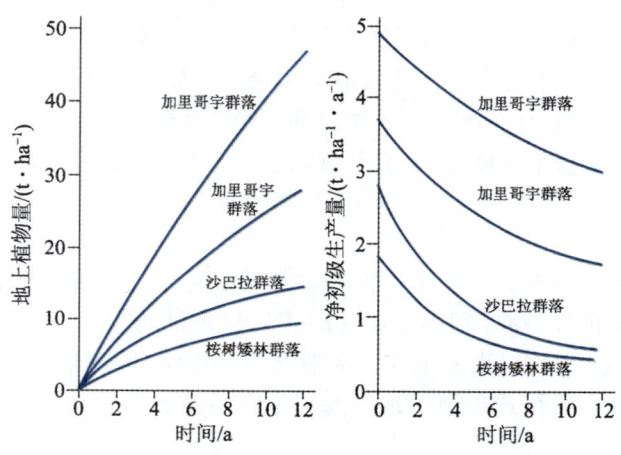

附图 11.9
一次火烧后最初12年几种硬叶灌木林群系植物量和初级生产量的变化（据 SPECHT, 1981），这些群系是指位于法国南部蒙彼利埃（Montpellie）的两个加里哥宇（Garrigue）群落、美国加利福尼亚圣迪马斯（San Dimas）的沙巴拉（Chaparral）群落和澳大利亚南部基思（Keith）的桉树矮林（Mallee）群落。随着火烧启动的演替进展，PP$_N$ 逐年降低，从而植物量的进一步增加也减缓下来

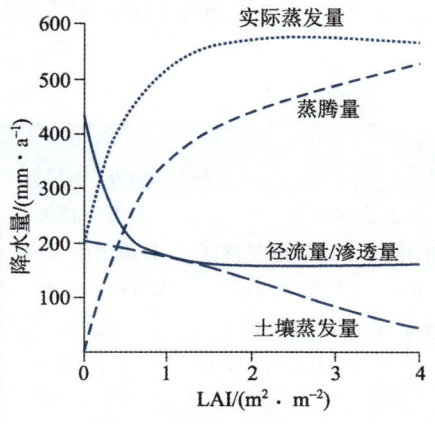

附图 11.10
法国南部蒙彼利埃加里哥宇群落中一种栎属植物（Quercus coccifera）火烧后及至随后恢复期水量平衡变化的例子（据 RAMBAL，1994）。在经过火烧后光秃的地面上（叶面积指数（LAI）= 0），2/3 的降水量（425 mm/a）主要通过地下水向深部渗透；其余水量（207 mm）蒸发。即使到达第一恢复阶段（LAI 还是 <1），高径流与渗透损失之间的比数降至一半，但此后（LAI = 1 bis 4）几乎不再继续下降（接近 <150 mm/a）。相反蒸发量提高（>500 mm/a），其中蒸腾量所占比例越来越高（LAI = 4 时占 90%），当此期间土壤蒸发量降低，从开始时 >200 mm/a 降至最后 < 50 mm/a

11.5.5 植物量与初级生产量

地中海型植被（硬叶林群系）的生产性能受限于其**适宜湿度与适宜温度出现在不同的季节**，也即在温暖季节缺少水，而在雨季又缺少比较适宜的热量，因而抑制了植物的生产。因此比较来说，地中海式生态系统的生产是薄弱的（特别是因为其植被生长期的持续时间受到局限），最高增长率总是在春季时才达到。

另外，这种情况的优点是，许多木本植物是硬叶的和常绿的，这使得它们在旱季（生产水平自然大为降低）却也能继续增长（全年光合作用活跃），或至少只要湿度条件许可短期内即转换到生产方面，即如当旱季时偶然发生降雨之后，停顿的植物生产很快就又开始。但无论如何它们的生产率即使在最佳湿度条件下，也达不到软性叶植物在良好条件下所取得的生产率。冬雨地区生长的阔叶落叶乔木/灌木当雨季时至少可以部分地补上它们在旱季时生产的亏欠，或甚至提供更高的年生产率。

除了植被期的长度——这是指在冬季湿润亚热带地区对于植物生长有足够可利用水量的时间幅度——以外，首先还在于植物群落的结构特征，这种特征影响到植被的单位面积生产率（附表 11.1）。生产率取得最高值的地方，那里如同在调查**常绿栎林**的情况一样，植物量和叶面积指数分别高达 319 t/ha 和 4.5，而且根群与枝芽比率小于 0.19。希腊的常绿矮灌丛**弗里加纳群落**（Phrygana）净初级生产量（PP_N）低得多，那里——在较强度干旱和人为干扰条件下——植物量和叶面积指数分别只有 27 t/ha 和 1.7，相反根群与枝芽比例数高达 1.48。

这种情况下在常绿栎林和弗里加纳群落中每年测定的 PP_N（仅只指地面上的 PP_N）分别统计为 6.5 t/ha 和 4.12 t/ha。其他两个群落（表11.1），一个为法国的**加里哥宇群落**，另一个是加利福尼亚的沙巴拉群落，它们的 PP_N 分别测得为 3.4 t/ha 和 4.12 t/ha。这 4 个数值，如同许多这里没有列出测定结果的其他数据一样，概要勾画出这个地区虽然生产幅度变化相当大，但在它们内部大部分生产量（不过分遭受干扰）停留在地中海式植物群系的水准，这使得冬季湿润亚热带生态系统的 PP_N

落后于比较凉爽而且辐射量比较少的湿润中纬带（附图11.11），每年初级生产固定的能量仅占年照射的太阳光能的0.17%~0.3%。

表11.1　一些地中海型植物群系的生产特征（MOONEY，1981）

植物群系	常绿栎林	常绿灌木群系		半灌木群系
		沙巴拉群落（Chaparral）	加里哥宇群落（Garrigue）	弗里加纳群落（Phrygana）
调查地区	法国（Le Rouquet）	加利福尼亚	法国（St. Gély）	希腊
群落年龄 /a	150	17~18	17	—
高度 /m	11	≈1.5	0.8	<1
叶面积指数 /($m^2 \cdot m^{-2}$)	4.5	2.5	—	1.7
植物量 /($t \cdot ha^{-1}$)				
— 枝芽量	269	20.39	23.5	10.95
— 茎秆量	262	16.72	19.5	8.86
— 叶量	7	3.67	4.0	2.09
— 根量	≈50	≈12.23	—	16.18
— 总量	319	32.62	—	27.13
根 / 枝芽比率	0.19	0.60	—	1.48
初级生产量 /($t \cdot ha^{-1} \cdot a^{-1}$)				
— 地上生活部分	2.6	1.30	1.1	2.02
— 枯枝落叶	3.9	2.82	2.3	2.10
— 总地上初级生产量	6.5	4.12	3.4	4.12

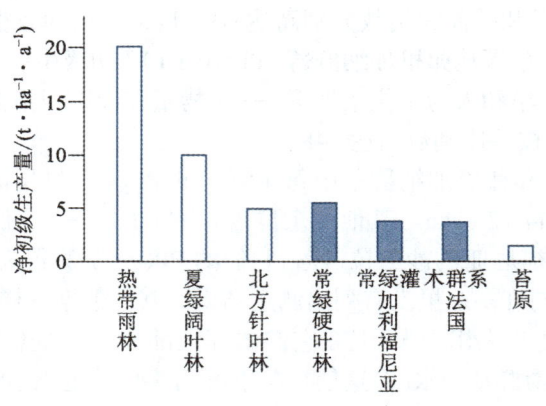

附图 11.11
地中海式硬叶阔叶植物群系（地上）净初级生产量与其他一些植物群系的比较（MOONEY，1981）。硬叶阔叶林的生产量低于辐射较弱的湿润中纬带夏绿林；它和北方针叶林一起净初级生产量居于全球各地带性森林群系的末尾

除了水供给遭受季节性限制之外，通常土壤中普遍缺少营养供应，这是另一个限制植物生长的重要因素。

11.6 土地利用

冬季湿润亚热带濒临海洋的地理位置和夏季较长的日照持续期是该带**对于经济利用的优越之处**：前者对海运事业和渔业有利，两者相结合促进了旅游业的发展，几十年来该带许多地区成为大众向往的旅游胜地。

冬雨气候有利于一大批温带和亚热带经济作物品种以及一些季节性的收益——例如，很多种类蔬菜在冬季和早春已经可以收获并上市销售——这带给了地中海式地区良好的出口机会，可以出口到上述5个生态带中的3个带，并可朝极地方向直接出口到紧邻的人口稠密的湿润中纬带。事实上，冬季潮湿亚热带也可以依据世界贸易的相互依存和渗透**作为农业经济以及潮湿中纬带的旅游补充区域**进行归类。

在这一地带靠雨水耕种限于冬季的半年；但只要具有灌溉条件，夏季的半年也可耕种或全年耕种都有可能。依靠冬季雨水进行种植的主要为适应温带气候的经济作物，也即例如冬小麦、大麦、马铃薯和露地种植的蔬菜（生菜（Salat）、洋葱、番茄、花椰菜（Blumenkohl）；此外还可种植朝鲜蓟（Artischocken）、茄子、西兰花（Brokkoli））。同样情况玉米种植也是常见的，在地中海地区冬季谷物播种期在9月份，其收获期通常已经到第二年的5月。

本带**灌溉农业**（Bewässerungskulturen）有特别广泛的分布，施行灌溉农业不仅能够利用热量和光照充足的夏令期间，例如种植上述各种蔬菜，而且也能栽培需热并对寒冷敏感的大田作物如水稻和棉花。

一系列各种各样的**特种作物**也属这个生态带极其不寻常的地带性典型特征，值得提及的有地中海地区传统而重要的葡萄园和油橄榄林以及种植无花果树、扁桃树（Mandelbäume）和水果园（桃、杏和柑橘类果木如橙子和柠檬）。葡萄种植和葡萄酒生产是当今所有地中海式地区共同的特征。

当农田耕作区域集中在沿海低地期间，果木种植业也在山坡地和山区最终成为天然牧场之前向上延伸发展。牧场利用是以一种传统的转移牧场形式进行的（附图11.12）：夏季放牧者带着他们的绵羊和山羊群去到牧场保存更好地势较高的山地地带，为此，他们要走过地区间相当远的距离。自从一段时间以来，这种转移牧场的畜牧方式趋于减少，但是在一些经济落后地区仍然存在。

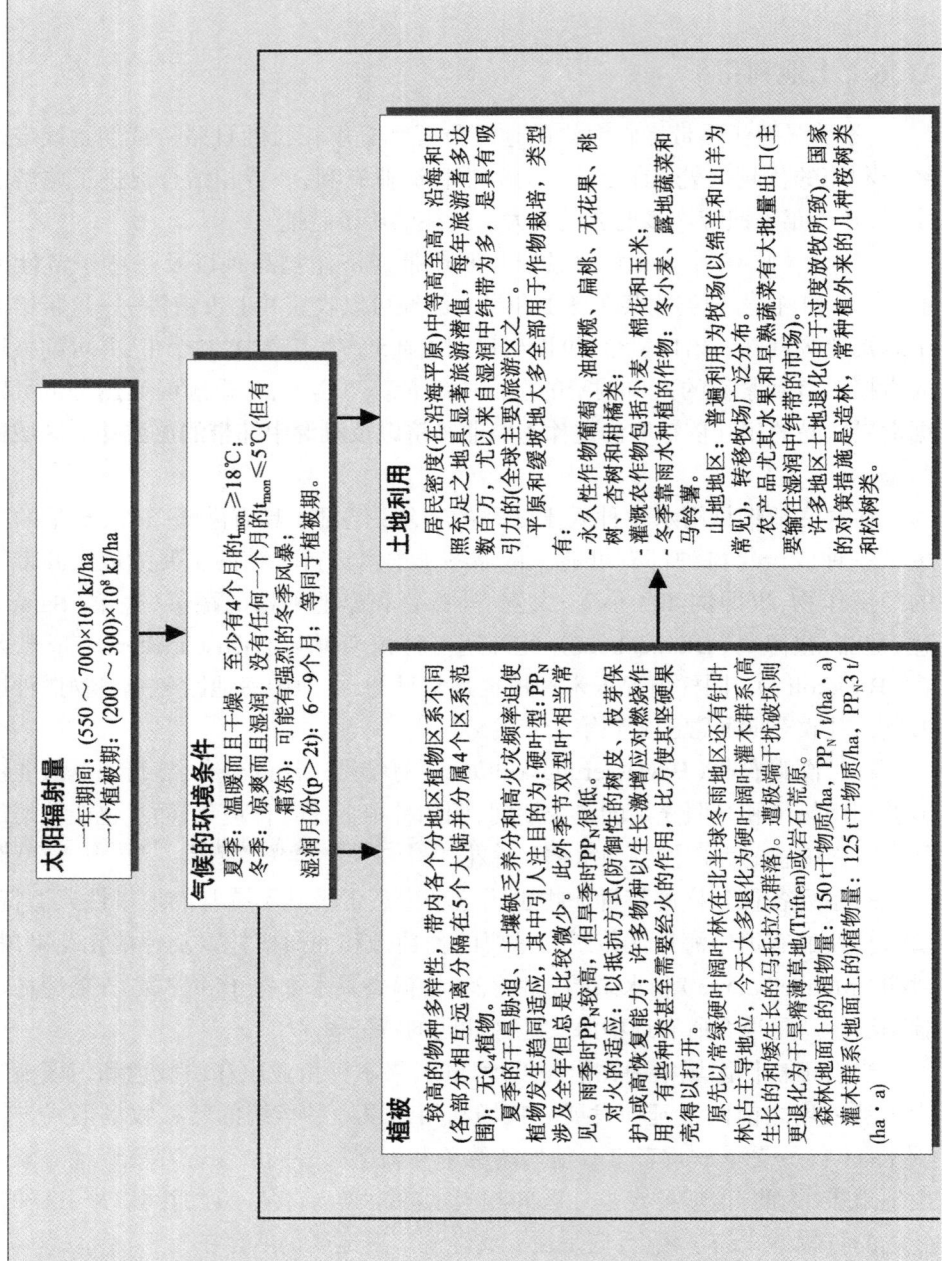

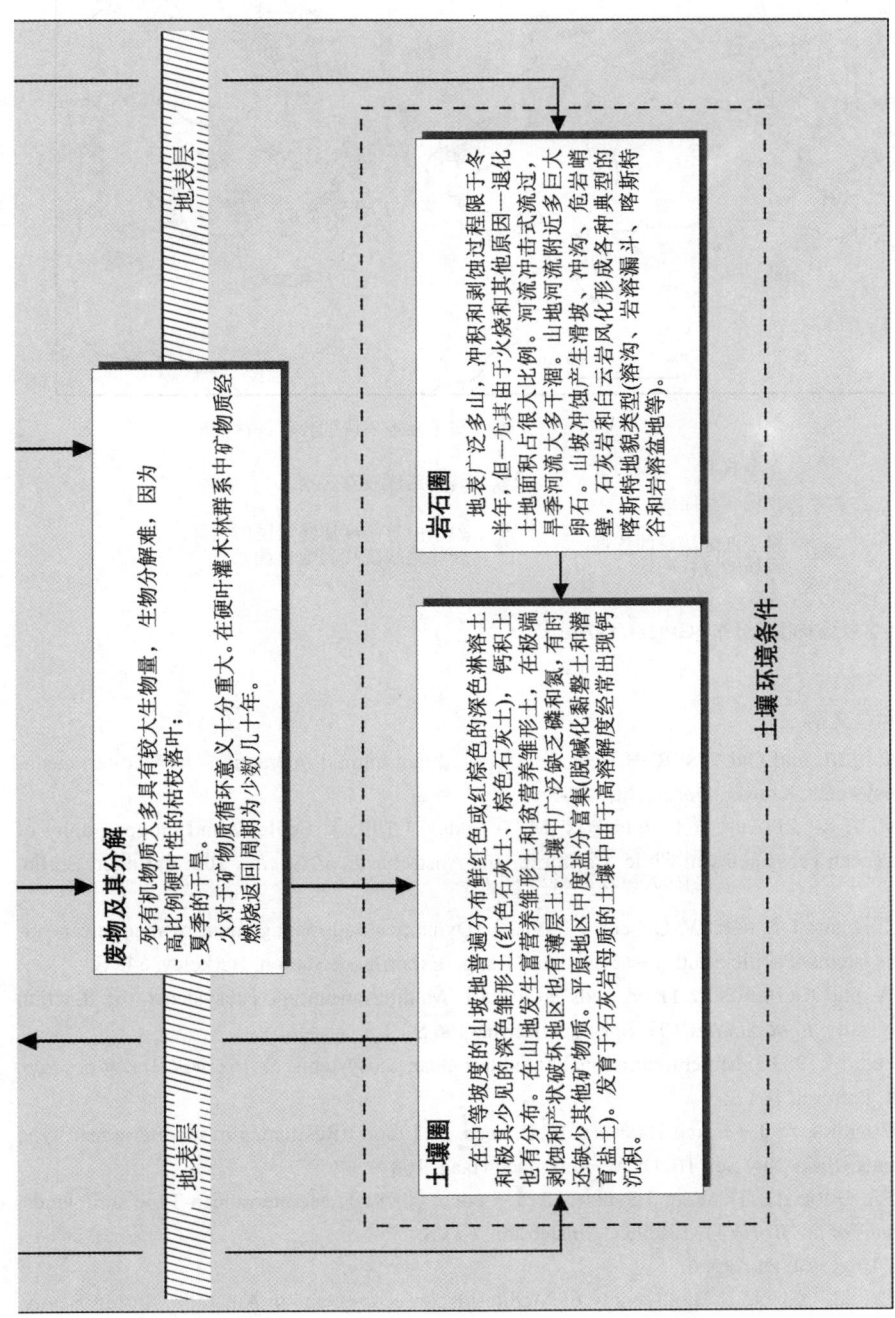

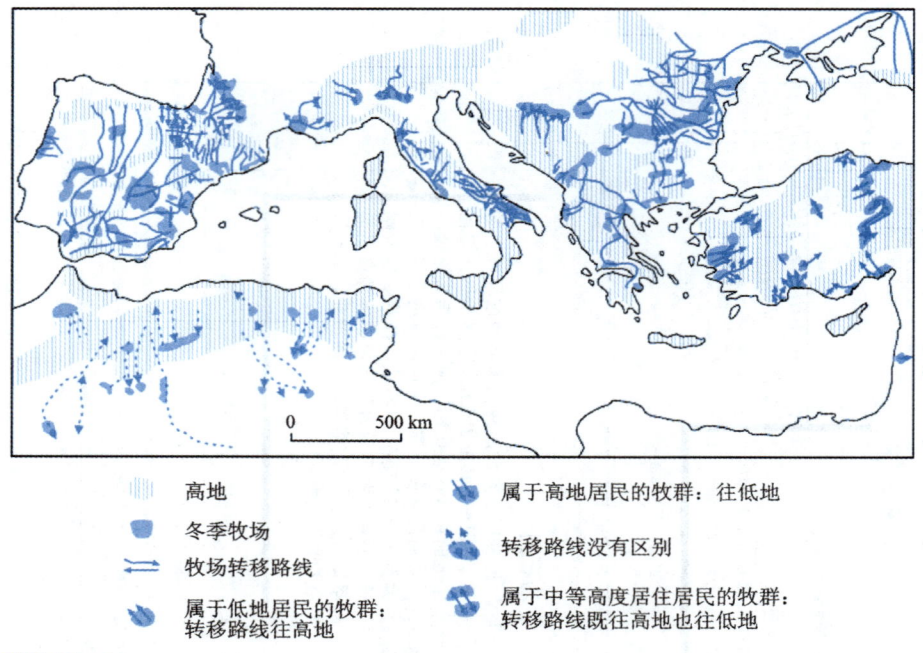

图例	
高地	属于高地居民的牧群：往低地
冬季牧场	
牧场转移路线	转移路线没有区别
属于低地居民的牧群：转移路线往高地	属于中等高度居住居民的牧群：转移路线既往高地也往低地

附图11.12
地中海地区牧场转移的分布（GRIGG, 1974）

第11章参考文献

ARIANOUTSOU, M. und GROVES, R. H. (eds.) (1994): Plant-animal interactions in Mediterranean-type ecosystems. Kluwer, Dordrecht, 182-S.

ARROYO, M. T. K., ZEDLER, P. H. und FOX, M. D. (eds.) (1995): Ecology and biogeography of mediterranean ecosystems in Chile, California and Australia. *Ecol. Studies* 108. Springer, Berlin, 455 S.

CONRAD, C. E. und OECHEL, W. C. (eds.) (1982): Dynamics and management of mediterranean-type ecosystems. Pacific Southwest Forest and Range Experiment Station, Berkeley, 649 S.

DAVIS, G. W. und RICHARDSON, D. M. (eds.) (1995): Mediterraneantype ecosystems: the function of biodiversity. *Ecol. Studies* 109. Springer, Berlin, 366 S.

DAY, J. A. (ed.) (1983): Mineral nutrients in mediterranean ecosystems. *S. Afri. Nat. Sci. Prog. Rep.* 71. CSIR, Pretoria, 165 S.

DELL, B., HOPKINS, A. J. M. und LAMONT, B. B. (eds.) (1986): Resilience in mediterranean-type ecosystems. *Tasks Veg.* Sci. 16. Dr. W. Junk, Den Haag, 168 S.

DI CASTRI, F., GOODALL, D. W. und SPECHT, R. L. (eds.) (1981): Mediterranean-Type shrublands. *Ecosystems of the World* 11. Elsevier, Amsterdam, 643 S.

GRIGG (1974), *s.* Lit. zu Kap. 6.

HOBBS, R. J. (ed.) (1992): Biodiversity of Mediterranean ecosystems in Australia. Surrey Beatty,

Chipping Norton, 246 S.

HOFRICHTER, R. (ed.) (2001, 2007) : Das Mittelmeer. Fauna, Flora, Ökologie. – Bd. I Allgemeiner Teil, Bd Ⅱ. Systematischer Teil. Spektrum, Heidelberg, 608 S.

JAHN, R.(1997): Bodenlandschaften subtropischer mediterraner Zonen. In: BLUME et al, Kap. 3.4.5.4, 1–27, s. Lit. zu Kap. 4.

KRUGER, F. J., MITCHELL, D. T. und JARVIS, J. U. M. (eds.) (1983): Mediterranean-type ecosystems. Ecol. Studies 43. Springer, Berlin, 552 S.

LARCHER (2001), s. Lit. zu Kap. 5.

LE HOUÉROU, H. N. (1981) : Impact of man and his animals on mediterranean vegetation. In: DI CASTRI et al., 479–521.

MARGARIS, N. S. (1981) : Adaptive strategies in plants dominating Mediterranean-type ecosystems. In: DI CASTRI et al., 309–315.

– und MOONEY, H. A. (eds.) (1981) : Components of productivity of Mediterranean climate regions. Tasks Veg. Sci. 4. Dr. W. Junk, Den Haag, 279 S.

MOONEY, H. A. (1981) : Primary production in mediterranean-climate regions. In: DI CASTRI et al., 249–255.

– und MILLER, P. C. (1985) : Chaparral. In: CHABOT und MOONEY, 213–231, s. Lit. zu Kap. 5.

MORENO, J. M. und OECHEL, W. C. (eds.) (1994) : The role of fire in mediterranean-type ecosystems. Ecol. Studies 107. Springer, Berlin, 201 S.

– und – (eds.) (1995) : Global change and mediterranean-type ecosystems. Ecol. Studies 117. Springer, Berlin, 527 S.

QUÉZEL, P. (1981) : Floristic composition and phytosociological structure of sclerophyllous matorral around the Mediterranean. In: DI CASTRI et al., 107–121.

RAMBAL, S. (1994) : Fire and water yield: a survey and predictions for global change. In: MORENO und OECHEL, 96–116.

RODÀ, F., RETANA, J., GRACIA, C. A. und BELLOT, J. (eds.) (1999) : Ecology of Mediterranean evergreen oak forests. Ecol. Stud. 137. Springer, Berlin, 373 S.

ROTHER, K. (1993) : Mediterrane Subtropen. Geographisches Seminar Zonal. Westermann, Braunschweig, 207 S.

RUNDEL, P. W., MONTENEGRO, G. und JAKSIC, F. M. (eds.) (1998) : Landscape disturbance and biodiversity in mediterranean-type ecosystems. Ecol. Stud. 136. Springer, Berlin, 447 S.

SPECHT, R. L. (1981) : Primary production in mediterranean-climate ecosystems regenerating after fire. In: DI CASTRI et al., 257–267.

– (ed.) (1988) : Mediterranean-type ecosystems: a data source book. Kluwer, Dordrecht, 248 S.

– (1994) : Species richness of vascular plants and vertebrates in relation to canopy productivity. In: ARIANOUTSOU und GROVES, 15–24.

TENHUNEN, J. D., CATARINO, F. M., LANGE, O. L. und OECHEL, W. C. (eds.) (1987) : Plant response to stress: functional analysis in mediterranean ecosystems. Springer, Berlin, 668 S.

TOMASELLI, R. (1981) : Main physiognomic types and geographic distribution of shrub systems related to mediterranean climates. In: DI CASTRI et al., 95–106.

VALENTINI, R. (ed.) (2003) : s. Lit. zu Kap. 9.

12 终年湿润亚热带

12.1 分布

终年湿润亚热带(Immerfeuchte Subtropen)的分布类似于冬季湿润亚热带那样，也是分散隔离的：它的各个部分同样散布在5个大陆(附图12.1)，它们所在的纬度位置为25°~35° 略近赤道，并且——十分显眼的区别——都严格无例外地位于各个大陆的东侧，它们各部分加起来总面积约为600万 km²，也即为地球陆地面积的4%。

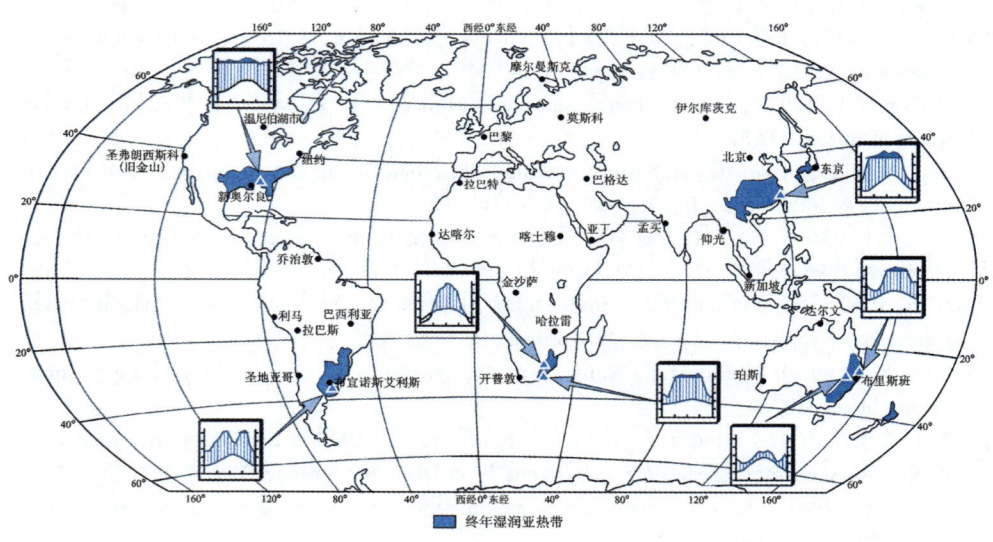

附图 12.1
终年湿润亚热带，位于两半球大陆东侧的各个发生部分，它们都位于纬度25°~35°

终年湿润亚热带**朝赤道方向**邻接终年湿润热带或夏季湿润热带，**朝极地方向**则与湿润中纬带为界。在两个方向上可应用**热量标准**划界。相对于终年湿润热带和夏季湿润热带，绝对霜冻界限或最冷月18℃等温线被当做终年湿润亚热带的阈值，在低地也是如此。本带与湿润中纬带界限经过的地方，那里夏季变暖的月份少于4个月（罕有达到5 个月），夏季的月平均温度至少达到18℃，而且最冷月的平均温度达5℃；在一些大陆性地区最冷月的平均温度虽然较低，但仍可达到2℃。终年湿润亚热带与终年湿润热带情况相反，其植物生长在温度条件方面具有季节周期，但其季节周期的变化比湿润中纬带大部分地区表现得较弱。

从终年湿润亚热带向西，也即向大陆内部内陆国家的方向，通常存在超过100 km宽的*过渡带*，而后连接热带/亚热带干旱带。过渡带的特征在于，不仅年总降水量连续降低（对植物的生长限制程度增加）而且湿润时间幅度也连续变小（依据通用的湿度指数计算），在这种情况下最初是冬季一些月份干旱，然后越来越多夏季月份也变得干旱，直至最后可能成为荒漠气候。

在过渡区域内终年湿润亚热带与**热带/亚热带干旱带的界限**被随意设置的地方，那里湿润的月份数（p（mm）≥2 t（℃））低于5个月，而且植被方面多刺草原取代草原和森林草原。这个阈值可认为是合理的，因为具有至少5个湿润月份的夏雨地带干旱季节也有一定的降水量（在气候图中干旱月份的降水量曲线差不多仅在温度曲线之下；见附图12.1和附图12.2）；这就是说，那里没有真正的干旱期，更确切地说，只有半湿润/半干旱期与湿润期的更替。在这样的条件下许多适应干旱的植物物种能够全年生长，对于它们气候总是处于常年湿润的状态下。

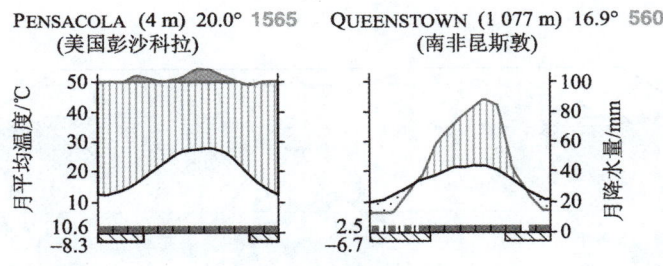

附图 12.2
终年湿润亚热带两个测站的气候图。左图为美国东南部彭沙科拉（Pensacola；北纬31°和西经87°）的气候示意图，显示终年湿润亚热带的比例关系，这就是：降水量全年都高（最高期间在夏季）冬季气温明显降低（相对显著有别于终年湿润热带）但或多或少大多数月份达 5℃（不过许多月份可能出现霜冻 = x 轴下面的斜细平行线的梁杆）。右图为南非昆斯敦（Queenstown）的气候示意图，该地位于内陆距海岸150 km 处，向西接近终年湿润亚热带的过渡地带。湿润时间幅包括夏季月份，冬季月份是半湿润期

12.2 气候

降水量由赤道至经过回归线向外侧降低，这对于热带/亚热带地带算是一种规律，所以随着赤道地带发育热带雨林，及至回归线外侧地带最先出现稀树草原带此后出现荒漠带。与上述规律相反，在大陆东侧全年降水量都高，因此那里可能生长广阔的地带性的热带雨林，否则半干旱、干旱地带只能发育热带稀树草原、荒漠或者——在大陆西侧——发育硬叶群系。

气候的这种东-西不对称性（West-Ost-Asymmetrie）与季风（Monsun）效应有关。夏季东西两个半球大陆上方形成热低压（Hitzetiefs）（季风槽（Monsuntiefs）），

含水汽的海洋气团从东部移向内陆,对流过程经过大陆能够形成强烈阵雨,这就说明这些地区典型的降水量夏季最高的原因(**夏季湿润的东侧气候**(sommerfeuchte Ostseiten-Klimate))。随着与沿海地区距离的增大,气团变得干燥,而且降水活动也减少。这也就能够解释,为什么一种东西方向的湿度和植被顺序取代另一种在热带/亚热带占主导地位的纬度地带性。

冬季降水的发生与冷空气的入侵有关,在北半球冷空气来源于亚洲中心和北美洲中部上空形成的冷高压(Kältehochs),有时它们以雪的形式降落,但通常不形成积雪覆盖。当大陆性-北极(美国称之为Northern(北方))冷空气袭来时短时间内温度比同一时间大陆西侧急剧下降(但即使在此种情况下其月均温度仍然在5℃以上)。

因此,与冬季湿润亚热带相比,终年湿润亚热带对于大多数种类来说,其冬季对植物生长的限制明显没有值得说道的完全的植被休眠期。个别霜冻现象,每年冬季都会发生,这妨碍冬季栽培的比较敏感的种类,也可能影响到中度敏感的乔木类长期性作物,例如柑橘类,如果(在极其少有的情况下)发生特别严重的冻害,这对于柑橘类则是危险的(附图12.3)。另外,终年湿润亚热带夏季处于高辐射热能状态,这与终年湿润热带和夏季湿润热带同一时期的辐射情况是可比的(参看附图12.2)。

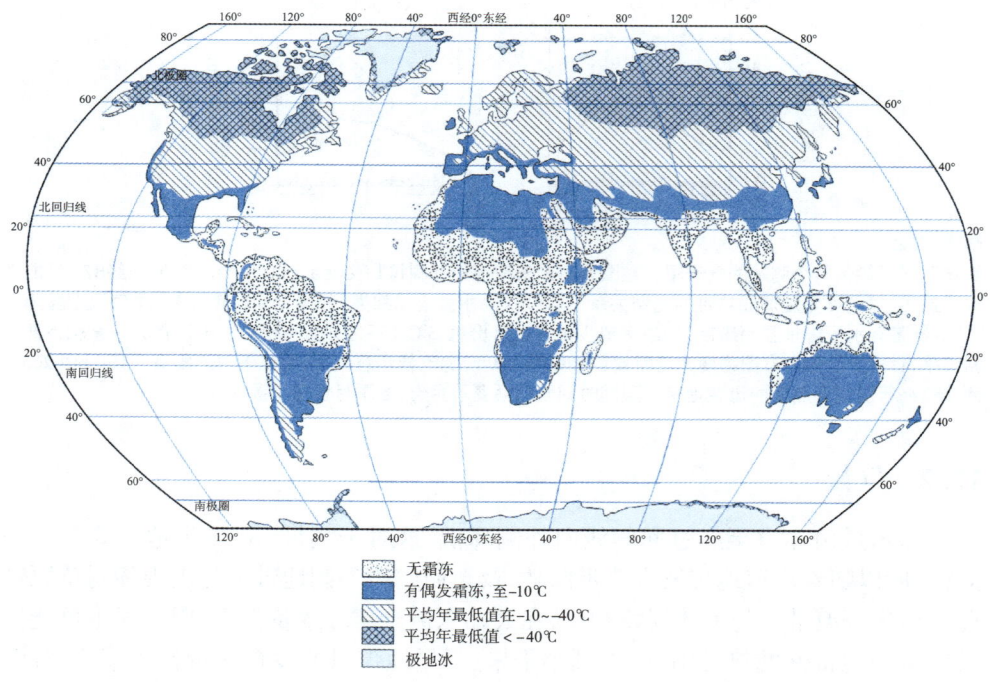

附图 12.3

地球上冷冻的分布(Larcher 和 Bauer,1981)。终年湿润亚热带在全球范围中属于低至 −10℃ 的偶发霜冻的区域。对于植被以及对更多的多年生作物,这种深度冷冻比那些更为寒冷更常发生冷冻的生态带引起的威胁和危害特别大,因为许多亚热带经济植物(由于缺少适应压力)只有微弱的抗冷冻能力,因此可能遭到强烈冻害

12.3 地貌和水文

依据地貌动力学,终年湿润亚热带没有形成独立的地貌类型;确切地说,依据其湿热条件相应居于终年湿润热带和湿润中纬带之间,其特点是一种深刻的化学风化,当然这个地带的化学风化程度没有完全像终年湿润热带那样透彻地处于发展后期,因而代替铁铝土的发生这里只发育低活性强酸土。亚热带雨林的发育也不如热带雨林茂密和高大,针对冲蚀提供的保护较少,因此山坡上的切沟(Zerrunsung)比较常见。

一些岛屿和沿海地区有时发生的**破坏性旋风**具有特征性(BOOSE 等,1994),这类事件具体例子如在美国的地中海(也即墨西哥湾和加勒比海)地区和北美东海岸的飓风(Hurricanes)以及在东亚东南部的台风(Taifune)(附图12.4)。这些气旋式风暴的特征是具有极端强大的风力和极高的风速(每小时风速通常远超过150 km)以及最大强度(每小时超过100 mm)的暴雨。虽然有关这类旋风发生地区相当少,但有时波及地区却远达内陆,它们的高度破坏作用包括对土壤的剥蚀流失、引起洪水泛滥和通过风暴对植被、栽培作物以及各种建筑物造成的损害。

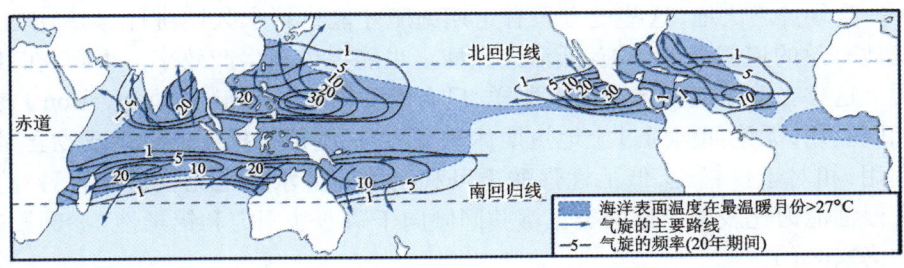

附图 12.4

热带旋风(Wirbelstürmen)的分布与频率(READING 等,1995)。在北半球这类旋风也能到达亚热带大陆的东侧,也即在终年湿润亚热带的沿海近岸地带也有发生

12.4 土壤

(此处另参照本书14.4.1夏季湿润热带及终年湿润热带土壤概要)。

终年湿润亚热带特征性的地带性土壤类型属于通常的红色**低活性强酸土**(rotfarbenen Acrisole)。这类土壤具有——类似于在高活性淋溶土(Luvisolen)和低活性淋溶土(Lixisolen)中——同样的诊断特征,就是淋溶作用导致形成一个黏土富集层(黏化B-层),但不同之处在于,其阳离子交换率(KAK)低于24 cmol(+)/kg 黏粒和盐基饱和度(BS)低于50%,后面提到的另外那两种土壤的盐基饱和度都比较高,高活性淋溶土的阳离子交换率也高于此类低活性强酸土(参照表14.1)。低活性强酸土的低阳离子交换率和低盐基饱和度是被作为长期在湿润温暖气候条件下土壤发育处于后期阶段的结果来理解的。土壤名称（拉丁语 acer = 酸性之意）指的是随着深刻的风化作用和盐基淋失由此产生的强烈酸化（pH ≤ 5）。

在黏土成分中占主导地位的为**活性较低的黏土**（高岭石），也可能（与铁铝土相反）还有数量较少2:1-黏土矿物（伊利石）。过去曾经把低活性强酸土归入高活性黏土含量（绿泥石、蒙脱石、蛭石）较多并且与之相应的具有较高KAK（≥24 cmol(+)/kg 黏粒）的土壤类型。但由于阳离子层较高比例的铝同样情况仅具有低盐基饱和度并因此表现极端酸性的土壤反应，在最新的 FAO 土壤分类系统中被划分为单独的土壤类群，其名称为**高活性强酸土**（Alisole，拉丁名称 *aluminium*：铝之意）。

在两个土壤单元中能够分辨出细粒分散的铁氧化物和氢氧化物超过细土总量的10%，而且三水铝石（铝-氢氧化物）含量大多也丰富，而在硅酸盐淤泥中其含量反倒是低的。砂子成分中主要为石英，可风化的矿物（硅酸盐）最多只有中等含量，普遍稀少。表土腐殖质含量大多是低的（淡色 A-层），否则盐基饱和度较低（暗色 A-层）。

如同铁铝土一样，低活性强酸土分布的地方形成——虽然并非总是如此极端——养分贫乏之地，这些地方只有定期施肥才能进行永久性耕种，如果加上采用其他有效的追肥养地措施，低活性强酸土也能提供高生产效率。否则，在其他情况下这类土壤可能就像铁铝土那样，只有借助轮垦（Shifting Cultivation）的方法加以利用，无论如何通过土地短期休耕，还有一些值得挖掘的剩余矿物含量可以利用，相对于铁铝土，低活性强酸土**可利用田间持水量**也比较适宜。另外，它的抗侵蚀能力比较差。这两类土壤共同倾向于磷酸盐固定和铝毒性（参阅第239页和第240页）。

12.5　植被

12.5.1　结构特征

终年湿润亚热带潜在的天然植被存在于沿海地带和迎风山坡茂盛的雨林，那里普遍全年降水量均高。向内陆方向（向西）随着降水量减少的程度植被类型相继发生变化，最初出现半常绿湿润森林或常绿月桂型林，而后为阔叶落叶季风林或干旱林。树木最高者可达到20~25 m。有些地区也可能出现高草草原带（例如在阿根廷的潘帕（Pampa）高原）取代森林地带。

亚热带雨林（subtropischen Regenwälder）特别是山地雨林，可能其群落外观上和热带雨林类似，不过亚热带雨林的物种比热带雨林贫乏。雨林中树蕨类、附生蕨类和藤本植物是常见的代表植物。HEGARTY（1991）列举称，在澳大利亚布里斯班（Brisbane）的一处雨林中藤本植物的比例超过主干面积总量的2%，大约占活植物量的5%。如果人们把它们的叶量与树木的叶量相比较,则藤本植物所占比例更高,相应的,随之它们也就产生更多的枯枝落叶(表12.1)。

表12.1 澳大利亚布里斯班一处亚热带雨林的结构和物质周转特征(HEGARTY,1991)
藤本植物的叶量和每年落叶量的比例(由于冠层压倒性发育),超过具有更大比例树干断面积和现有植物量的生活型

生活型	物种数目 /ha	树干断面积 /(m²·ha⁻¹)	树干数 >0.1m 高/ha	现有植物量 /(t·ha⁻¹)	叶量 /(t·ha⁻¹)	落叶量 /(t·ha⁻¹·a⁻¹)
乔木和灌木	100	68.05	10 565	426	6.89	4.74
藤本	42	1.56	5 771	21	2.52	1.47
植物总量	142	69.61	16 336	447	9.41	6.21

月桂型林(Lorbeerwälder)与沿海地区雨林的区别在于前者比较低、物种更为贫乏而且最多具有两个林冠层。令人注目的是在常绿木本植物中有许多叶子显示阔叶硬叶性(月桂树叶片型),这就是说,它们的叶片或多或少是硬叶的/旱生形态的(但比地中海型木本植物硬叶形态的叶片数量较少;KIRA,1995)、相对较大(木兰树叶型)、有光泽的、椭圆形全缘形状。同样也有春夏发叶变绿(冬季落叶)此类随季节交替变化的木本植物,它们在西部(和朝向极地方向)地区有较大发生比例。

所描述的**不同植物群系的东–西序列**过去在终年湿润亚热带的各个地区曾经多大程度实际出现过,今天已不再能够确定无疑地指出了,尤其是在北半球人类造成的环境变化使得原有生物类群成为过去,原始的植被特征也几乎难以重建。如果考虑到所有发生的植物区系明显的差异[51],那么植被的外貌分类或许揭示了原始区域性的差别(土壤因素完全排除在外,个别情况下土壤因素可能有很大影响)。

12.5.2 美国东南部一处半常绿栎林群落的贮存与周转

以下介绍的是MONK和DAY(1988)的一份概要总结,是在尊重许多科学家(主要在20世纪70年代)调查结果的基础上创建起来的,在所提交的数据中有一些较细小的差错,可惜这里必须接受。

所研究的这片森林位于阿巴拉契亚南部**北卡罗来纳州Coweeta盆地**,也即位于与湿润中纬带交界的地区,在它的乔木群落中占主导地位的为夏绿栎属林木,**常绿乔木和灌木种类所占比例**依据测定干叶量估算,占20%~35%。这里涉及的物种有杜鹃(*Rhododendron maximum*)、山月桂(*Kalmia latifolia*)、加拿大铁杉(*Tsuga*

---

51 南半球的4个分地区至少属于3个不同的植物区系区(新热带植物区、古热带植物区、澳大利亚植物区;新西兰至少在古热带区和南极洲之间占有一个特殊地位);北半球的两个分地区虽然属于一个共同的植物区系区(泛北极植物区)但相互间距离极远并且最晚自上新世以来彼此就不再有联系。

canadensis)、北美油松(*Pinus rigida*)、一种常绿刺叶栎(*Ilex opaca*)和木黎芦属一变种(*Leucothoe axillaris* var. *editorum*)等。其中,前面提到的两个物种的叶量几乎占到整片森林叶量的1/3,但它们在森林的全部叶面积中(每平方米森林面积平均6.2 m^2)所占比例明显较低,因为它们的*比叶面积*(Specific Leaf Area)(叶面积与叶干重之比)为75 cm^2/g,大约只有变绿(wechselgrünen)木本植物比叶面积值的一半。

此外,常绿叶片的矿物量在森林群落全部叶量中所占比例也比它们的干物质比例低,因为它们与湿旱生木本植物短暂生长的叶片相比显示较低的矿物质含量。[52]

地上**植物量**为139.9 t/ha,比较而言是低的,地下植物量为51.4 t/ha,相反是高的(附图12.5)。这种情况可能的解释是,地面上乔木层由于20世纪初木材的砍伐遭到巨大损失,而且(过去占优势地位的)板栗树(Kastanien)在30年内由于疾病的传播几乎灭绝。每年总初级生产量达到14.6 t/ha(其中8.6 t 为地上初级生产量),地上植物量通过凋落物(V_A)的损失量为4.4 t/ha,还有0.2 t/ha 的植物量被草食性节肢动物吃掉(V_C)。乔木层的PP_N与这两种损失之间的差额构成地上群落增长量(ΔB),也即计为4 t/ha,由此得知,所研究的森林处于一种富于生产的年轻阶段或早期成熟阶段(参看附图5.3)。

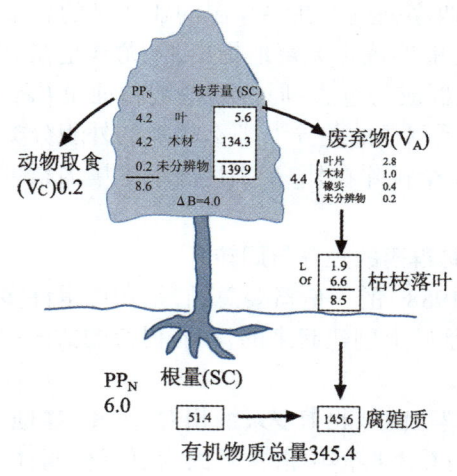

附图 12.5

在北美终年湿润亚热带美国北卡罗来纳州 Coweeta 盆地一片半常绿栎林(亚热带雨林)群落中有机物质的贮存量(t/ha)和周转量(t/ha)(MONK 和 DAY,1988);SC = 现存量(Standing Crop),ΔB= 群落增长

---

[52] 与常绿木本植物叶片矿物质含量较低的特点相适应,其叶片形成需要的矿物量也较低(每叶量)。这和"常绿"叶片的长寿性有关(也就是每年为生长新叶付出较少),正好解释了常绿物种在养分贫乏土壤中生长的优势所在。常绿物种占群落物种组成较大比例并不总是以气候原因来解释的,而是也可能以土壤原因(生境中养分贫乏)来解释。事实上,美国南部土壤缺乏养分的特征,从其低交换率和低盐基饱和度也是可以识别的(见上文)。

叶量（5.6t/ha）和叶生产量（4.2t/(ha·a)）之间的差额及叶生产量和落叶量（2.8t/(ha·a)）之间的差额，两者均为1.4 t，这可以使人认识到*常绿木本植物物种*的重要意义。从直接对叶量和落叶量进行比较来看，这点也是很明显的：落叶量只有叶量的一半。

森林土壤的**枯枝落叶贮存量**（L-层和Of-层）达到8.5 t/ha，在枯枝落叶产生量为4.4t/(ha·a)的情况下，这意味着枯枝落叶层的分解期接近两年（分解率为52%）。在枯枝落叶中落叶所占的份额最高，为64%。

K、Ca和P等**矿物质包含在植物量中的数量**，一部分明显可通过在土壤中的溶解和交换而重新被植物利用。N和Mg只有在矿质化的形式下方可利用（大部分N也包含在有机的）土壤贮存量之中（附图12.6）。较高比例存在于植被中的矿物质参加到整个矿物质的循环当中，这是许多亚热带雨林和湿润森林的特征。

初级生产的矿物需求量通过（易位）吸收凋落前叶片的矿物质（$M_{\Delta BL}$）成为一个相当重要的部分（参看框式图5）。由成长叶和老化叶（凋落前或凋落后）所含矿物质差异的比例可以对各种成分在扣除*淋溶损失*（M_R）后估算如下（单位：kg/(ha·a)）：N 56.5；K 13.5；Mg 3.4和P 3.1；Ca是不吸收的（-0.5）。如果把这些数据和从土壤吸收的矿物质数值进行比较，在吸收停滞时计算用于净初级生产量（PP_N）的全部可利用矿物质（M_{PPN}）（这就是包括由土壤吸收来的和从老叶中易位吸收来的矿物质的总和），其中：N为54%，P为26%，Mg为25%和K为21%。在达到相当的数量值由土壤吸收的矿物质（M_{BO}）可能减少。

由矿物质吸收和释放的差额得出**每年留作群落增长的矿物质含量**（$M_{\Delta B}$）（也即不包括叶片生产和废弃物，这就是地上生产量：4 t/(ha·a)，结果表明，从森林土壤中吸收的N、Mg、Ca和K的数量只有6%~9%作为增长用，只有P超过25%稍多；其绝对数量如下：N为6.7；Mg为0.9；Ca为4.5；K为4.9和P为3.0，单位均为kg/(ha·a)。这清楚地表明，在形成相对短寿叶片过程中矿物质的消费有多么浪费，而另外在木材生产中它又有多么节省。

群落增长的矿物质数量相当于**土壤贮存量**中同等数量的损耗，在假设增长率稳定的条件下，可以计算出土壤中一定的贮存量足够维持多长期间。在所描述的情况中，Ca将可能继续利用138年、K 95年、Mg 517年、P 12.5年和N 1 031年。

返回土壤的矿物质有相当大比例是通过*冠层淋溶*和*树干流*的水滴而完成的，其中钾离子（K^+）数量特别大，它的这两种返回的"流"（合称：M_R）往往超过通过枯枝落叶（M_{VA}）的返回量。冠层淋溶和树干流也涉及SO_4^{2-}、PO_4^{3-}、Cl^-、Ca^{2+}和Mg^{2+}，虽然规模明显比较小（特别是Ca^{2+}）。全年所有的也即通过废弃物（V_A）和冲刷淋溶返回土壤的矿物质的量达到8年以上群落增长（木材增长）的稳定数值（磷例外）。

对于**氮**其所发生的特殊情况是,通过降水量增加的氮远远多于通过冠层淋溶流失的量,这就是说,通过树冠层的吸收存在净收益。

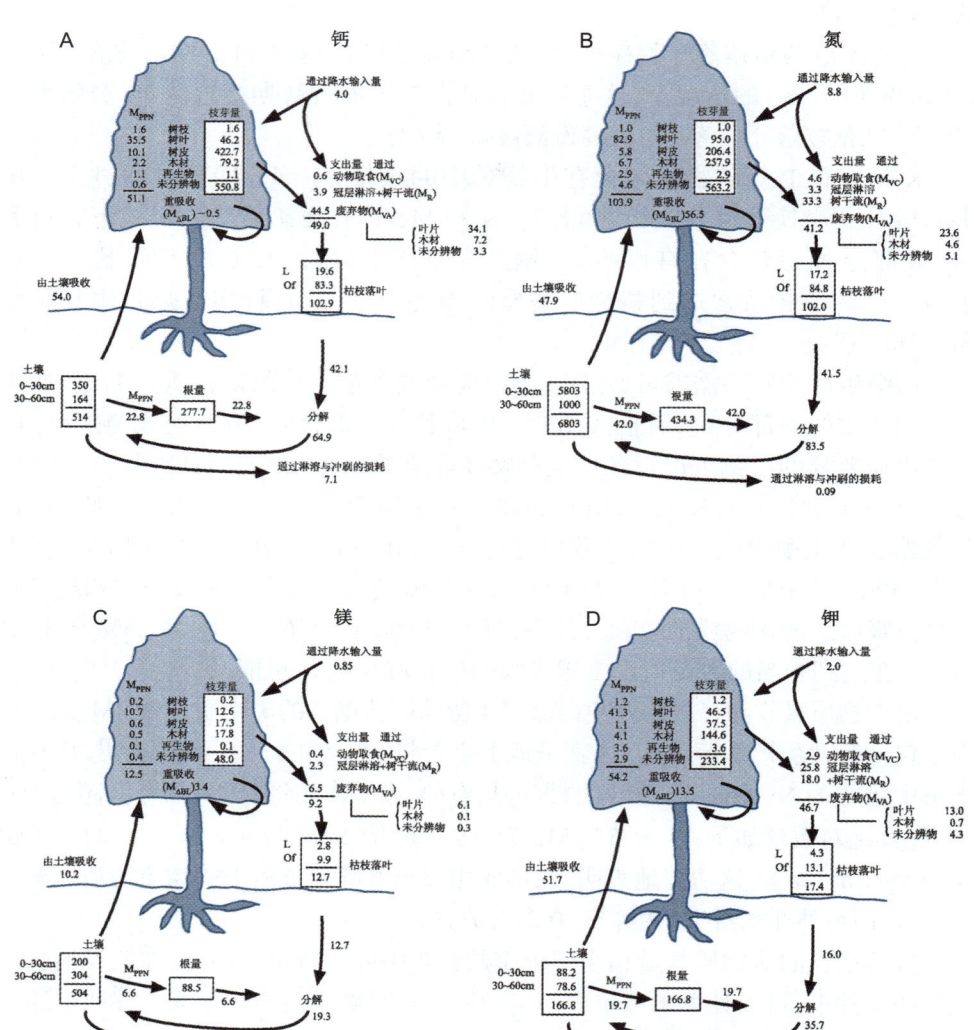

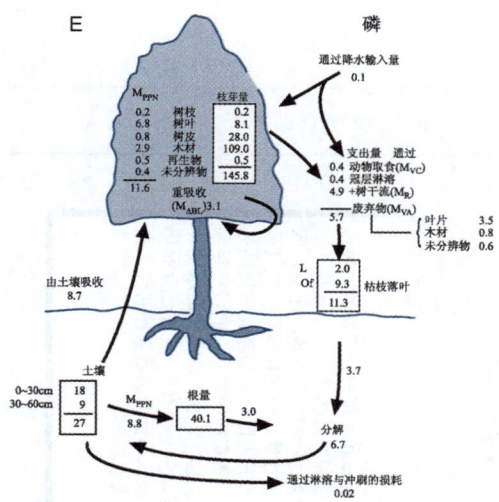

附图 12.6

A—E，美国北卡罗来纳州 Coweeta 盆地（终年湿润亚热带）一片半常绿栎林中的矿物质贮存量（kg/ha）与周转量（kg/(ha·a)）（Monk 和 Day, 1988）。缩写字的解释参看框式图5。这些被援引的土壤中矿物质数量的数据是现成容易应用的，也就是说存在于溶液中或是置换吸附的矿物质；只有氮也包含在土壤有机物质的贮存量中。其他解释参阅正文

12.6 土地利用

终年湿润亚热带所包括的大多数地区属于地球上人口稠密而且经济高度发达的区域，相应的，各地自然植被遭到强烈的挤压和扼制（见上文）并为**文化景观**所取代，这是由巨大的居民区、工业园区和有规则的依农业和林业利用区划的廊道式分割所决定的（参照附图9.11）。

农业利用特别有利之处在于：当夏季来临时热带的气温占优势，能够栽培种植多种喜温经济植物，而且同时有充足的雨量降落在靠雨水耕种的农田（与位于大陆西侧的冬季湿润亚热带相比，那里夏季除了增温变热，雨量却很少）。终年湿润亚热带大部分地区冬季温和，仅偶有轻度霜冻。

在这样的条件下这个生态带也种植有**多年生喜温经济植物**，一般来说，它们能够耐受中度霜冻，例如柑橘类果树和茶树。但如果冬季极端寒冷，这些永久性作物也会遭到损害，并因而招致重大的经济损失。高粱、玉米、花生、水稻、大豆、芝麻、甘薯、棉花和烟草等属于常见的**一年生喜温经济作物**。局部情况下一些属于中纬度地区的物种在这一生态带也有种植。通过这些方式实现一年两熟甚至一年三熟。

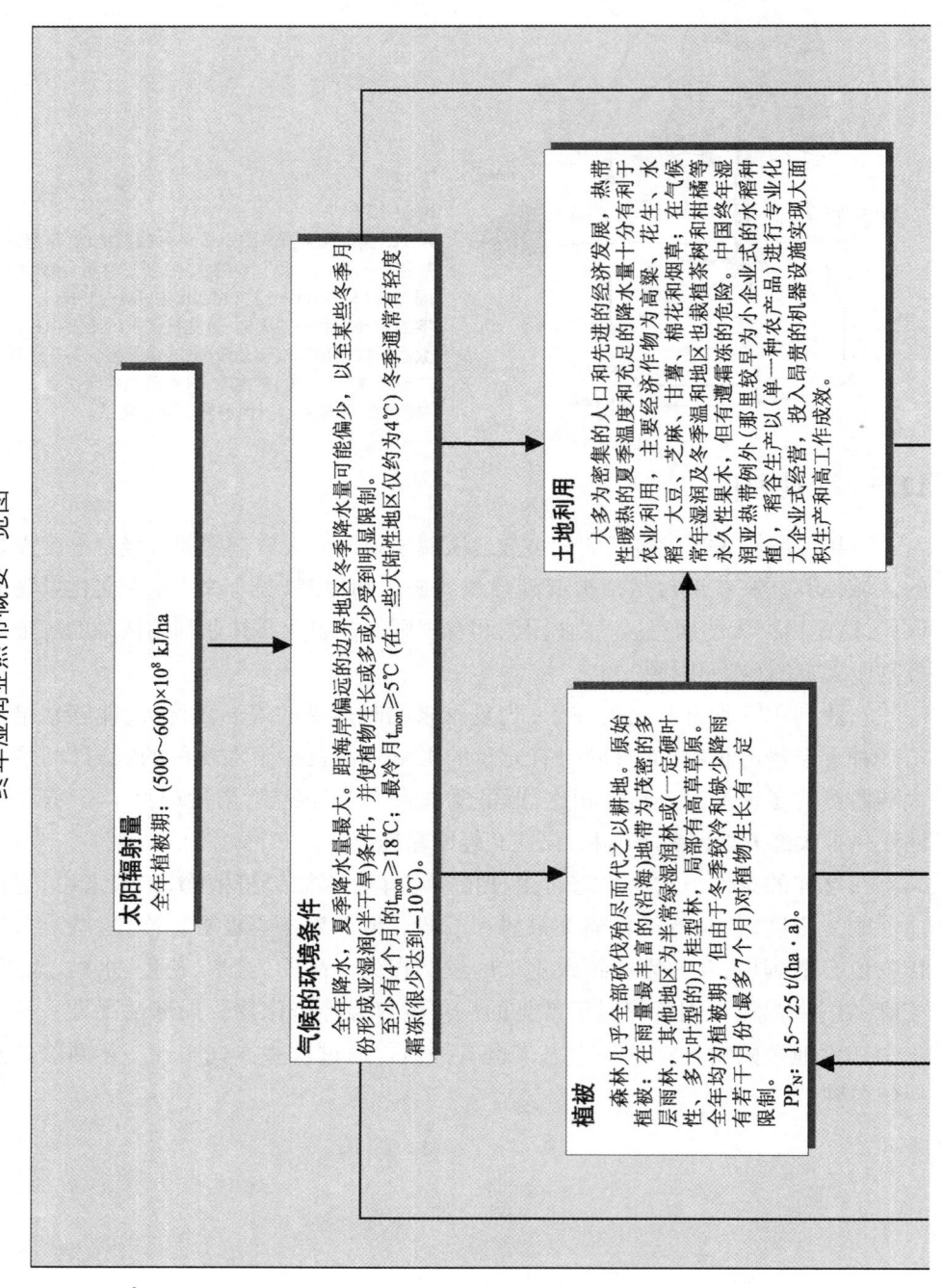

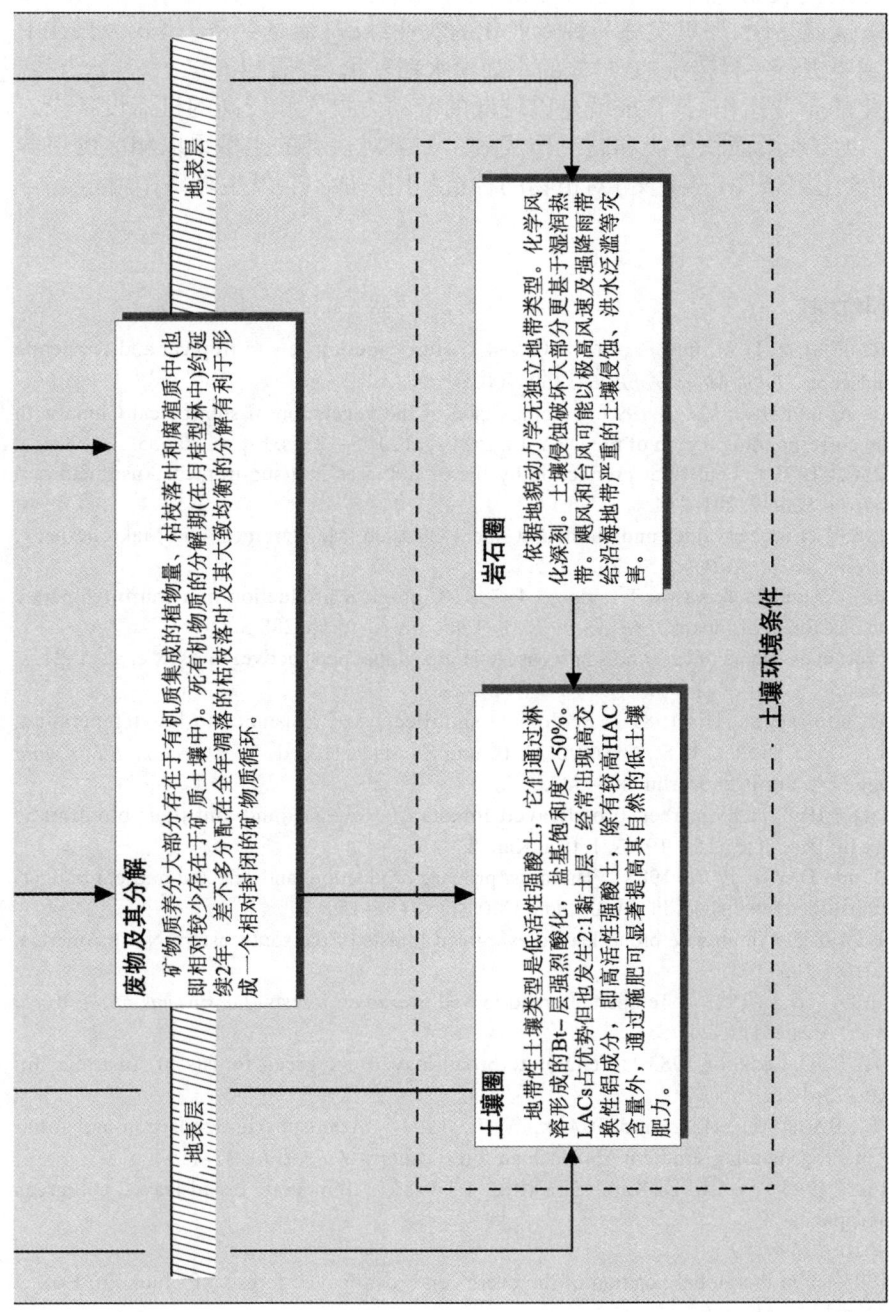

凡是土地利用交给欧洲移民的地方，种植业（比较少的养牛业）通常以现代化管理的中等规模农场（企业）来进行经营，每个农场只生产单一种类的农产品（或畜牧产品），这就是说，那里实施一种**专业化的农业经济**（农场经济）模式。只在中国东南部主要进行一种传统的、早先的小规模水稻种植（参看14.6）。

现代化的企业运作，其特征就是以较低的劳动力投入和较高的机器设备投入进行经营，以实现大面积生产和高工作成效。如果对耕种的土壤采取相应的保养措施，不利的土壤条件（见上文）对植物的种植利用一般不会发生障碍作用。

第12章参考文献

BOOSE, E. R., FOSTER, D. R. und FLUET, M. (1994): Hurricane impacts to tropical and temperate forest landscapes. *Ecol. Monographs* 64, 369–400.

HARTZLER, S. A. und HUO, Y.-Q. (1995): Comparison of the vegetation of subtropical China with that of the corresponding region of the USA. In: BOX et al., 105–123, s. Lit. zu Kap. 5.

HEGARTY, E. E. (1991): Leaf litter production by lianes and trees in a sub-tropical Australian rain forest. *J. Trop. Ecol.* 7, 201–214.

HÜBL, E. (1988): Lorbeerwälder und Hartlaubwälder (Ostasien, Mediterraneis und Makronesien). *Düsseldorfer Geobot. Kolloq.* 5, 3–26.

KIRA, T., ONO, Y. und HOSOKAWA, T. (eds.) (1978): Biological production in a warm-temperate evergreen oak forest of Japan. *JIBP synthesis* 18. Tokio Press, Tokio, 288 S.

–(1995): Forest ecosystems of east and south-east Asia in a global perspective. In: BOX et al., 1–21, s. Lit. zu Kap. 5.

LARCHER, W. und BAUER, H. (1981): Ecological significance of resistance to low temperature. In: LANGE, O. L., NOBEL, P. S., OSMOND, C. B. und ZIEGLER, H. (eds.), *Encyclopedia of plant physiology* 12A, Springer, Berlin, 403–437.

MEURK, C. D. (1995): Evergreen broadleaved forests of New Zealand and their bioclimatic definition. In: BOX et al., 151–197, *s.* Lit. zu Kap. 5.

MONK, C. D. und DAY, F. P. Jr. (1988): Biomass, primary production, and selected nutrient budgets for an undisturbed watershed. In: SWANK und CROSSLEY, 151–159.

OLSON, D. F. (1983): Temperate broad-leaved evergreen forests of the southeastern North America. In: OVINGTON, 103–105.

OVINGTON, J. D. (ed.) (1983): Temperate broad-leaved evergreen forests. *Ecosystems of the World* 10. Elsevier, Amsterdam, 241 S.

– und PRYOR, L. D. (eds.) (1983): Temperate broad-leaved evergreen forests of Australia. In: OVINGTON, 73–101.

POTTER C. S., RAGSDALE, H. L. und SWANK, W. T. (1991): Atmospheric deposition and foliar leaching in a regenerating southern Appalachian forest canopy. *J. Ecol.* 79, 97–115.

READING et al. (1995), *s.* Lit. zu Kap. 15. SATOO, T. (1983): Temperate broad-leaved evergreen forests of Japan. In: OVINGTON, 169–189.

SONG, Y. (1995): On the global position of the evergreen broad-leaved forests of China. In: BOX et al., 69–84, *s.* Lit. zu Kap. 5.

SWANK, W. T. und CROSSLEY, D. A. Jr. (eds.) (1988): Forest hydrology and ecology at Coweeta, *Ecol. Stud.* 66, Springer, Berlin, 469 S.

13 热带/亚热带干旱带

13.1 分布与亚带划分

热带/亚热带干旱带类似于干旱中纬带,所包括地区除了荒漠和半荒漠外,也包括与雨量较多相邻地带之间的半干旱过渡地区(生态带):如附图13.1所示,与夏季湿润热带或终年湿润热带之间的过渡地带为夏季湿润多刺稀树草原(Dornsavannen)和多刺草原(Dornsteppen),而与冬季湿润亚热带之间的过渡地带则为冬季湿润禾草草原(Grassteppen)和灌木草原(Strauchsteppen);前两类(也即夏季湿润多刺稀树草原和多刺草原)夏季湿润生态带也借用源自西非的名称萨赫勒(Sahel)或萨赫勒地带(Sahelzone)。本带总面积计为3 100万 km²,约为地球陆地面积的20.8%。

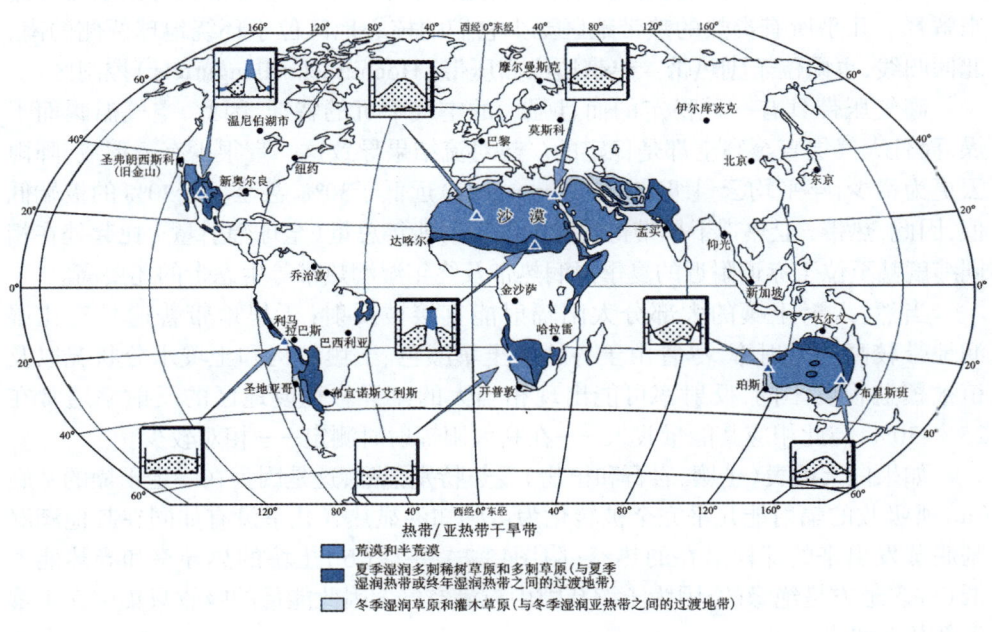

附图 13.1
热带/亚热带干旱带

热带/亚热带干旱带的外部界限[53]及其内部亚带划分取决于表13.1中列举的**年降水量**。朝极地方向边界地带降水量阈值较低,其解释在于那里空气温度比较低,因此相应的植物的蒸发负荷也比较低。

表13.1 热带/亚热带干旱带的外部界限及亚带划分与年降水量的相关(空间位置关系参照附图13.5)

	在 × 带与 × 带之间的界限	年降水量约计数 /mm
朝赤道方向	荒漠—半荒漠	125
	半荒漠—多刺稀树草原	250
	多刺稀树草原—干旱稀树草原 (夏季湿润热带)	500
朝极地方向	荒漠—半荒漠	100
	半荒漠—冬季湿润草原	200
	冬季湿润草原—硬叶灌木林群系 (冬季湿润亚热带)	300

13.2 气候

与干旱中纬带不同,大部分热带和亚热带干旱带的分布直接以行星空气环流来解释。几乎所有炎热的热带地区至少它们的核心地区位于环绕地球两侧的南、北回归线,也即位于**副热带–热带边缘高压带**(Hochdruckzellengürtels)控制区。

高气压带具有一种稳定的而且强大的空气下沉的特征,因此,空气温暖而干燥,而且大气层直至高空都是稳定的。热对流结果导致这一带很少有云形成,降雨云更为稀少,年平均云量级(Bewölkungsgrad)远低于30%,甚至低于20%的极端低值,因此,热带/亚热带干旱带得到的太阳辐射能年总量(全球辐射量),比起处在相同纬度甚至位于赤道附近的夏季湿润热带及终年湿润热带等生态带的还要高。

当然,入射土壤的大部分太阳辐射能直接被反射:干旱地带普遍具有比湿润地带较高的反射率,尽管由于各地的土壤颜色、土壤结构和土壤水分状况以及植被覆盖程度不同,反射率可能出现相当大的差异。荒漠地区的反射率通常在25%~30%,与此相应其能量收入——在高太阳辐射时测定——相对较少。

如果白天**地表**(土壤、岩石和植物)**受热特别强烈**,这是因为在一定干燥的基底(a)所吸收的辐射能几乎完全被转化为可感知的显热,(几乎没有如同在其他潮湿基底蒸发出来的那样潜在的热流;附图13.2),并且(b)土壤的热导率和导热能力低(许多地方是绝缘的,因为土壤孔隙中充满空气),因此能量的吸收只集中在土壤上部几个厘米。

---

53 划分热带/亚热带干旱带与干旱中纬带和与夏季湿润热带的界限可参照10.1和14.1。

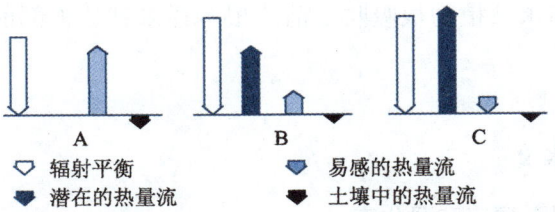

- ▽ 辐射平衡
- ▼ 潜在的热量流
- ▼ 易感的热量流
- ▼ 土壤中的热量流

附图 13.2

在一处荒漠（A）、一处湿润地区（B）和一处绿洲（C）的辐射平衡和能量平衡，均为白天中午时间（RCUSE, 1981）。向下的箭头表示能量收入，向上的箭头表示能量支出。就这方面来说荒漠的能量平衡有一个特点，当其潜在热的支出比例随湿度的降低可能接近于零时，而在湿润气候地区和绿洲最重要的支出恰是能量传输。与此相应，在荒漠地区辐射能的吸收份额导致增温（易感热的传输），相对来说——也是普遍明显的正辐射平衡——其绝对值也是很高的（参照框式图1）。与绿洲和湿润地区比较之下，引人注意的是，潜在热支出在第一种情况下还更高，甚至其在现场的量可能超过所接受的辐射量。由此可以说明，那里的炎热、干燥空气流来源于周围环境提供的（易感）热（移流的能量输入），并以此附加能量用于蒸发和增温（箭头向下所示易感热量流）。同样明显的是，在狭窄的湿润地带由袭夺河（Fremdlingsflüssen）所产生的绿洲效应（Oaseneffekt），这也意味着，水库存水和灌溉项目所消耗的水量可能要比这些地方单独由计算得出的辐射收入大得多

另外，随着地表受热温度不断增高，*热辐射*（Wärmeabstrahlung）也在提高，从而给近地空气层强烈加热，达到无与伦比（"难以忍受"）的程度。

夜间的条件则完全不同：由于空气中的水分含量较低，因此大气的热反射保持在低水平（水蒸气是迄今为止大气最重要的温室气体；参阅第26页），净辐射（有效辐射）也是很高的，夜间导致辐射极端负平衡，随之其后果是温度快速下降，**因此温度日变幅是高的**。与之相应，温度及其变化还引起比较大的风化作用（例如物理风化作用）。

大气的云量级和空气湿度较低导致的另一个后果是，属于该带的全球辐射量中**直接照射**的比例以年平均值计算达到极高的75%（干旱期甚至还更高）。因此，太阳照在倾斜的地面依据其曝光情况辐射变得特别强劲。这里增温和蒸发区分得相当清楚，植被覆盖和风化碎石岩屑（尤其物理风化）的区域性分布格局都是这些差异最为明显的证明。

在一年的过程和不同年份进程中热带/亚热带干旱带这个地带以及从属于它的各个分地区的**降水量**的分配，各地所得到的雨水总量的**变异性**达到最高程度，这就是说，对于植物和动物并因此最终也对于那里生活的许多人来说，降雨是不确定的也是有威胁的，因此，干热的生态系统被视为原始的湿度依赖系统（primär feuchteabhängige Systeme）。而所有其他环境参数如空气温度、太阳辐射量和——山区及沙地附近——土壤矿物养分供应等，在很大程度上而且一年到头都是适宜的（或至少是不受限制的）。

雨量数据的生态学评估，除了它的变异性极大以外，还有**降水效率**也是值得注意的：通常，大约一次降水最少达到10 mm的情况下，植物才能从降水中受益；

否则,在降落的雨水被植物根吸收之前或根本还未到达根部前就已经被蒸发消耗掉了。

13.3 地貌和水文

13.3.1 风化作用、硬壳和风化壳

有关地貌动态 /– 成因方面,**化学风化过程**中许多风化产物和土壤就已经显示较高含盐量,这种情况在所有干旱地区无论如何都是存在的,它们可能出现在缺少冲刷剥蚀残积物覆盖(Abtragung Regolithdecken)的*平原*和*山谷谷底*(Talsohlen)。与机械风化过程相比,这里的化学风化过程甚至居于前位,但是由于几乎经常性的和各地普遍存在的水分匮乏情况,因此从绝对数量级来看,化学风化也仅只有比较小的意义,而且——就整个区域来看——也只起到次要的作用。

另外,它们的产物比其他地方的更难以取代:因为它们几乎不能被带走(被洗净),它们有可能借助地下水的上升运动局部地到达土壤层的近地表处,这些产物在那里日积月累并且可能变硬(verhärten)或发生固结(Verhärtungen)。除了形成源自易溶盐的富集层(主要成分为氯化钠),也还有坚硬的结壳(*duricrusts*),例如来自富含 $CaCO_3$ 的钙结壳、富含 $CaSO_4$ 的石膏壳或富含 SiO_2 类物质的硅结壳。

机械风化过程,例如盐风化和温度风化过程,它们在那些基岩侵蚀经常发生而又表面倾斜的地方占有主导地位。**盐风化**又称盐崩解(Salzsprengung),其作用开始于雨水或露水顺岩石孔隙和裂缝渗入岩石当中之时,并在那里先是(通过水解的风化过程)产生盐分并溶解其他物质,随着干旱期毛管孔隙水的上升运动,这些盐类被带到岩石层外部,在那里它们在消耗完水分或温度下降的情况下结晶。由此产生的结晶压(Kristallisa tionsdruck)效应会使砂岩颗粒状崩裂解体。

来自岩石内部的溶液通过毛管上升,在某些情况下也可能形成有铁氧化物和锰氧化物成分的金属黑色至红棕色的结皮**硬壳**(Hartrinden),又称沙漠漆(Wüstenlack)。

在**温度风化**(温热崩解(Temperatursprengung)、热破碎(Thermoklastik))情况下由于温度改变导致体积变化(热膨胀和收缩)成为在岩石中的张力,这种应力(可能大多数与化学的和其他物理过程结合起作用)可能爆发为*细颗粒状的崩裂*(岩石碎块形成作用(Abgrusen))、*层状薄片裂解*(粗鳞剥作用:从几分米至几米大小厚岩块的分离)或是*岩块解体*(岩石爆裂)。

通过机械风化过程产生一种大如团块小如砂粒**边角锋利的碎石岩屑**,由于雨水径流(通过冲刷剥蚀和侵蚀作用)的搬运能力往往不够强大,以至有或多或少巨厚的碎石岩屑层留存在山地和山区,也常见有**碎石堆**(Blockhalden)保留在山麓地带。在石质沙漠(Hamadas)中此类砾石岩块积累的数量如此庞大,以至山地似乎有遭受"掩没"的威胁。

13.3.2 风沙的进程

干旱和植被贫乏最有利于**风沙的进程**,由此类**活动**产生的地貌类型是最引人注目的,虽然沙漠和半沙漠不是地球上最经常的现象(但是,没有任何地方比在热带/亚热带干旱带那里更常见到沙漠或半沙漠了)。如果流水的地貌学作用非常微小,它们就会引起人们普遍的重视。

风力搬运

风移动**沙粒**,或是直接把它们从地上刮起,在一个(很少超过1 m 高的)低浅拉长的曲线路径上,以分段方式(跳跃地)携带行进,也即跃移(Saltation)搬运,或是间接地通过跃动沙粒的跌落碰撞效应以每次几毫米短距离地向前移动,这种移动不断反复进行就像是一种爬行运动,也即**蠕动**(Reptation)搬运(附图13.3)。在沙粒移动方式中跃移搬运与蠕动搬运的比例大约为3∶1。

就沙粒而言其不同在于,尘(Staub;大小约仅如粉尘)"作为真正的悬移质通过空气的湍流保持悬浮状态并被运送到极大的高度和遥远的距离"(据阿纳特(AHNERT)2003,参看第121页)。

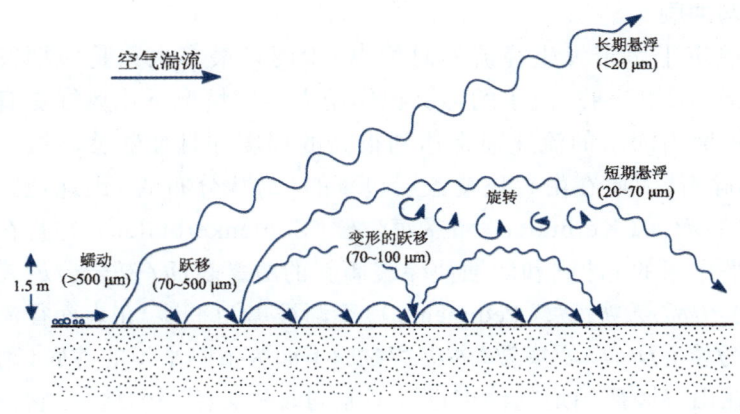

附图 13.3
风运输的类型(派伊(PYE),1987),资料数值是指每种运动小颗粒的直径

风沙侵蚀过程和堆积过程

风的地貌学作用可以划分为三个子过程,每个子过程各自形成其独特的类型:风蚀(Deflation)、风力磨蚀(Windschliff)和风成沉积(Windablagerung)。

风蚀(Deflation)也即松散物质的吹蚀(Ausblasung)或风力吹蚀(Auswehung)之意,开始于每次风的活动。在大面积侵蚀的情况下,它们能够——通过选择性的对源自原始未分选风化壳的细粒物质的吹蚀作用——导致形成广大的*沙漠砾石盖层*(Wüstenpflastern)(沙漠陆地表面的砾石覆盖层(Steinpflaster))或——底部为细物质的——*风蚀盆地*(平坦的,大多为伸长的空心形),成为当地*风蚀细沟*(Windrisse)形成的原因(最初是沙丘(Dünen)上狭窄的缺口)。有些所谓的石漠

（Kieswüsten）（也即砾漠（Serir）或砾质沙漠（Reg））遭受风蚀，至少是在这类风蚀细沟协助下产生的。

由风传输运送的沙粒对岩石和石块起着一种磨削的作用，这与喷沙效果类似。这类由风运输的作用称为风磨蚀（风刻蚀（Windkorrasion）或风研磨（Windabrasion）），其子过程合乎自然规律的局限在跃移的高度范围内，也即大部分沙尘暴只达到几十厘米高（最多约达2 m），因此只作用于岩石的基座部分，但在那里它能刻蚀造成深深的凹沟，从而导致所谓蘑菇岩（Pilzfelsen）的形成，如果磨蚀的风变换于各个方向并作用于单独竖立的孤岩基部的话。反过来，如果对基岩进行磨蚀的强大主导风向总是一定的，这就可能形成*雅丹地貌*（Yardangs），这是一些连续的流线形的磨蚀脊，它们通过狭窄的风道彼此分开。位于地面上的棱面状磨蚀的单块岩石被称为*风磨石或风棱石*（Windkanter）。

通过**无数沙粒的风成沉积**形成了平常所说的沙丘，一座座沙丘通常连接一起成为庞然大物。有些地方这类沙漠（砂质沙漠（Ergs））占据的面积超过上千平方千米，但它们所占荒漠面积的比例还很少有超过百分之几的（最多百分之十几）。

13.3.3　河流做功与冲刷

尽管热带/亚热带干旱带发生径流的时候[54]很少而且最多也只是短期发生，然而，即使在最干旱地区通过流水的再沉积作用大多数情况下比风蚀更有意义，这是因为在短期内河水的流速通常达到很高的程度并且能够移动搬运相当数量的沙子和碎石，因此在由岩块覆盖层包裹的（岛状分布的）山地地区总是也有深切割的*V形谷*（Kerbtäler）和*谷底沟槽*（Sohlenkerbtäler），并且在山前地带由于（夷平作用的）冲刷和侧蚀使徐缓倾斜的*山麓表面*（*基岩山麓表面*（Felsfußflächen）、*山前侵蚀平原*（Pedimente））逐渐被夷为平地，在表面径流基准面或*用做排水的堰塞洼地*（*堰塞湖*）的沉积盆地下面为下陷平坦的谷底（附图13.4）。在那里，在山谷脱离山地的约束进入平原同时失去落差的地方，它们所携带的一部分物质便会沉积下来，通常情况下这些物质建造成巨大的*冲积扇*（Schwemmfächer）（*石漠，砾质荒漠*）或者比较陡斜的*冲积锥*（Schwemmkegel）。由于河流的涌水量只是冲击式的，它们的物质主要由粗大石块组成，几乎没有边缘磨圆了的砾石和砂子。

54　除了袭夺河外，干旱地区的径流是一种典型的短促运行的径流，这就是说，它主要从表面（或近表面）将流入的雨水补充给河流，也即径流发生是和一定降水事件密切相关的，而且一旦降雨停止，径流很快也就停止了（但地下径流可能保持较长时间）。

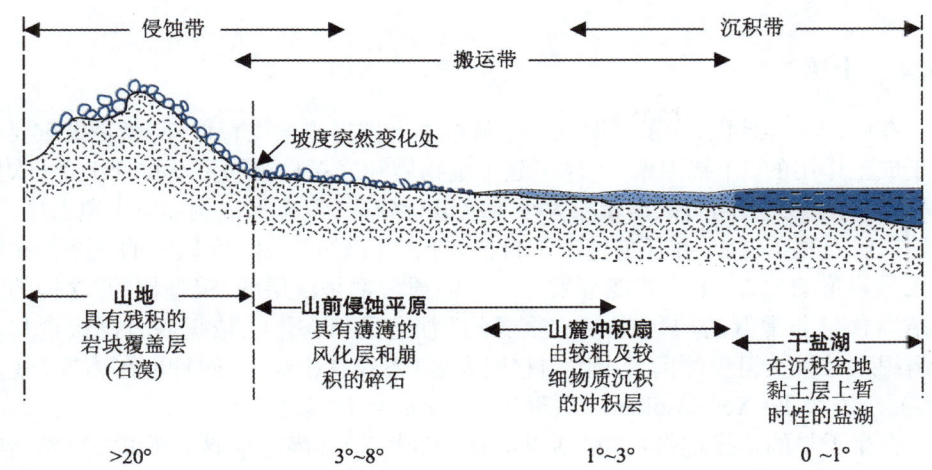

附图 13.4
干旱地带典型的地貌系列（arid–morphologische Catena）。度数等于大致的倾斜坡度

在（长度足够并发生降水事件的）一片山坡上搬运砾石的数量**取决于地表流过的水量,（特别是）坡顶的距离和坡面的渗透能力**。山坡的最上面雨水渗透差（因为到处有大量岩石），从山坡坡面流下来的所有雨水几乎全部只由于蒸发损耗而减少。也就是说，地表径流增加来自降水的补给和上面的流入，与坡段长度线性相关。只有当山坡被崩积层覆盖，这才开始发生值得一提的渗透作用。而后通常坡积层逐渐增厚，一旦地表的渗透能力超过降水率，地表径流便降低下来。自此土壤不仅接受直接来到的雨水，而且还能接受附加流入的来水。哪一种山坡可能出现这种情况，取决于风化层的渗透性及其厚度（吸水能力）。植被（尤其是覆盖度比较高的植被）显示得很明显，它们所在之处绝大部分地表径流来水都渗透入土壤中，从而形成一处相对潮湿的坡段，因此，它同时表明坡地形态动力学的空间变化过程（从侵蚀到沉积）。山坡向下在来水水流停止的地方，利好地带也就在那里结束。

热带/亚热带干旱带与夏季湿润热带同样以表面侵蚀为主（参阅14.3.1），两者的不同在于，在干旱地带风化壳和山前侵蚀平原的崩积上覆层以及山麓冲积扇的冲积堆积物都是比较粗粒的，因为岩石的化学处理进行得比较慢，从而减少了冲刷剥蚀作用的有效性，此外可用于进行剥蚀作用的水量也比较少。在干旱地区显然极少融合的毗邻的山前侵蚀平原或一片山地的放射状山前侵蚀平原在它们枯竭后成为宽广的（由各个山前侵蚀平原组成的）**山麓侵蚀平原**（Pediplains）。因此,干旱地区准平原化的面积通常不是独立的地貌元素，如同所描述的，它们大多是一个类似链条序列的中间环节。

13.4 土壤

在极端干旱地区，除了一般性干旱从根本上推迟土壤发育以外，风是最重要的对于成土作用的"干扰因素"。风引起土壤物质和岩石材料的重新排列组合（吹拢聚积和吹蚀散去），同时依据颗粒大小等级进行分选（以至形成例如黄土覆盖层、飞沙地或砾石覆盖层）。在任何情况下自比较长一段时间以来，在风沙的重新排布已经无足轻重的地方，土壤才能够发育。它们通常都是浅层的、粗颗粒的、含盐的和腐殖质含量非常低的（只有一个"很弱的"淡色的 A- 层）。依据联合国粮食与农业组织 - 教科文组织的世界土壤图它们大多（不仅在中纬带，而且也在热带/亚热带）属于漠境土（Yermosolen）（西班牙语 yermo = 荒漠之意）。

在**半干旱的边缘地带**（多刺稀树草原、多刺草原和灌木草原），那里在自然情况下或多或少具有封闭的植被覆盖，风对于成土过程几乎还起不了多大作用。那里更重要的是**水的因素**，经过降水的再分配（作为降雨后地表径流的结果）和通过与此相关的冲刷和沉积作用，可能导致土壤中湿度差异的可观变化以及（冲击式的）相当显著的物质重新排列。在这种条件下，土壤发育进程就有了分异，这里最普遍分布的是——仍然依据联合国粮食与农业组织 - 教科文组织的世界土壤图——具有略发育但仍然还很"弱"的淡色 A- 层的干旱土（Xerosole）。

在联合国粮食与农业组织（FAO, 1988）和世界土壤资源参比基础（WRB, 1998）新的土壤分类中，干旱土和漠境土不再被列入，这些从前归纳一起的土壤类型（土壤单元），如今依据它们的特殊属性（例如石灰性的、漠境的（yermic）、粗骨的）分别归到冲积土、薄层土、雏形土、砂性土、疏松岩性土等，或者作为钙积土、石膏土和硅胶结土等提升为独立的*主要土壤类群*等级（参看框式图2）。此外，如同在干旱中纬带，本带也发生有盐土和碱土（参看10.4.2），而且在多刺稀树草原，也即在本带与夏季湿润热带的边界地带也发生有典型的变性土（参看14.4.2）。

砂性土（Arenosole；拉丁语 *arena* = 砂之意），是一些粗粒构造的（砂性的）极端缺少细粒物质的土壤类型，它们是源自（风蚀或海相的）重新组合或在原产地由富含石英的岩石通过风化作用形成砂而后发育来的，土壤剖面几乎难以区分，弱腐殖质的（因此大多颜色明亮）A- 层（淡色的 A- 层）外，可能跟着有一个微弱发育的 B- 层。

钙积土、石膏土和硅胶结土（Durisole）（拉丁语 *durus* = 硬的）均以其土壤下部沉积有碳酸钙、亚硫酸钙或氧化硅（次生石英，蛋白石）为特征，沉积的这些物质是通过源自表层土壤相应的溶解产物（随同渗滤水一起）向下位移而出现的，它们的坚实度可能是粉状松散的至水泥般坚硬的，其形状为结核（Nodulen）或结壳（Krusten）（硅质壳；参看第13.3.1）。所有这三个土壤单元在热带/亚热带半干旱过渡地带都有其主要分布区，但也（较少地）发生在干旱中纬带边缘地带。那些在热带/亚热带干旱带多刺稀树草原和多刺草原及灌木草原所提到的富含腐殖质的黑土、黑钙土和栗钙土，相反在本带则都缺失不见；所有发生在这个生态带的土壤类型全都是非常贫腐殖质的。

13.5 植被和动物界

热带/亚热带干旱带大约有3/5被**荒漠**和**半荒漠**所占据，与此相应以下介绍的重点就在于此。

半干旱的边缘带依据其所处为冬雨区还是夏雨区，也即其所获得的是冬季雨量还是夏季雨量而加以区分，这就是说，一方面为地中海式亚热带**禾草草原**和**灌木草原**，另一方面是亚热带或热带**多刺草原**和**多刺稀树草原**。禾草草原和灌木草原处在连接热带/亚热带朝极地方向的荒漠和半荒漠的地方，在那里它们与冬季湿润亚热带邻接，而朝赤道方向的热带多刺稀树草原处在与夏季湿润热带*真正的*稀树草原(Savannen)连接的过渡区域。相反，亚热带多刺草原的主要分布区位于亚热带荒漠/半荒漠的东部，在与常年湿润亚热带的过渡地区(附图13.5)，从那里它们朝赤道方向紧密衔接，无缝隙地进入多刺稀树草原地带(参看附图13.1)。

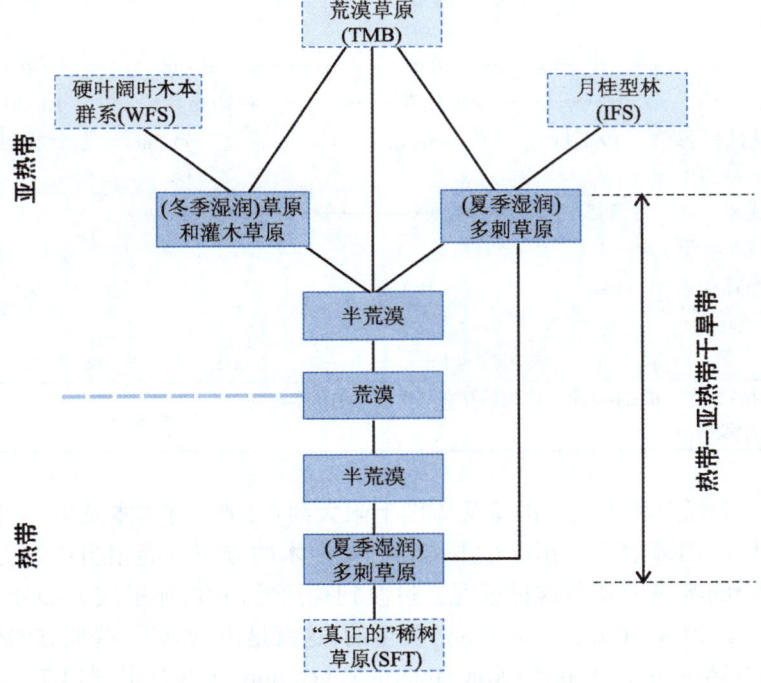

附图 13.5
热带/亚热带植被结构概观，包括与周边生态带连接的植物群系(TMB = 干旱中纬带，WFS = 冬季湿润亚热带，IFS = 终年湿润亚热带，SFT = 夏季湿润热带)。这种排列符合北半球典型地理位置的关系，如同它们由热带/亚热带大气候的分化派生而来。对于南半球来说，北－南序列转换了180°，但西－东序列不变，后者在两个半球排列顺序是相同的。在周边植物群系之间(见虚线所连接的方框之间)通常形成宽的迁渡带，它们是不可能以线条式来划分开的

上述植物群系类型界限的划分可以依据黑麦草植被（perennen Vegetation）的盖度以及是否存在树木和树木的分布情况而定（表13.2）。

表13.2　热带/亚热带干旱带依据植被特征（另参照表13.1）的亚带划分，与夏季湿润热带稀树草原比较

特征	荒漠	半荒漠	多刺稀树草原 多刺草原 灌木草原	夏季湿润热带 "真正的"稀树 草原
植被盖度/%	大多数<10	10~50	>50,但有空隙	100
草本层的分布（类禾草植物[a]和矮灌木）	萎缩性植被	←——扩散性植被——→		密闭性植被
草本层地上芽植物的数量比例/%		←——大多远>50——→		接近零
一年生植物	种类丰富	←——————————→		种类贫乏
乔木的分布	线状（干河谷,山麓）		簇状至远距离的	
生长高度				
– 草本层	←———<50 cm———→		<80 cm	80至>200 cm
– 乔木层		少数几米	5~10 m	10~20 m
类禾草植物量（每单位面积）	极端低	很低	最高2~5 t/ha	大多数>5 t/ha
根/枝芽比率	2~5	←——————————→		≈1
$PP_{N\,地面上的}$（禾草类）				
– 每毫米年降水量/（kg·ha^{-1}·a^{-1}）[b]	0~1	1~3	4	5~7.5
– 总量	←——大多数<1——→		1~2.5	>2.5

a　类禾草植物,这里指:禾草草原带包括存在其中的其他草本植物。
b　雨量利用效率。

● 适用于荒漠和半荒漠的草丛盖度上限大约在50%,有树木发生,但集中于干河谷和山区的山麓地带。相反草本植物和矮灌木的分布可能相当均匀、扩散。平常人们所说的半荒漠就是这种情况。过渡到荒漠的地方,那里较大部分有关面积是没有永久性植被（Dauervegetation）发生的,这就是说,那里一些地方的植物生长成为一种总体的萎缩性植被（kontrahierte Vegetation）（参看附图13.7），通常这些地区植被覆盖面积低于10%。在极端的荒漠甚至不生长任何植物（至少缺少比较高等的植物）。

● 草类盖度超过50%的地方（但群落依然是有空隙的,这点和真正的稀树草原不同）就是上面提到的草原类型（Steppentypen）或多刺稀树草原（Dornsavannen）。

此外,它们还有其他特点,例如树木由线形的成为(在洼地中)簇状的最终过渡成为面状的分布格局,并从而可能成为各处占主导的景观组成部分。

13.5.1　植被与土壤水平衡

水的可利用性可能有区域性的和地方性的显著差异,气候的水量平衡(主要差别在于野外降水量和潜在蒸发量)是预先确定的。对此植被的反应也有引人注目的分异,其差距至少达到前面阐述过的那些地带的差异程度。

水的可利用性依赖于地表径流和地面汇流

由于本带植被稀少,即使最好的植被覆盖状况也是有间隙的,因此降雨时雨滴直接落到地面上,特别是如果降落的为粗大雨滴,在降雨的地方,它们引起沙粒、泥土颗粒和黏粒或甚至土壤小团块彼此泼洒或抛扔挪移(**溅蚀－过程**(Splash–Prozess)),其结果造成土壤表面泥沙淤积,并由此使土壤的渗透性能明显降低。因此,干旱地区(也包括干湿交替地区,也即仅季节性干旱的地区)具有一种共同的特征,这就是有很高比例的降水份额不在它们降落的地方渗透入土壤中,而是顺着即使仅微弱倾斜坡地的地表流走,并流入干盐湖、干河谷或山脉的山麓地带(参照附图4.3)。

这些流走的雨水比例有多高,这也就是所谓**径流系数**(Abflussverhältnis)或者**径流因数**(Abflussfaktor)(即径流与降水量之比)的大小,它们取决于降水的强度、局部地区的倾斜程度、植被的覆盖度(地面粗糙度)和土壤结构特征及其深层基底的特点。后者基本上决定着**最大可能入渗率**(Infiltrationsrate),也即渗透能力,这也就是说,每一时间单位一次降水事件最初和随后进展的雨水的数量及一次降水持续期可能入渗至土壤中的雨水量。如果风化壳是细粒的(亚黏土质的、黏土质的或单纯岩石的)而且降水发生在陡峻的山坡地和植被盖度低的地方,径流系数是高的。

地表径流加剧地方性干旱程度,但或多或少导致另一个地方湿润的湿度条件(其流入量总计可能数倍于当地直接的降水量)。从荒漠植物和荒漠动物的生活条件看来,在空间方面**雨水的集中**基本上是有利的:只有这样至少形成一些暂时性的地形序列和土壤序列具有湿润条件的地段,在这样的情况下生命的延续和发展才有可能。

水的可利用性取决于土壤结构和土壤深度

土壤结构并非只影响渗透能力,它们同样决定有关的渗透水的继续存留,因为它们也与土壤吸水能力有关。

如果**土壤结构细致**并且因此田间持水量高,如此一来,水的渗透深度(和与此相应的可能湿透的土壤体积)是浅而小的;而后相对大部分的黏附水可能随毛细管上升通过蒸发而失去,或者由于同植物的结合力比较强而不能利用(见前面的附图4.4)。

在**土壤结构粗糙**并且因此田间持水量比较低的情况下,条件正好反过来:水可能渗透到土壤深处或至少比较深处（也即渗透分布的土壤体积较大）；因为占优势的只是微弱的与土壤颗粒的联系，几乎所有的水原则上均为可利用水，并且通过最上面干燥的土层保护下部土壤以免进一步蒸发（无毛细管吸力）（附图13.6）。在干旱地区许多土壤存在于岩石碎屑或沙子之上——在其他条件可比的状况下——因此它们比黏土材料丰富的土壤水平衡条件更为有利（前提条件是生根要达到足够深度）。

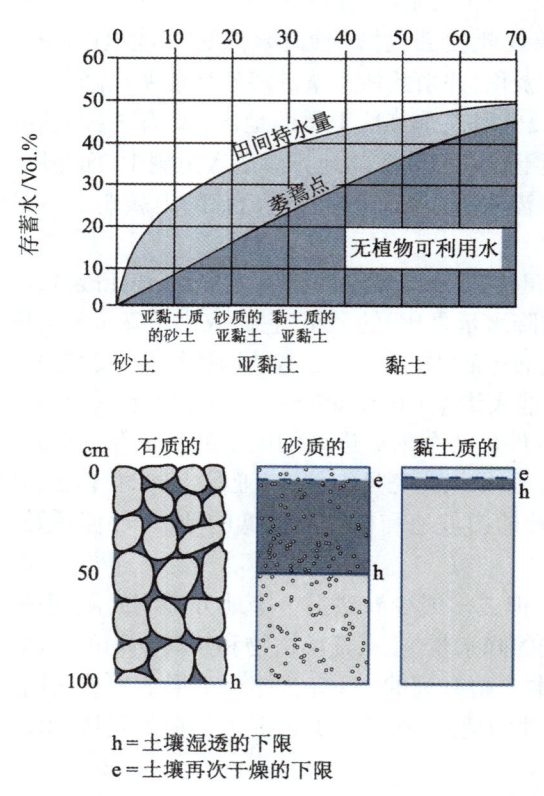

附图 13.6

由不同颗粒粒级组成的土壤的蓄水性（依据阿赫特尼希（ACHTNICH）和 卢肯（LÜKEN），1986；瓦尔特（WALTER）和 布雷克勒（BRECKLE），1983）。最大的吸附水量（田间持水量）随粒级的降低而增加，也即在黏粒丰富的土壤中最大吸附水量大于砂质的和石质的土壤（在这些柱状图中，假设：黏土质50%，砂质的10%，石质的5%），在相同的雨量情况下（假设：50 mm），由此，土壤基质颗粒越粗大，水的渗透就越深（黏土质的10 cm，砂质的50 cm，石质的100 cm）。渗透入土壤中的水原则上只有一部分是植物能够利用的，就是土壤中那部分吸附水或与毛管连接的水（基质势（Matrixpotential））低于15~60 bar（依据所在植物的根吸收压或渗透势（osmotisches Potential））（也参照附图4.4）。关于对比各种田间持水量这部分，细颗粒土壤很明显的低于亚黏土质的土壤；砂质土壤中所有黏附水是可利用的（参阅4.2）。不可用的也是那些近地表的黏附水，这部分水在它们被植物吸收之前可能就已经蒸发失去了。这种损失最大的是黏土质土壤（在假设的例子中大约损失50%），相反砂质土壤这种损失少得多（约10%），至于岩石基质土壤的损失几乎为零（0%），其毛管上升水接近于零

水的可利用性取决于土壤含盐量、盐胁迫

水的侧向流入对于植物并不总是有益的，因为它们往往与**易溶性盐类**的导入有联系。许多物种对土壤盐化的反应是敏感的，尽管它们当中虽然有些属于专性的**盐生植物**（Halophyten）（见第220页），具有不同的能力以应对含盐生境。与此相应，依据盐负荷（盐胁迫，见10.4.2）而出现的植被覆盖的分异可能是镶嵌状的，或是环绕盐洼地的镶边状的，或者沿着干旱的河床排列。

水的可利用性与植物间距有关,萎缩性的植被

对于个别单株植物的水分供应而言,其周边植物的生长距离也是重要的,因为这在很大程度上决定着作为根区土壤体积的大小,因此可用于对水分的吸收。如果植物间距更大,这样理论上它就有机会通过其根系更茂盛的发育来或多或少弥补降水的赤字。

实际上在干旱地区适应于土壤表面一种有间隙植物群落的是一种密集得多、经常出现的**无间隙的土壤的生根**系统;如此这也就存在根(为了水分)的竞争,代替分布于湿润地区的植物枝叶(为了光线)的竞争。

因此,随着地区性的干旱不断加剧,植物之间始终保持更远的距离,这可以作为一种适应来理解。只有当一个扩大的根区不再能够单独给植物充足供水(年降水量自不足100~125 mm),**扩散型的植物分布**(diffuse Pflanzenverbreitung)即行停止,而只在那些土壤有地表水并适于保存土壤水分的地方,那里土壤可能出现较大的湿度,因而有可能使植物生长发育,这就是说,这会在无植被的地面上形成斑点状的或线状的**萎缩性植被**(附图13.7)。

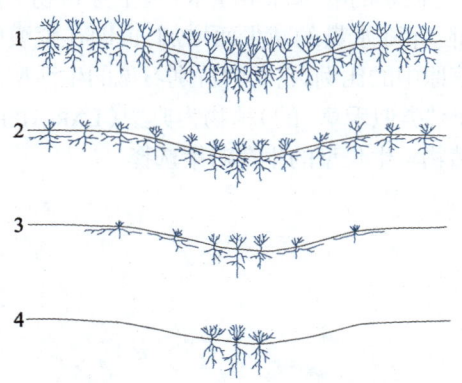

附图 13.7

在极端干旱地区假定降水量减少情况下,一处扩散性植被(1、2)过渡为萎缩性植被(3、4)的示意图(引自 WALTER 和 BRECKLE,1983)。与干旱程度较低的多刺稀树草原和多刺草原相对比,在半荒漠中植物彼此之间拉开距离(这是在扩散),因此个别单株植物得以发展更大的根区用以及收可利用水。在典型的荒漠中(萎缩性的)植物生长局限于某些地方,那里水汇集地表(或也可能汇流于地下,例如在间歇谷)。生根深度相当于土壤湿透的深度(或潜水埋深)

依据植物种类的习性偏好或有利情况,萎缩植被可能是有间隙(半荒漠状的)至封闭的(类似草原或稀树草原植被);在黏质土地区以根系强大和相对平整的禾草占优势,沙质土地区的乔木具有强大的深根系。

13.5.2 生活型:对干旱和盐胁迫的适应

适应于干旱胁迫和盐胁迫生物本身发展了各种各样的生存方式(附图13.8)。避旱耐旱植物奉行的生存策略是,在通常比较短的生长有利期间内完成它们的发育,避开随后到来的干旱胁迫,以此防止发生旱灾危险。许多种(如同木质的草本植物)黑麦草类(perenne)具有延缓干旱及贮蓄水分的能力。变水植物(Poikilohydre Pflanzen)能够耐受生境的干旱而不受损害地生活。旱生盐生植物(Xerophytische Halophyten)既能够适应土壤水分的缺乏也能在高盐浓度土壤中生存。

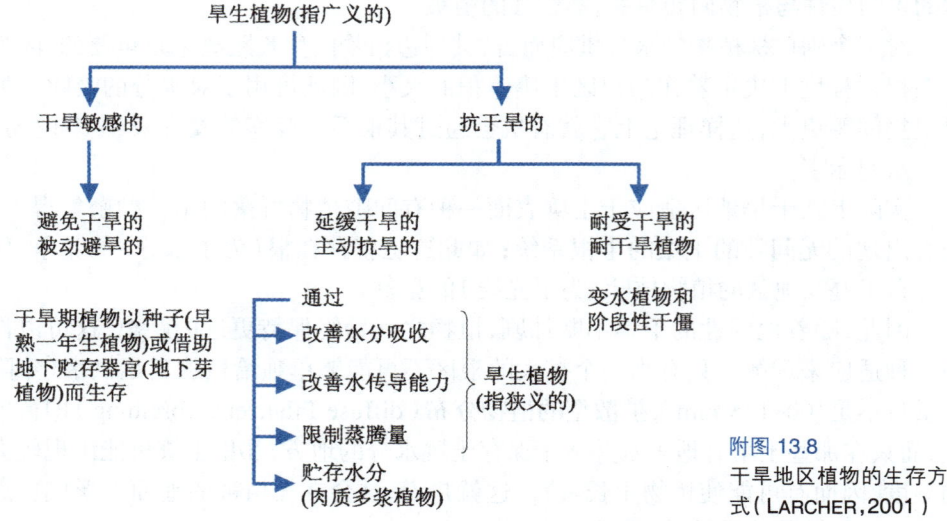

附图 13.8 干旱地区植物的生存方式（LARCHER，2001）

一般情况下，这里的**木本植物**——通常为低矮的灌木和半灌木（地上芽植物），但也有乔木——以及一年生植物，它们的比例随年降水量的减少而增加，也即在荒漠中它们所占比例大于在禾草草原和多刺稀树草原中的比例，它们中特别习见的生活型为多年生（地面芽）植物，主要以似禾草类（外形"类似禾草"的）植物为典型（LARCHER，2001）。附图13.9显示一系列典型旱生木本植物–生长型的生存对策选择。

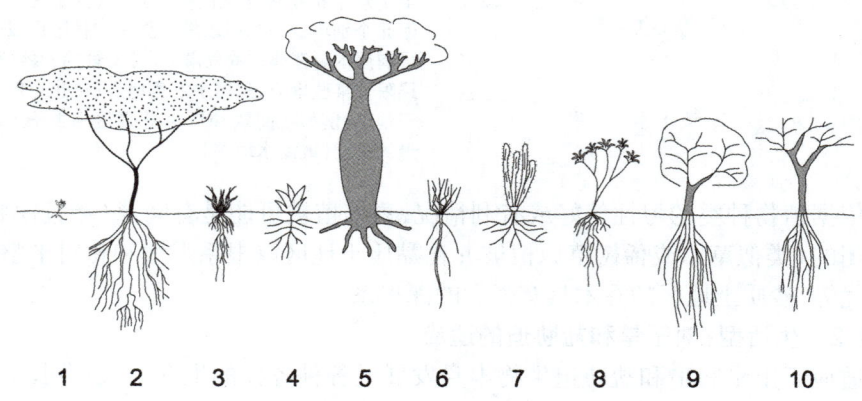

附图 13.9

多刺–肉质多浆–稀树草原一些特征性生长型（LARCHER，2001；以及其他文献）。1. 早熟一年生植物；2. 多刺细羽状叶–伞形树冠的乔木／灌木（金合欢型）；3. 新生芽有叶鞘保护和根系伸展很远的硬叶禾草类（芒草型）；4. 叶肉质多浆植物（龙舌兰型／景天属植物型）；5. 贮水木本植物，几吨重粗壮的落叶阔叶乔木（猴面包属型／木棉树型）；6. 棒状灌木（雷塔马型／Retama-Typ））；7. 茎秆肉质多浆（仙人掌型／大戟型）；8. 具肉质多浆叶的舍普夫树（Schopfbäume）；9. 具有根系延伸很深的常绿乔木／灌木（硬性叶型），具刺（橡形木属型）；10. 雨绿，通常具刺的乔木／灌木（没药属型）

在太阳供能丰富条件下,不同生活型植物可能在降水发生后短时间内表现出相当不同的反应(附图13.10)。

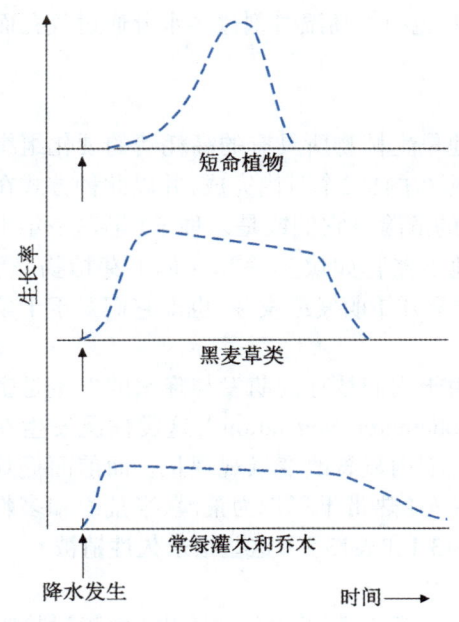

附图 13.10

在干旱地区一次(足够大的)降水事件发生之后短命植物、黑麦草类和常绿木本植物的生长模式(据路德维希(LUDWIG)等,1997)。通常短命植物的反应(参看下面"避旱旱生植物")为具有最高的光合作用效率,而常绿木本植物的反应是光合作用效率最低。相应的,短命植物的生长曲线短期内升至最高,但它们的有关这种升高总是在降雨事件发生后比较晚才开始,并且最初比其他ㄐ活型升高的比较弱,这是因为必须等到种子萌发或地下维持生命的器官发芽抽条并形成用以同化的叶片后,植物的生长率才能提高;而且短命植物生长曲线结束得比较早,因为它们的蒸腾付出几乎不可能节流,因此土壤中的贮存水比较其他地方更快地被消耗掉。就蒸腾限制方面来看,对于黑麦草类一定的土壤湿度保留时间比较长,同样意味着它们的生长时间也比较长。防止蒸腾的作用越好,对植物生长就越有利

耐受干旱的旱生植物

许多低等的(例如藻类、地衣等)和一些较高等植物遭受干旱胁迫时以一种潜在生活状态(干僵)来度过,及至又有了可利用水的时候,它们才重新活跃/挺立起来。

延缓干旱的旱生植物

这类植物以具有调控支持水平衡的性质为其特征,其中不仅在叶片枝芽方面具有限制蒸腾的特征,而且在根系方面也具保障吸水的能力。例如许多木本植物具有羽状的、旱生形态的叶片(见11.5.2),叶片旱季时凋落。相对于根吸收压只有 10~20 bar 的中生植物,此类旱生植物根吸收压可能高达60 bar 以上(LARCHER, 2001)。它们通常生长迟缓,因为蒸腾作用的限制也减少了对矿物质的吸收和光合作用的气体交换。相应的,随着降水量的减少干旱地区的植被生长高度自然也就降低。

肉质多浆的旱生植物

此类植物具有附加的贮存水分的能力,水可以贮存在叶片、主干/茎秆或根部,据此可分为叶肉质多浆、茎秆肉质多浆和根肉质多浆植物。另外,随着植株茎秆或茎秆部分的肉质化,其光合作用活跃的表面的植物量相对变小,这方面最明显的莫过于在茎秆肉质多浆植物中的情况,它们不形成叶片而具有很多刺,例

如仙人掌类植物(Kakteen),与此相应它们的生长速度是极其缓慢的。

就这方面来说,仙人掌类(与其他一些植物种类一起)也属一类极端的例子:它们总是以头一天夜晚吸收的二氧化碳来进行光合作用,因此在白天植物的气孔可以保持关闭状态。这类植物以此种方式避免中午高温时刻过多水分通过气孔而蒸腾损失。

避旱的旱生植物

这类植物具有中生结构,并不形成其他旱生植物所具有的高耗费的硬化组织和旱生形态结构。它们全部发育过程能在短短的1~2个月内完成,并以此种方式在短暂供水很快结束时避免因遭干旱而萎蔫的危险。它们或是以种子(早熟一年生植物(Pluviotherophyten))的形式或是以地下器官如块茎、鳞茎(地下芽植物)等形式来渡过干旱期间,在重新降雨后它们才又开始萌发或发芽,也即它们对于干旱的适应属于功能性类型而非结构性的类型。

早熟型一年生植物以及地下芽植物,由于它们枝芽的萌发与降水的发生是密切相关的,只是暂时性地属于**短命植被**(ephemeren Vegetation),这类情况发生在所有干旱地区,并且短命植物群落能够在短期内显著改变景观现状。而前面提到的与降水相联系的植被盖度,据此划分热带/亚热带干旱带为荒漠、半荒漠和多刺稀树草原或多刺草原/冬季湿润草原(见表13.1和表13.2),这些指**永久性植被**。

旱生－盐生植物

在强烈含盐地区植物类群出现的问题,一部分在于生理的障碍(由于过量吸收Na^+和Cl^-),另一部分在于土壤水强大的渗透压导致加重植物根吸收水分的困难,这就是在高含盐地区植物类群必须面对的适应盐度的主要问题。盐生植物在吸收盐分的同时降低本身的渗透势,以保持从土壤到植物根部的渗透势梯度,从而解决上述后一个问题。为避免遭受盐害,植物在其经受高盐浓度威胁的茎秆和/或叶片组织中存贮大量水分,并以此方式降低其植物体含盐量至可耐受的程度,这类适应的有效性导致盐生肉质多浆植物(Salzsukkulenz)在盐土地区的广泛分布。另有一些植物种类(例如柽柳(Tamarisken))具有分泌排出植物体内多余盐分的能力。

13.5.3 荒漠动物界

荒漠地带动物群的数量较少,相应于植被生长动力在广阔界限内的高度变动,动物量(在低水平范围内)波动。因此,虽然消费者对于生态系统物质的周转有时候有些地方也是很不均衡的,但平均量仍很低,通过动物取食返回系统参与循环的最多仅为植物量的2%。因此,动物和植物之间的相互关系数量方面相对来说是微不足道的,这一个或另一个生物组成部分质量的变化对于其他系统几乎不起什么作用。

在荒漠中动物需要**特殊的能力以节省它们身体水分的消耗及调节它们的体温**。它们的这些能力的达成,部分通过其形态的或/和生理的适应,部分通过其行为生态的适应。比如,它们至少在一天中的极端高温时刻和可能的寒冷的夜晚(在中纬度地区荒漠甚至在极端寒冷的冬季),躲避在土壤中或沙土里。在好似装了空调的洞穴小生境中(里面具有较高空气湿度和较适宜的温度),动物能够更好地渡过不良条件下的胁迫状况。

大型哺乳动物热应激的表现为:首先,相对于它们的体重,其吸热量较低于体型比较小的动物;其次,通过蒸发作用它们过热的身体更容易降温。然而对于小型动物此种对策是不适宜的,因为降温所需的蒸发量相对于它们较小的体重是过于大了(附图13.11)。因此,在炎热干燥的野外条件下,大多数节肢动物和小型脊椎动物也由于这个原因只在夜间活动。

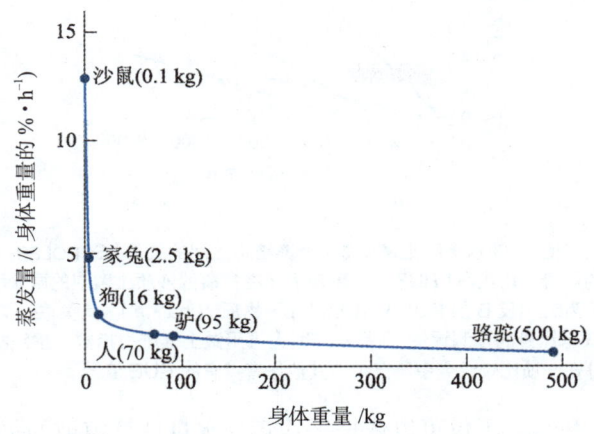

附图13.11
在热胁迫情况下哺乳动物投入用以维持它们体温的蒸发平均值,为此必要的水量取决于它们吸热的面积,后者随它们的表面积与体重之比而增加,因此体型较小的动物相对于它们的体重比体型较大的动物需要蒸发更多的水分。依据图形所示,例如0.1 kg重的沙鼠(啮齿类)每小时因蒸发水分丧失其体重的13%,相反体重500 kg的骆驼经过相同时间仅损失0.8%(LOVEGROVE,1993)。这种计算所依据的假设是,每平方厘米体表面积热流量(Wärmefluss)在所有情况下是相同的,因此对于每种动物这与它的体表面积大小成正比例,而每千克体重吸收热量与其体表面积则是反比例的关系

13.5.4 植物量和初级生产量

热带/亚热带干旱带不利的气候生长条件不仅迫使生物量和生产力降到很低的平均值,还导致在**群落贮存和周转方面显著的波动**,从而造成这些干旱生态系统短期的不稳定性。**荒漠植被能够应对湿度或水分冲击式的波动**,但其前提条件在于,初级生产量在偶尔发生的降雨特别丰富的时期可能暴发,而后创造了数倍多于干旱年景的地上植物量,此处参与的短命植物往往是高比例的(50%及更多)。但也有一些主动型旱生植物类群和大多数动物种类它们的发育阶段取决于一年中每个时刻可利用水的状况。通过这种弹性的行为形成一种长期的稳定性,这就是说,干旱地区应该被视为**弹性的 – 稳定的生态系统**,这一系统对人类干扰的反应并不

比大多数其他自然生态系统敏感,也即类似于可持续负荷的。在条件最极端不利的荒漠地区,**每年的初级生产量**几乎为0~0.2 t/ha,在稍微有利的半荒漠条件下,每年的初级生产量可达2.5~3.0 t/ha。单位面积生产量的区域性差异主要基于雨量多少的差别,但同时也取决于其他地方性因素,例如土壤肥力状况(附图13.12)。LE HOUÉROU 等(1988)认为,地球所有干旱地区的**平均雨量利用效率系数**(雨因子)为 4,也即每毫米年降水量的地上年生产量为4 kg 干物质/ha,它们给出的离散幅度为1~10。

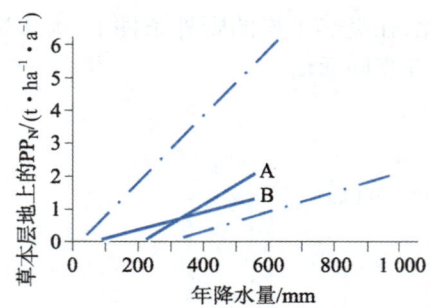

附图 13.12

禾草/草本层地上年生产量、年降水量和土壤质地/土壤结构之间的关系(SCHOLES,1990)。直线 A 表示在肥沃的黏质土壤中的雨量利用效率(RUE),直线 B 表示在贫瘠的沙质土壤中的雨量利用效率。每毫米年降水量 A 的 RUE 数额为5,相反 B 的 RUE 只有2.5 kg 干物质/(ha·a)。其关联一方面可用于对(例如)其他气候类似地区的牧草产量的预测评估,而另一方面也可用做土壤肥力指数。虚线标记的界限之间是由 RUTHERFORD(1980)在一项比较研究中所记录的其他作者持有的 RUE 值

运用雨量利用效率,不仅可以依据平均年降水量估算植被的*平均年生产量*,而且也可依据某些年份降落的雨量估算该年份的生产量。

13.6 土地利用

热带/亚热带干旱带全部位于**农艺干旱界限**范围内,因此其对于农业人口的承载能力是很低微的。此带中仍有靠雨水耕种的农业运作,例如在非洲萨赫勒部分地区,是以种植**不要求水分的作物品种**例如某些谷子品种(如珍珠粟)和花生,或种植一些**快速生长**的品种例如几种豆类。在这两种情况下,作物收成前景当然是不确定的,而且增加了土壤遭受损害的风险,特别是由于吹蚀作用(在坡地上还有冲刷作用)使有机细土和矿物质养分遭到损失。

具有经济的和生态学意义的(也是传统上居于首要地位的)是*粗放的放牧经济和灌溉耕种*(见下面)的农业利用方式。但这也存在相当大的风险,因为周边的自然条件是不可或缺的决定因素——尤其因为有很高的降雨变率——对于其持久性发展(=自然利用潜力的维护)而言,通常是难以为继的。并且受损害土地的恢复(改善)比其他地方需要更长的时间,某些情况下甚至可能永远不能恢复。但是

这也就已经证明,最初被视为遭受了不可逆转损害的地方,在得到保护如避免动物取食或其他损伤之后,甚或简单地在一个降水丰沛的年景,这些地方又快速地恢复起来,也即具有高的**再生恢复能力**(参照13.5.4)。荒漠化(Desertifikation)的概念,如果肯定认为它们只是*持续不变的沙漠*,一般来说,这种理解是不符合实际的。因此大多数情况下对已经退化的土地不应再利用,以免使其遭受进一步劣化,而应采取适宜措施促进其恢复。

13.6.1 粗放的放牧经济

在**旧大陆干旱带**放牧经济过去和现在大多在天然草场以自然放牧的游牧经济形式在进行。[55]目前最常见的是**半游牧**和**转移牧场**两种形式,缺乏固定驻扎处所的完全游牧已经很少见了。传统的放牧经济形式的分布在一定程度上与降水量有关(附图13.13)。在荒漠、半荒漠和亚热带草原畜群主要由**骆驼**、**绵羊**和**山羊**组成,在多刺稀树草原畜群主要由**牛类**组成。

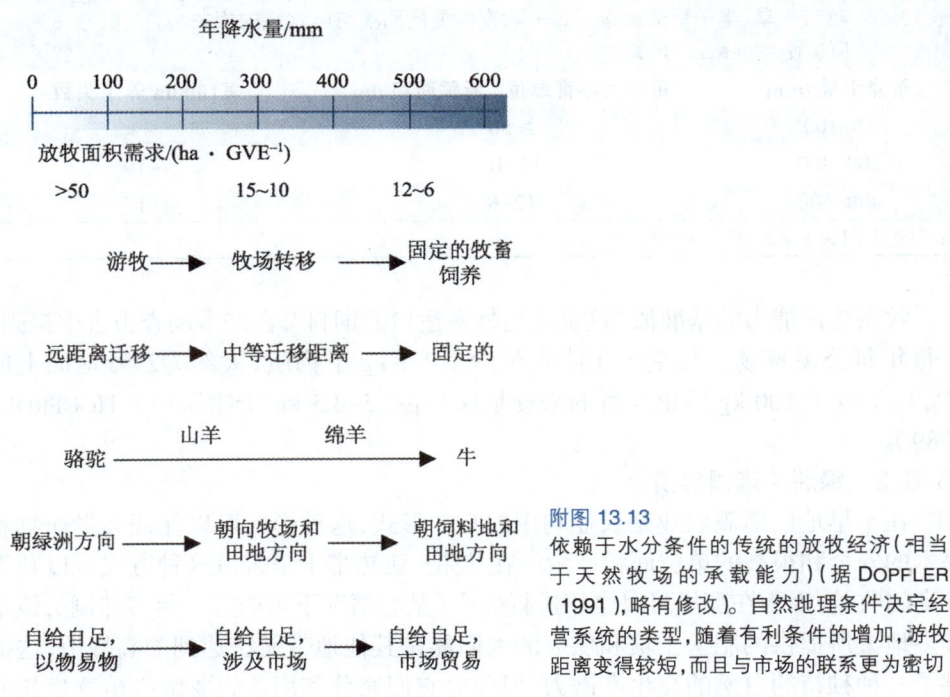

附图 13.13
依赖于水分条件的传统的放牧经济(相当于天然牧场的承载能力)(据 DOPFLER (1991),略有修改)。自然地理条件决定经营系统的类型,随着有利条件的增加,游牧距离变得较短,而且与市场的联系更为密切

这些动物类群能生活在特别艰苦(干旱胁迫、饲料质量低、牧场转移距离长)的条件下,证明其自身具有特别顽强的生命力。其他饲养目标如优良的肉产品或

---

[55] 在拉丁美洲、澳大利亚和南非的干旱地区,**牧场经营**(Ranching,参阅10.6.2)以一种固定的放牧经济取代游牧经济或野外放养。

优质乳产品退居其次，相应的这类产品大多十分稀少。

在极端干旱地区游牧经济也有开展，在那里是不可能再进行牧场经营的，这就是说，干旱地区仍有广大的未经游牧利用的地域。另外，劳动投入（尤其防护费用方面）比在牧场经营的情况下高出好几倍，因此从游牧活动式的畜牧经济所获得的收益是低微的，相应的依靠游牧为生的人口群体是贫困的。

因为许多地方的游牧民失去了过去他们作为贸易交通工具的重要职能，还有**他们的放牧区域受到推进发展的农田的挤占**，这些也是致贫的因素。在多刺稀树草原带其边界目前大致位于年平均降水量400 mm（甚至更少）的地方，也即那里的降水量明显低于还可以安全地靠雨水种植的极限值所在。对于游牧民来说，这意味着他们失去的地域恰好是相对好的最有利可图的放牧地。

天然牧场的低生产力（提供的饲草供应）使得**每头牧畜的草场面积需求**很大，越是降水稀少的年份，这种需求量就提得更高（表13.3）。

表13.3　热带干旱、半干旱天然草场每一牧畜需要的面积与降水量的相关（RUTHENBERG, 1980）

年降水量/mm	每一大牲畜单位[a]所需面积/ha	每100 ha 养牛头数
50~100	≥50	≤2
200~400	15~10	7~10
400~600	12~6	8~17

a 相当于1头牛或5头绵羊/山羊。

牧畜生产能力的基准值（这也就是牲畜适口的饲料），在许多调查报告中提到，在每年每公顷草场上每毫米年降水量约生产1 kg **干物质**（大约为25% 地面上的PP_N）。每天每100 kg 活重牲畜的采食量通常在2.5~3.5 kg 干物质（LE HOUÉROU, 1989）。

13.6.2　绿洲 – 灌溉经济

在干旱地区灌溉农业是农业利用的唯一形式，这种形式可以保证大量作物和果木的安全和很高的单位面积产量。在热带/亚热带干旱带以这种方式可以获得最高的收益，因为在那里可以全年进行生产（某些情况下可施行一年多熟制），该带许多地方所提供的肥沃土壤和供应的太阳能是其他地带无法达到的高峰值，这提供了一种**独特的自然的高生产潜力**，但要对它们充分利用首先要解决植物生长所需的足够的（淡）水供应和脱盐等问题。

可以通过引袭夺河水、抽取地下水、汇集雨水或海水淡化等的进行来**提供必要的灌溉水**。为了利用及更好地控制这些资源，或多或少地必须使用不同等级规模的复杂技术，例如以大型灌溉项目的巨大水坝拦截储存河水，或把地表四散流失的雨水通过分段制成的地面覆盖物进行收集，修建小水坝（例如半月形的拦水墙）或以田地的沟渠就地*集水种植*（附图13.14）。地下水可以通过管道或部分相当距离的隧道而输送，或借助水泵、水轮车等直接由水井中提取。

① **小型集水盆地**（micro-catchments）：半圆形的、漏斗形的或梯形的保护墙，由泥土或石块围成的种植盆地，每一小盆地保养一棵树或保养一片小面积的一年生作物。

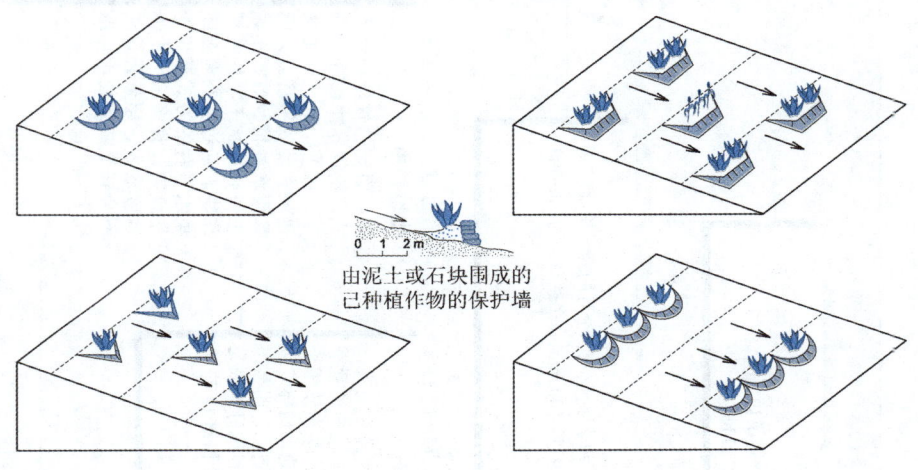

② **等高沟槽和水平阶地**（contour strips and contour terraces）：最简单的情况是等高平行的种植沟槽和水坝，通过夷平作用使邻近的坡地部分（阶地条带）能够被加宽为种植面积。

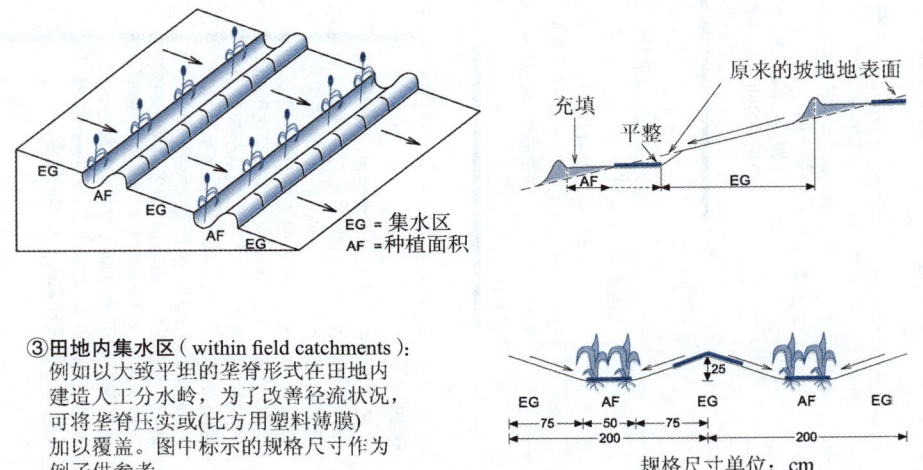

③ **田地内集水区**（within field catchments）：例如以大致平坦的垄脊形式在田地内建造人工分水岭，为了改善径流状况，可将垄脊压实或（比方用塑料薄膜）加以覆盖。图中标示的规格尺寸作为例子供参考。

附图 13.14
集水栽培（Wasserkonzentrationsanbau）的例子（据 FINKEL，1986；环境规划署，1983；其他文献），其中地表径流（→）通过现成的（图①和图②）或人造的（图③）高差，由一处相对较大的集水区（EG）引向（集中区）一棵树木或一小块种植面积（AF）。EG 对 AF 之比基本上就是干旱度的函数。

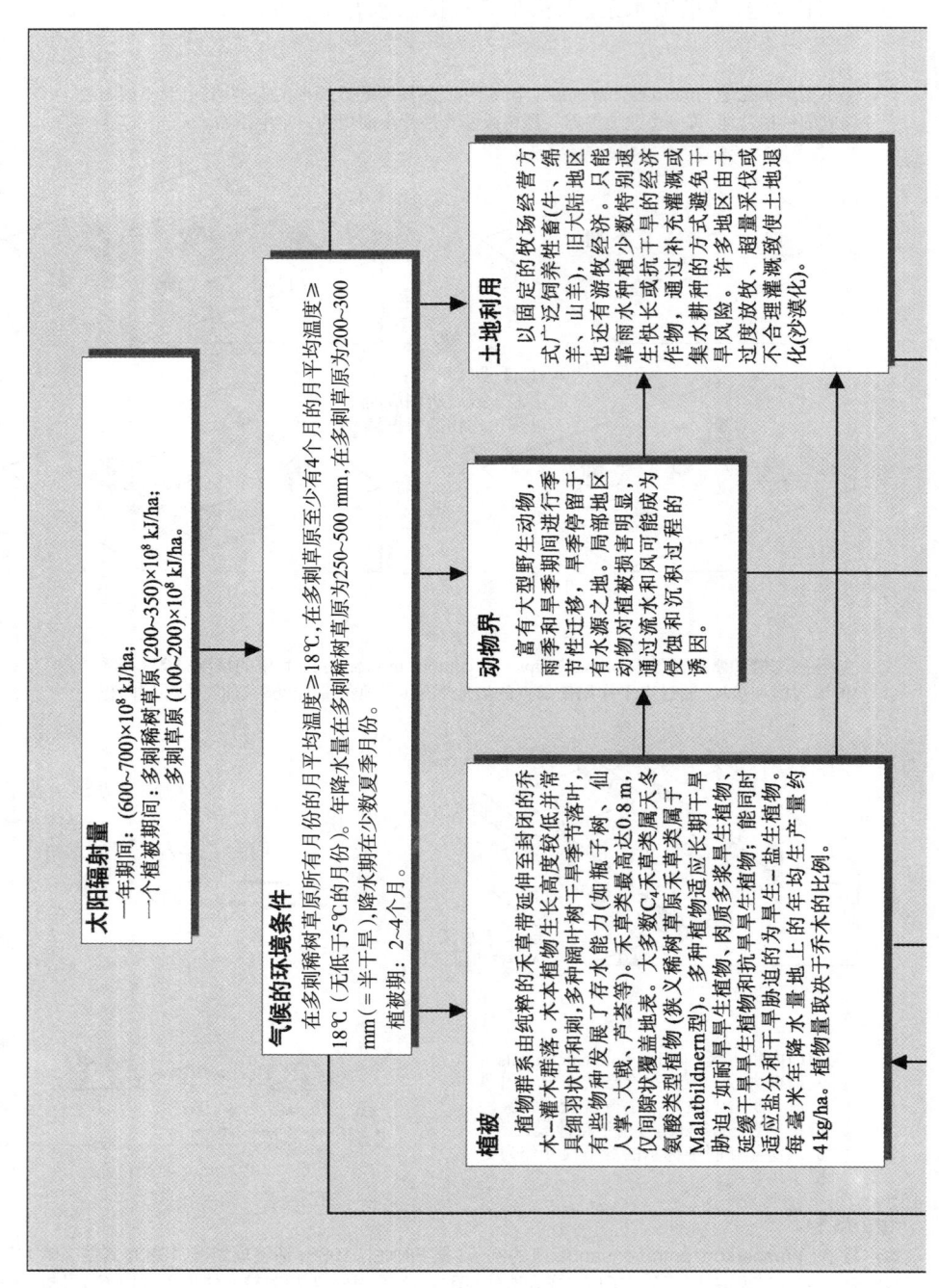

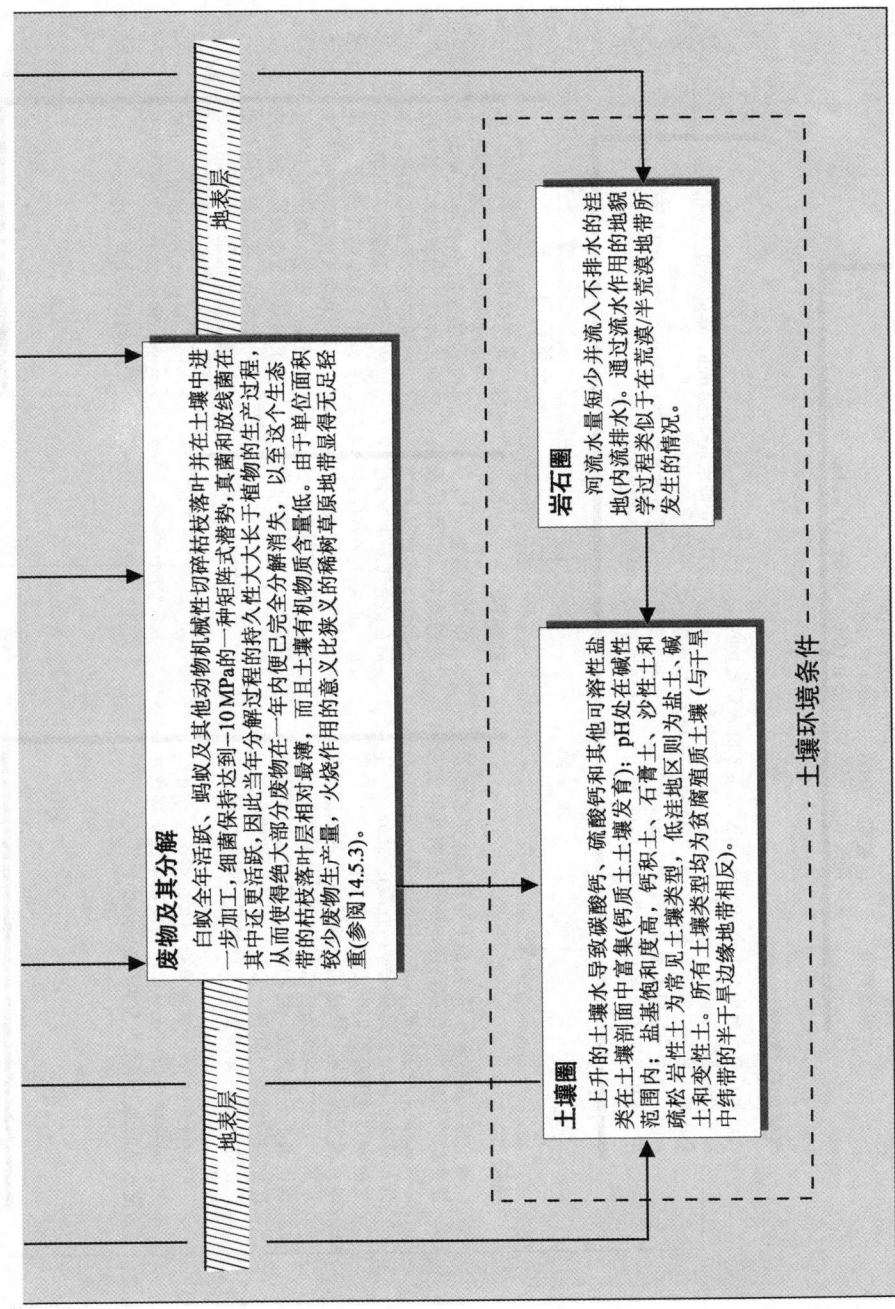

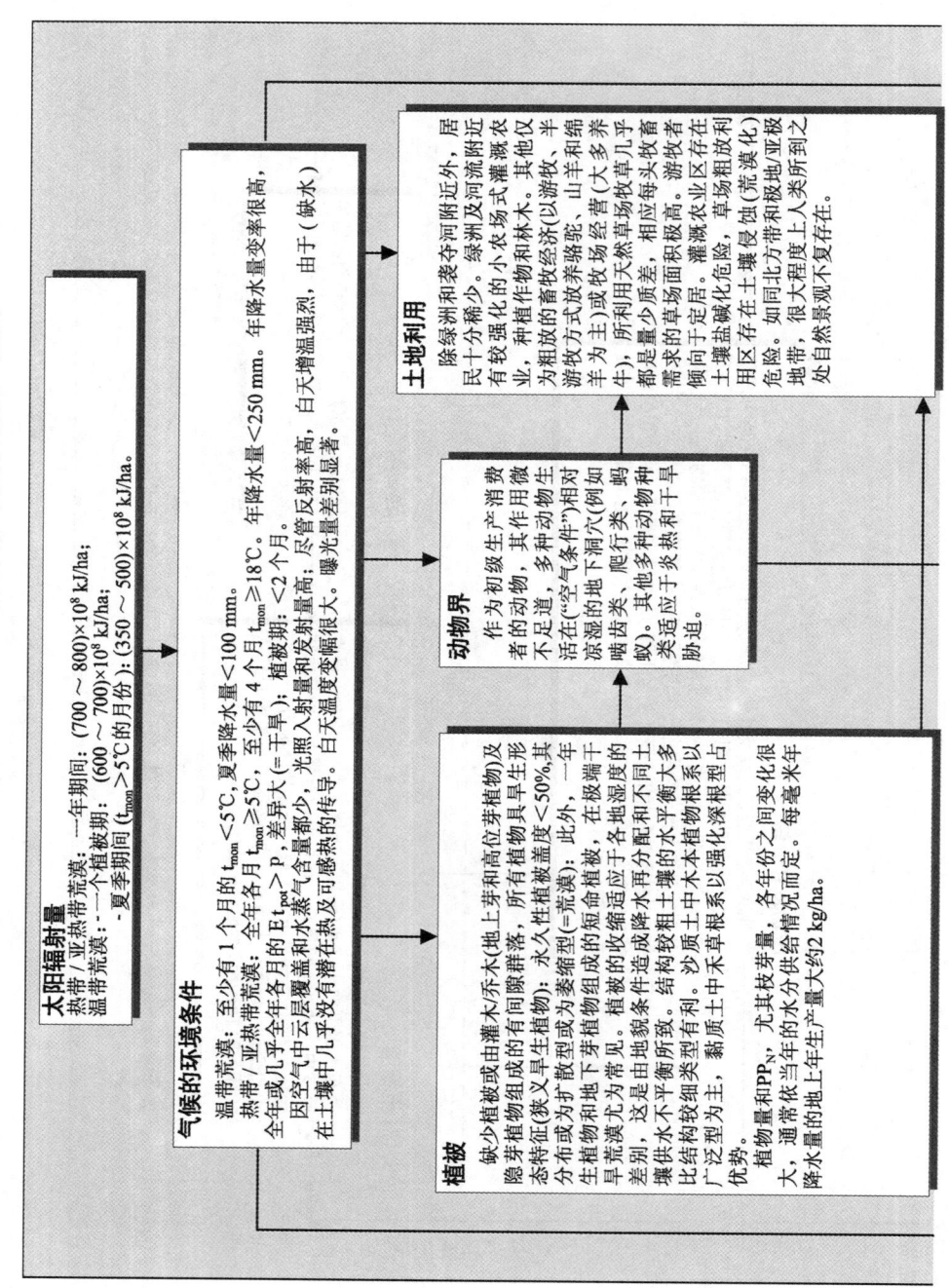

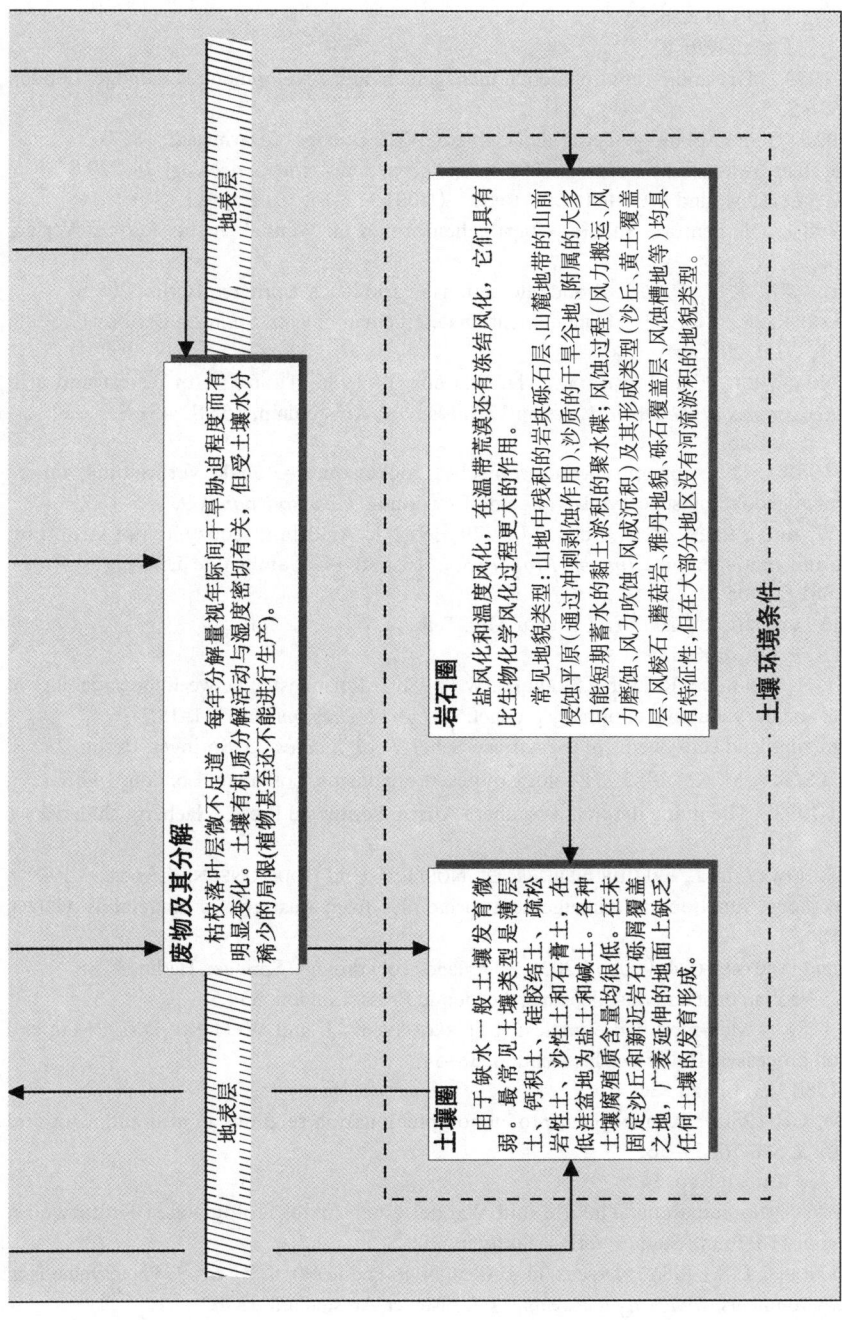

第13章参考文献

ACHTNICH, W. und LÜKEN, H. (1986) : Bewässerungslandbau in den Tropen und Subtropen. In: REHM, 285–342, s. Lit. zu Kap. 6.

AHNERT (2003), s. Lit. zu Kap. 3.

BEAUMONT, P. (1993) : Drylands – environmental management and development. Routledge, London (2. Aufl.), 536 S.

BESLER, H. (1992) : Geomorphologie der ariden Gebiete. Wiss. Buchges., Darmstadt, 189 S.

BLUME, H.-P. und BERKOWICZ, S. M. (eds.) (1995) : Arid ecosystems. *Adv. Geoecology* 28, 229 S.

BRECKLE ; S.-W., VESTE, M. und WUCHERER, W. (eds.) (2001) : s. Lit. Zu Kap. 11.

BUSCHE, D. (1998) : Die zentrale Sahara: Oberflächenformen im Wandel. Justus Perthes Verlag, Gotha, 284 S.

CLOUDSLEY-THOMPSON, J. L. (1996) : Biotic interactions in arid lands. Springer, Berlin, 208 S.

DAY, A. D. und LUDEKE, K. L. (1993) : Plant nutrients in desert environments. Springer, Berlin, 117 S.

DOPPLER (1991), s. Lit. zu Kap. 6.

EVENARI, M., NOY-MEIR, I. und GOODALL, D. W. (eds.) (1985, 1986) : Hot desert and arid shrublands. *Ecosystems of the World* 12A und 12B. Elsevier, Amsterdam, 365 S., 451 S.

FAO (1988), s. Lit zu Kap. 4.

GIESSNER, K. (1988) : Die subtropisch-randtropische Trockenzone. Globale Verbreitung, innere Differenzierung, geoökologische Typisierung und Bewertung. *Geoökodynamik* 9, 135–183.

GOODALL, D. W. und PERRY, R. A. (eds.) (1979, 1981) : Arid-land ecosystems: structure, functioning and management. *Intern. Biol. Progr.* 16 und 17. Cambridge University Press, Cambridge, 881 S., 605 S.

HORNETZ, B. und JÄTZOLD, R. (2003) : s. Lit. zu Allg. Teil.

LARCHER (2001), s. Lit. zu Kap. 5.

LE HOUÉROU, H. N., BINGHAM, R. L. und SKERBEG, W. (1988) : Relationship between the variability of annual rainfall and the variability of primary production. *J. Arid. Environment* 15, 1–18.

–(1989) : The grazing land ecosystems of the African Sahel. *Ecol. Studies* 75. Springer, Berlin, 282 S.

LOUW, G. N. und SEELY, M. K. (1982) : Ecology of desert organisms. Longman, London, 194 S.

LOVEGROVE, B. (1993) : The living deserts of southern Africa. Fernwood Press, Vlaeberg (Südafrika), 224 S.

LUDWIG, J. A., TONGWAY, D. J., FREUDENBERGER, D., NOBLE, J. Und HODGKINSON, K. (eds.)(1997) : Landscape ecology, function and management: principles from Australia's rangelands. CSIRO, Australia, 158 S.

D'ODORICO, P. und PORPORATO, A. (eds) (2006) : Dryland ecohydrology. Springer, Berlin, 341 S.

PYE, K. (1987) : Aeolian dust and dust deposits. Academic Press, London, 334 S.

ROUSE, W. R. (1981) : Man-modified climates. In: GREGORY, K. J. und WALLING, D. E.: Man and environmental processes. Butterworths, London, 38–54.

RUTHENBERG (1980), s. Lit. zu Kap. 6.

RUTHERFORD, M. C. (1980) : Annual plant production-precipitation relations in arid and semi-arid regions. *S. Afr. J. Sci.* 76, 53–56.

SCHOLES (1990), s. Lit. zu Kap. 14.

SCHOLZ, F. (1995) : Nomadismus. Theorie und Wandel einer sozio-ökologischen Kulturweise. *Erkundl. Wissen* 118. Franz Steiner Verlag, Stuttgart, 300 S.

SMITH, S. D. und NOBEL, P. S. (1986) : Deserts. In: BAKER, N. R. und LONG, S. P. (eds.) : Photosynthesis in contrasting environments. *Topics in photosynthesis* 7. Elsevier, Amsterdam, 13–62.

THOMAS, D. S. G. (1988) : The biogeomorphology of arid and semi-arid environments. In: VILES, H. A. (ed.) : Biomorphology. Blackwell, Oxford, 193–221.

−(ed.) (1989): Arid zone geomorphology. Bellhaven, London, 372-S.
− und MIDDLETON, N. J. (1995): Desertification: exploding the myth. John Wiley and Sons, Chichester, 194 S.
UNEP(1983): Rain and stormwater harvesting in rural areas. *Water Resources Series* 5, Dublin, 238 S.
WALTER und BRECKLE (1983), *s*. Lit. zu Allg. Teil
WICKENS, G. E. (1998): Ecophysiology of economic plants in arid and semi-arid lands. Springer, Berlin, 343 S.
WRB (1998), *s*. Lit zu Kap. 4

14 夏季湿润热带

14.1 分布与亚带划分

夏季湿润热带（Sommerfeuchte Tropen）延伸于赤道附近的雨林与南、北回归线附近的热带/亚热带干旱带之间,关于与前者（也即终年湿润热带）的划界在所属工作中很大程度是一致的（参看15.1）,相反却与干旱地区相互划界的进程不相符合（附图14.1）。在本书中,基本上采用以下湿度标准：它们排除（不包括）所有那些以干旱区典型特征组合（参阅第157页）为标志的地区,这指的是那些年降水量在500 mm以下和湿润月份少于5个月的许多地方（附图14.2）,按照这个标准把多刺稀树草原划出夏季湿润热带之外,如此区分后计算夏季湿润热带的总面积,大约为2 500万 km²,占地球陆地面积的16%稍多。

夏季湿润热带范围内（常称为干湿交替的热带）不同的植物群系通常被总括在统称**稀树草原**（Savanne）的大概念之下,有时用一个特定的附加词组合在一

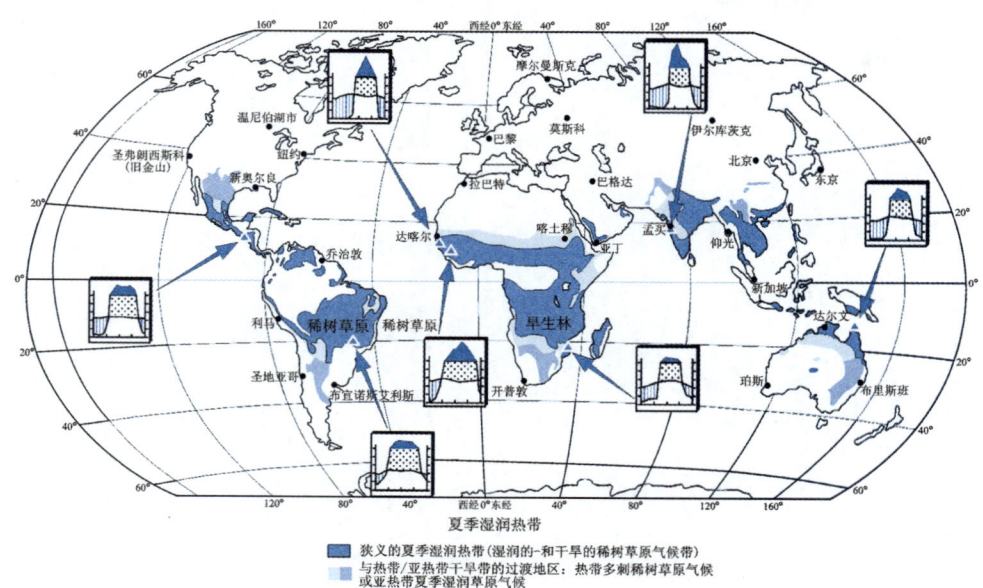

附图 14.1
夏季湿润热带。它们的分布在两半球连接赤道雨林,其远离赤道方面的分界,也即（大部分）面临热带/亚热带干旱带的地方,可能依据不同的湿度和温度标准进行划分。这幅地图显示一些由此产生的可能的划分界限

起,例如乔木稀树草原(Baumsavanne)、灌木稀树草原(Strauchsavanne)或禾草稀树草原(Grassavanne)。相应的,**稀树草原地带**(Savannenzone)(或稀树草原带(Savannengürtel)、稀树草原气候(Savannenklimate))用来作为这个地球区域通用的同义语。

稀树草原地带通常依据雨季的持续期和可期待的年平均生产率划分为**干旱稀树草原**(-地带)和**湿润稀树草原**(-地带)(参看附录 A 和附图14.2)。

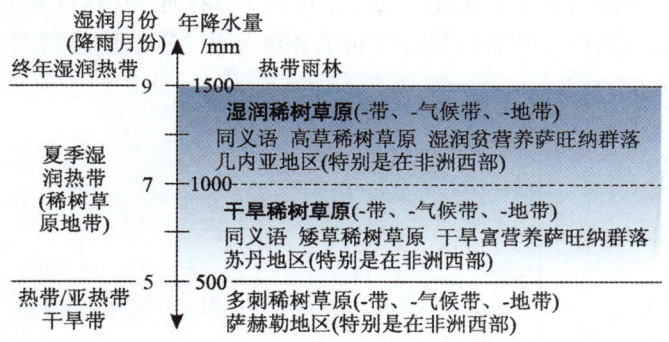

附图 14.2
夏季湿润热带生态带亚带的区分

这种划分的依据是植被、土壤和土地利用方面完全一致,举例来说,例如生长在干旱稀树草原的禾草明显比生长在湿润稀树草原地带的低矮(见14.5)。因此,矮草稀树草原和高草稀树草原这两个名词术语相应地可以用干旱稀树草原和湿润稀树草原的名称来代替,在茂盛的乔木群落中也可相应使用**干旱森林**(Trockenwälder)和**湿润森林**(Feuchtwälder)的概念。

在土壤肥力的特点和直接相关的土地利用方面,*干旱稀树草原和湿润稀树草原*地带两者的差别在于:前者的土壤大多显示比较高的交换率和盐基饱和度、受母岩和地貌的影响表现更为明显(不同岩石独特的地形系列)以及存在一种持久性耕种倾向,耕地和植被的生产效率均类似于干旱地区,由于水资源的稀缺而受到限制(对照参阅10.5.4 及 13.5.4)。

相反的,在*湿润稀树草原*的大部分土壤类型中,由于基岩较深部遭受风化、有机废物比较高的分解率、养分较为贫乏(虽然 PP_N 较高)以及腐殖质更进一步浸出,在农田耕作时往往倾向于穿插有休耕期,或者甚至采取轮作措施。湿润稀树草原亚带不再有缺乏水资源之虞,然而养分供应稀缺是限制其农业生产效能的突出因素。

这两种稀树草原类型在说英语地区广泛使用的名词是**干旱富营养萨旺纳群落**(Arid Eutrophic Savannas)或**湿润贫营养萨旺纳群落**(Moist Dystrophic Savannas),这两个术语直观地表明它们在土壤肥力方面的差别。

14.2 气候

夏季湿润热带气候以全年正辐射平衡和适度的降温效应为基础,当夏天雨季时产生一种相当均衡的具有月均值季节性偏差的**温度过程**,而且月平均温度大多低于白天的温度。全年各月的平均温度都在18℃以上;在紧接雨季开始时达到温度的最高值,月平均最高值可能超过40℃。月平均最低温度值也是日间最低温,位于旱季的中期(附图14.3)。至少当雨季时无霜冻发生,但旱季时在地势相对(稍)高(特别是那里距赤道较远)的地方,可能偶尔有零星的霜冻发生(通常地势高度每升高100 m 温度下降0.6~0.65 ℃)。

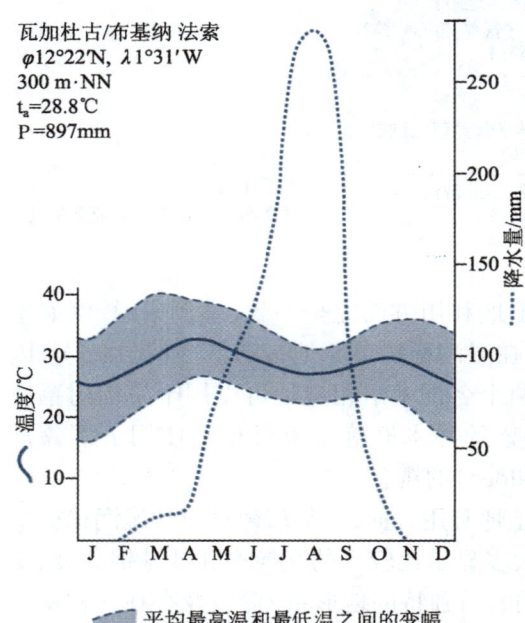

附图 14.3
夏季湿润热带空气温度典型的年变化过程,以瓦加杜古(Ouagadougou)的一片干旱稀树草原为例(气候资料据 MÜLLER, 1996)。夏季温度回落是雨季冷却的影响,朝极地方向雨季长短逐渐变化,当夏季的雨季和冬季的旱季更替停止,在热带/亚热带干旱带雨季变短并最终消失。空气温度平均最大值和最小值之间的变幅,雨季的几个月份明显低于旱季的几个月份(在所显示的例子中,雨季时温度下降9 K,而旱季时温度提高18 K,后者主要因为白天获得的辐射量较多且夜晚传输损耗较大的缘故)

冬季的干旱期最短延续2.5个月,最长达到7.5个月。雨季的各个月份中年降落的雨量为500~1 500 mm。

14.3 地貌和水文

14.3.1 剥蚀平原和岛状山

夏季湿润热带的地貌——比任何其他生态带明显,是以广阔的、几乎平坦的地面为特征,这比任何其他生态都明显。这是各种岩石和出露地表的地质结构经剥蚀作用(准平原化)形成的,它们被称为*准平原*(peneplains,几乎平坦的意思)或*剥*

蚀平原。山谷谷坡的倾斜度通常非常细微，以致人们用肉眼几乎难以察觉。

这些*低平向斜谷*（Flachmuldentälern）之间的分水岭是大范围*地表冲刷分界线*所造成的，这里以无数小规模（最大范围包括几平方千米面积）的低平向斜式洼地为其特征：通常它们代表着谷地的开始或扩展，并在雨季时趋向于溃水或短期洪水泛滥。在干旱稀树草原地带洼地的土壤类型是变性土（见下文），在湿润稀树草原地带则是潜育土；这两种情况下它们发育的植被（大多）为无林的草原。在东非赞比亚称这类空心式（Hohlformen）植被为Dambos（达姆博），意为涝洼湿地，而在坦桑尼亚当地则称为Mbugas（布噶斯）。

不仅在低平向斜谷中，而且也在地表冲刷分界线上都可能发生砖红壤（Laterite）。它们是接近土壤表层或将近土壤表层下面由富含铁质的基质（聚铁网纹体（Plinthit））不可逆转的变硬了的土壤层次，在这些土层中大多数硅质壳（铁质结壳）可能由于后来表土遭冲刷才相对上升（附图14.4；另参看15.4），它们可能是靠近山前阶地、山坡和河流阶地"硬化的"冲积平原和阶地塑造者（附图14.5）。

在剥蚀平原上占优势的侵蚀过程是雨季时平面状的**冲刷剥蚀作用**（平面冲刷）。由于那里处在干湿交替热带，因此冲刷是非常有效的，因为在那里（甚至按照

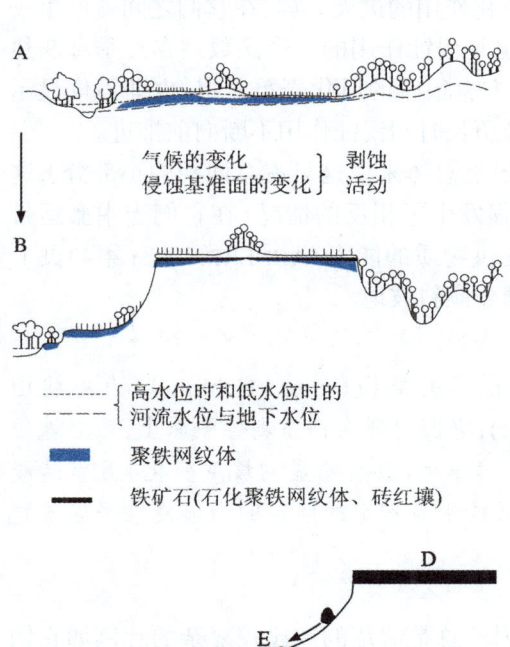

附图 14.4

在径流阻塞（滞水）或地下水受影响的平原地区聚铁网纹体的形成及其不可逆转硬化为铁矿石（砖红壤、石化聚铁网纹体）的进程，依据其反复干燥的情况可以作为例如气候变化（从终年湿润变为干湿交替）结果或发生侵蚀基准面降低的反应（SPAARGAREN 和 DECKERS,1998）。类似的效应可能起因于砍伐森林：植被遭破坏致使表层土壤无遮挡地暴露在阳光照射（加热）之下，通过表土的冲刷作用可能导致聚铁网纹体层进一步脱水干燥。

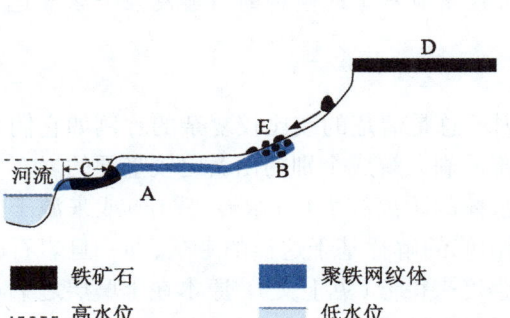

附图 14.5

在湿润的热带条件下与地貌关联的聚铁网纹体和石化聚铁网纹体（铁矿石）的发生（DRIESSEN 和 DUDAL,1991）。"软的"聚铁网纹体（另参阅15.4）形成和保存在河流阶地和洪水泛滥平原 (A) 以及山麓和阶地泉水露头影响范围 (B) 经常潮湿的底层土壤中。凡是聚铁网纹体遭受暂时干旱的地方，例如河流阶地台阶 (C) 或较高地段的冲刷面 (D)，导致不可逆转的硬化，这就是说，导致在原地形成石化聚铁网纹体。在由山脉/阶地崩积的山麓地带可能累积大量富有铁矿石的砾石材料 (E)

绝对数量）也有大量雨水没有渗透进入土壤，而是——即使在坡度平缓的地方——成为**暴雨径流**（地表径流）而大量流走。这种情况基本上基于两个相互关联的原因：其一是热带地区较高频率的暴雨（在一些沿海地区，还与热带气旋结合一起），其二是相比之下该区大多为吸收雨水能力不足的细颗粒土壤。

地表径流在高差很小和地面大多平坦的情况下以片流（*薄层水流*）的形式进行，在坡面倾斜度较大而且表面较为粗糙的地方（例如经过岩石、灌木、成丛生长的多年生植物）则以*槽沟冲刷*（Rillenspülung）的方式进行。在这两种情况下经历较长的时间阶段后造成一种相对稳定的*风化层平面状掘深*。

埋藏地下的未风化的那些岩石的掘深和平原形成，也即真正的剥蚀平原的形成，是通过化学风化作用来进行的，化学风化在陆地表面的剥蚀过程中可达到更深的地步，并从而由未风化的基岩产生新的风化层物质。这个过程经由渗透进入风化层且长时间接触坚硬岩石的积存雨水的促进，因此有可能使得化学风化作用在个别降水事件发生的间歇期间直至干旱期间也能继续进行。

这两个掘深过程在一起被称为**双重夷平作用**，在冲刷过程以相同的比率把地表面掘深，如同其下部未风化岩石表面风化作用的进展一样，在它们之间就产生一种动态平衡，各个地方风化层厚度状况也是侵蚀作用的一个函数。在夏季湿润热带和（更不用说）终年湿润热带，许多地方有很厚的风化壳覆盖层，也即不仅显示高强度的风化作用，而且表明风化作用经历长时间侵蚀作用不断向前推进。

在热带的一些地方基岩出露地表（虽然总体来说这只占总面积的小部分），这种情况从另一方面表明，地貌动力学进程发生了相反的情况：在它们当中搬运带走物质的侵蚀潜势明显超过风化作用提供物质的能力（AHNERT，2003；第43页），如岛状山、山前侵蚀平原和剥蚀阶地的强烈倾斜坡地。

> 人们称个别的山峰或有众多山峰的群山（山脉（Gebirge））为岛状山（Inselberg）或岛状山群（Inselgebirge），它们出现在许多剥蚀平原上，孤立地位于开阔的山中阶地上。它们大多突然隆起（具有明显的坡度变化）且有陡峻的周边地带，虽然在其山麓地带通常被稍显平坦的倾斜的山前侵蚀平原或宽或窄地围绕着。

岛状山的成因可能不同，因为其成因不总是清楚的或比较复杂的。例如它们可能是区域构造形成的隆起（也许是河流冲刷分解成个别的山）、比较坚硬的岩石组分在较小阻抗的环境（残山）、与流水水体的距离较大（分水岭、残丘）或来源于成长的深度风化的基岩山峰。对于基岩山峰的解释基于这样的考察，即一旦岩石裸露即比风化壳覆盖的岩石受到的侵蚀强度来得低（见上文）。原本在土壤层之下未风化岩石中的基岩穹丘（Grund höcker）（可能由于裂隙相对较少），必须等到一般的水平掘深之后才出露地表,并由于进一步普遍的表面侵蚀而获得相对高度("长高")(附图14.6)。

14.3.2 流水水体

中、小河流只有雨季时河中才有水流过,旱季开始不久大多数河床即已干涸。随着第一场降水而到来的雨季重新开始的径流,最初是与个别降水事件相关联的表面汇流,与此相应的它具有极端的峰值和短期中断的特点(也即等同于在干旱地区所谓的*附带的短小径流*)。随着雨季的到来,加大了地下水流量,河流才有源源不断的水流供应。因此,持续径流开始之时,即是相对平衡之时,而当雨季结束后径流才又停止(=*周期性径流*)。

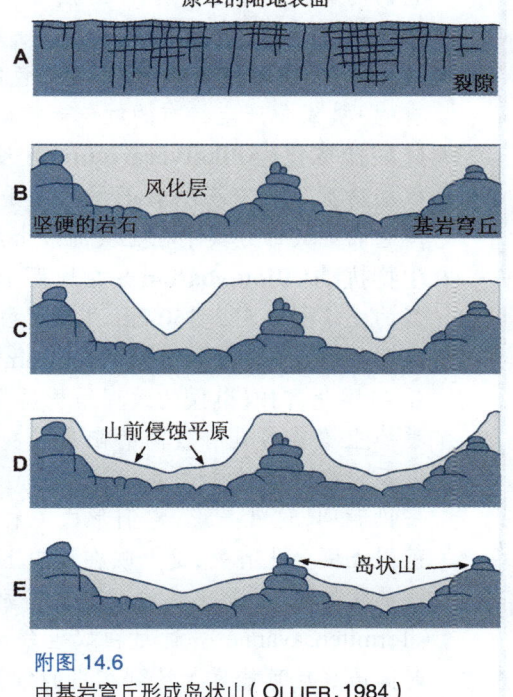

附图 14.6
由基岩穹丘形成岛状山(OLLIER,1984)

14.4 土壤

14.4.1 夏季湿润热带与终年湿润热带、亚热带土壤——概述

热带/亚热带干旱带与夏季湿润热带之间的界限同时也构成了*钙质土*(Pedocalen)在赤道一侧的分布界限(参看第158页):每年的降水总量自500~600 mm开始,相对于(上升的)富集过程进行再次(下降的)淋失过程,并因此发育*铁铝土*(Pedalfere)类型土壤。这就是说,夏季湿润热带与终年湿润热带、亚热带的大部分土壤类型(在排水良好的地方)显示一种酸性反应,也即可交换养分离子是贫乏的;缺少游离的碳酸盐和盐类;黏粒由表土层位移至底土层的现象是常见的。

与较高纬度地带的铁铝土相比,热带的铁铝土——主要作为较湿热气候条件下并因而化学风化过程更强烈的结果——具有以下**特点**:

- **土壤发育达到更深远处**:许多地方成土作用到达地表下面几十米深处。
- **高岭土化(Kaolinitisierung)**:两层(1:1–)黏土矿物(主要为高岭石,但也有被埃洛石(Halloysit))取代三层(2:1–)矿物(例如伊利石)。
- **铁氧化物和铝氧化物形成**:倍半氧化物为常见的代表性氧化物,一般来说,它们的比例随着湿热条件的强度和持续期而增长,并在风化作用中释放硅(脱硅作用)的地方达到其最高值。
- **红化作用(Rubefizierung):** 黄褐色的针铁矿(Goethit)(许多岩石矿物中含有的)被氧化产生特有的红色赤铁矿(Hämatit),这使得土壤呈红色。
- **硅酸盐贫化(Silikatverarmung):** 没有或几乎不再存在可风化硅酸盐。在极端情况下补充矿物营养元素几乎完全通过植物废弃物的分解和大气,也即它们绝大部分集中在土壤的最上层。
- **生物扰动(Bioturbation):** 在地面上筑巢的白蚁种类,它们搬运取走筑巢所需的土壤材料可达150 cm 之深。白蚁优先选取的是小颗粒物质,大多为黏土和细沙(其粒径最大仅达2~3 mm)。(在基底缺少黏土的地方没有白蚁巢丘。)因此,**白蚁巢丘**的纹理结构显得比它们周围环境物质细致,它们用以筑巢的土壤普遍具有较高的阳离子交换率、盐基饱和度(特别是高的钙比例)以及较高的腐殖质含量和氮含量。这些特征在白蚁巢丘倒塌后仍然会保存一段时间,这就是说,它们形成一种特殊的生活环境,与过去白蚁巢丘的小范围土壤分化有关,这反映在地貌上和植被的区系结构的划分上。在夏季湿润热带地区,凡是上述这种情况特别明显的地方,人们称之为**白蚁稀树草原**(Termitensavanne)。通过白蚁生命活动搬运移动土壤的规模,经过比较长的时间历程后可能累加达到相当的数量。在非洲刚果和尼日利亚西部,计算得出的结果是:如果整平当地所有的白蚁巢丘,土壤表层有可能被厚达12~20 cm 甚至30 cm 的蚁丘土层覆盖。依据其他研究(参阅 LAL(1987)汇编)认为,白蚁在100~800年运输到地表面的物质等同于该地整个地区1 cm 厚的土层。

黏土粒级的组成对土壤肥力具有重要意义:黏土矿物与倍半氧化物比例为1:1的土壤,吸附作用特别微弱;而以这类黏土矿物占主导的土壤概括称为 LAC(= Low Activity Clay(低活性黏土))- 土壤类型(KAK < 24 cmol(+)/ kg 黏粒,在 pH=7时)(另外其他的则称为 HAC(高活性黏土 = High Activity Clay)- 土壤类型)。湿润热带和亚热带所有重要的地带性土壤都属于 LAC 类型,也即特别是铁铝土、聚铁网纹土、低活性强酸土、高活性强酸土和低活性淋溶土;黏绨土形成极限情况(表14.1)。

表14.1 夏季湿润热带和终年湿润热带、亚热带一些土壤类型的比较(另参看表15.1)

	KAK (cmol(+)·kg 黏粒$^{-1}$)	盐基饱和度/%	黏土位移 (B–层)	特性(此处也参阅框式图2)
低活性淋溶土	< 24	≥50	是(黏化层)	不稳定的土壤结构
低活性强酸土	< 24	< 50	是(黏化层)	不稳定的土壤结构

续表

	KAK（cmol(+)·kg 黏粒$^{-1}$）	盐基饱和度 /%	黏土位移（B-层）	特性（此处也参阅框式图2）
高活性强酸土	≥24	<50	是（黏化层）	高铝比率交换（高活性属性）
黏绨土	<24	±50	部分是（黏绨层）	适宜的土壤结构
铁铝土	≤16	<50	不（铁铝层）	伪砂性,伪泥沙性
聚铁网纹土	<16	<50	不（聚铁网纹层）	B-层特别富含铁质,有形成红土的危险

低活性黏土(LACs)**依赖于** pH 的电荷性质比高活性黏土(HACs)有明显增加。因此,在高岭石黏土矿物中负电荷过剩量随 pH 的提高而增多,这就是说阳离子交换率(KAK)增高;与此相反,在倍半氧化物随 pH 下降时正电荷过剩量增多,这也即在此种情况下阴离子交换率(AAK)提高（附图14.7）。由于*离子交换率(AK)和 pH* 的这类关系导致以下一些重要后果:

● 以富含倍半氧化物的酸性土壤类型为结果(特别是低活性强酸土和铁铝土),高 AAK 可能致土壤中 PO_4^- 阴离子吸附成为不可逆转的磷,也就是发生(耕种者)所担心的磷酸盐固定(Phosphatfixierung)(Fe-磷酸盐和 Al-磷酸盐)。

● 在提高土壤酸度(大约始自 pH 5)的情况下,Al 化合物溶解加强(铝动态),因此,在土壤溶液中铝的浓度可能提高到对许多植物有毒害作用的水平,也即导致产生铝毒性问题(依据定义始自 >60% KAK 的 Al 饱和度)。在热带广泛分布的受其损害的块茎植物中,薯蓣(山药)受影响最大,而木薯却表现相当不敏感,甘薯则处于中间状况（参看附图14.8）。

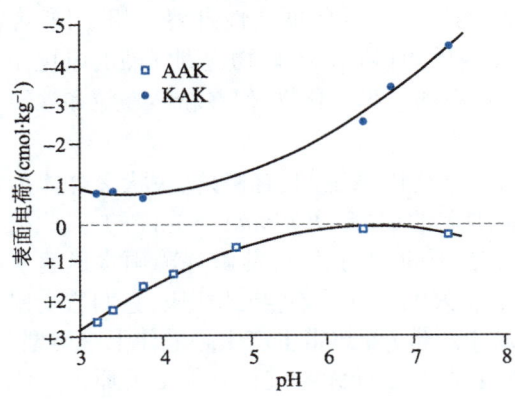

附图 14.7
在低活性(LAC)土壤类型中一个铁铝性 B-层(铁铝土)pH 依赖的电荷属性(阳离子交换率和阴离子交换率)(VAN WAMBEKE, 1992)

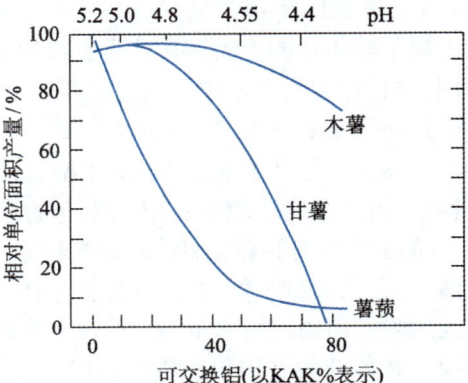

附图 14.8
可交换性铝、土壤 pH 和三种热带块茎植物单位面积产量之间的关系（诺曼(NORMAN)等,1995;马尔施纳(MARSCHNER),1990）

● **增加 pH**,例如通过施加石灰,可导致一种强烈的(达到50 % 的)阳离子交换率的提高。以此可减轻或甚至完全消除磷酸盐固定和铝毒性的弊端,并且改善施肥的有效性。

14.4.2 夏季湿润热带最重要的土壤类型

在从表14.1所列出的夏季湿润热带发生的土壤单元中,其中特别是低活性淋溶土和黏绨土具有相对较高的面积比例。在本书中这里只介绍此两个土壤类型(其他4个土类分别在终年湿润亚热带(低活性强酸土和高活性强酸土)及终年湿润热带(铁铝土和聚铁网纹土)的有关土壤章节中阐述)。此外,*变性土*往往是土壤链的终结类型,此处给予详细介绍。

低活性淋溶土(Lixisole)

低活性淋溶土是1988年第二次 FAO 土壤分类新建立的土壤单元,是从先前(广泛采用)的高活性淋溶土土类中划分出来的(拉丁名称 *lixius* = 耗尽之意)。它包括(分布于热带的)在第一次分类中的那些具有低阳离子交换率(B–层至少部分低于24 cmol(+)/ kg 黏粒)的高活性淋溶土(Luvisole)。热带以外的所有高活性淋溶土(HAC),它们都有一个黏化 B–层和高盐基饱和度(依照定义为至少50 %)。与此相应,pH 和可交换性养分离子比在低活性强酸土和铁铝土中的为高,土壤颜色则相反大多近似于红色至红棕色。虽然它们的腐殖质含量比较低,而且主要是高岭石黏土,然而其收益潜力位居中等行列。但是,这类土壤在抗侵蚀方面存在脆弱性,在降雨时土壤表层容易发生淤泥沉积,干燥之后变成为结壳构造。因此,在低活性淋溶土地区栽培作物时,特别要注意尽量减少不稳定土壤结构的干扰和妨碍(例如通过使用重型机械或采取适宜的耕种方法)。

黏绨土(Nitisole;以前称为 Nitosole)

红色至深棕色土壤,是在富含硅酸盐的(= 碱性的)岩石(例如玄武岩、云母片岩)上发育的土壤类型,根据其成土时期,与较早形成的低活性淋溶土相比,黏绨土属于较年轻的土类。在这类土壤中虽然原始的(岩石–)矿物遭到强烈的风化作用,并且作为黏土形成的结果主要产生高岭石和倍半氧化物,但在粉沙颗粒和沙粒中总还剩余有残余可风化矿物。

诊断土层为**黏绨层**(nitic Horizont),其结构以稳定的、有棱角、块状聚合体为特征,过去这类土壤就是以其发光的表面取名的(拉丁语 *nitidus* = 光泽的)。此类土壤虽然相当的黏化,但就总体来看算是有利的:其孔隙度能够保障雨水迅速下渗,可存储大量吸附水,而且保证土体中有良好的通气性能,与此相应,它们遭受侵蚀风险低而田间持水量高。黏绨土因此属于**热带/亚热带生产生态最佳土壤类型**,而且在传统的农田耕作中也可以永久性地利用,也即无需进行其他土类那种广泛的、多年的休耕。然而,该地区黏绨土所占的面积份额远不如热带/亚热带的其他土壤类型,它们大多数孤立地发生在小范围内,主要在低活性强酸土和低活性淋溶土占据的区域内,最多不超过上述两个土类面积的1/5。

变性土（Vertisole）

干湿交替热带和亚热带（旱季3~9个月，年降水量至少200~300 mm）的暗灰色至黑色（*深色变性土*（Chromic Vertisolen）为棕色）、富黏粒（至少30 %，通常 > 50 ％黏粒）的土壤类型。变性土所占据的那些地方，原先大部分为禾草覆盖的平坦至微倾的坡地地面以及径流不畅富含黏土（主要含 $CaCO_3$）风化产物或沉积物的低洼地。雨季时这类土壤密实（缺少孔隙），呈可塑的坚韧性，旱季时变硬，而且土壤表面形成收缩裂隙和裂缝，这些缝隙的宽度至少1 cm（通常超过10 cm）、深度可达150 cm，并将土体拆分为多面体状。这些缝隙可能由于上层土壤向下跌落、风吹刮来物质、动物的活动或旱季之后第一场降水冲刷来的土壤物质而受到充填。这种**膨胀进程**在下一个湿润时期进一步拌和而后干燥体积增加，随着水分吸收的增多，相应的（至少在底部土壤中）局部产生膨胀压力，挤压的结果产生移动过程（水的掺和混合作用和泥土的掺和混合作用），长此以往，导致土层向深处的翻转调动及土壤物质的均质化，并从而形成一个深厚的（往往超过1 m）的 Ah– 层。

FAO 土壤分类系统就是基于这些移动、变化过程命名这类土壤为变性土的（拉丁名称 *verter* = 翻转），其较早的和其他的名称为黑棉土（Regur）、黑棉土（Black Cotton Soil）和蒂尔黑土（Tirs）。移动过程在土壤结构中显示为土壤团聚体上光亮的滑擦面和剪切面（黏土矿物平行调整 = *擦痕*（slicken sides）、应力面（Stress–Cutane）），而且在土壤表面有起伏和凹陷（特称为吉尔盖微地貌（Gilgai）），后者（土壤表面的凹陷）加强了水的掺和混合作用，因为它们有助于降水的再分配，在土壤表面造成一种小范围透水状况的改变（见附图14.9）。

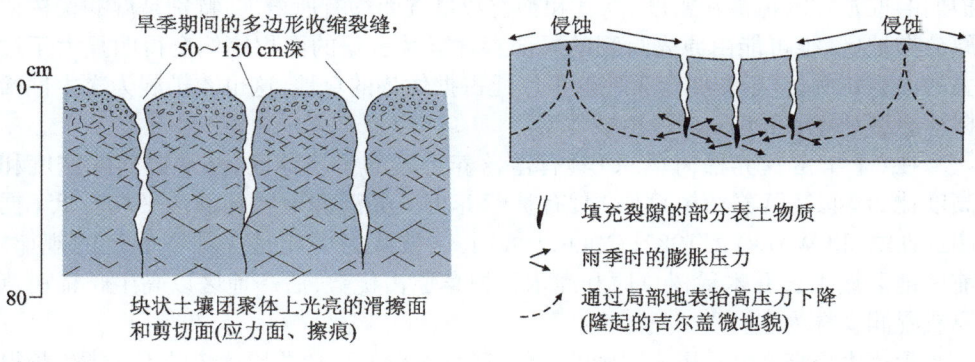

附图 14.9
在变性土中的自覆盖作用和吉尔盖微地貌的形成（Driessen 和 Dudal, 1991）

变性土突出的膨胀 / 收缩现象，与它们普遍具有较高比例膨胀性能的黏土矿物首先是蒙脱石（Smectiten）有关。这类黏土矿物具有较高的阳离子交换率，土壤的阳离子交换率相应的也达到很高，40~80 cmol(+)/ kg，其反应为中性至碱性。在剖面中可能发生碳酸盐沉淀（部分盐酸盐结核）。虽然土壤颜色较深，然而腐殖质含量低于3 %，腐殖质存在于稳定的黏土 – 腐殖质复合体（Ton-Humus-Komplexen）中，C/N 比率保持在15。

由于养分含量相当可观,因此变性土具有**很高的生产潜力**;而黏土比例高本身也带来以下有关的一些问题:
- 土壤中存储有大量的水分,其中仅一小部分可被植物利用(较高的永久萎蔫点);
- 由于毛管上升水产生相对较高的蒸发损耗(比较对照附图13.6);
- 无论是在潮湿的(韧性黏稠状的)或是在干燥的("坚硬如石般")的状态下,其可操作性(耕性)都是有困难的;
- 由于水的掺和混合作用植物的根系可能受到损害;
- 土壤存在遭受侵蚀的危险。

因此,许多发生变性土的地区被利用作为(自然的或接近自然的)草地牧场。该地区适宜的农田种植作物包括棉花、甘蔗、小麦和高粱。通常需要进行补充灌溉。

14.5 植被和动物界

14.5.1 生理、生态特征及季节性

禾草层密闭被认为是夏季湿润热带稀树草原的一种特征,而与此相反,这一带广阔范围内林木盖度变化(从无林的草地至有稀疏的树木),这些情况大多是由于发生火灾、放牧、木材采伐导致的后果,也即并不存在明显的非生物区位因素的关系。对于那些免受人类影响的保护区试验地的长期观察,很大程度上显示,随着保护期的推延林木植被在密度、高度和种类数量方面均有所增加,特别是湿润稀树草原分布地区,很可能由原先封闭的局部森林群系占据的面积比例变得明显大于过去的面积比例,至于那些今天在这里广泛占据优势的草地,这也才扩展为次生性稀树草原型(Savannifikation)植被类型。

在(干旱富营养稀树草原)具有富营养土壤的干旱地区,**林木群落的密度和高度**比(湿润贫营养稀树草原)具有贫营养土壤的湿润地区的群落平均较低(据 HUNTLEY 和 WALKER,1982;COLE,1986),这被认为可能是一项不确定的规律。前一地区矮生长乔木稀树草原和灌木稀树草原占优势,后一地区以高生长稀树草原或湿润森林为主。

禾草生长高度显示更为明确的气候变化:在湿润稀树草原优势的禾草类生长得比较高(大部分高于100 cm,有的地方甚至高于200 cm),它们比干旱稀树草原甚至多刺稀树草原上的高度通常低于80 cm 的矮生禾草类高得多(但干旱稀树草原草类的高度仍高于大部分草原地带草类的高度)。相应于上述情况,前者(湿润稀树草原)也被统称为**高草稀树草原**,而后者(干旱稀树草原)则也被统称为**矮草稀树草原**。

延续3~7个月之长的**干旱期**是造成植物生长最重要的限制因素,许多树木以落叶方式应对干旱带来的负荷,多年生禾草和杂类草以它们地上枝芽部分死亡来应对干旱(植株死亡的地上部分随后作为枯枝落叶保护地表的重点植被,使得它们

在下一个植被期到来之初即重新开始新一轮的生长)。

由此出现一种**季相更替**(Aspektwechsel),这种变化就其规模与冬季时的季相变化是可比的,只不过本带的季相更替是由于另外的原因(干旱),因此季相更替对于湿润中纬带具有其特征性。而在——干旱的或冬季寒冷——这两种情况下均与植物光合作用下降至零点或至少下降至极端低水平相关联。

树木是否落叶和何时落叶以及因干旱无叶持续多长时间,与植物本身的种属特异性及其外部环境条件有关。通常情况下,树木开始落叶的时间比草本植物枯萎要晚好几周。个别年份如果土壤存贮水在乔木的根区范围(通常到达较深处)经过整个干旱季节依然保持足够存量,[56] 那么,许多本应在旱季落叶的乔木它们的叶片依然绿色、保持不落,也即在它们当中落叶是有选择性的。落叶往往以叶片变色为前提(与德国的夏绿湿旱生植物(Tropophyten)相比当然只是温和式的)。许多木本植物种类在雨季开始前一个月开花,这种现象十分引人注目。

14.5.2 动物界

这一生态带丰富的**昆虫区系和蜘蛛类区系**极具特征。最常见的昆虫属于直翅目(Orthoptera)如蝗虫类、蟑螂、蟋蟀等,半翅目(Hemiptera)如蝽象类、臭蜻,鞘翅目(Coleoptera)也即甲虫类,双翅目(Diptera)常见的例如苍蝇、蚊子,鳞翅目(Lepidoptera)即蛾蝶类,膜翅目(Hymenoptera)如蜜蜂、黄蜂、蚂蚁等以及等翅目(Isoptera)如白蚁。

大多数白蚁物种在地面上建筑巢穴,其巢穴高度从数十厘米至5 m甚至6 m,形状有修长(柱状)也有宽大(圆丘状),巢穴或零散开或接二连三密集成群地建造(其所占面积约达土地面积的5%)。蚁巢几乎总是形成景观中显著的特征,部分直接地由于它们与周围环境状况有别,通常带来比较茂盛的灌木群落和乔木植被,而且白蚁巢穴附近生长的杂类草/禾草群系也与周围环境的植物不同(特称"白蚁稀树草原")。

脊椎动物包括爬行动物、鸟类和哺乳类的一些物种,有些种类个体数量也相当丰富。**爬行动物**中四个主要类群在这个生态带都有其代表,这就是蛇类、蜥蜴类、龟鳖类和鳄类。爬行动物中就连龟鳖类在内所有种类的营养类型均属肉食性动物。**鸟类**中特殊的走禽类例如鸵鸟(Strauße)、美洲鸵鸟(Nandus)、鸸鹋(Emus),地栖性大鸨(Trappen),雉鸡类(Hühnervögel)例如原产于非洲的珍珠鸡、鹧鸪(Francoline)以及猛禽类,均属常见类群。**哺乳动物**中有啮齿类及兔形目的野兔和家兔。

夏季湿润热带的动物界除了共性特征外,在**不同大陆动物界的发展有很大的差异**,不仅各代表类群有根本性的不同(这并不令人惊奇,因为热带稀树草原带属于许多个动物区系区),而且动物数量(动物量的大小)和各种代表性生活型(在稀树草原生态系统中包括它们的功能)也有差别。非洲稀树草原的许多地方是极其独特的野生生物世界。

---

56 在大部分亚黏土质地土壤中,可利用水存贮量约可达土壤体积的15%~20%,即15~20 mm(或15~20 L/m²)每分米深度。是否出现和在何种深度出现这种存贮量,取决于上个雨季土壤水的收益率(即剩余水:P>ETpot),假如剩余水量多,植被期即相应延长直至进入(气候学定义的)旱季。

14.5.3 稀树草原（萨旺纳）火灾

在多年以来的时间历程中，稀树草原地区的火灾（大多数由人为造成的）几乎仍然不能幸免。通常火灾发生在干旱季节，这种情况因此加强了主要以气候为依据的季节性（见14.5.1）。

火灾的影响是多方面的并且是深远的、有利的或破坏性的。在直接涉及稀树草原地区内，火对于植物区系和动物区系是重要的选择因素，很大程度上决定植被的结构（例如乔木层的郁闭度），影响热量的调控和水分的平衡，关系到植物层和近地面空气层，并改变生态系统中物质和能量的储存和转化（例如地上植物量和枯枝落叶量的多少、草食性动物和食腐动物的转化量、矿物质的循环）。

由火灾所排放的氮氧化物（NO_x）、NH_3和CO_2是否影响全球环境，这一问题已经引起关注。通常而言，这些物质的排放量依然保持在一定量值以内，它们在同一年份（或就在上一个植被期间内）通过光合作用和大气的硝化作用过程被固定于植物量之中。在树木繁茂的稀树草原地带，如果木材生物量大部分燃烧掉了并缺少再生的木本植物，也可能产生剩余量。

依据各个地区发生火灾的时间点（无论是在旱季或旱季之前或之后）和上一次发生火灾以来时间间隔的频率，在受到火烧影响的植被范围内，可以找到不同的*退化阶段*或*演替阶段*（Sukzessionsstadien），群落的这些不同发展阶段共同构成植被镶嵌现象（Vegetationsmosaik）。部分地块在时间进程中虽有变化，但其总体复杂的结构却以类似方式得以长期保留，因此，这可以当做火－顶极群落（Feuerklimaxformation）来看待，只有稀树草原停止发生火灾，这种情况才可能改变。

14.5.4 植物量与初级生产量

植物量生产的多少首要取决于乔木群落的密度和高度，正是因为这样，如同所描述的，在大多数稀树草原中与其说是依据自然的变化不如说是人为的改变，且有关总植物量的报道数据少有生态学方面的。

禾草类植物量（地上茎叶量）——类似于草原植物量那样——以极其**高度的季节性差异**为特征，凡是草类在旱季过火燃烧的地方，草类植物量的高低范围以极端的从零（直接在火灾过后）至（理论的）净初级生产量（PP_N）的幅度变化。通常差别保持在该范围之内，因为火烧时并不是所有的禾草全都烧光，而且部分在植被期间生活过的草类当火烧时已经是死亡枯败或已被草食性动物吃掉。因此，地面上杂草的最大生物量也不是在植被期结束的时候，而是在较早的时间。

植物量除了一年内的季节差异外，还发生不同年份**年际间的大幅波动**，因为（至少在干旱稀树草原）禾草生产量在降水量丰富的雨季远高于降水稀少的年份。

相应的在区域比较方面——涉及长期的平均值——**地上净初级生产量（PP_N）和年降水量（P）之间也有相当密切的依赖关系**，类似于在中纬度和热带／亚热带纬度地带的干旱地区（见10.5.4（附图10.5）和13.5.4（附图13.12））那样，最初为线性变化过程。附图14.10 为非洲西部和中非的有关例子。包括拉丁美洲的稀树草原在内依据麦克诺顿（MCNAUGHTON）等（1993）的计算，每毫米年降水量平均生产的植物量为5~7.5 kg 干物质/(ha·a),也即,那里的雨水利用效率(RUE)稍高于干旱和半干旱地带(后一地带仅为4 kg 干物质/(ha·a),见13.5.4)。

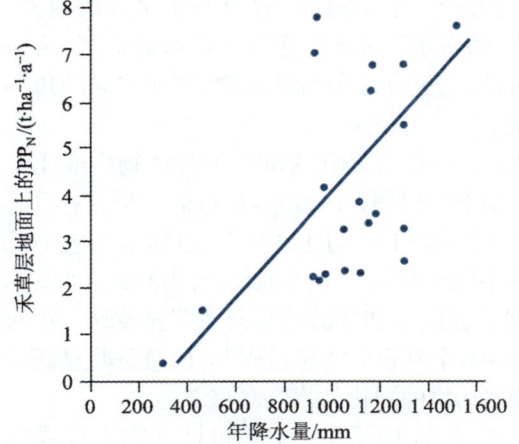

附图 14.10
在中非和西非夏季湿润热带稀树草原地带,禾草层的年生产量对平均年降水量的依赖关系(据 OHIAGU 和 WOOD,1979)。由土壤的差异和各个地方木本植物密度的不同解释围绕回归线个别数值的逸散情况

在降水量更高的情况下,PP_N 与 P 的依赖关系变得较为模糊,这就是说,水因子越是丰足,就越失去其限制生产的作用,剩余水也因不利用而流失,因而对于湿润稀树草原这种依赖关系是很有限的或根本不存在,所以在湿润-贫营养-稀树草原的植物生产量通常只达到干旱-富营养稀树草原的水平,因为较为低下的土壤肥力抵消了良好的水分条件(WERNER,1991)。如果繁殖率比较高,那么,净初级生产量(PP_N)随年平均降水量(P)的增多而进一步增加,并相应地提高雨水利用效率(RUE)。

14.5.5 动物量与动物取食

在许多其他陆地生态系统中,草食性动物仅只消费净初级生产量(PP_N)的5%~10% 或更少,而在一些稀树草原(以及其他禾草丰富的群落类型;见10.5.3)与上述生态系统不同,每个年份中草食性动物吃掉一半以上的地上生产量和1/4的地下生产量。

在稀树草原动物群落中,无脊椎动物(Wirbellose)往往占有比脊椎动物(Wirbeltiere)更大的比例。最重要的初级消费者是几乎无处不在的蝗虫类(也包括迁飞型蝗虫类(Wanderheuschrecken))和——雨季时——蛾蝶类幼虫及其他也取食死有机物的蟑螂和蟋蟀类。在次级消费者中主要以蜘蛛类和(大多为杂食性的)蚂蚁类占优势地位,食碎屑动物中主要为白蚁、蚯蚓、千足虫和甲虫幼虫(见14.5.6)。

在东非一些湿润稀树草原,**草食性大型兽类**自0.1 t/ha 达到0.3 t/ha 极高的动物量(主要为非洲象和河马),而在一些干旱稀树草原动物量也经常达到相当可观的0.06 t/ha 至 0.1 t/ha。除草类以外,灌木和乔木也作为丛林草地重要的食物组成来源。

当杂草类植物和木本植物的叶片枯萎并从而降低食物质量时,**干旱季节对于草食性动物造成巨大的胁迫条件**。而如果干燥的植物材料被火烧毁,就会进一步加剧食物短缺的不良状况,而后剩余食物(饲料)的种类和数量基本上决定了可能有哪些动物种类及以多大密度生存下去。许多动物种类以迁移(Migration)方式应对季节性的水分缺乏和食物短缺:它们迁移到旱季时保存有剩余水分的地方,或迁到有地下水之利的河谷平原,或"跟随雨水"尽可能迁到更遥远的地区,后一种行为在许多迁徙鸟类中表现得特别明显,但也有几种哺乳动物,例如东非的角马(Gnus)和野生非洲象也进行远距离迁移。

被动物取食的植物量(消费量 = C)只有一部分转化为动物的身体物质或用于产生能量(同化作用 = A);其余部分随粪便通常仅稍微改变形状又排出体外(排粪),并提供给食腐动物进一步消化利用(对照框式图4)。同化的部分,也即消化效率或同化效率 (A/ C),其数值在以植物为食的不同动物种类中差别很大,为30%~60% 不等,即使是同一种动物的不同个体也依据营养供给和年龄差异而有明显波动。在哺乳动物中同化效率居于上面提及范围的上限,个别也可能超过限制,但总是明显低于大部分肉食性动物的水平,但远高于食碎屑动物的同化效率(表14.2)。

在草食性哺乳动物中,同化能量的1%~5 % 用于生产 (P),也即动物生长或再生产(繁殖)。多数变温动物类群有明显比较高的**净生产效率**(Nettoproduktionseffizienz)(**P/A**),它们中大多超过10%,同化能量极少有超过50%应用于自身生产的。

从同化效率(Assimilationseffizienz)和净生产效率可以确定**总生产效率**(**P/C**),总生产效率也即毛生产效率(Bruttoproduktionseffizienz),有时也称为*生态效率*(ökologische Effizienz)。在附表14.2 中所提及的稀树草原动物类群中,它们变动于0.5 % (非洲象)至50 %(一种蜘蛛)之间,这就是说,在非洲象中吸收的食物只有0.5 % 进入生产(包括再生产),而在提及的这种蜘蛛中相反吸收的食物多达一半用于生产。在多数动物种类中, P/C 值位于1% 至10 % 之间,在温血动物中 P/C 值明显处在该范围的下限区域;与黑斑羚(Impalas)和家牛相比,非洲象需要多于它们4倍的饲料量才能产生同等大小的生长量。

许多研究证实,在稀树草原放牧野生动物或牲畜,也即从生态系统中减少活的植物量,对禾草层的初级生产并无根本性损害,反而刺激禾草发芽分蘖提高生产效率。但这无论如何是有前提条件的:动物取食应有限度,即取食应分配在植被生长季节并且不宜过度削弱植物(可耐受的饲草取食量一般为净初级生产量的30 %~45 %)。

乍一看,草层的这种生产行为似乎不可理解。因为进行同化作用的幼枝嫩叶被牧畜摄食,从根本上来说是会导致生长效率的降低。但如果人们注意观察的话,动物取食与生长效率的削减两者是相互对立(矛盾)的,因为:

● 动物取食把植物材料转化成一种更容易分解的类型,因而(在某种程度上类似于火的作用)加速其中所含有的矿物质返回到系统中,也即有利于再生产;

● 减少禾草群落内部的互相遮阴(如果叶片对光线的竞争成为生长限制因素),因而可为下层叶片创建有利的光照条件。

表14.2　一些稀树草原动物的转化效率和周转率（%）
（Lamotte 和 Boulière，1983）（解释见正文）

	同化效率 A/C	净生产效率 P/A	总生产效率 P/C	周转率 P/B
草食性动物				
蝗虫类				
– Burkea 稀树草原，不同种	32	19	6	
– 金合欢稀树草原，不同种	32	21	7	
– *Orthochtha brachycnemis*	20	42	9	9.6
毛虫类				
– *Cirina forda*（一种天蚕蛾幼虫）	43	15	6	
草食性动物/食腐动物白蚁				
– *Trinervitermes geminatus*			9	10.4
– *Ancistotermes cavithorax*（一种培育蘑菇的白蚁）			2	9.7
– *Hodotermes mossambicus*	61			
有蹄类				
– 非洲大羚羊 (*Kobus kob*)	84	1	1	0.27
– 黑斑羚 (*Aepyceros melampus*)	59	4	2	
– 普通牛 (*Bos taurus*) 南非德兰士瓦 (Transvaal)	57	5	2	
– 非洲象 (*Loxodonta africana*)	30	2	0.8	
肉食性动物				
蜘蛛类				
– *Orinocosa celerierae*	95	53	50	
食碎屑动物				
蚯蚓类				
– *Millsonia anomala*	9	4	0.6	2

14.5.6　枯枝落叶分解

有机废物的分解进行得很快：如果不是通过火的作用，那么（第一步）就是通过**白蚁**的作用。白蚁密度各地都很大，种群密度最大者在非洲和澳大利亚。

白蚁密度随死亡有机物数量增加而加大，白蚁对其中各种有机废物都可利用。在雨量丰富的稀树草原白蚁密度及其生产强度高于干旱稀树草原地带：前一地区白蚁数量每公顷可能超过1亿个（其动物量（鲜重）可达0.1 t /ha），后一地区每公顷则"只有"少数几百万个体。它们所消费的废物量相应随历年降水量的增多而增加,在它们消费的各种废弃物中,按数量级来看保持大致相同比例。要是不发生火灾分担大部分物质的分解,白蚁的作用是可以估算的,虽然被白蚁取食的废弃物不超过总量的一半,但至少达到1/5。

另一类次要分解者为**大型土壤动物区系**成员(在湿润稀树草原按所占动物量比例它们甚至居于首位)如**蚯蚓**(附图14.11)及南美**切叶蚁**、腐食动物**千足虫**(Myriapoden)和**甲虫幼虫**(尤其在中美洲)。

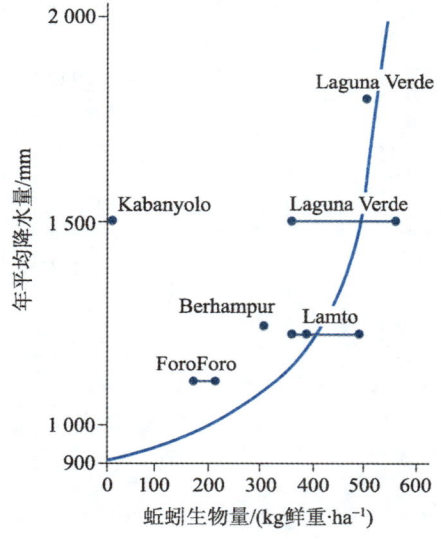

附图 14.11

蚯蚓种群大小与年平均降水量之间的关系(LAL, 1987)。因为蚯蚓只能在湿润环境条件下活动,因此发现在较高降水量地区(多数也是雨季较长地区)是它们相对比较适宜的生活条件。相应的蚯蚓对该地区生物扰动的作用也很大,种群最大多度在雨季和在土壤上部距地表10 cm处,旱季时蚯蚓种群数量减少并且其生活区域移动至较深土壤层

最后的分解步骤,如同通常其他的一样,由真菌、放线菌和细菌进行处理,它们是生态系统中真正的矿质化者,也就是说,只有通过它们的生命活动,大部分结合在有机物中的矿物质才能转化为简单的无机物形式返回系统中,从而能够重新被植物吸收利用。这种循环(**废物的分解延续时间**)平均不到一年即已完成,因为旱季期间分解作用一定程度上是继续进行的。由于腐殖质化过程相对不明显,这意味着稀树草原地带土壤的腐殖质含量普遍稀少,因此氮和磷的存贮量相应的普遍也是低的,其匮乏情况并不鲜见,并从而限制植物的生产。

14.5.7 矿物质贮存与周转

土壤供给植物养分的情况一般来说是不利的(见14.4.1),在湿润稀树草原地带土壤肥力尤其不良。因此,重要的在于现有养分的获得或养分损耗补偿与平衡。前者通过培育那些根/枝芽比例高、生有密集(强化)根系以及与或多或少起固氮作用的固氮螺菌属某些种(*Azospirillum* spp.)和菌根(Mykorrhiza)紧密结合的禾草类来实现;在乔木中与固氮根瘤菌(*Rhizobium*,在豆科植物中例如金合欢树(Akazien)有类似联系,还有菌根类同样广泛分布。

生物固氮作用及**雨水带来的氮**达到可长期补偿氮损耗的水平,这种损耗是由

于硝酸盐从土壤中淋失和——特别是——火烧时有机物质挥发造成的(表14.3)。同样,部分挥发磷的损失通常可通过大气得到补偿。

表14.3 两类湿润稀树草原中的氮平衡
(单位:kg/(ha·a); MEDINA,1987)

	Lamto(科特迪瓦)	委内瑞拉(禾草稀树草原)
从雨水中得到	19(其中4.5为无机氮)	2.6
生物固氮		
– 蓝藻	—	0.7
– 根周围(根际)微生物	9~12	6.7
火灾损失	17~23	8.5
淋溶流失	5.6	0.5
平衡	+3.9	+1

干旱森林每一生产单位消耗的矿物质比禾草稀树草原所消耗的少,也即它们与禾草稀树草原相比有较高的养分利用效率(NUE)。另一方面,干旱森林的矿物循环周期延续较长,与此相应结合在它们植物量中的矿物数量也高得多,这一由它们较高的 NUE 产生的明显的好处再次被群落保存。在草原可比的地点对土壤肥力的要求虽较高,然而在那里土壤养分存贮也较多(至少在生态系统总存贮中的比例较大)。

14.6 土地利用

夏季湿润热带是热带中居民最密集和适于农业利用的地区(东南亚除外,那里也有一些过去雨林覆盖的地区显示很高的人口密度),相对于赤道附近两侧的终年湿润热带,它们的**优势**在于:

- 一般说来,土壤肥力方面的不利程度(略显)轻微;
- "冬季的"干旱便于通过火烧进行开垦,即使存在比较密集的乔木群落;
- 随处可见的密闭的禾草层有利于畜牧业;
- 雨季结束太阳辐射达到更高的强度,这有利于增加多种作物例如玉米、甘蔗和棉花的效益;对于这些作物干湿交替的气候比终年湿润更有利。

夏季湿润热带相对于回归线附近的热带/亚热带干旱带的优越性无需更多的解释,仅一点,它们无需干旱地区所必需的人工灌溉。

在夏季湿润热带各地(虽然不是所有年份)雨季绵长而且雨量丰富,这对于**许多靠雨水耕种**的经济作物种类是足够的,例如对于玉米、高粱、多穗小颗粒小米(谷子)、棉花、花生、稻谷、各种豆类和甘薯(地瓜)。事实上,每年出现的至少延续3

个月之久的季节性干旱期的另一面,这意味着如果不进行补充灌溉,只能栽培一年生植物种类(如普遍种植的甘蔗)或相对能够耐受干旱的物种(例如木薯(Maniok)和剑麻(Sisal))。严格要求湿润条件的多年生永久性经济作物,例如咖啡树和茶树,只生长在地势陡峻或形成云雾旱季得以受益的高海拔地区。

一般来说,在夏季湿润热带以具有较高种植多样性和畜牧业的小农场占主导地位,而作物种植与牧畜养殖的集成整合传统一直是薄弱的,而且最近才增加兽力牵引用于耕种和施肥改良土壤,从而改善农田的性能。饲料种植还缺少广泛性,但通常利用收获茬地和休耕土地作为牲畜的牧场(*休耕牧场*(Bracheweiden))。此外,牛、绵羊和山羊被牧人驱赶到生长植物未利用的而后为公众用来放牧的可利用的稀树草原地区(*天然牧场*)。

农田种植至今很大程度上仍然推行一种传统的轮作农业(Landwechselwirtschaft)(广义的草田轮作制(Shifting Cultivation)),在这种情况下,农田经多年耕种后或多或少休耕一段时间(*自然休耕系统*),或者多少在一种按一定的措施管理方式下作为牧场利用(*轮牧经营*, ley farming),以使土壤肥力得到恢复。

种植年数和休耕期之间的时间比例关系或者可以用耕种系数(Anbaufaktor;又称种植因数)或可以用标记字母"R"表示。

在采用**耕种系数**的情况下,周转的总循环周期(Umlaufdauer)就是种植年数加上其后的休耕年数直到新一轮种植的总年数除以种植的年数。结果表明,如同许多耕种区所保持的那样,一定的周转轮换是必需的。举例如下:在一种轮作农业中采取5年种植期与5年休耕期,那么,种植因数为2,这就是说,农民需要有如同他正在耕种利用的农地同等大小(和质地)的两块农田,以便他在任何时间都可在其中的一块农地上进行再生产。

在采用**标记字母"R"**的情况下,——它与种植因数正好相反,是倒过来的——种植年数与全部周转轮换期的比值,其结果通常以百分数表示。这种计算方式的优点在于,可直接计算和提出一个农场中每一片正在耕种的农田面积所占有的整体农业经营利用面积 (landwirtschaftlichen Nutzfläche = LN)的比例。据此计算上述例子中的"R"即为0.5;也即正在耕种的土地计为全部农业利用面积(LN)的50%,其余的50%处在暂时休耕状态。

如果$0.3 \leq R \leq 0.7$,涉及有关的农田轮作制,进行一种相当于在永久性农田的耕种体制,则其实际耕作的面积需求为1.5~3倍那么大。假如极端不良的土壤条件进一步缩短每一次可能耕种的期限,并且迫使休耕期延长以应对再生产中矿物质的平衡,那么,耕种面积需求还会提得更高。在许多湿润稀树草原地区甚或终年湿润热带地区情况就是这样(参阅15.6,火烧式开垦–流动式耕种)。为了获得更高而不过高的土壤生产性能,应该遵循哪种休耕期,附图14.12对此给予说明。

传统的混合农场的生产也是服务性的或甚至主要自给自足,使用简单的劳动工具例如锄头和牛拉的犁进行农耕生产至今仍相当普遍,劳动生产率相应较低,除灌溉作物外,大多数作物的单位面积产量同样也是低的。

随着人口的快速增长及由此而来的土地紧缺,在许多地方占地面积广泛的农业轮作制已经被**永久性耕种系统**(permanente Feldbausysteme)所取代了,这可能要归功于使用越来越多的矿物肥料。由农林业利用系统看来,业已证明农田轮作制对控制侵蚀和保护/改善土壤有机物质方面是有益的。

与上述或多或少广泛粗放利用系统形成明显对比,东南亚传统的农业经济随着**稻田灌溉**而发展成为一种非常**广泛强化的利用系统**,这种系统的优势远远超过了在夏季湿润热带甚至也超过在终年湿润热带和终年湿润亚热带有关的利用系统(另参照附图6.2)。

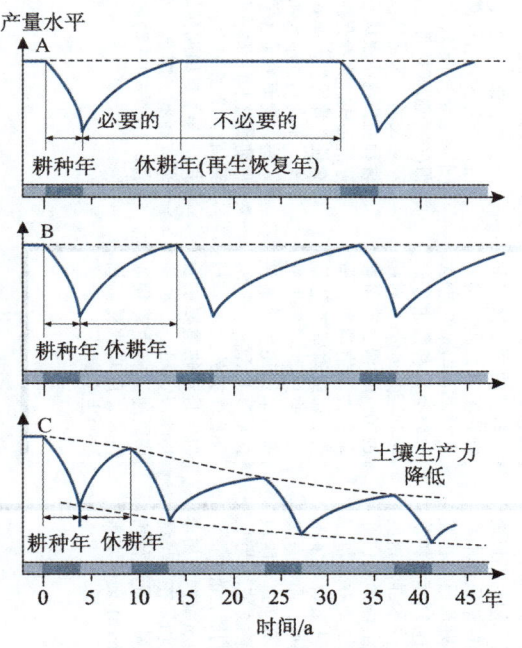

附图 14.12

在轮作农业中休耕期与土壤肥力之间的关系(RUTHENBERG,1980)。(B)状况下,休耕期正好涵盖土壤生产能力的再生期;(A)状况下,休耕期长于所需时间;(C)状况下,休耕期过短,不足以维护土壤肥力,因此产量水平(图中虚线)下降。必须指出的是,附图图形仅表明,在什么样一种轮换情况下(按照何种休耕期)每次收获可能取得的最高单位面积产量。如果生产目标针对每块面积长期所有(即也包括休耕年数在内的)年数平均达到的最高产量,反之也可显示其评判。这里一和期限较短的轮换制相对大多比较好,虽然某个种植年份达不到以前的单位面积产量,但整个时间过程由于较多次收获累加的总产量较高,因此轮换时间至少应适度缩短

在传统的靠雨水种植或通过农田灌溉所利用的稀树草原地区内,许多地方——主要是岛屿或沿现代化道路交通线——出现商业化企业,这些作为专业化的农田经营或永久性种植经营,一个企业致力于相对大面积种植单一种(或少数几种)经济作物(例如玉米、高粱、烟草、花生、棉花、小麦、咖啡、茶、剑麻)或一种或多或少强化的肉牛或奶牛养殖业(**专业化农场经济**)。在这样的稀树草原地区,那里有大量无人居住的空间可用,如在澳大利亚北部、几个拉丁美洲国家(巴西、巴拉圭、委内瑞拉、哥伦比亚、墨西哥)和非洲(肯尼亚、安哥拉),都能够建立养牛业的**牧场经营**(见10.6.2)类型的广泛的放牧系统。在一些稀树草原地区还进行**野生动物管理**方面的试验,例如对非洲的大羚羊(Elenantilopen)、对澳大利亚的大袋鼠(Kängurus)及对南美洲的水豚(Capybaras)。

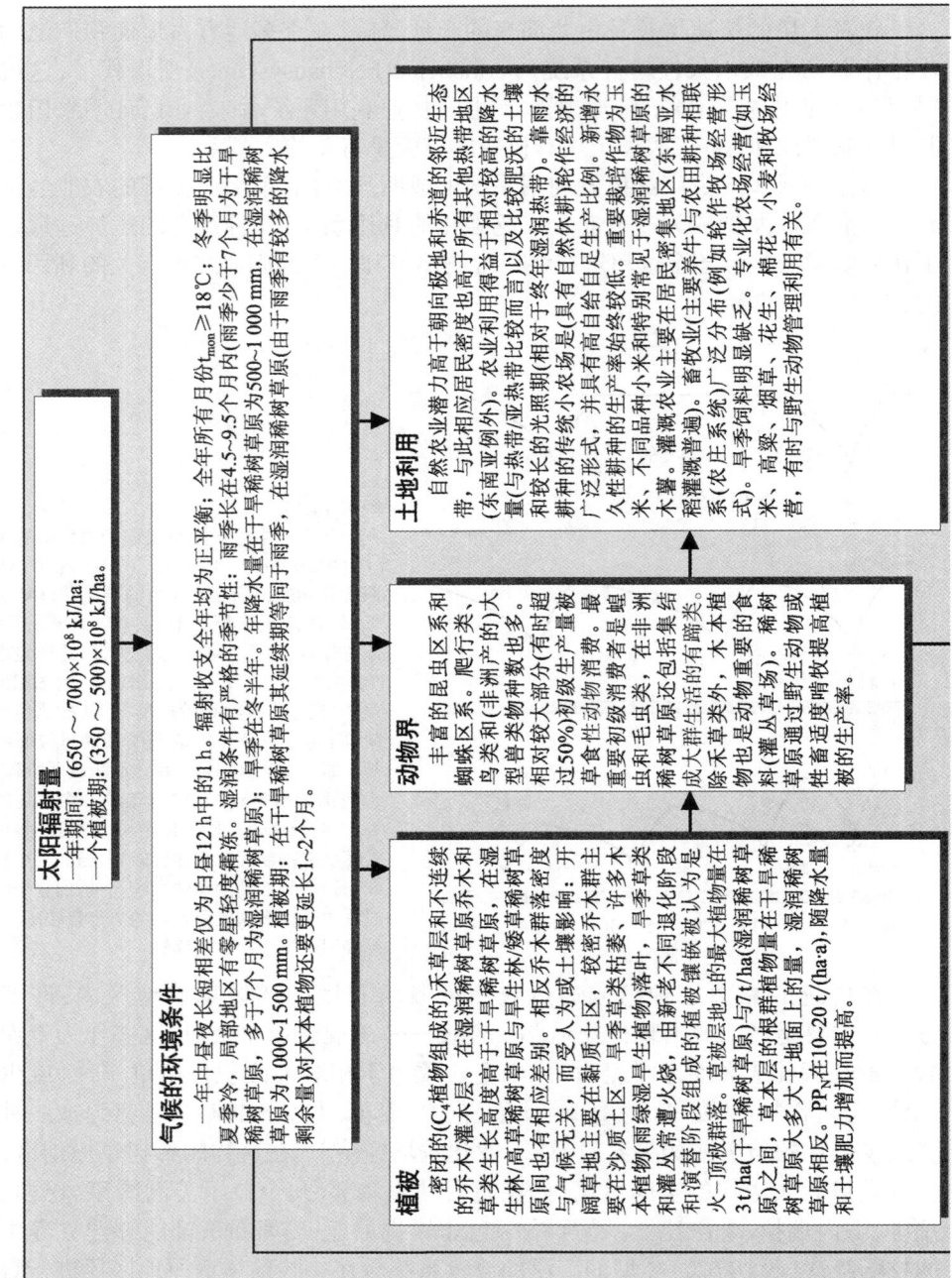

夏季湿润热带概要一览图

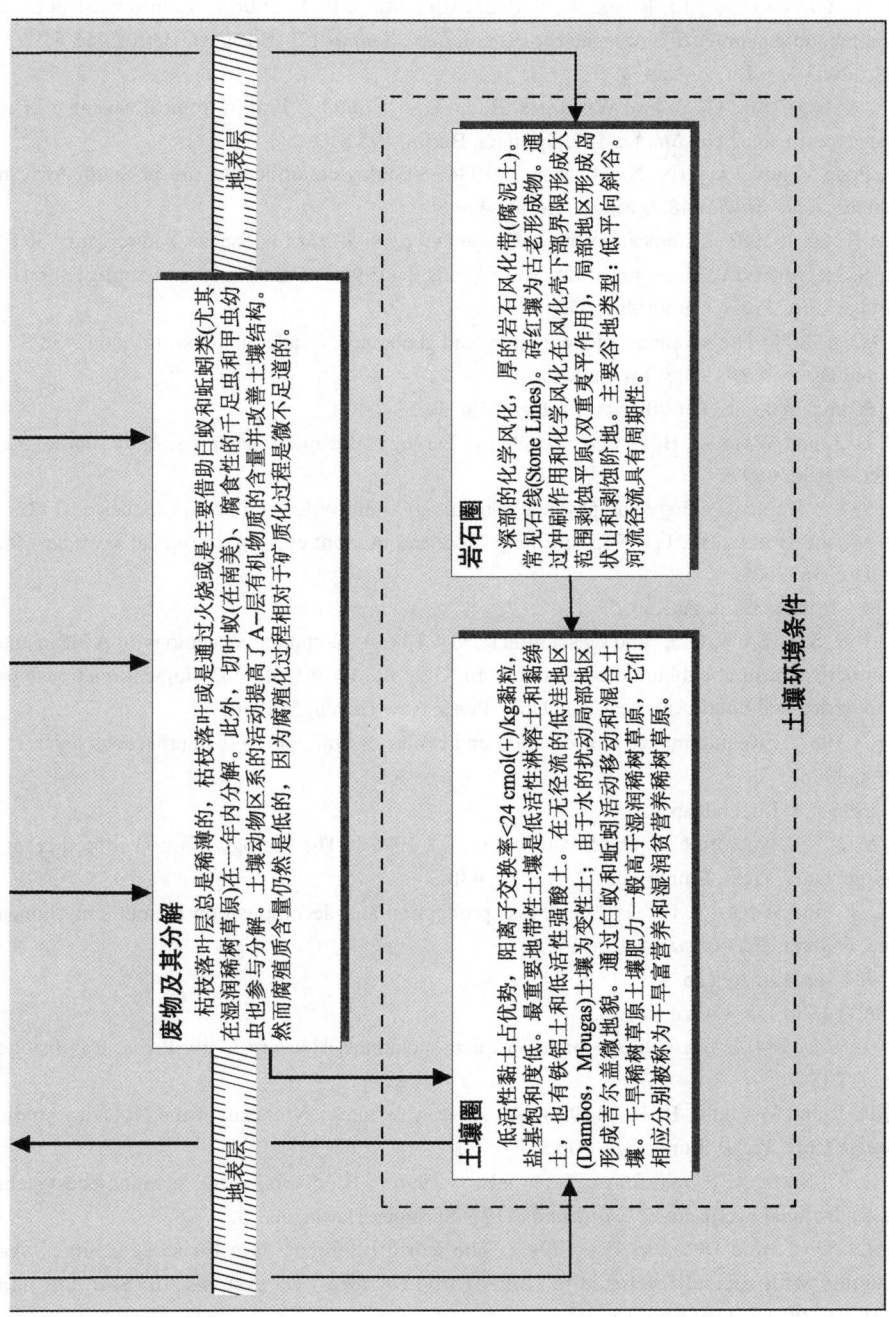

第14章参考文献

ABBADIE, L., GIGNOUX, J., LE ROUX, X. und LEPAGE, M. (eds.)(2006): Lamto – Structure, functioning and dynamics of a savanna ecosystem. *Ecol. Studies* 179. Springer, Berlin, 415 S.

AHNERT, F. (2003), *s*. Lit. zu Kap. 3.

ANDERSEN, A. N., COOK, G. D. und WILLIAMS, R. J. (eds.)(2003): Fire in tropical savannas. The Kapalga experiment. *Ecol. Studies* 169. Springer, Berlin, 195 S.

BOOYSEN, P. de V. und TAINTON, N. M. (eds.)(1984): Ecological effects of fire in South African ecosystems. *Ecol. Studies* 48. Springer, Berlin, 426 S.

BOURLIÈRE, F. (ed.)(1983): Tropical savannas. *Ecosystems of the World* 13. Elsevier, Amsterdam, 730 S.

BULLOCK, S. H., MOONEY, H. A. und MEDINA, E. (eds.)(1995): Seasonally dry tropical forests. Cambridge Univ. Press, Cambridge, 450–S.

COLE, M. M. (1986): The savannas; biogeography and geobotany. Academic Press, London, 438 S.

DRIESSEN und DUDAL (1991), *s*. Lit. zu Kap. 4.

HORNETZ, B. und JÄTZOLD, R. (2003): *s*. Lit. zu Allg. Teil.

HUNTLEY, B. J. und WALKER, B. H. (eds.)(1982): Ecology of tropical savannas. *Ecol. Studies* 42. Springer, Berlin, 669 S.

LAL, R. (1987): Tropical ecology and physical edaphology. John Wiley and Sons, Chichester, 732 S.

LAMOTTE, M. und BOURLIÈRE, F. (1983): Energy flow and nutrient cycling in tropical savannas. In: BOURLIÈRE, 583–603.

MARSCHNER (1990), *s*. Lit. zu Kap. 5.

MCNAUGHTON, S. J., SALA, O. E. und OESTERHELD, M. (1993): Comparative ecology of African and South American arid to subhumid ecosystems. In: GOLDBLATT, P. (ed.): Biological relationships between Africa and South America. Yale Univ. Press, New Haven, 548–567.

MEDINA, E. (1987): Requirements, conservation and cycles of nutrients in the herbaceous layer. In: WALKER, 39–65.

MÜLLER (1996), *s*. Lit. zu Kap. 2.

NORMAN, M. J. T., PEARSON, C. J. und SEARLE, P. G. E. (1995): The ecology of tropical food crops. Cambridge Univ. Press, Cambridge (2. Aufl.), 430 S.

OHIAGU, C. E. und WOOD, T. G. (1979): Grass production and decomposition in southern Guinea savanna, Nigeria. *Oecologia* 40, 155–165.

OLLIER (1984), *s*. Lit. zu Kap. 3.

RUTHENBERG (1980), *s*. Lit. zu Kap. 6.

SARMIENTO, G. (1984): The ecology of neotropical savannas. Harvard Univ. Press, Cambridge (Mass.), 235 S.

SCHOLES, R. J. und WALKER, B. H. (1993): An African savanna; synthesis of the Nylsvley study. Cambridge Univ. Press, Cambridge, 306 S.

SOLBRIG, O. T., MEDINA, E. und SILVA, J. F. (eds.)(1996): Biodiversity and savanna ecosystem processes; a global perspective. *Ecol. Studies* 121. Springer, Berlin, 233 S.

SPAARGAREN, O. C. und DECKERS, J. (1998): The world reference base for soil resources. An introduction with special reference to soils of tropical forest ecosystems. In: SCHULTE und RUHIYAT, 21–28, *s*. Lit. zu Kap. 15.

TOTHILL, J. C. und MOTT, J. J. (eds.)(1985): Ecology and management of the world's savannas. Austr. Acad. Sci., Canberra, 384 S.

VAN WAMBEKE, A. (1992): Soils of the tropics. Properties and appraisal. McGraw-Hill, New York, 343 S.
WERNER, P. A. (ed.)(1991): Savanna ecology and management. Australian perspectives and intercontinental comparisons. Blackwell, Oxford, 221 S.
YOUNG, M. D. und SOLBRIG, O. T. (eds.)(1993): The world's savannas – economic driving forces, ecological constraints and policy options for sustainable land use. *Man and the Biosphere Ser*. 12. UNESCO, Paris, 350 S.

15 终年湿润热带

15.1 分布

终年湿润热带（Immerfeuchte Tropen）分布于赤道附近，但延伸至冬季的信风降雨（Passatregen）或季风降水（monsunale Niederschläge）能够到达之地，这两种冬季雨（往往借地形之利）降落以补充夏季的热带雨（Zenitalregen），使终年湿润热带进一步向极地方向分布，其分布的极端情况甚至超过北纬20°和南纬20°（附图15.1）。这一生态带在全球所有分布地区总面积合计为1 250万 km²，占地球陆地面积的8.4%。

终年湿润热带与邻近生态带的界限或是基于温度方面（与终年湿润亚热带）或是基于水分方面（与夏季湿润热带），它们的界限大约为最冷月18℃等温线或9~9.5等湿度线。

在干湿交替地区夏季湿润热带的湿润稀树草原带与终年湿润热带相连接的地带有一些共同的特征，例如在土壤类型、地貌形成、植被和土地利用方面。对于**湿**

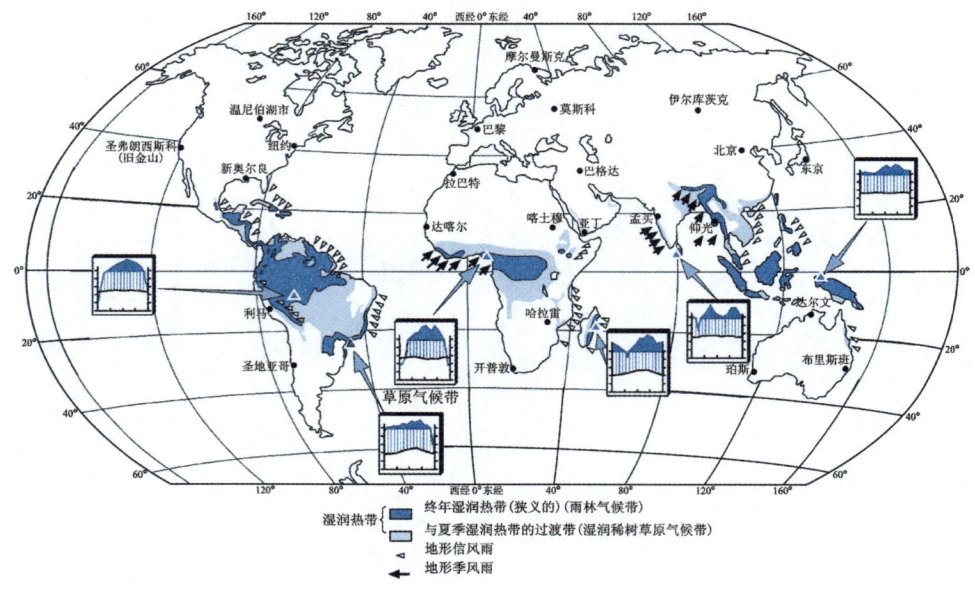

附图 15.1
终年湿润热带。这一生态带大部分出现于北纬10°至南纬10°之间的范围内

润热带空间单元那些密切有关雨林气候带和湿润稀树草原气候带的摘要就是基于这些方面。分布图（附图15.1）既显示了终年湿润热带，也指出了干湿交替过渡地带所在地域。

15.2 气候

本带气候是以一种独特的**全年连续的一致性**为特征，这就是说，终年湿润热带，尤其赤道附近地区，形成一个**无(明显)季节**的地带。该带全年日弧 ±12 h 等长几乎无变化，辐射正平衡持续强劲，因此一年到头的日平均温度为25~27℃（= 等温线）。温度日变幅最大为6~11 K，温度日变幅明显大于年波动值，人们因此也称此为**温度的和太阳能的日周期型气候**(Tageszeitenklima)。

如同在热带的其他地方，那里**降雨**的发生也属热带雨，这就是说，季节性最大降水量值——几乎不迟延地——随着太阳位置最高时刻而降落。相应的那里无例外的每年有两次季节性降水高峰(**双雨季**)，各个雨季发生在一年中出现的两次昼夜均等时间之后，也即*昼夜平分雨* (Äquinoktialregen)，分别发生于4月份和8月份。在这两个"雨季"之间月降水量虽然有所减少，但一年中降水量完全缺少的月份最长只有两个半月（极少有长达3个月的），植物因此可能全年持续生长，虽然在不少地区有短时期的轻微限制；某些物种的发育阶段明显与此种状况有关，例如更换新叶或形成花芽。

个别降水事件通常具有极高的强度（往往为短时间强烈的暴风雨），而且一天降水量超过50 mm 的情况并不少见。年降水量大多达到2 000~4 000 mm（而在湿润中纬带举例来看年降水量仅在500~1 000 mm；对照参看表2.1）。

各地普遍具有的高云度(Bewölkungsgrade)（年平均大多 >60 %）和空气中水汽高含量说明，为什么那里阳光**漫射的太阳辐射量**的比例占到全球的大约40 %，从而居全球所有生态带中最高者。绝大部分的辐射收入（辐射平衡高达350×10^8 kJ/(ha·a)消耗于**蒸发**，也即作为蒸发热(潜热)而转移。这个生态带每年蒸发量（蒸腾量）超过1 000 mm，最大超过1 200 mm 水量，这就意味着，该带的蒸发量高于地球上其他各个生态带，也比同纬度位置开阔海洋的蒸发量高。该带蒸发量位列全球各带首位原因是：

(a) 热带雨林的蒸发和蒸腾表面是地球上最为巨大的；

(b) 水分通常可以无限制地从土壤中得到供给，即使那里出现正常的干旱期（超过深远的乔木根部），而且

(c) 全年有许多能量可用于水蒸气的输出，在此种情况下，实际蒸发量（几乎）达到潜在蒸发量。

以上描述的终年湿润热带地带性的气候特征——严格来说——仅适合于林冠层（和直接有关的部分）。森林内**树干区域的气候**，尤其近地表空气层，与林冠层相比有着多方面的不同（附图15.2）：

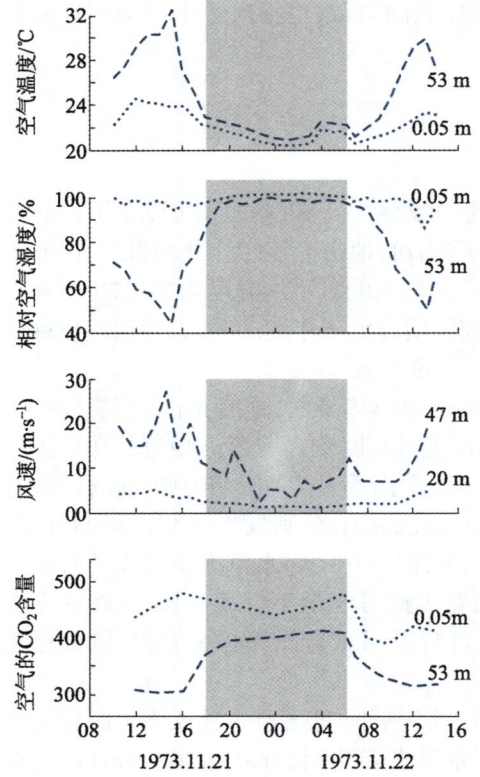

附图 15.2
马来西亚西部帕索（Pasoh）地区一处低地雨林的群落气候，通过林冠层和树干区域内部的空气，其温度、相对湿度、风速和 CO_2 含量的日变化过程（据 AOKI 等，1975）。封闭的林冠层处于大约 45 m 高度，有些高耸的林木巨头高达 55 m，叶面积指数为 8

- 在林中地面上阳光衰减到仅余 1 %~3 %。
- 其他太阳辐射的光谱组成：红光和红外辐射能降至 0.4 或更低，其他的超过 1.0。对种子萌发和其他生长进程有重要意义；
- 空气温度比较均衡：日变幅仅为 3~4 K，因为那里中午增温基本比较弱（低于 4~7 K），而在林冠区中午增温可能达到 32 ℃。
- 耐受较高的空气相对湿度（90 %~100 %）；这阻碍植物的蒸腾作用并可能因此导致植物由土壤吸收矿物质发生问题。在林冠层表面有时空气相对湿度只有 50 %，这意味着存在明显的饱和差，这里叶片的温度短时间内可能升高至 40 ℃。
- 风速较低：局部强烈雷暴经过热带雨林只能减速穿过森林内部并且几乎从未到达近地空气层。在那里可能由于这个原因（也由于光合作用，也即结合 CO_2 的进程不起多大作用）在分解过程中地上枯枝落叶和土壤中积累了丰富的（土壤呼吸作用）排放出的 CO_2，这种情况使得那里 CO_2 含量白天可能超过 400 ppm、夜间更超过 450 ppm。

15.3 地貌和水文

15.3.1 风化作用和溶解剥蚀

此带土壤湿润度全年比较高、各处温度也比较高（土壤中的温度——由于腐殖质分解而释放热量——还可能超过平均气温若干度）以及高的土壤酸度，在这样的条件下**化学风化过程**（尤其水解作用）达到最高强度水平。

由于此带的物理风化方式微不足道以及岩石解体总是释放压力的结果，化学风化不能够像是在干湿交替的热带和（更何况）热带以外的地区那样作用在机械性能方面已经预备好的材料上，而是**光秃的岩石**，尤其上面没有裂缝而且陡峭耸立的岩石，这是很难分解的。

激烈的化学风化——尤其在那些可能经历长时间有效风化作用的地方，例如在古老陆地表面——可能发生至其他风化作用达不到的**深部土壤/风化壳**，其下方接着有**几米厚的岩石风化带**（腐岩（Saprolithe）），在这些地方或许只有到达地下100 m深处才有完整的岩石。在风化壳中母岩几乎没有剩余矿物质，而主要由相对稳定的次生性产物高岭石、三水铝石、赤铁矿和针铁矿占优势。这也许可以解释，为什么尽管化学风化过程极端强烈而在大多数河流中**溶解搬运物质**（Lösungsfracht）却极其微少。

在那些易溶性岩石（例如石灰岩）出露地表的地方，**溶解剥蚀**（Lösungsabtrag）是如此的强烈，以至出现岩溶发育（Karstentwicklungen），由此形成特殊的高达数百米的**锥状岩溶**（Kegelkarst）或**塔状岩溶**（Turmkarst）地貌。这些岩溶类型在全球范围只发生在一年中至少有9个湿润月份的热带地区，并因此被当做湿润热带独具特征性的地貌类型（气候地貌学的特殊类型）。

15.3.2 河流切割和坡面剥蚀

在冈瓦纳残留地貌（Gondwana–Residualrelief）区域范围内，几近平坦的剥蚀平原也属于终年湿润热带常见的地貌，而对于年轻的褶皱山脉和火山构造而言，相反通过流水的线状切割形成 *V 形谷*（Kerbtäler）和将山谷分水岭切割削减为*狭窄的山脊*（schmalen Kämmen）则是具特征性的，其结果不仅使得那里坡度陡峻，而且也使得终年湿润热带成为比地球上任何一个生态带流水更多的地带，且其河流密度之大也是独一无二的（几乎没有一个地方距离其最近的水道超过400m远）。

在自然条件下没有地面冲刷（Flächenspülung）（即*冲刷剥蚀作用*（Spüldenudation））发生，雨水最初降落在雨林密集交错的林冠层，经过一段时间才有部分雨水（有时只有5%~50%）落到地面上，大部分是以水滴（Tropfwasser）又称穿透雨（throughfall）的形式落到地面，其中98%~99%的雨水渗透入其降落所在地并且——如果没有被植物根部吸收——作为地下水汇流入河流中。

然而，其他两种剥蚀类型值得注意，这就是由于**地滑**（Rutschungen）（包括滑坡（Erdrutsche）、山体滑坡（Bergrutsche））和**泥流**（Erdfließen）（例如泥崩（Schlammlawinen））导致**在重力条件下的物质运动**，此两者的发生通常与风化层具有比较高的潮湿度尤其在大量的和长时间降雨之后共同起作用，由此而来的高含水量增加了风化层的存贮密度,因此它的质量及其当土壤孔隙完全充满水分时均导致产生孔隙水压力,前者可能致陡坡滑塌,后者可能触发泥石流。

虽然这两种剥蚀过程仅发生在比较大的和不定期的时间间隔,但它们仍然是终年湿润热带最重要的坡面剥蚀类型,在更长的时间进程中可能它们都是如此地作用于所有山坡,而且如若山坡重新产生巨厚的风化层,同一地方会反复出现坡面剥蚀作用。

15.4 土壤

另参阅本书14.4.1热带、亚热带土壤的一般特征。

对于终年湿润热带来说,其特征性的土壤类型首先为**铁铝土**(Ferralsolen)(拉丁名称 *ferrum* = 铁;al 来自 Aluminium(铝))。其次是**低活性强酸土**(Acrisole),其分布重点区域在东南亚、西非和拉丁美洲终年湿润热带的一些局部地区(低活性强酸土的特征见12.4)。再者为占据面积比例明显小得多的**低活性淋溶土**(Lixisole)(它们的特征见14.4.2)。湿润热带地区的其他土壤类型在此需要介绍的就只有**聚铁网纹土**(Plinthosole)、**铁铝雏形土**(Ferralic Cambisole)、**铁铝砂性土**(Ferralic Arenosole)和**灰化土**(Podzole)。表15.1 列出这些土壤单元的一些典型特征(另参照表14.1; SCHULTE 和 RUHIYAT,1998)。

表15.1 湿润热带土壤的化学特征(KAUFFMAN 等,1998)[a]
表中第一个数字指表层土壤(0~20 cm)的特征值,第二个(括弧内)的数字指下层土壤(70~100 cm)的特征值。

	铁铝土	低活性强酸土	低活性淋溶土	雏形土	砂性土	灰化土
pH $_{H_2O\ (1:2.5)}$	4.8 (5.0)	4.8 (4.8)	6.4 (5.9)	5.3 (5.5)	5.3 (5.8)	4.5 (4.8)
pH $_{KCl\ (1:2.5)}$	4.1 (4.5)	4.1 (4.0)	5.5 (4.6)	4.6 (4.5)	4.1 (5.1)	3.7 (4.4)
有机碳 / %	2.3 (0.4)	2.0 (0.4)	2.2 (0.3)	2.3 (0.4)	0.8 (0.1)	5.0 (0.7)
C/N 比	16 (9)	14 (8)	17 (7)	11 (8)	16 (12)	23 (11)
可交换盐基[b]/(cmol(+)·kg^{-1})	1.8 (0.7)	2.2 (0.6)	21.2 (16.8)	15.5 (9.0)	2.0 (2.0)	1.0 (0.1)
可交换 Al/(cmol(+)·kg^{-1})	1.4 (1.1)	1.5 (2.2)	0.0 (0.3)	0.1 (0.0)	0.1 (0.0)	1.0 (0.2)
KAK$_{pot}$/(cmol(+)·kg^{-1})	8.8 (4.0)	9.9 (6.9)	22.7 (25.0)	19.3 (14.9)	6.6 (3.2)	20 (4.7)
盐基饱和度 /%	19 (19)	26 (12)	87 (67)	49 (52)	44 (39)	18 (43)

a 由30份铁铝土、33份低活性强酸土、9份低活性淋溶土、30份雏形土、5份砂性土和6份灰化土样品测定所得平均值。
b 可交换盐基: Ca^{2+}, K^+, Mg^{2+} 和 Na^+。

铁铝土（Ferralsole）

铁铝土是典型的古老陆地表面，它们在很早的历史时期（可能大多早在第三纪地质时期）就已经由不同的岩石在持续湿热（湿润热带）条件的林下形成。低活性强酸土（在发育趋势上）被认为类似于铁铝土，但其所经过的发育时期远不及铁铝土之久远。

铁铝土的颜色为浅黄色至深棕色，腐殖质含量通常较低，其诊断的**铁铝的 B–层**（过去的氧化 B–层）具有以下特点：

- 深层发育；
- 整个剖面深度的颜色和结构等方面非常均匀，无黏粒移动现象（黏粒不活动性是铁铝土的特征；低活性强酸土则相反）；
- 可风化硅酸盐最多只能在微量范围（少于10％，50~200 μm 粒级）获得（如果其含量更多则为铁铝雏形土）；
- 结构为砂–黏土质或细颗粒，黏粒含量包括至少8％细土部分，否则为铁铝性砂土；
- 黏土成分几乎全部来自高岭石、铁氧化物和铝氧化物/氢氧化物；
- 泥沙/黏土比率（Schluff/Ton–Verhältnis）低；
- 砂和泥沙颗粒主要来自石英矿物；
- 土壤矿物的阳离子交换率低至极低（KAK_{pot} <16 cmol(+) /kg 黏粒，KAK_{eff} <12 cmol(+)/ kg 黏粒）；同样盐基饱和度是低的，相应的土壤反应为酸性至强酸性。

导致铁铝 B–层的土壤过程包含在铁铝富集化（Ferrallitisierung）的概念下，已知伴随铁铝化过程的同时**脱硅作用**也在启动和进行（因为高岭石和倍半氧化物剩余的积累没有硅的淋洗是不可能的，也可认为脱硅作用是铁铝化过程中的一部分）。

铁氧化物和铝氧化物倾向于形成毫米或厘米大小的稳定团聚体，即所谓的**伪砂**（Pseudosand），因此富含黏粒的铁铝土中也有高比例稳定的（颗粒间的）粗孔隙，由此也产生较高的水分渗透性，相应的在它们分布地区少有侵蚀发生，即使大雨降落之后也可很好地渗流入土壤里并可为植物所利用；另外，土壤中其余的黏附水（Haftwasser）大部分存留在伪砂团聚体内部成为植物不能利用的（"死水"）形式。每米土壤深度包含的最大可利用水通常少于100 mm（据 SPAARGAREN 和 DECKERS，1998）。尽管这里全年处在湿润气候条件下，但如果两次降水时间间隔超过正常期限的话，干旱仍有可能对浅根系作物造成胁迫。

聚铁网纹铁铝土–聚铁网纹土（Plinthic Ferralsole – Plinthosole）

在**聚铁网纹铁铝土**中（上面的）B–层是由特别富含铁质的和贫腐殖质的来自高岭石、倍半氧化物和石英的混合物所组成，它们总体一起被称为**聚铁网纹体**（Plinthit），作为剩余的富集形成 Fe 浓缩物，它们通常显现为红色的斑点，富含高岭石的颗粒相反显现为白色斑点。在湿润的情况下其坚实度始终不变，但却是可切割的，水渗透率低，因此在具有网纹铁铝土的坡地上径流率增加，而在地势平坦的地方往往积涝和洪泛成灾。在反复干燥的情况下（例如田地表土被冲刷后可能发生此类情况）聚铁网纹体可能不可逆转地成为一种结壳的形态或个别团聚体发生硬化。在 FAO 土壤分类中它被当做石化铁质的（petroferric）*阶段*或*硬化阶段*（skeletic phase），其他还有的称之为**铁矿石**（Iron–stone）或——在非土壤学文献中——称之为**砖红壤**（Laterit）（见14.3.1）。

在1988年修订的 FAO 土壤分类系统中，那些至少有一个最薄15 cm 厚的（自土壤表层开始50 cm 以内）体积百分率超过25 % 的聚铁网纹体，并因此显示一个聚铁网纹层的土壤，它们被划为一个独立的土壤单元（*主要土壤类型*）等级，并被冠以**聚铁网纹土**（Plinthosole）的名称（希腊语 *plinthos* = 砖头）。

铁铝雏形土（Ferralic Cambisole）

此类土壤被解释为比较年轻的铁铝的风化阶段，它们与铁铝土（Ferralsolen）的区别在于，铁铝雏形土还具有可风化的物质，而且它们的阳离子交换率（KAK）比铁铝土高（但是低于其他雏形土变种）。铁铝雏形土被认为是比较肥沃的土壤。在非洲西部它们发育于丘陵或山地地区，那里地面冲刷经常而反复地把比较老的（上部的）土层剥蚀掉，因而只保留了成土过程较年轻阶段的土壤。雏形土出现的地方往往邻近薄层土（Leptosolen）。

铁铝砂性土（Ferralic Arenosole）

此类土壤属于具有高岭石黏土成分（= 铁铝属性）的砂质土壤（见13.4）。在湿润热带它们很有可能产生物质新近的位移，这来源于具有最高风化程度的土壤形成（也即来自铁铝土或低活性强酸土）。铁铝砂性土不仅由于它们的硅酸盐含量低和阳离子交换率（KAK）低，而且也由于其贮水能力低（田间持水量往往只有大约10 % 体积百分率），因而成为不利于植物生长的土壤类型。

灰化土（Podzole）

此类土壤由砂岩和富含石英砂的沉积物发生而来，它们的砂质比例大多明显超过80 %，与砂性土中的比例几乎相等；然而与此类土壤不同（也是与所有其他湿润热带土壤不同），灰化土在其上层土壤中有高含量的死有机物质，但这些有机物的质量是不良的（C/N 比例低）。灰化土的交换性营养离子也低于许多铁铝土类，因此它们属于终年湿润热带中最贫瘠的土壤类型（其一般性特征见8.4）。灰化土较大面积发生于巴西里奥内格罗（Rio Negro）及印度尼西亚群岛的加里曼丹岛和苏门答腊岛，然而，在湿润热带中各地发育有灰化土的面积全部总和可能超不过1 %。

15.5 植被和动物界

终年湿润热带的**地带性植物群系**是常绿热带低地雨林（immergrüne tropische Tieflandsregenwald）。森林砍伐，特别最近20年来（局部呈指数式增长的趋势），使得原来延伸生长的森林实际上已减少至不足原有的一半。[57]

由于四大洲热带雨林的隔离分布（地质历史上早已经存在），因此在各个发生地域之间的植物区系（以及动物区系）形成了值得注意的差异。只有少数属（Gattungen）是世界性的代表，稍微较大的一致性存在于科（Familien）的等级。乔木层中最常见代表热带的科有番荔枝科（Annonaceae）、藤黄科（Clusiaceae）、大戟科（Euphorbiaceae）、樟科（Lauraceae）、玉蕊科（Lecythidaceae）、豆科（Leguminosae）、楝科（Meliaceae）、桑科（Moraceae）、肉豆蔻科（Myristicaceae）、桃金娘科（Myrtaceae）、棕榈科（Palmae）和山榄科（Sapotaceae）。美国和非洲许多豆科乔木极其高大，树冠高耸（Emergent Trees），在东南亚则代之以龙脑香科（Dipterocarpaceae）的种类。

除了大陆森林植物区系的分化外——在区域至地方的纬度地带中——存在许多由**地理位置决定的形态–生态**的特殊类型（physiognomisch–ökologische Sonderformen）。例如它们发生的地方，那里土壤的营养元素极其缺乏或是特别肥沃，那里长期堵塞积水或是周期性洪水泛滥或是植物根区由于土壤发育较浅而受到局限。它们的差别不仅在于种类组成/物种多样性，也在于彼此外貌十分独特，这里举一些例子：

● 如果定期发生洪水，那么，洪水泛滥期间持续多久，淹没陆地的高度达到何处，并且水里悬浮物质是很多的（也即*白水*（Weißwasse））还是很少的贫营养水（也即*黑水*（Schwarzwasse））？这些因素都会影响森林的发育。在亚马孙地区（Amazonasgebiet）人们称季节性遭受白水浸淹的森林（测站）为**瓦尔泽亚**（Várzea），而对季节性经受黑水浸淹的森林（测站）则称为**依加泊**（Igapó），还有位于地势较高处作为第三种森林（景观类型）的，与前此两者相比，后者因所在位置处于遭受水淹范围之外，故另称为**特拉·菲尔梅**（Terra firme）。

● 全年处在潜水之下的土地，在基底适度肥沃情况下发育**沼泽森林**（Sumpfwälder）（即淡水沼泽森林（freshwater swamp forests）），否则发育**泥沼森林**（Moorwälder）（即泥炭沼泽森林（peat swamp forests））。此两种森林类型的特点是，许多树木种类由于适应软底质和土壤呼吸困难而形成特殊的根系，依据它们的功能相应被称为支柱根（Stelzwurzel）、支持根（Stützwurzel）或气根。

● 通常森林发育特别茂盛之处，那里年降水量较高，但并不极端高而且降水全年分配均匀，也不发生较长时间的洪水泛滥。另外，在特别湿润的条件下和（甚

---

57 随着森林砍伐，**大量 CO_2 从生物量和土壤腐殖质中被释放**。虽然后来的作物（农田、种植园、牧场、森林等）或（本身再生的）次生性森林重新固定 CO_2，并且在几年后也至少局部恢复土壤有机物质的贮存，但在遭受过毁坏的状况下仍然损失巨大。是否它们实际总量如同全球碳循环的平衡所称，合计达1.9 Gt C/a（参看附图8.13），这是不确定的，仅凭对森林遭多大程度破坏尚不能确知这一方面，计算结果的不确定性也就不言而喻了，同时土地由砍伐面积调整为利用面积在森林再生或转换情况下，估算再次的 CO_2 结合物的数值至少存在同样大的问题。

至在热带雨林)极端贫营养的土壤(主要为灰化土)可能发生一类(物种相对贫乏的)"发育不全林"(Kümmerwälder),这种林型的乔木以及其他植物种类生长高度比较低矮(局部在10 m以下)而且叶片小、厚、革质(因此也被称为**石楠丛林**,英语 *heath forest*)。在东南亚地区这类森林称为凯朗加斯(Kerangas)或帕丹(Padang),在南美洲称为亚马孙卡丁伽(Caatinga)或坎皮纳(Campina)群落。

在常绿雨林和**半常绿湿润森林**之间的界线处,至少1/3的乔木树种旱季时期(通常为几个月)落叶或至少有短期的改变,那里同时也是终年湿润热带和夏季湿润热带这两个生态带之间的界线。

15.5.1 热带雨林的结构特征

如果人们针对一些所谓特殊形式进行观察,可能使得热带雨林相对不同于大多数其他森林群系的一系列特殊性通过对比而突出显现,这些特性列举如下:

- **巨大的物种丰富度**:超过1/3的全球所有目前已知的植物物种属于热带雨林区系;
- **高物种多样性**:单单乔木树种的数目每公顷就可能超过100种,即使最常见的乔木种类,在每公顷面积中同一种类通常只能见到两株或3株(附图15.3)。
- **植物群落的高度和密度居于首位**(与湿润中纬带的夏绿林比较;附图15.4):具有至少10 cm胸高直径的乔木棵数(**树干数**)每公顷总计达到数百棵,最多约达1 000棵。基底面积(所有树干胸高的圆面积之和)至少为25 m^2/ha,一般在30~40 m^2/ha。
- **叶覆盖的多层性**:叶面积指数同样很高,为8~12。沿垂直样带的测量可以用来证明**森林的层次**,举例来说,各自不同的**叶密度**(每立方米群落空间的平方米叶面积)、分层的叶面积指数(= 植物群体各个分级高度各自的LAIs)或者每一高度级 kg/m^3植物量(叶量或/和木材量)(附图15.5)。每个森林层次——除非有明确的标示——是通过与其上层相比一种跳跃式的光线突然变弱和其他群落气候参数的改变为标志的。

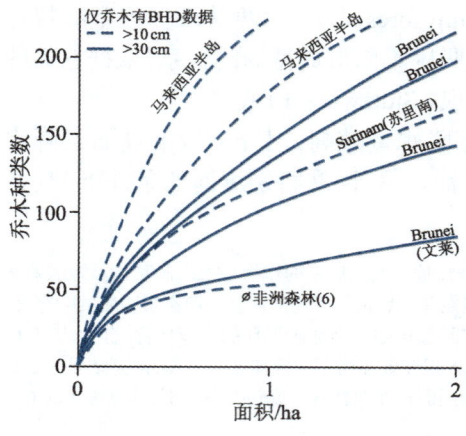

附图 15.3

大多数雨林乔木物种数/面积曲线。非洲的曲线显示6次不同调查的平均历程走向,其余曲线都是个别调查的结果。乔木方面极大的物种丰富度十分显著,在东南亚和南美洲雨林地区尤其丰富。BHD = 胸高直径

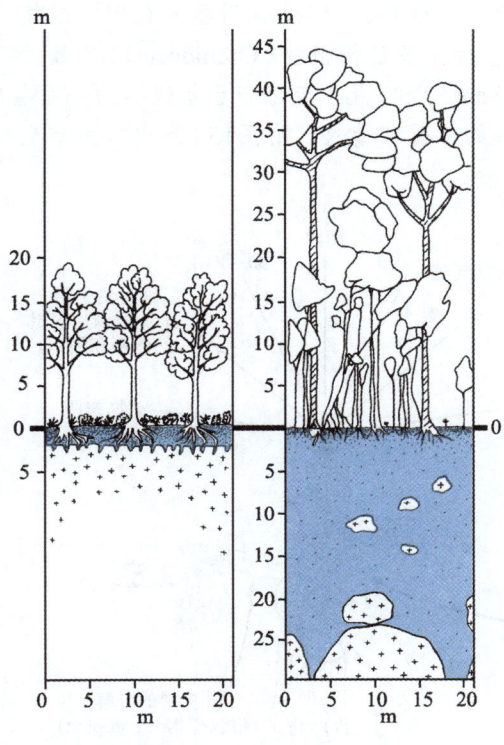

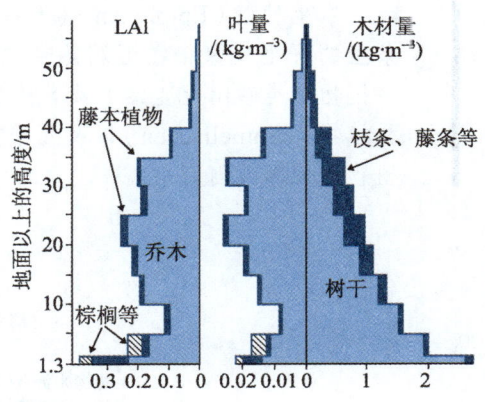

附图 15.5

马来西亚帕索地区一处雨林的垂直结构（KATO 等，1978）。以5m 高度逐级增量测量显示分层的叶面积（每一高度的叶面积指数）和叶量（kg/m³），它们的最大值位于3个高度范围，即1.3 m、20~25m 和 30 m 高度这3个森林层次（Waldstockwerke）之处。至于枝条和藤条的木材量并不突出，在超过主要林冠层上面的高大树木层标志40 m 以上木材量数值急剧下降

附图 15.4（左侧图）

夏绿林和热带雨林的剖面示意图。热带雨林的特点是：较大的生长高度、较密集的乔木群落（树干数量和基底面积较大）、森林结构层次多、草本层不明显、枯枝落叶层有空隙而且其穿入贫腐殖质层的生根深度往往比较浅（尤其与其群落的高度相比更显突出）、底部深层土壤在巨厚的岩石风化带之上

● 通常超过70 % 的物种属于阔叶木本生活型，它们中几乎全部是常绿的，而且也如同草本植物一样通常表现出明显的适应高湿度空气，这就是说，它们属于所谓的湿生植物（Hygrophyten），只有森林最上部的冠层乔木和许多附生植物归属于*中生植物*（Mesophyten）或甚至属于*旱生植物*（Xerophyten）。

● 除了拥有种类极其丰富的乔木类型之外，两类高位芽植物即藤本植物和（脉管的）附生植物种类之丰富，在世界上也是独一无二的：

藤本植物（Lianen）这里指木本攀缘植物，相对于其他生活型这类植物获得的优越性在于，它们以相对较少的物质消耗（因为它们依靠、缠绕在其他植物体上）而能够到达很高的部位。与此相应，它们基底面积的比例普遍很小，但接近林冠层的高度却是超比例的（参阅表12.1中有关亚热带雨林部分）。大约全球所有藤本植物种类的90 % 原产于热带雨林，在那里它们通常有很高的区系比例和多度。

附生植物（Epiphyten）（大多）为草本植物，它们没有明显的在树干或枝条上的寄生现象。在湿润热带它们包括许多兰科植物（Orchideen）（多数兰科植物种类营附生生活）、蕨类植物（Farne）和（几乎仅分布于新世界的）凤梨科植物（Bromeliaceen）以及几乎全部的苔藓和地衣。附图15.6指出有关附生植物的营养从何而来。

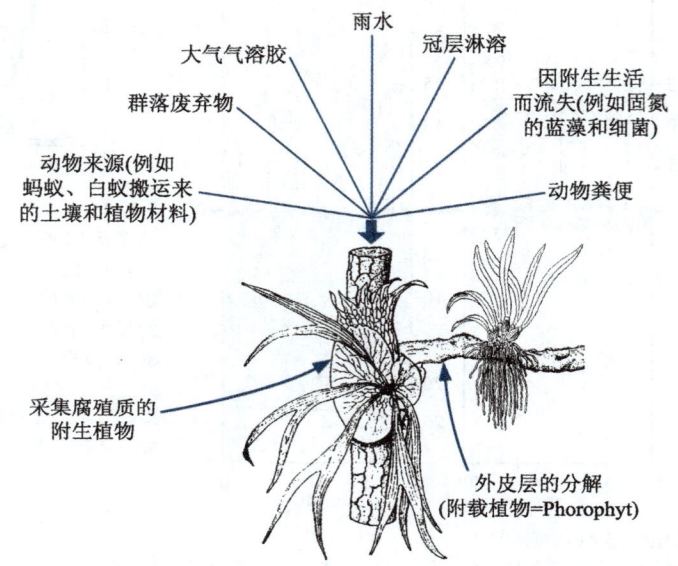

附图 15.6
附生植物根基质和营养的来源
（据 JOHANSSON，1974）

- **阔叶叶片**大多非裂叶型的（有别于稀树草原），并且平均比较大（叶片长度通常10~20 cm），大多数种类的叶片质地比较软，与其他任何生态带的阔叶叶片相比其叶色较深绿。叶片面积大，有利于在朦胧光中进行光合作用，在空气中水蒸气普遍饱和的情况下通过广泛分布的*排水孔* (Wasserspalten) 植物能够积极地把水分（水滴）排出体外。在一些种类中气孔突出高架在叶面之上。气孔总面积（气孔密度（每平方毫米叶面积的气孔数）和最大孔径的乘积）达到叶面积的3 %，高于其他任何地区植物气孔密度的数值（属于*湿生形态的阴生叶片*）。而处在*林冠区域* 叶片的特征与上述相反，在那里它们每天有更多时间直接暴露在阳光照射和强风劲吹之下，也即可能发生暂时性显著的干旱胁迫：那里的叶片通常小得多、革质，类似月桂树型叶并具有减少蒸腾的结构（例如厚角质层、蜡层）（属于*旱生形态的阳生叶片*）。

- 具有非常引人注意的是叶尖拉长的叶片，即所谓滴水叶尖（Träufelspitzen）。在某些地区，例如在婆罗洲、斯里兰卡和尼日利亚，超过90 % 的乔木种类具有滴水叶尖情况。通常普遍认为，降水之后这样的叶尖能够加速叶片上水分的流走（因此得名滴水叶尖！），并从而有助于光合作用和呼吸作用气体的交换。

- 植物体对于作为本身重点的叶和花极少有保护；它们**大多缺少芽鳞**（至少叶芽无鳞片保护）。在那里植物产生的保护性结构所针对的是抵御动物取食，而不像其他生态带的保护结构主要针对抵御寒冷或干旱。
- 在许多乔木物种中，新芽和叶片推进式地形成（每天伸长生长可达到20~30 cm）；许多种类萌生新叶时具有所谓的**幼叶快速齐发**（Laubausschüttung）的一个进程。这是有可能的，因为新叶最初几乎尚未形成支持组织和叶绿素，因此"快速齐发"的叶芽开始出现时是白色的或（由于花青素）是红色的悬芽（Hängesprosse）或是抖动叶（Schüttellaub）。
- 终年湿润热带比温带地区明显出现更多的老茎开花（Kauliflorie）现象，也即茎花现象（Stammblütigkeit），这就是说，花和果实（老茎结的果）是由不定芽着生在无叶的树干或老茎上形成的（例如在可可树和菠萝蜜树上所见），它提供了生产大的果实的好处（如同上面所提及的情况）。
- 数量丰富的、地区性的超过40%的雨林乔木具有板状根（Brettwurzeln）。对此人们通常直观地认为，板状根增强树木的稳定性，其实它们真正的功能在于，它们在近地表区域范围增加树干或树根的表面积，从而支持呼吸作用。
- 除了一些有规律的短旱季达到3个月可能导致干旱胁迫的雨林地区以外，本带**没有**其他所有生态带或多或少明显的生长过程和发育顺序，例如发叶、开花、结果和落叶的**季节周期性**（相应的在树干木质部也没有年轮（Jahresringe））。另外，在热带雨林中这些过程的完成也并非持续不断的进程，而是在或长或短的静止期之间阶段式地进行。在大多数物种中这些过程发生的时间完全不同，并且很少与季节性的气候差异相关。如此一来，举例来说，一个森林中不同植物种的开花日期通常分配到全年之中，以至在雨林中每时每刻都能见到开花的植物，即使同一物种的不同植株，有时甚至在同一植株的不同分枝也可能表现发育阶段时间上的差异。因此，在**热带雨林完全缺少或至少没有明显的季相变化**（Aspektwechsel）。

15.5.2 植被动态（Vegetationsdynamik）

每一片雨林由植物区系、动物区系、结构、贮存和周转等彼此明显有别的**不同成熟群落的小区域镶嵌组合**而成（附图15.7）。所有雨林的共同点在于，它们都处在发展变化中，也即没有任何一片森林永久维持一种稳定状态（稳态（steady state）），举例来说，当由于树龄衰老的缘故树木死亡倾倒林中出现**空旷地**（Lichtungen）（即群落空隙（gaps，chablis）），一种新的发展便开始了。

15.5.3 动物界

热带雨林的特征之一，就是在林中几乎看不到动物的踪影，并且通常也听不到动物的声音。事实上，热带雨林的动物区系（连同热带珊瑚礁生物群）都是世界上最为丰富的，对此并不存在矛盾：**许多动物类群总是以少量个体出现**，并且每每依其种类不同分布于多种多样不同的生态位（ökologischer Nischen），而这些生态位（生态小生境）大部分位于森林中的较高层次上。因为（除了年轻的再生恢复阶段

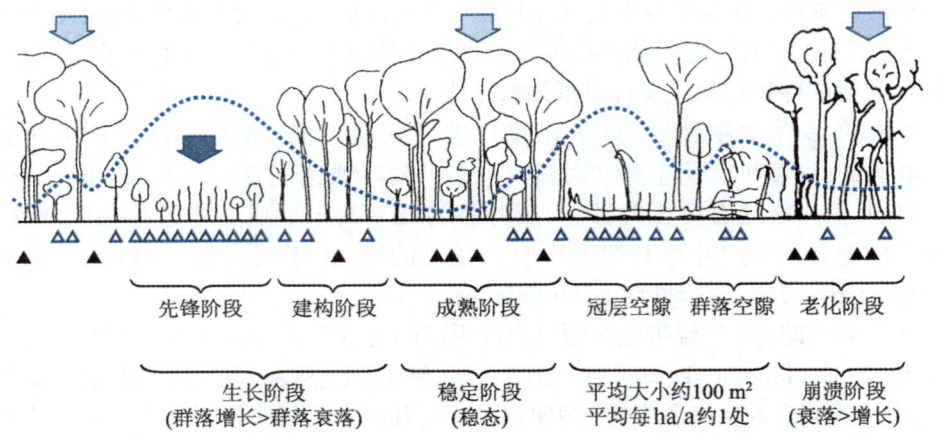

附图 15.7

通过一处雨林的样带示意图（OLDEMAN，1989；有修改），显示不同年龄阶段森林的镶嵌式组成。每个镶嵌地块——如果没有遭到过早干扰的话——依照顺序从先锋阶段到老化阶段图中提及的四个阶段相继进行，而且当它们再生恢复时又由先锋阶段重新开始。再者不同阶段中不仅区系组成（物种多样性）和植物群落中 PP_N/ 废弃物之比有变化，而且土壤养分的可利用性也有所不同。必须指出的是，成熟阶段的面积比例比起样带中所显示的比例远大得多，在不受（人为）干扰森林地区它的面积比例可能在 90 % 以上，成熟以前阶段的面积比例仅占 3 %~10 %。植被发展中的空白点（群落空隙）只有大约 1 %

与各个年龄阶段相关联，林中地面的光照条件有相应的差异（图中点线所示）。在群落空隙处较强的入射光有利于需光植物种类（图中 △ 所示），相反耐阴植物种类占优势的是那些或多或少乔木层密闭的地方（图中 ▲ 所示），阳生植物最多出现在那些有利于光斑短期游动的地方

成熟阶段和老化阶段森林常为食果实类型消费者 (früchteverzehrenden) 偏好选作为栖息地（图中浅蓝色箭头所示）。相反，成熟期以前的阶段由于具有较高叶片生产量，从而提供给草食性消费者首选的生境（图中深蓝色箭头所示）

外）地面植物区系贫乏，仅提供给少数草食性动物充足的食物条件。

　　这一生态带野生动物界物种之丰富是有它的根本原因的，这包括其中每个地区可供利用的生活空间无与伦比的巨大以及在生活条件方面其群落气候和植物区系建立的多样性。许多乔木极其可观的生长高度对于动物来说扩大了垂直方向潜在的生活空间，以至热带雨林——比其他任何植物群系——可以更明显地给动物提供一种**综合的三维结构的生活空间**。在这样的空间中更多不同的生活领域彼此交错、连接，从而能够保证更多的动物物种在此栖息和繁衍。

　　另外重要的是，**食物供应与空间结构在它们的基本特征方面全年连续保持不变**，这就是说，热带雨林巨大的*生境多样性*（Habitat–Diversität）*是稳定的*，而且其食物供应量异常之高，如同来自于占压倒优势的热带雨林的初级生产量一样。因此假设认为，动物物种的丰富度可能显著地超过植物物种的丰度，这点似乎是有道理的。

　　热带雨林动物区系占压倒优势的物种多样性，特别表现在陆生变温（poikilothermen）脊椎动物，即冷血或外温 (ektothermen) 脊椎动物，也就是**爬行动物**和**两栖动物**，以及还有许许多多的**无脊椎动物**。对于不能控制体温的爬行动物

和两栖动物来说,外部恒定的温湿度条件是非常优越的。

15.5.4 植物量和初级生产量

终年湿润热带具有其他所有生态带所不具备的更多的气候方面的优势,其中包括全年均衡及很高的太阳辐射、温度和空气湿度以及相当均匀分布的丰富的降水。地球上没有第二个陆地自然区域具有如此可供利用的环境因子。这就解释了为什么尽管该带广泛分布着不宜的土壤,但是到处却能够发育具有高生产力的茂盛森林。

植物量的估计和测量包括有巨大数量的森林,其中大部分森林拥有300~650 t /ha的植物量,而75%~90%的植物量属于地上植物量,其中超过90%以生活乔木木质的形式存在着。分摊到乔木叶片的生物量大约2%,这绝对高于地球上任何其他的生态带。

热带雨林的**初级生产量**超过所有其他地带植物群系的初级生产量,对此有广泛的认同。基于气候参数或局部测定(例如测定枯枝落叶)大多数估计值或计算值在20~30 t /(ha·a)或接近此范围。在群落的建构阶段(参照15.5.2)可获得最高生产率。

虽然外在条件允许全年持续进行初级生产,但大多数种类植物只有部分时间进行生产,但其所利用的时间比起其他的生态带仍然保持较长的期限。这一点可能就是热带雨林具有比较高净初级生产量(PP_N)的主要原因。

15.5.5 动物取食

对于低密度且巨大的物种多样性,食物链(Nahrungsketten)或食物网(Nahrungsnetze)进程特别复杂。因为发现许多动物类群都很费力,观察、监测它们就更加困难,至今仅对少数动物种类或类群进行了研究。可以肯定的是,该生态带总体**动物量**(Zoomasse)是非常小的,因此对热带雨林生态系统中消费者在能量和物质转化方面数量上的意义被认为是很微小的;系统中的物质几乎完全以一种*短程循环*的形式流通转化,也即缺少草食性动物中间环节而直接在生产者和分解者之间进行。或许是基于认知方面的猜测通常表述的一种说法是,热带雨林动物的重要意义更多在于对森林系统中贮存和运行过程的调节效用,这比它们直接参与物质周转的作用要大。

15.5.6 凋落物和枯枝落叶层,分解与腐殖质

因为通过动物取食的损失量是微不足道的,所以热带雨林枯枝落叶的交付量(长期平均值)就是群落地上净初级生产量(PP_N),也即很可能每年每公顷达到15~25 t之多。其中参与的落叶量每年每公顷5~10 t,这占到叶片总生产量的大约80%,有关这个比例也就意味着:"常绿的叶片"每年都要更新,因此叶片的平均寿命大约只有15个月。

尽管热带雨林枯枝落叶量相当大,然而一般来说,在森林地面上还是缺少封闭覆盖的**枯枝落叶层**:包含在其中化合的碳仅占全部森林生态系统内所有的有机碳的大约1%,而在湿润中纬带的夏绿林中,情况与此相反,有机碳含量超过10%。

因为在树干区域和土壤中*持续稳定的温湿度条件*非常有利于有机废物的(生

物化学的)分解(附图15.8),其分解比任何其他生态带进行得都更为快速(参照附图7.17),因此枯枝落叶的存贮是如此之少。阔叶落叶可能几个月之后就已经分解了($k \geq 1$;参看表5.3),死亡乔木的木质部分依其粗细情况在几年内或最多15年也就完全分解无余了。

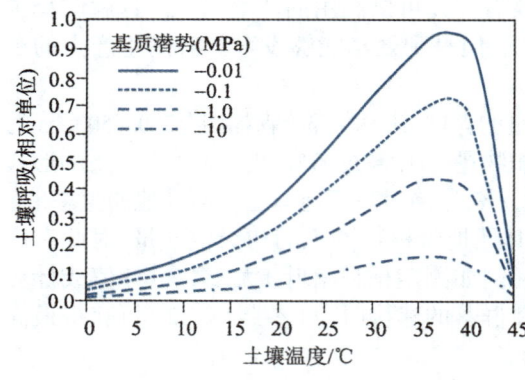

附图 15.8

分解率(通过土壤呼吸测量)与土壤温度和土壤湿度的相关关系(SCHOLES 等,1994)。比较高的温度,尤其在比较高含水量状况下(= 比较高的基质潜势);(另参看4.2)起加速分解的作用

由于持续不断的高分解率,终年湿润热带土壤中**死有机土壤物质(腐殖质)的含量**也是相当低:在表土中其含量大多为1%～3%(50～150 t/ha),由此可见略低于温带森林土壤中的含量。

参与分解的生物类群主要的是真菌、白蚁和蚯蚓(细菌的分解可能由于酸性土壤反应而受到限制)。真菌往往与高等植物的根共生生活(成为菌根),白蚁针对的主要是死亡的木质生物量的分解,而就三者的动物量来说,蚯蚓居于首位。

15.5.7　矿物质的贮存与周转

与湿润中纬带森林和北方带针叶林相比,热带雨林更富于矿物质(测量单位土地面积的绝对量进行对比),而且其单位时间和单位面积的矿物流通量也明显超过地球上所有其他类型森林中有关参与的物质量值。在特别范围内这适于为热带雨林提供较好的土壤,在那里矿物质浓度在植物量中也是比较高的。

最重要的矿物贮存和周转的分布状况可参阅附图15.9,但必须指出,图中所提供的数量资料反映的是一种特殊情况。

校正需求可能也是一般性的假定,也即在雨林生态系统中循环的矿物质大多数总是存在于生物量中——并没有在土壤中,如同通常在温带森林生态系统中那样。据最新的研究结果表明,这似乎只适用于营养极端贫乏的地区。

而传统的观点认为,在雨林生态系统中矿物质的流通周转以**持续的、封闭的循环**形式完成,但这也只是在一定前提之下(附图15.10)。当热带雨林以其具有的特殊有效的机制(effiziente Mechanismen)获得它们的矿物质时,仅就这方面它是对的。实际表明,除此以外,大部分河流水体几乎不含有溶解的和悬浮的物质,并且在森林砍伐及因此矿物质回流停止后土壤肥力通常迅速降低。

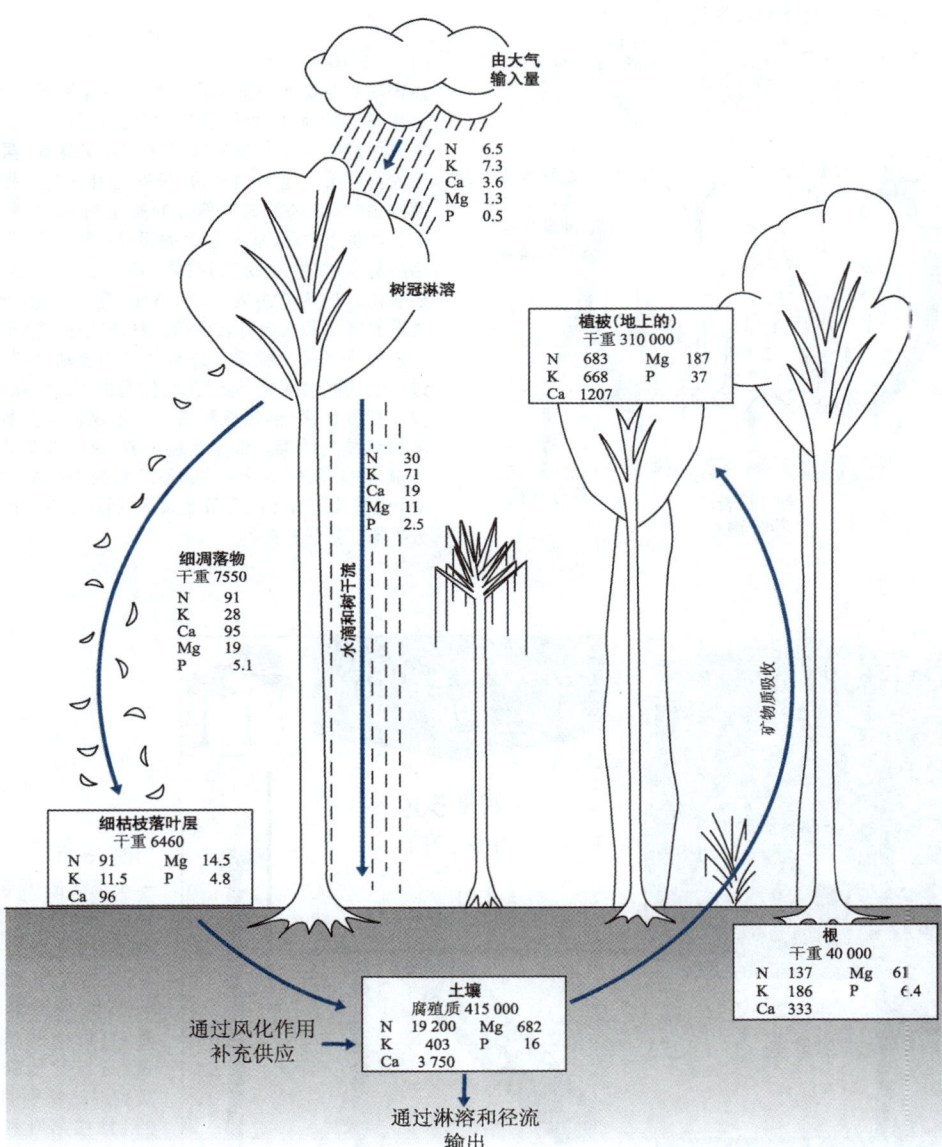

附图 15.9
在新几内亚的一处山地雨林中矿物质的贮存和流通周转（Edwards,1982,）贮存单位：kg/ha,周转单位：kg/(ha·a)。在土壤中/近地表处（土壤和枯枝落叶）相对丰富的养分储存与山地森林一般较高的腐殖质含量之相关（死土壤有机物质的重量可能超过该地的植物量）。在（地上的和地下的）植物量里所有的矿物质比例 Ca 和 Mg 分别为29%或26%,明显低于森林生态系统中这两种物质总的（也即包括土壤的）现有量的半数以下；只有在 K 和 P 占优势的情况下它们包含在植物量中的比例分别为67%及68%

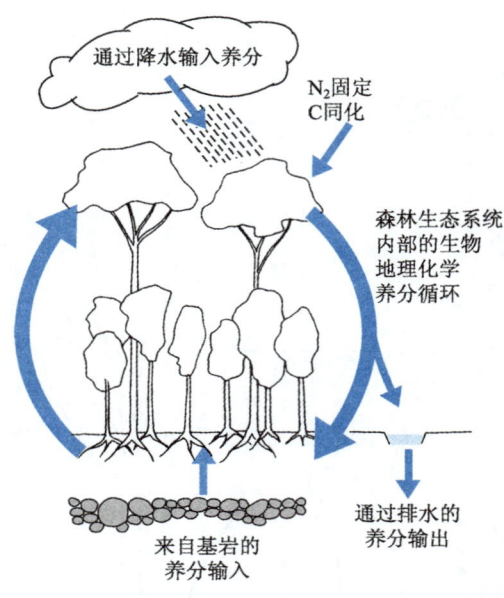

附图 15.10

热带雨林生态系统如同所有其他生态系统一样,也是开放的系统,相关的矿物养分也是如此。在文献中经常发现相反的报道是切合实际的(虽然无论如何),就这方面来说,只有这种倾向。相比而言,在系统内部矿物养分的高比例的(生物地球化学的)循环,从无生命的组分(地理的)到生活的有机物质(生物的)往复循环。此外,这里也还有由外向内或由内向外的物质流,它们运行方式是经降水和来自基岩而输入物质或通过渗透和径流排水而输出物质。还有气态的流动,例如通过生物固氮输入氮,通过光合作用输入二氧化碳,以及挥发作用,例如氮和磷由于生物化学分解过程和燃烧的结果。依据数量来看,这些外部的物质流(细箭头所表示的)远不及系统内部的物质流(粗箭头所表示的),虽然如此,但对于森林的养分平衡仍然是重要的

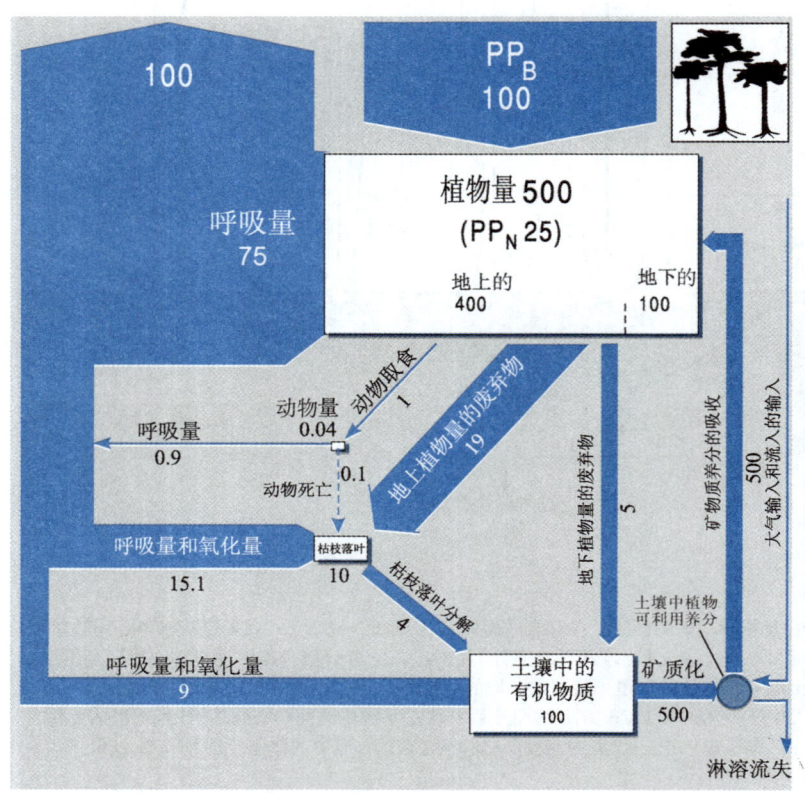

附图 15.11

一个简化的热带雨林生态系统模型,参看5.2的模型示意图。对于热带雨林值得注意的是 (1) 巨大的植物量和(与其他森林类型对比特别明显的)枯枝落叶和土壤中有机物质的低存贮量; (2) 能量和矿物质较高(和相应快速的)流通周转率以及 (3) 土壤中——至少在极端贫瘠的地方——只有数量微少的可交换营养元素

雨林生态系统有保持渗漏损失微小化的性能，特别是基于它们极其**密集于表土的生根群**（局部具有接近地表的**根垫**（Wurzelmatten），也即可直接接触枯枝落叶）及与其相联系的更加密集的菌根 – 菌丝体（Mykorrhiza–Mycel），借此不仅能够在很大程度上收集由于降水和水滴对冠层的淋洗以及树干流带来的营养元素，而且也可以释放结合在有机废弃物（磷：也在矿物质化合物）中的养分，从而以较短而快捷的途径传输给乔木的根。虽然发生淋溶损失，然而通过野外降水的外部输入将可能得到平衡（表15.2）。

植物量中的**矿物质再循环**（Mineralstoffrückführung）经由植物的废弃物和树冠淋洗而完成；在自然条件下火烧顶多起次要的作用：

- 在**矿物质再循环通过凋落物**的情况下，*阔叶落叶*有特别重要的意义。虽然它们仅包括全部枯枝落叶提供量的一半，但它们的矿物质含量——虽然过去由于树冠淋溶和一部分养分元素落叶前易位移至枝条而有所损失——还是远高于由树枝和茎秆返回土壤的矿物量。
- **冠层淋溶**对于钾来说有着特别突出的意义：由这条途径返回土壤的钾，往往两倍多于通过凋落物返回的数量，与此相应钾循环因此比钙的循环快得多。通过冠层淋溶返回土壤的镁和磷也有比较大的比例。对所有其他的营养元素（例如氮和钙）来说，通过凋落物返回土壤的作用明显更为重要（表15.2）。

表15.2　热带雨林林下通过降水、冠层淋溶（水滴和主干流）以及凋落物输入土壤的矿物质的数量，以科特迪瓦（即象牙海岸）的两个热带雨林群落为例（BERNHARD–REVERSAT, 1975）

调查地区	输入土壤的矿物质	N	K	Ca	Mg	P
高原	总量 / (kg·ha^{-1}·a^{-1}) 其中来自	258	85	97	91	9.3
	– 降水 /%	9	6	22	4	14
	– 冠层淋溶 /%	25	61	15	40	4
	– 凋落物 /%	66	33	63	56	82
谷地	总量 / (kg·ha^{-1}·a^{-1}) 其中来自	246	264	135	90	24
	– 降水 /%	10	2	16	4	6
	– 冠层淋溶 /%	26	67	21	56	38
	– 凋落物 /%	64	31	63	40	56

15.5.8 雨林生态系统

依据如同已经在其他一些生态带所应用的模式图（参看附图7.18、附图8.12、附图9.10和附图10.6），附图15.11（参看第275页）显示一处热带雨林生态系统具有特色的群落贮存及其周转。高物种数目和**外部生活条件及内在生活进程的高稳定性**是雨林生态系统突出的特征，这也就意味着，凋落物及其分解、矿物质在叶片脱落前的易位和植被由土壤不断地吸收矿物质以及这些过程因此全年最优化地同步运行（这就是说，依据供给和需求相互协调一致），这可以保护生态系统，以免养分短缺和营养元素流失。在农业利用情况下则失去这种同步性。

15.6 土地利用

终年湿润热带与北方森林带一起组成我们地球最近的巨大森林地区，在那里农业利用才涉及它们的边缘地带，而在其内部仅只有岛屿状的代表区域（参看附图6.1）。但是这样的砍伐面积在许多森林地区迅速地增长。林地进行开采清理不仅为了获取木材，也为了布局农业利用的土地面积（因此常常人为纵火烧荒）。

贫瘠土壤占有相对较高的比例可能是较低开发水平和定居居民稀少的原因之一（表15.3）。若以传统手段利用土地，只能够广泛经营一种极其粗放的**火烧式开垦移动式耕种**（否则就是灌溉的水稻栽培，例如在东南亚）。火烧式开垦（Brandrodung）也即**刀耕火种**（*swidden cultivation*），移动式耕种（Wanderfeldbau）也即狭义的轮垦（*shifting cultivation* i.e.S）。当地人们在这里开垦种植（例如块茎植物木薯（Cassava 或 Maniok）、龙舌兰科丝兰（Yucca）、芋头或山药），每隔几年通常需要转移到新的开垦区域，在新开垦区事先把垦荒材料（特别是砍断的枝条连带其上的树叶，很少整棵树木）举火燃烧，以使土壤得到一些（灰分）肥料。一片**垦殖耕地经短期利用后转移**是不可避免的，因为它的生产性能迅速衰退。至少要在15~30年以后，该区域才能卓有成效地重新利用，更长一些的时间间隔会迫使居民点搬迁。如果开垦耕种的地块距离居民点太远的话，通常也会发生搬迁的情况。居民点的搬迁通常在传统确定的森林地区范围内。

表15.3 终年湿润和季节性湿润热带土壤不良性状的分布（SANCHEZ 和 LOGAN, 1992）。不良性状土壤的面积比例（单位：10⁶ha 和 %）估计在终年湿润热带和夏季湿润热带的湿润稀树草原为最高（而后者稍低于前者）。但在所列举的5项特性中的3项中它们或多或少保持远低于总面积的一半，其他2项低于总面积的2/3。通常个别不良性状彼此关联发生（例如在一些砂性土、灰化土、低活性强酸土和铁铝土中）。由此说明，在湿润热带相当可观面积比例的土壤没有一项所谓的不良特性

土壤不良性状	湿润热带 [f]		湿润稀树草原		干旱稀树草原和多刺稀树草原	
矿物养分含量低 [a]	929	（64）	287	（55）	166	（16）
铝毒性 [b]	808	（56）	261	（50）	132	（13）
酸性无 Al 毒性 [c]	257	（18）	264	（50）	298	（29）
磷酸盐固定值高 [d]	537	（37）	166	（32）	94	（9）
阳离子交换率低 [e]	165	（11）	19	（4）	63	（6）
总面积	1 444	（100）	525	（100）	1 012	（100）

a 在淤泥和砂粒成分中可风化矿物 <10 %。
b 在表土 (0~50 cm) 中 Al 饱和度 > 60 %。
c pH < 5：低的盐基饱和度。
d 只在黏土丰富的土壤类型中，在砂质的和亚黏土质的低活性强酸土和铁铝土中缺少。
e KAK$_{eff}$ < 4 cmol(+) /kg（相当于7 cmol(+) /kg，在 pH 7时）：对土壤淋溶保护性能较低（通常指砂性土、灰化土、低活性强酸土）。
f 这里指与终年湿润热带生态带很大程度上一致的地带。

一般认为，在**短期使用后生产衰退的原因**在于经济作物和土壤淋溶造成的养分丧失，致使土壤肥力越来越下降到限制作物生长的程度。这种解释很可能需要修正。因为，从1976年至1983年期间，在**委内瑞拉南部靠近哥伦比亚和巴西边界内格罗河附近的圣卡洛斯**（San Carlos），**所进行的一些调查研究**实例（JORDAN, 1987）表明，通常情况下一个地区3年来用以种植木薯的土壤中重要的矿物质并没有减少，也即该地生产衰退必定另有原因。

更确切地说，这种情况似乎表明在实验区间断了的磷酸盐固定和铝毒性又回弹而加强了，最初由于施加灰分肥料使 pH 提高至5.4，经短短几年 pH 又降回至3.8（附图15.12）。**火烧式开垦**的主要收益基于在 pH 升高以后，较少由于植物养分的释放。

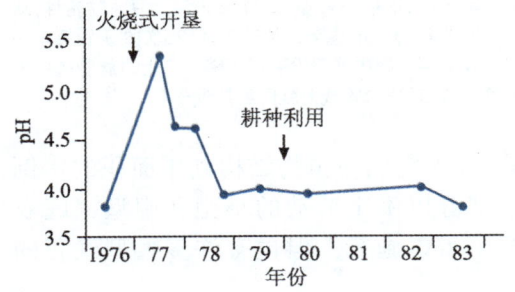

附图 15.12
一处亚马孙雨林火烧式开垦及以传统方式移动式耕种利用 3年后土壤中 pH 的变化 (JORDAN, 1987)

就生态学意义上来看，火烧式开垦－移动式耕种可能是一个可持续性系统，虽然如此，但它仍是不可接受的，它对于经营者的高劳动花费只提供低微的收益（最多可以自给自足），而且它不久以后便失去它的"生态的"合理性，如果时间间隔幅度是森林再生恢复各个阶段之间所需要的，这就不可能得到满足，在每个家庭巨大的用地需求情况下（种植因数（Anbaufaktor）为10~15；参阅对照14.6），即使每平方千米大约仅6名居民以下，这种情况也会出现。

新近的研究已经证明，维持火烧式开垦－移动式耕种无需要更多的理由，因为土壤具有的植物养分供应状况通常绝非如此的差劲（参阅15.5.7），在开垦后最初土壤有机物质含量下降从时间上来看是比较慢的，或许可能依据利用类型或森林再生阶段甚至促使有机物质数量反弹而再度升高。通过人工补给有机物质（例如通过覆盖材料（Mulchen））和（施用石灰）提高pH可以明显增加阳离子交换率（KAK）（参阅14.4.1）、消除铝毒性和加强磷的可利用性，就像湿润热带许多地区的一些现代化经营农场所显示的那样，采用适当的利用形式能够很好地、富有成果地进行永久性的农田种植业。

实例如在亚马孙地区西部秘鲁雨林区**尤里马瓜斯（Yurimaguas）的实验农场**，那里的土壤为砂质的低活性强酸土，具有高的铝含量，缺少磷、钾和大部分其他营养元素，pH 刚刚超过4，那里的年平均降水量为2 200 mm。通过施加肥料和钙肥（Kalkung，3 t/ha，全部3年）以及进行适宜的作物轮种，成功地使土壤的养分含量和pH 显著提高、铝浓度降低，从而持续取得高收益（附图15.13）。

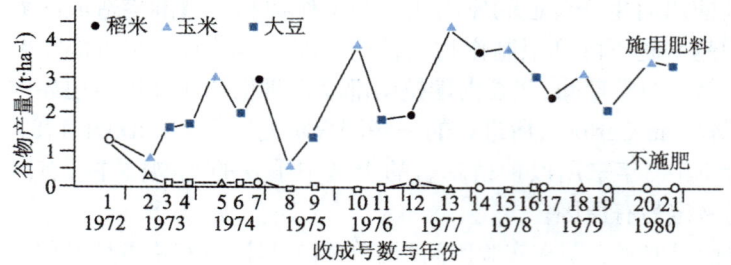

附图 15.13

在秘鲁尤里马瓜斯亚马孙雨林低活性强酸土地区一处永久性农田生产的发展（JORDAN, 1987）。上面的曲线显示采用包括施肥措施的产量（最初80–100–80 kg N-P-K 每公顷，并通过使用石灰提高 pH 至5.5，后来作物地分别追施100–26–80 kg N-P-K 每公顷，并采用旱稻（山地稻（Bergreis））、玉米和大豆作物轮种，从而实现种植目标。在大多数年份中一年种植两茬作物，有些年份一年甚至三种三熟，经25次收获后每年获得的收成平均为7.8 t/ha（BANDY 和 SANCHEZ, 1986）。在利用过程中产量没有过下降。与上方施肥的农田相对比，下方的曲线显示不施肥农田的生产进程，该地的产量在第3次收成时就已经接近于零

永久性作物经营也有着良好的前景，今天它们在植物结构利用面积的比例已经高于任何其他生态带，它们存在于部分以手工劳动的小型和中型家庭农场，在那里它们通常在更多重经营目标下得以施行。但也有许多大型经营的

种植园（Plantagen），这些种植园以具有以下特征为标志（还有其他特征，依据 DOPPLER，1991）：
- 专业化生产单一产品（种植单一作物）；
- 生产灵活性低，特别是长期的果木种植直到提供第一次收获；
- 以自己的设备加工产品；
- 投入更多的外来劳动力，相对较高的收入水平；
- 创建出口市场，因此对世界市场有高度依赖性；
- 单位面积和设备高资本投入；
- 目标在于在投入资本的企业中得到最大化的收益回报。

橡胶（Kautschuk）、油棕（Ölpalmen）、椰子（Kokospalmen）、可可（Kakao）和香料植物如胡椒（Pfeffer）、肉桂（Zimt）、香草（Vanille）、肉豆蔻（Muskat）、丁香（Nelken）和多香果（Piment）以及咖啡和茶等在湿润热带永久性作物经营中得到应用的多种乔木、灌木和藤本植物类群，菠萝和甘蔗是种植园里永久性大田作物的例子，而木薯多产自农民的小农场。

最近数十年来，在许多从前的森林地区，特别是在南美洲，一种大企业式的广泛经营养牛的**牧场经济**依照面积来说，成为重要的（很大程度上甚至是最重要的）利用分支类型。

尽管湿润热带具有自然潜力，但至今很大程度上依然停留在传统的利用方式，这主要由于资金短缺（用于经营的投资）和缺少专门技术（Know-how）。在许多（或许是大多数）情况下可能也增加了生产成本（例如种子、农药、化肥），依此来推行和维持与现代化利用方式的联系，但没有由此实现预期的利润收益。这也就是说，现代化的失败在于尚未具备足够充分的盈利能力。

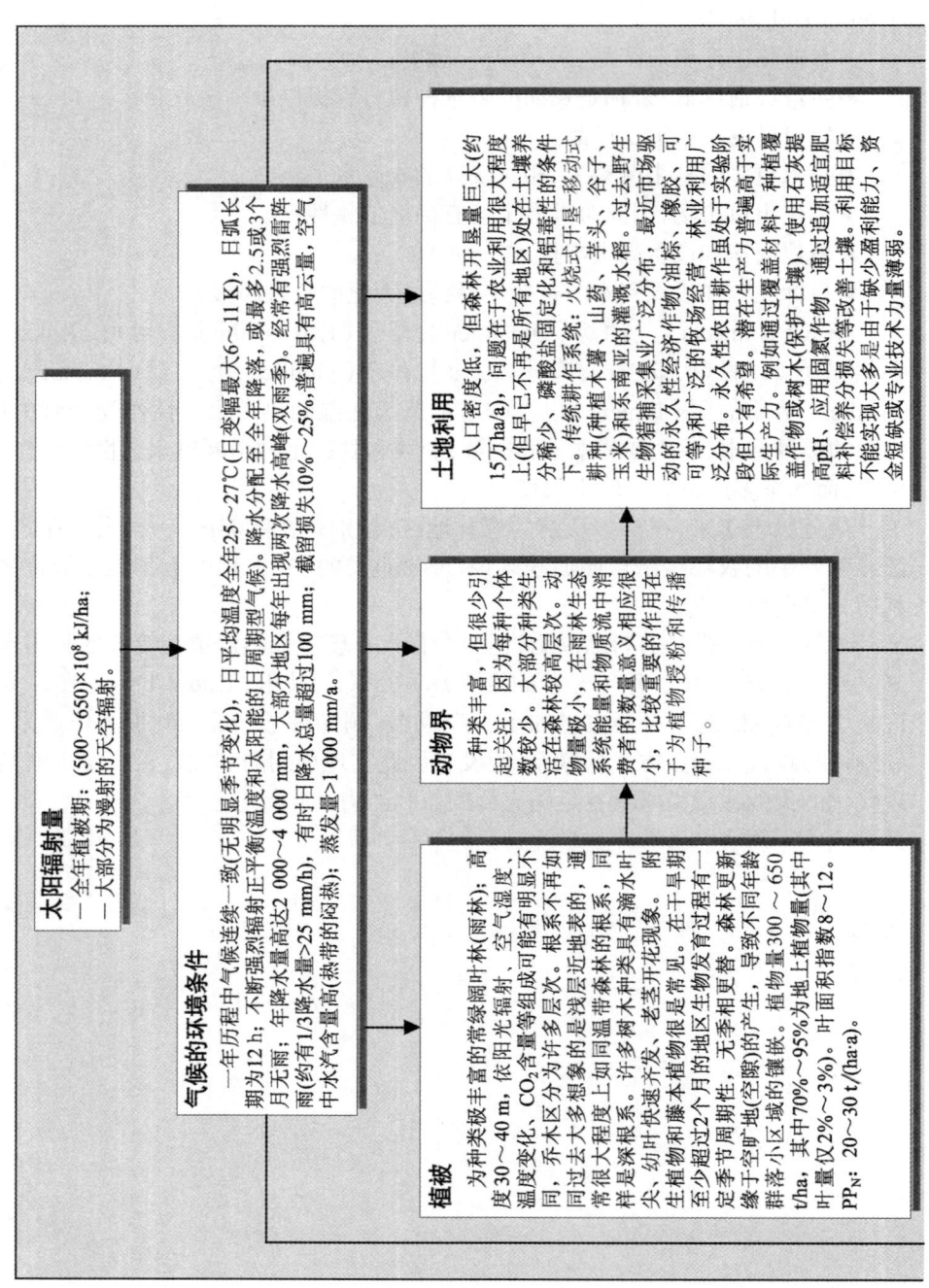

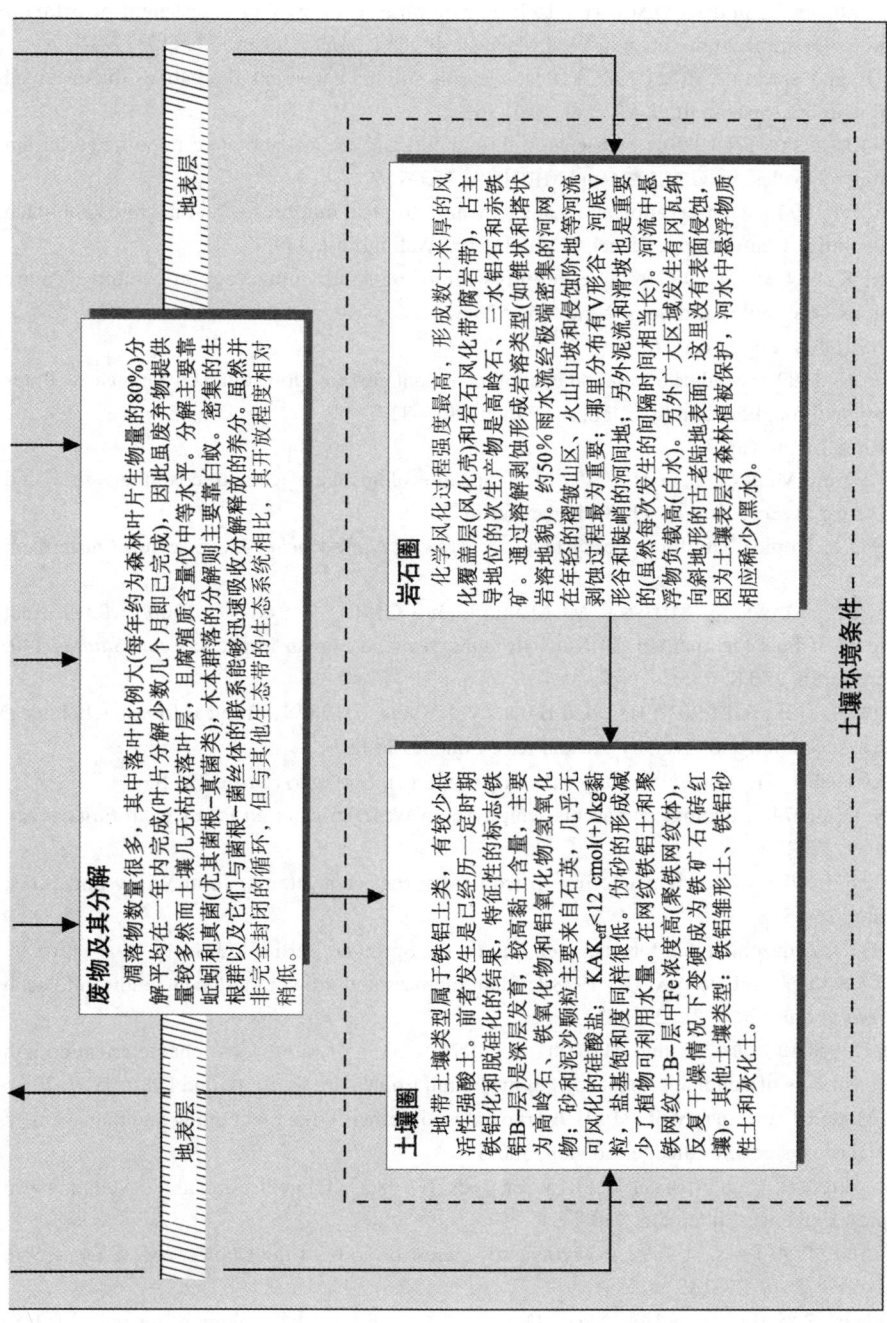

第15章参考文献

AOKI, M., YABUKI, K. und KOYAMA, H.（1975）: Micrometeorology and assessment of primary production of a tropical rain forest in West Malaysia. *J. Agric. Met.*（Japan）31, 115–124.

BANDY, D. E. und SANCHEZ, P. A.（1986）: Post–clearing soil ma nagement alternatives for sustained production in the Amazon. In: LAL et al., 347–361.

BERNHARD–REVERSAT, F.（1975）: Nutrients in throughfall and their quantitative importance in rain forest mineral cycles. In: GOLLEY und MEDINA, 153–159.

BRUENIG, E. F.（1996）: Conservation and management of tropical rainforest – an integrated approach to sustainability. Centre Agric. Biosci.（Cab）Intern., Wallingford, 339 S.

DICKINSON, R. E.（ed.）（1987）: The geophysiology of Amazonia. Vegetation and climate interactions. John Wiley and Sons, NewYork, 526 S.

DOPPLER（1991）, *s*. Lit. zu Kap. 6.

EDWARDS, P. J.（1982）: Studies of mineral cycling in a montane rain –forest in New Guinea. V. Rates of cycling in throughfall and litter fall. *J. Ecol*. 70, 807–827.

FAO（1988）, s. Lit zu Kap. 4.

GOLLEY, F. B. und MEDINA, E.（eds.）（1975）: Tropical ecological sys tems: trends in terrestrial and aquatic research. *Ecol. Studies* 11. Springer, Berlin, 398 S.

–（ed.）（1983）: Tropical rain forest ecosystems. *Ecosystems of the World* 14A. Elsevier, Amsterdam, 381 S.

GUHARDJA, E., FATAWI, M. SUTISNA, M. MORI, T. und OHTA, S.（eds.）（2000）: Rainforest ecosystems of East Kalimantan. El Nino, drought, fire and human impacts. *Ecol. Studies* 140. Springer, Berlin, 330 S.

HOLM–NIELSEN, L. B., NIELSEN, I. C. und BALSLEV, H.（eds.）（1989）: Tropical forests – botanical dynamics, speciation and diversity. Acad. Press, London, 380 S.

JACOBS, M.（1988）: The tropical rain forest. A first encounter. Springer, Berlin, 295 S.

JOHANSSON, D.（1974）: Ecology of vascular epiphytes in West African rain forest. *Acta Phytogeogr. Suecica* 59, 129 S.

JORDAN, C. F.（1985）: Nutrient cycling in tropical forest ecosystems. John Wiley and Sons, Chichester, 250 S.

–（ed.）（1987）: Amazonian rain forests. *Ecol. Studies* 60. Springer, Berlin, 133 S.

KATO, R., TADAKI, Y. und OGAWA, H.（1978）: Plant biomass and growth increment studies in Pasoh Forest. *Malaysian Nat. J.* 30, 211–224.

KAUFFMAN, S., SOMBROEK, W. und MANTEL, S.（1998）: Soils of rainforests; characterization and major constraints of dominant forest soils in the humid tropics. In: SCHULTE und RUHIYAT, 9–20.

KELLMAN, M. und TACKABERRY, R.（1997）: Tropical environments; the functioning and management of tropical ecosystems.Routledge, London, 380 S.

LAL, R., SANCHEZ, P. A. und CUMMINGS, R. W. Jr.（eds.）（1986）: Land clearing and development in the tropics. Balkema, Rotterdam, 450–S.

– und SANCHEZ, P. A.（eds.）（1992）: Myths and science of soils of the tropics. *Soil Science Soc. America Spec. Publ.* 29, 185 S.

LEIGH, E. G. Jr., RAND, A. S. und WINDSOR, D. M.（eds.）（1996）: The ecology of a tropical forest. Smithsonian Institution, Washington（2. Aufl.）, 503 S.

LIETH, H. und WERGER, M. J. A.（eds.）（1989）: Tropical rain forest ecosystems. *Ecosystems of the*

World 14B. Elsevier, Amsterdam, 713 S.

LUGO, A. E. und LOWE, C. (eds.)(1995): Tropical forests – management and ecology. *Ecol. Studies* 112. Springer, Berlin, 461 S.

MEDINA, E., MOONEY, H. A. und VAZQUES–YANES, C. (eds.)(1984): Physiological ecology of plants of the wet tropics. *Tasks Veg. Sci.* 12. Dr. W. Junk, Den Haag, 254 S.

OLDEMAN, R. A. A. (1989): Dynamics in tropical rain forests. In: HOLM–NIELSEN et al., 3–21.

PROCTOR, J. (ed.)(1989): Mineral nutrients in tropical forest and savanna ecosystems. *Spec. Publ. Brit. Ecol. Soc.* 9. Blackwell, Oxford, 473 S.

READING, A. J., THOMPSON, R. D. und MILLINGTON, A. C. (1995): Humid tropical environments. Blackwell, Oxford, 429 S.

RICHARDS, P. W. (1996): The tropical rain forest: An ecological study. Cambridge Univ. Press, Cambridge (6.–Aufl.), 450 S.

SANCHEZ, P. A. und LOGAN, T. J. (1992): Myths and science about the chemistry and fertility of soils in the tropics. In: LAL und SANCHEZ, 35–46.

SCHOLES, R. J., DALAL, R. und SINGER, S. (1994): Soil physics and fertility: the effects of water, temperature and texture. In: WOOMER und SWIFT, 117–136.

SCHOLZ, U. (2003): Die feuchten Tropen. *Das Geographische Seminar* Westermann Braunschweig (2, Aufl.), 173 S.

SCHULTE, A. und RUHIYAT, D. (eds.)(1998): Soils of tropical forest ecosystems. Springer, Berlin, 206 S.

SPAARGAREN, O. C. und DECKERS, J. (1998): The world reference base for soil resources. In: SCHULTE und RUHIYAT, 21–28.

WHITMORE, T. C. (1990, 1993): An introduction to tropical rain forests. Clarendon Press, Oxford, 226 S. (dt. Übers. Tropische Regenwälder. Eine Einführung. Spektrum, Heidelberg, 275 S.).

WIRTHMANN, A. (1987): Geomorphologie der Tropen. Wiss. Buchges., Darmstadt, 322 S.

WOOMER, P. L. und SWIFT, M. J. (eds.)(1994): The biological management of tropical soil fertility. John Wiley and Sons, Chichester, 243 S.

附录 A 地球

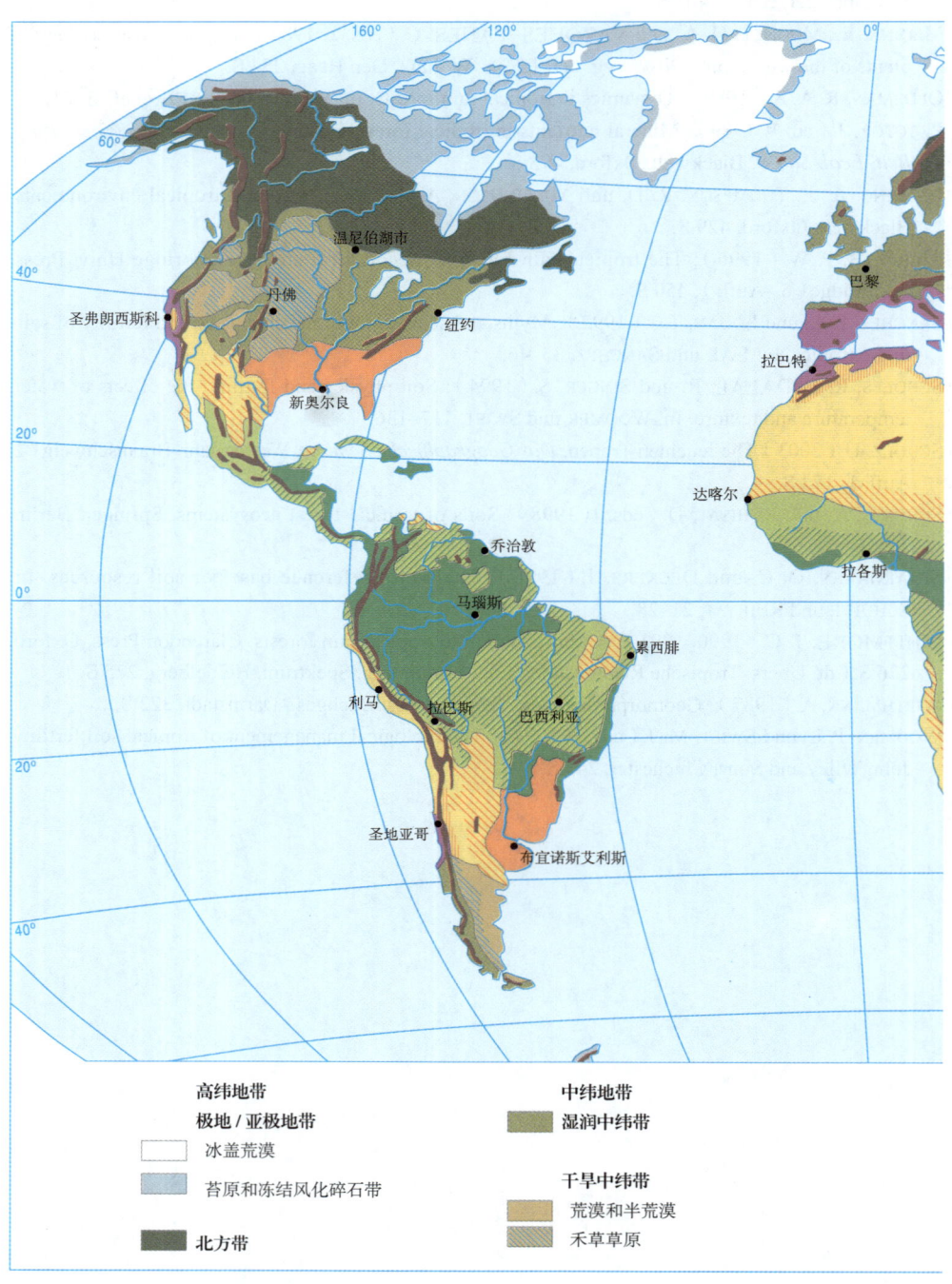

附录 283

生态带的划分

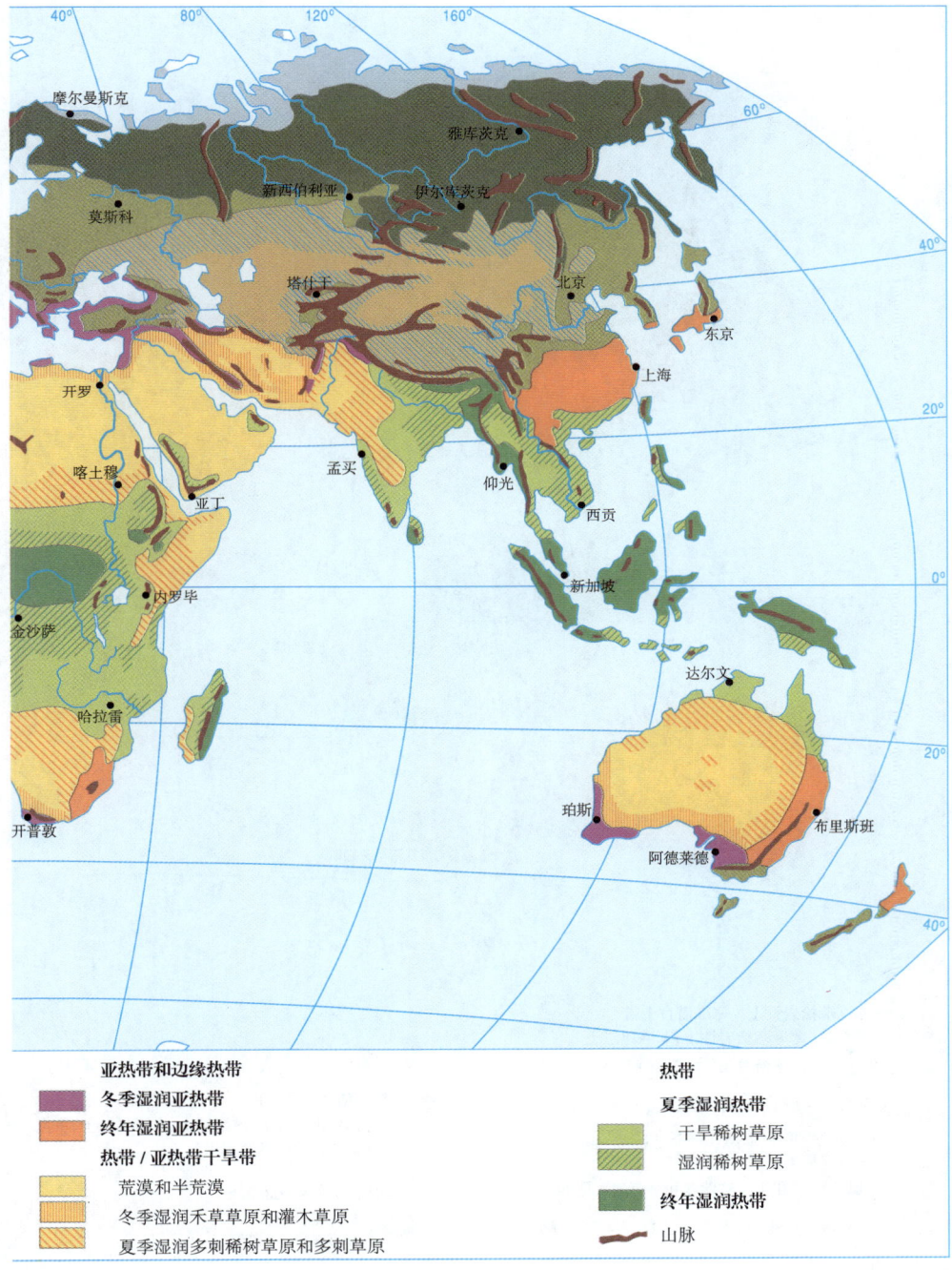

亚热带和边缘热带
- 冬季湿润亚热带
- 终年湿润亚热带

热带/亚热带干旱带
- 荒漠和半荒漠
- 冬季湿润禾草草原和灌木草原
- 夏季湿润多刺稀树草原和多刺草原

热带
夏季湿润热带
- 干旱稀树草原
- 湿润稀树草原
- 终年湿润热带

- 山脉

附录 B　地球

的土壤带

286 附录

附录 C 地球
（应用世界农业地图集及其他更多

动物产品产量占优势的农业区

以市场为导向的产品
- 广泛固定的牧场经济：牛、绵羊
- 强化的绿地经济（奶牛和肉牛养殖场）：牛

以生计和市场为导向的产品
- 干旱地区粗放的游牧经济（游牧、半游牧、转移牧场）：骆驼、牛、绵羊、山羊、驴；东方的／区域性的绿洲农业：多种大田作物和果木栽培
- 寒冷气候地区粗放的游牧经济：驯鹿

植物产品产量占优势的农业区，局部与畜牧业结合

以市场为导向的产品
- 冬雨地区的农田作物和永久性经济作物：小麦、玉米、蔬菜、葡萄、水果（尤以柑橘、桃、杏为多）、油橄榄树、扁桃树；部分灌溉
- 大农场粮食经济：小麦、高粱、玉米
- 专业化的农场经济：大豆、花生、棉花、烟草、甘蔗
- 温带的强化混合农业（小型和中等规模农场）；小麦、玉米、黑麦、大麦、马铃薯、卷心菜、甜菜、油菜、饲料作物

的农业区
资料，尤其区域性工作资料）

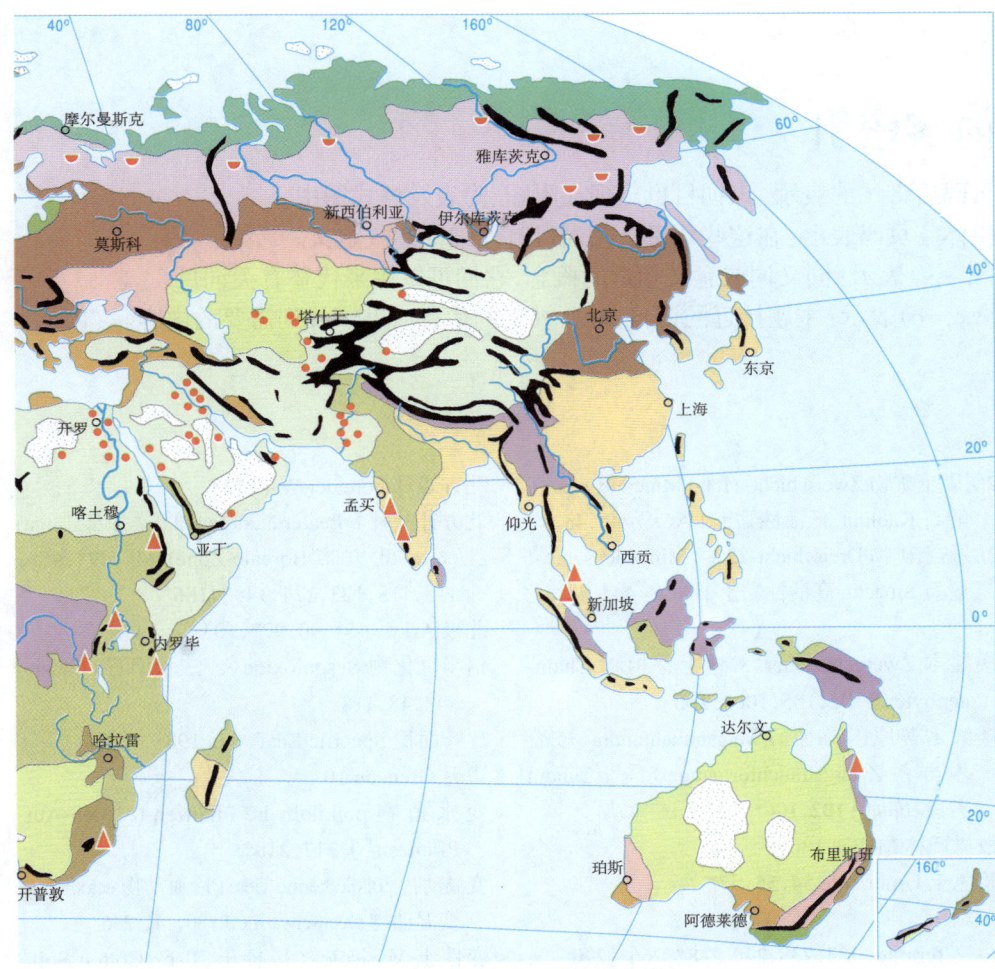

植物产品产量占优势的农业区，局部与畜牧业结合
以市场为导向的产品

- 干湿交替热带传统的农业经济（轮作农业、永久性靠雨水耕种；通常附带牛、绵羊和山羊饲养业）：玉米、多品种谷子、高粱、甘薯、花生、豆类、香蕉、烟草、棉花，用于自给自足的牧畜养殖
- 水稻灌溉经济

森林和山地地区零星的农业利用

- 热带湿润地区和雨林地区采集经济和移动式耕种：木薯、山药、芋头、山地稻、谷子、玉米；东方的/区域的以市场为导向的永久性栽培经济（种植园、人工经济林）：橡胶、油棕、椰子、可可、香蕉
- 中纬和高纬林区小农场式的夏季粮食、块根作物和饲料的种植，经常性大田作物经济：大麦、黑麦、燕麦、马铃薯、三叶草、紫花苜蓿、牛；冬季的驯鹿牧场；狩猎业和捕鱼业
  山地地区，高阶地和斜坡地的利用

区域的无农业或无林业的利用

- 不宜居住地区：冰盖荒漠、极地荒漠（在北美：还有苔原），中纬和低纬地区的沙漠和砾石荒漠
- 北方森林地区的驯鹿养殖
- 种植园／人工经济林
- 绿洲

内容索引

页码后带 * 的表示：该词目也出现在附图、附表及框式图中。
粗体字页码表示：在这些页里有关词目有详细论述或定义。
(s. …) 表示：同义词或意义相近的概念，它们可以用来代替有关词目。
(s.a. …) 表示：主题接近的词目，其所补充的信息有助于找到需要的内容。

2层黏土矿物 Zweischicht- (1:1-) Minerale(s. a. 高岭石 Kaolinit, 低活性黏土 LACs) 44*, **48**
3层黏土矿物 Dreischicht- (2:1-) Minerale(s. a. 蒙脱石 Smectit, 高活性黏土 HACs) 44*, **48**

A

矮灌木 Zwergsträucher (s. 地上芽植物 Chamaephyten) 102, 105, 106*, **163**
矮灌木苔原(- 冻原) Zwergstrauchtundra (矮灌木群系 Zwergstrauchformation) (s. a. Tundra 苔原、冻原) **102, 106***, 107
桉树矮林 Mallee 180
暗色土 Umbrisole 54, 55, 57*

B

白蚁 Termiten 183, **238**, 245, 248*, 266*, **270**
板状根 Brettwurzeln 267
半荒漠 Halbwüste (s. 干旱中纬带和热带 / 亚热带干旱带 Trockene Mittelbreiten (TMB) und Tropisch/ subtropische Trockengebiete) (s. a. 荒漠 Wüste) 49*, 66*, 87*, 156, 205*, **213***
暴雨 Starkregen (-fluten 洪水泛滥) 195, 236
北方带 Boreale Zone (BZ) (s. a. 北方针叶林 borealer Nadelwald) 7, 11*, 16*, 55, 105, 112, 117, 120, 121, 123, 148*

北方森林 borealer Wald 124
北方针叶林 borealer Nadelwald (泰加林 Taiga) (s. a. 北方带 Boreale Zone) 44*, **49***, 65*, 113, 118, 123, 124, 148*, **186***
北极 Arktis 65*, 90, 99*, 103
倍半氧化物 Sesquioxide (s. 三水铝石 Gibbsit) 44*, 48, 118
比叶面积 Specific Leaf Area 198
边界 Grenzen 10
变水植物 poikilohydre Pflanzen ('Steh-Auf-Pflanzen') 217, 218*
变温动物 poikilotherme Tiere (冷血动物 ectotherme, 变温动物 wechselwarme T.) 80, 141, 246
变性土 Vertisole (黑棉土 Black Cotton Soil, 黑棉土 Regur, 蒂尔黑土 Tirs) 48, **241**
冰成土 Cryosole 54, 55*, 100
冰川 Gletschereis (内陆冰川、大陆冰川 Inlandeis) 90, 115, 135
冰川后退 (冰川减少) Gletscherrückgänge 35
冰冻 (霜冻、冻结) Frost 136, 158*, **234**
冰冻界限 Frostgrenze 91
冰盖荒漠 Eiswüste 90, 102*, 附录 A
冰水岩盖 Pingo (冰核丘 Eiskernhügel, 冰岩盖 Hydrolakkolith) 97*, **98**

冰楔 Eiskeile（多边形冰楔 Eiskeil-polygone）96，97*,**98**,109*,**116***

冰芯 Eisbohrkerne 21

冰缘冲刷剥蚀 periglaziale Spüldennudation 95

冰缘带 periglaziale Zone（冰缘区域 periglazialer Bereich，冰缘区 periglaziales Gebiet）94，101，102*,116

冰缘活动层 periglaziale Aktivitätsschicht（s. 融冻层 Auftauschicht）91，97*,102

波动值（指温度）Schwellenwert 49*

剥蚀平原 Rumpffläche，Fastebene（准平原 Peneplain）135，235，235

薄层土 Leptosole 55，56*,100，120，213

捕食者 Räuber（肉食动物、肉食性动物 Fleischfresser，掠食者 Prädatoren，次级消费者 Sekundärkonsumenten，动物食性者 Zoophage）78，164，243

不宜居住地区 Anökumene 87*,127,附录 C

C

C/N 比 C/N-Verhältnis（指有机物质 von organischen Substanzen）（s. 可分解性 Zersetzbarkeit）80，105，160，242，260*

参考值、基准值 Bezugswert（参考值大小 -größe）21，22

采集经济 Sammelwirtschaft（渔民和猎人 Fischer und Jäger，野生动物狩猎 Wildbeutertum）87*,附录 C

草地辐射衰减（- 光照衰减）Grasflur abschwächung 165*

草食性动物 Herbivore（食草动物、食植动物 Herbivorie，食植者 Pflanzenfresser，初级消费者 Primärkonsumenten，植食性者 Phytophage）78*,80，103，164

草田轮作 Feldgrasbau（轮牧、轮牧经营 Wechselweidewirtschaft，草田轮作制 *ley farming*）252

草原 Steppe（中纬带草原 der Mittelbreiten，普列利草原 Prärie，温带草原 temperate Grasflur，禾草草原 Grassteppe，干旱中纬带 Trockene Mittelbreiten）(*s. a.* 矮草草原 Kurzgras-，高草草原 Langgras-，混合草原 Mischgras-，森林草原 Wald-) 7*,11*,45*,49*,55,67*,72,76*,87*,162,164,165,166*,167*

草原 Steppe（亚热带草原 der Subtropen）(*s. a.* 多刺草原 Dornsteppe，灌木草原 Strauchsteppe）7*,11*,45*,49*,162

草原类型 Steppentypen 162

槽沟冲刷 Rillenspülung 236

超额冰（过量冰）Excess-Ice 98,117*

成熟阶段 Reifestadium（成熟相 Reifephase，优化阶段 Optimalphase）(指植物群落 von Pflanzenbeständen)(*s. a.* 群落年龄 Bestandsalter)68,121,268*

承载能力、可持续性 Tragfähigkeit（指对于农业人口 für rurale Bevölkerung；或指对于放牧牲畜 für Weidetiere）(牧场面积需求 Weideflächerbedarf，承载能力、载畜量 *carrying capacity*，牧草产量 *pasture yield*）(*s. a.* Weideleistung 牧场效能）151,170,221,223

赤铁矿 Hämatit 48,178,239

冲积土类 Fluvisole 56*,137,161

冲刷、剥蚀、侵蚀 Spüldenudation（表面冲刷、地表侵蚀 Flächenspülung，坡面剥蚀、斜坡侵蚀 Hangspülung）(*s. a.* 地表径流 Oberflächenabfluss) 45,95,136,177,210,211*,235,236,237*,260

初级生产（初级生产量）Primärproduktion（净初级生产量 Nettoprimärproduktion PP_N，生产 Produktions（生长生产 Wachstumsproduktion），植物群落产量 leistung von Pflanzenbeständen）13,48,69*,70*,**71**,73*,75,77*,103

初级生产的辐射利用效率 radiation use efficiency der Primärproduktion（光合作用效率 photosynthetic efficiency,指光能利用 Strahlungsausnutzung 或初级生产的能源产量值 Energieausbeute）75

初级消费者 Primärkonsumenten *s*. 草食性动物 Herbivore 78,245

雏形土 Cambisole（*s.* Braunerde 棕壤）52*,100,119*,179,260*,262

传统的农业经济（传统的农田耕作）Traditionelle

Agrarwirtschaft (Traditionelle Mischbetriebe 传统的混合农场) 87*, 241, 250

串珠沼（丘泽）Strangmoor (Aapamoor) 115, 116*

春季开花 Frühlingsblüher（春季开花的地下芽植物 -geophyten, – 一年生植物 -therophyten) 140

次级生产（次级生产量）Sekundärproduktion (P), 次级生产者 -produzenten（动物生产、牧畜生产 Tierproduktion) 70*, **78**, 80

次级消费者 Sekundärkonsumenten 78

丛林草地 Buschweide 245

粗腐殖质（粗腐殖土）Rohhumus, 100, 106*, 118, 136

D

大企业式的谷物经济（– 谷物种植）großbetrieblicher Getreidebau 87*

大气输入及流通（流入）输入 atmosphärische Input und Input durch Zufluss 69*, 106*, 150*, 167*, 272*

代用数据 Proxydaten, 多代用数据 Multiproxydaten（Proxydatentemperaturen 代用温度）(s. a. 气候变暖 Klimawandel, 气候变暖代用数据 – Proxydaten) 21

氮 Stickstoff (N) (s. a. C/N- 比 C/N-Verhältnis, 固氮作用 N_2-Fixierung) 80, 81, 105, 106, 144, 200*, 271*

氮素 - 利用效率（氮利用效率）Stickstoff-Nutzungseffizienz (s. a. 矿物质 Mineralstoffe, 养分利用效率 Nährstoff-Nutzungseffizienz, nutrient use efficiency, 符号 NUE) 78, 124, 144

岛状山（残山）Inselberg 236

低北极苔原（低北极冻原）niederarktische Tundra 65*, 101, 102*, 121*

低活性淋溶土 Lixisole 48, 55*, 238, 239*, **240**, 260*,

低活性黏土 Tone niedriger Aktivität (s. low activity clay LACs 低活性黏土) 44*, 238

低活性强酸土 Acrisole 48, 55*, 60*, **195**, 238, 275*, 276

低平向斜谷 Flachmuldental 236, 253*

低温冷冻收缩 Tieffrostschwund, frost cracking （在冷状况下 bei Kälte, 收缩性裂隙 Kontraktionsrisse, – 分裂 -spalten) **96**

滴水叶尖 Träufelspitzen 266

地表径流 Oberflächenabfluss（片流、表流 Schichtfluten, 坡水 Hangwasser, 陆路流 overland flow, 地表径流 sheet flow) (s. a. Spüldenudation 冲刷剥蚀) 50, 177, 211, 215, 225*, 236

地带 – 生态交错区 Zono-Ökoton 66, 122

地带性的 zonale 65

地带性生物群落 Zonobiom **66**

地带性土壤 zonale Böden 118, **158**, 178, 195

地带性植物群系（– 社群）zonale Pflanzenformationen（自然的 natürliche) 65, **66***, 72, 75*, 113

地貌动态 / 地貌成因 Morphodynamik / -genese 208

地面冲刷 Flächenspülung 259

地面芽植物、半隐芽植物 Hemikryptophyten 65*, 101, 163, 180

地球轨道参数 Erdbahnparameter 28

定义 Definition 15

地上部植物量（地上植物量）oberirdische Phytomasse 69*, 106*

地上芽植物 Chamaephyten（s. 矮灌木 Zwergsträucher) 65*, 101, 105

地下部植物量（地下植物量）unterirdische Phytomasse 69*, 106*

地衣森林（藓类森林）Flechtenwälder, 65*, 121*

顶极植被 Klimaxvegetation（顶极群系 Klimaxformationen, 潜在的自然植被 potentielle natürliche Vegetation) 65

东 – 西不对称性 West-Ost-Asymmetrie（指气候 Klima) 193

冬季寒冷干旱带 winterkalte Trockengebiete（干旱中纬带 Trockene Mittelbreiten) 157, 167*

冬季湿润亚热带 Winterfeuchte Subtropen (WFS)

（地中海式亚热带 mediterrane Subtropen）（s. a. 硬叶林 Hartlaubwald, 硬叶灌木林群系-strauchformation）3,7*,11*,16*,18,55,**175**,177,179,183,185,213,附录 A

冬季湿润禾草草原和灌木草原 Winterfeuchte (Gras- und Strauch-) Steppe 11*,66*,附录 A

冬眠、冬蛰 Winterschlaf（冬季昏睡 Winterruhe, 冬季冻僵 Winterstarre）128*,139,141

动物界（野生动物）（s. a. Tierfraß 动物取食）Tierwelt 120,267

动物呼吸（呼吸量）Die Atmung der Tiere 79*,106*

动物区系 Fauna 80,243

动物取食 Tierfraß (V_C)（消费 Konsum, 消费量 Konsumtion, 食物摄取 Nahrungsaufnahme）47*,69*,70*,**78**,79,82,83*,103,106*,246,272

动物取食利用效率 Nutzungseffizienz des Tierfraßes（s. 动物取食 Tierfraß）79*

动物量 Zoomasse 69*,70*,106*,125*,245

动物的生产 Produktion der Tiere（s. 次级生产 Sekundärproduktion）70*,78

冻结风化碎石（冻结风化成因的碎石）Frostschutt（-碎石原野 -felder, -碎石坡 -halden,碎石堆）95,109*

冻结风化碎石带 Frostschuttzone（s. 极地冻结风化碎石带 polare Frostschuttzone）18,55*,95,99,100

冻结风化碎裂 Frostsprengung 95,99,157

冻裂变形（融冻扰动）Kryoturbation 109*,100

冻裂夷平（作用）Kryoplanation 98,116*

冻裂夷平阶地 Kryoplanationsterrassen 98,116*

冻融动态过程 Frostdynamische Prozesse（s. 冻结风化碎裂 Frostsprengung）91,95,**115**,158

冻土层（永冻土）Permafrost（永久冻（土）Dauerfrost（boden））33,51,91,93*,96,97*,100,115,116*

冻胀丘 Thufure（s. 冻胀土丘 Erdbülten）96,109*,116*

冻胀土丘 Erdbülten（Hummocks 冰丘, Thufure 冻胀丘）96,115,116*

短命植物（短寿植物）ephemere Pflanzen（s. ephemere Vegetation 短命植被）219*,220

对流层 Troposphäre 28,31,36

多刺草原 Dornsteppe（s. a. 热带 / 亚热带干旱带 Tropisch/subtropische Trockengebiete）7*,11*,49*,66*,205,213,214*,220

多刺稀树草原（多刺萨旺纳）Dornsavannen（-klima 多刺稀树草原气候, -gürtel - 地带）（s. a. 热带 / 亚热带干旱带 Tropisch / subtropische Trockengebiete）7*,11*,45*,66*,205,206*,213,214*,217*,218

多边形冻裂隙 Frostspaltenpolygone 116*

多面体结构土壤 Frostmusterböden（s. 结构土壤 Strukturböden, 冷冻分选作用 Auffriersortierung）96

多年生植物 perenne Pflanzen（多年生的 perennierende, 多年生植物 mehrjährige Pflanzen）（s. 永久植被 Dauervegetation）139,163

E

二氧化碳 Kohlendioxid（CO_2）（碳酸 Kohlendioxidsäure, CO_2 含量 -gehalt, CO_2 浓度 -konzentration, 大气二氧化碳上升 -anstieg in der Atmosphäre）（s. a. 气候变化 Klimawandel, 温室效应 Treibhauseffekt, 碳 Kohlenstoff）18,22,24,26,29*,36,38,71

F

反馈 Rückkoppelungen（信息反馈 Feed back, 正或负反馈 positive oder negative Rückkoppelungen）23,28,37

反射光 reflektierte Strahlung 14*,

反射率 Albedo 14*,23,31,75*,206

放射爆裂 Kernsprünge（崩裂、崩解 Blockzerfall）95,208

放养密度 Besatzdichte（放养密度 *stocking density*）（s. a. Viehbesatz 牲畜）170,171*

分解 Zersetzung（分解 Abbau, 矿化 Mineralisierung, 矿物质释放 Mineralstofffreisetzung, 分解、腐败 Verwesung）（s. a. 枯枝落

叶 Streu, 火 Feuer) 47*, 48, 69*, 70*, 80, 82

分解率 Zersetzungsrate 44*, 70*, 80, 81*

分解期（分解持续时间）Zerset-zungsdauer（分解速度 Zersetzungsgeschwindigkeit, – 期限 -fristen, 滞留期 Verweildauer, 滞留时间 residence time）（s. a. 分解率 -rate（k）) 70*, 80, 81*, 82, 104*

分解与矿物周转 Zersetzung und Mineralstoffumsätze 104

分解者 Zersetzer（分解者 Destruenten, 矿化者 Mineralisierer, 分解者 Reduzenten, 细菌 Bakterien, 真菌 Pilze, 放线菌 Actinomyceten）(s. a. Detrivore 食屑动物, 食腐质生物) 69, **78**, 80

分泌作用 Rekretion(MR)（s. a. 冠层淋溶 Kronenauswaschung）82

丰伯斯群落（南非低矮硬叶灌丛）Fynbos 180

风化 Verwitterung（化学风化 chemische Verwitterung, 物理（机械）风化 physikalische (mechanische) Verwitterung）43, 44*, 47*, 83*, 99, 208, 209, 236

风化壳 Verwitterungsrinden（风化壳、腐岩 Regolith, 风化壳 Verwitterungsmantel）44*, 95, 208, 236

风化碎石, 风化岩屑 Verwitterungsschutt 95

风剪 Windschur（植物 Pflanzen）101

风棱石（风磨石）Windkanter 210

风蚀 Deflation（风力吹蚀 Auswehung, 吹蚀 Ausblasung）47*, 209, 212, 229*

风力磨蚀 Windschliff（风研磨 Windabrasion, 风刻蚀 Windkorrasion) 47*, 209, **210**

风沙的活动（风沙的进程）äolische Aktivität / Prozesse（s. a 风 Wind, 风力磨蚀 Windschliff）45, **209**, 210

弗利干那群落（一类常绿半灌木群落）Phrygana 180, 186*

辐射（能量）平衡 Strahlungs- (Energie-) bilanz（s. 辐射收支 Strahlungshaushalt, 净辐射、净照射 Netto (ein) strahlung, 热收支、热平衡 Wärmehaushalt）14*, 94, 207

辐射驱动 Strahlungsantrieb 23

辐射吸收 Strahlungsabsorption（吸收太阳辐射 absorbierte Sonneneinstrahlung, 辐射拦截、辐射拦截量 Strahlung-sinterzeption）（s. a 全球辐射 Globalstrahlung）72, 74, 75*, 94

辐射衰减（光衰减）Strahlungsattenuation（辐射衰落 -abfall, 植物群落中辐射（光照）的分布 Strahlungs (Licht-) verteilung im Pflanzenbestand, 紫外吸收 Extinktionskoeffizient) 165

辐射曝光 Strahlungsexposition（s. 曝光 Exposition）(s. a 南坡和北坡 Süd-und Nordhänge）92, 121

腐殖质 Humus（（死）有机土壤物质 (tote) organische Bodensubstanz, 腐殖物质 Huminstoffe, 土壤有机物质 soil organic matter (SOM), Kohlenstoffvorräte im Boden 土壤中的碳贮存量）7*, 44*, 48, 49*, 54, 55, 71, 118, 119*, 124

腐殖质盖层 Auflagehumus 71, 100, 118, 129*

附生生活 Epiphylle 266

附生植物 Epiphyten 265, **266***

副热带–热带边缘高压带 subtropisch - randtropischer Hochdruckgürtel 176, 206

富铁铝的 ferralic（铁铝富集化 Ferrallitisierung）(s. a B- 层 B-Horizont) 54, 261

铁铝土 Ferralsole 78, 158, 260, **261**, 262, 275*

铁质结壳 Ferricrete（s 铁矿石 Ironstone）235

铁矿石 Iron-stone（砖红壤 Laterit, 铁质砾岩 Ferricrete）44*, 235, 262

G

钙 Calcium (Ca) 81, 119, 166, 271*

钙肥 Kalkung (Kalkdünger) 276

钙富集（石灰质富集）Kalkanreicherung（s. 碳酸盐富集 Carbonat-）44*, 158, 160, 178

钙积土 Calcisole 55*, 160*, 179

钙浸出 Kalkauswaschung（碳酸盐浸出 Carbonat-, 脱钙作用 Entkalkung）**135**, 159

钙结壳 Kalkkrusten（钙硬壳 Calcrete）157

钙质土 Pedocale 44*, **158**

盖度 Deckungsgrad（植被覆盖 Vegetationsbedeckung, 间隙度 Lückigkeit) 76, 102*

概要一览图 zusammenfassende Schaubilder **6**, 109*, 153*, 173*

干草原（干旱草原）Trockensteppe（矮草草原 Kurzgrassteppe, 贫杂类草草原 Krautarme Steppe）(s. a. Trokkene Mittelbreiten 干旱中纬带) 45*, 58*, **163**, 167, 168*, 170

干旱地区 Trockenräume 87*, 212, 220, 224

干旱时期 Trockenzeit（干旱期 -periode, 干旱月份 -monate, 干旱季节 aride Zeit, 干季、旱季 Dürrezeit）15*, 65*, 162, 225

干旱土 Xerosole 55*, 163, **212**

干旱稀树草原（干旱萨旺纳）Trockensavanne（矮草稀树草原 Kurzgrassavanne, 干旱富营养稀树草原 arid eutrophic savanna）(s. a. 夏季湿润热带 Sommerfeuchte Tropen) 11*, 44*, 45*, 49*, 66*, 232*, **233**, 275*, 附录 A

干旱富营养稀树草原 Arid Eutrophic Savanna（s. 干旱稀树草原、干旱萨旺纳 Trockensavanne）242

干旱胁迫（干旱伤害）Dürrestress, Dürreschaden（夏旱 Sommerdürre) 74, 81, 163, 217, 266

干旱中纬带 Trockene Mittelbreiten (TMB)（s. 灌木草原 Strauchsteppe, 荒漠草原 Wüstensteppe）(s. a. 草原 Steppe（矮草草原 Kurzgras-, 高草草原 Langgras-), 荒漠 Wüste）7*, 11*, 16*, 44*, 66*, 75*, 81*, 87*, 151*, 155, 156*, 157, 158, 161, 166, 附录 A

干收缩裂缝 Schlumpfrissen（干旱状况下 bei Trockenheit）(干裂隙 Trockenrisse) 161

柑橘类（酸味水果）Agrumenarten (Citrus) 187, 188*, 194, 201, 202*

高北极苔原 hocharktische Tundra 65*, 102*, 121*

高草草原 Langgrassteppen（湿草原、湿润草原 Feuchtsteppe, 富杂类草草原 Krautreiche Steppe, 草甸草原 Wiesensteppe）(s. a. 高草稀树草原 Hochgrassavann, 干旱中纬带 Trockene Mittelbreiten, 全北区湿润稀树草原 Feuchtsavanne Holarktis) 156, 159, 162, 168* 196

高草稀树草原 Hochgrassavanne（湿润稀树草原、湿润萨旺纳 Feuchtsavanne, 湿润贫营养稀树草原 moist dystrophic savanna）(s. a. Sommerfeuchte Tropen 夏季湿润热带) 11*, 44*, 45*, 49*, 66*, 232*, 233

高活性淋溶土 Luvisole（淋溶土 Lessivé）52*, **137**, 178, 179, 240

高活性黏土 High activity clays（高岭石 Kaolinit）44*, 238

高活性强酸土 Alisole 60*, **195**, 238, 239*

高粱 Sorghum 201

高岭石 Kaolinit 44*, 48, 238, 240

高位芽植物 Phanerophyten 176, 265

根量 Wurzelmasse（地下植物量 unterirdische Phytomasse) 70*, 166, 186*, 198

根/枝芽比 Wurzel/Spross-Verhältnis（地下与地上植物量之比 Verhältnis von unterirdischer zu oberirdischer Phytomasse) 186*, 214*, 248

根潜势（根渗透势）osmotisches Potential（根吸收压 Wurzelsaugspannung, 水势、根水势 Wasserpotential von Wurzeln) 51, 182*, 216*, 219

根区 Wurzelraum（生根范围、根区 Rhizosphäre, 生根深度 Durchw-urzelungstiefe) 51, 52*, 243

根吸收压（根渗透势 osmotisches Potential）51, 216

根系、根群 Wurzelsystem（生根强度 Intensität der Durchwurzelung) 51, 273

耕种系数（符号"R"）(种植因数 Anbaufaktor) **250**, 276

古气候 Paläoklima（全新世 Holozän, 更新世 Pleistozän) 22, 27, 29*

固氮作用 N_2-Fixierung（微生物固氮 mikrobielle N-Bindung, 固氮植物 stickstoffbindende Pflanzen) 47*, 83*, 124

谷物、粮食 Getreide（种植 -bau, 粮食经济 -wirtschaft) 87*, 127, 150, 169*

冠层淋溶（叶面淋溶、冠层冲刷）Kronenauswaschung 69*, 147, 199, 200*

灌溉农业 Bewässerungslandbau（灌溉农作物 -kulturen，灌溉农田 -feldbau，灌溉经济 -wirtschaft）(*s. a.* 盐渍化土壤 halomorphe Böden) 87*, **187**, **188***, 224, 227*

灌木草原 Strauchsteppe（干旱中纬带 Trockene Mittelbreiten) *s.* 荒漠草原 Wüstensteppe 162

灌木草原 Strauchsteppe（冬雨气候带 Winterregenklimate) *s.* 冬季湿润草原 winterfeuchte Steppe 11*, 66*

光合作用 Photosynthese（*s.* 光合作用效率 photosynthetic efficiency）(*s. a.* 利用率 Nutzungseffizienzen，辐射利用 Strahlungsausnutzung，光合作用辐射利用效率 radiation use efficiency of photosynthesis) 12, **71***, 72, 182

光合作用有效辐射 photosynthetisch nutzbare (aktive) Strahlung (PHAR) 12, 14*

光能利用（通过植物）Strahlungsausnutzung (durch Pflanzen) 74

光照（阳光照射、日照）Sonneneinstrahlung（日照时间、白昼时数 Sonnenscheindauer) 12, 74, 157

光热风化 Insolationsverwitterung（温热崩解 Temperatursprengung) 208

广泛稳定（固定）的牧场经济 Extensive stationäre Weidewirtschaft（*s. a.* 牧场经济、放牧经济 Weidewirtschaft，牧场利用 Weidenutzung) 170, 附录 C

广食性动物（杂食动物）Allesfresser（杂食性动物 Omnivore) **78**, 164

硅 Silicium (Si) 44*, 81

硅结壳、硅质壳 Silcrete（硅硬皮 Siliciumkrusten) 55, 208, 235

硅胶结土 Durisole 54, 55*, 58*, 212

硅酸盐 Silikate（*s. a.* 原生矿物 primäre Minerale，可风化矿物 verwitterbare M.，贮备组分 Reservefraktion，参与矿物 Restminerale) 47*, 48, 83*, 240

过度放牧（过度取食）Überweidung（*s. a.* Tragfähigkeit 承载能力) 98, 104

过渡区域 Übergangsräume（过渡地区 -bereiche，过渡带、地带 -zonen) (*s. a.* 生态交错区 Ökotone) 68, 123*, 167, 213

H

海平面 Meeresspiegel（*s.* 海平面上升 Meeresspiegelanstieg) 34

寒冻潜育土 Gelic Gleysole（苔原潜育土 Tundrengleye) 55*, 56*, **99**

寒冻潜育土带 Greysol-Zone 55*

旱季（干旱期）Dürrezeit（干旱季节 aride Zeit) 15*

旱生林 Trockenwald 66*

旱生形态 Xeromorph（*s. a.* 旱生植物 Xerophyten) 157, 163, 182

旱生植物 Xerophyten **218***, 219, 226*

旱生盐生植物 Xerophytische Halophyten（旱生-盐生植物 Dürre-Halophyten 217, **220**

旱作农业 Dry Farming（旱作农业系统 Trockenfarmsystem，谷物 - Getreide-（小麦 Weizen），休耕系统 Brache-System) 156, 168, 169*

禾草 Gräser（禾草类 Grasartige，禾本科 Gramineae，似禾草类 Graminoide) 67*, 100, **161**, 162, 217, 244

禾草草原 Grassteppen 7*, 55*

河网密度 Flussdichte（河谷密度、山谷密度 Taldichte) 136

黑钙土 Chernozeme 52*, 55*, 119*, **159**, 160*

黑色休耕地 Schwarzbrache（*s. a.* 休耕 Brache) 169

黑土 Phaeozeme（*s. a.* 灰黑土 Greyzeme) 54, 55, 137, **159**, 120, 160*

红色石灰土 Terra rossa（*s. a.* 棕色石灰土 Terra fusca) 57*, 178

呼吸（呼吸作用）Atmung（符号：R)（呼吸、呼吸量 Respiration) (*s. a.* 二氧化碳 Kohlendioxid，土壤呼吸 Boden atmung) 71, 135, 165

滑动残积盖层 Wanderschuttdecken（融冻泥流盖层 Gelifluktionsdecken) 98

滑坡 Erdrutsche, Rutschungen（s. 坡面侵蚀 Hangabtragung, 地面冲刷 Flächenspülung）**259**

划界（划分界线）Abgrenzung 2

荒漠（沙漠）Wüste（和半荒漠 und Halbwüste）（干旱中纬带 Trockene Mittelbreiten, 热带/亚热带干旱带 Tropisch/subtropische Trockengebiete）（s. a. 极地荒漠/半荒漠 polare Wüste/Halbwüste）7*，11*，44*，49*，67*，156*，161，205，220

荒漠草原 Wüstensteppe（s. 灌木草原 Strauchsteppe）66*，157，**163**，167

荒漠化 Desertifikation 224

灰分 Asche（肥料-düngung）274，275

灰黑土 Greyzeme 54，59*

灰化土 Podzole（s. 灰化作用 Podsol-ierung）55*，**118**，275*

灰化淋溶土 Podzoluvisole（漂白淋溶土 Albeluvisole, 灰白色土、灰色淋溶土 Fahlerden）54，137

混合草原（杂类草草原）Mischgrassteppe 66*，161，**162**，168*

混合利用系统 Nutzungssysteme（农牧系统 agro-pastorale Systeme, 混合农业经济 Gemischte Landwirtschaft）87*，150

活食者 Lebendfresser（生食者 Biophage）78

火烧（火灾）Brände（火 Feuer，草地火烧 Grasbrände, 森林火烧 Wald-, 稀树草原火烧 Savannen-）（s. 火烧式开垦 Brandrodung, 移动式耕种 Wanderfeldbau）69*，82，183，184

火-顶极群落/群系 Feuer-Klimax-Gesellschaft/Formation 184，244

火山爆发 Vulkanausbrüche 30

火烧式开垦（刀耕火种）Brandrodung（s. a. Wanderfeldbau 移动式耕种, 轮歇耕作）139，274，275

I

政府间气候变化专门委员会 IPCC（Intergovermental Panel on Climate Change），-报告 -Bericht（s. a. 气候变化 Klimawandel）18，19

J

Jaral（一类矮灌木群落）180

交换率 Austauschkapazität（吸附能力 Sorptionskapazität）48，54，60*，61*，136，159

积雪（雪）Schnee（积雪覆盖 Schneebedeckung, 积雪厚度 -mächtigkeit, 积雪融化 -schmelze, 消融 Ablation, 积雪消融 Ausapern）（s. a. 降雪 Schneefall）51，92，93*，95*，194

基底面积 Basalfläche（主干圆面积、树干断面积 Stammkreisfläche）64，197*，**264**

基质势（基模势）Matrixpotential（s. 土壤水 Bodenwasser, 土壤水潜势 -potentiale）217

吉尔盖微地貌 Gilgai-Relief **240**，241*

极地/亚极地带 Polare/subpolare Zone（PSZ）（s. a. 苔原、冻原 Tundra, 极地冻结风化碎石带 polare Frostschuttzone）13*，16*，18，65*，90，94，100，102*，103

极地冰盖荒漠 polare Eiswüste 11*，18

极地冻结风化碎石带 polare Frostschuttzone（s. a. 极地荒漠/半荒漠 polare Wüste/Halbwüste, 苔原、冻原 Tundra, 极地/亚极地带 Polare/subpolare Zone）91

极地冰盖荒漠 polare Eiswüste 11*，90

极地荒漠 polare Wüste（极地荒漠/半荒漠 polare Wüste/Halbwüste）65*，95，100

极地农业种植界限 polare Ackerbaugrenze 127

极地树线 Polare Baumgrenze（s. 极地森林界线 polare Waldgrenze）90，112*，113，122

极端的天气事件 extreme Wetterereignisse 36

集水栽培（集水耕种）Wasserkonzentrations-Anbau 225*，226*

计量单位 Maßeinheiten 70*

季风 Monsun 193，256*

季节双型现象 saisonaler Dimorphismus 132

季节周期（四季）Jahreszeiten（年周期性 Jahresperiodizität, 季节进程 –gang）（s. Saisonalität）季节性 13，15

季相 Aspekte（s. 季相变化 Aspektwechsel, 植被的季相变化 Aspekte der Vegetation）64，**139**，**242**

加里哥宇群落（一类常绿硬叶矮灌丛）Garrigue 180

甲烷 Methan (CH_4) 24
钾 Kalium (K) 81,119*
假潜育土 Pseudogley s. 黏磐土 Planosole 59*, 137,138*
碱土 Solonetze 161
碱性 Alkalität (alkalische oder basische Bodenreaktion 碱性或基性土壤反应) 44*
建构相 Aufbauphase, 建构阶段 -stadium (青年阶段 Jugend-, 再生阶段 Verjüngungs-)(指植物群落 von Pflanzenbeständen) 68*, 268*
溅蚀、冲刷 splash erosion (溅蚀效应 splash effekt)(s. a 土壤侵蚀 Bodenerosion) 215
降解、分解 Abbau (指有机物质 von org. Substanz)(s. 分解 Zersetzung) 141
降水(降水量)Niederschläge(符号 P)(降雨 Regenfälle)(s. a. 降水利用效率 Regennutzungseffizienz, rain use efficiency RUE, 降雨可靠性 Regenverlässlichkeit, 雨季 Regenzeit, 雪 Schnee, 气候图 Klimadiagramme) 12,15*,49*, 91,207
降水变率 Niederschlagsvariabilität 156
降水的强度 Niederschlagsintensität 215
降水的截留(截留)Interzeption(des Niederschlagswassers), 润湿水 Benetzungswasser)(s. a. 主干流、树干流 Stammablauf, 水滴 Tropfwasser) 141,142*
降水效率 Niederschlagseffizienz (有效降水 effektive Niederschläge, 有效降雨 effektive Regenfälle) 207
交换率 Austauschkapazität (AK), 阳离子交换率 Kationenaustauschkapazität (KAK)(s. a. 阴离子交换率 Anionenaustauschkapazität) 44*, 47*,119*
交换器 Austauscher 69*
结构特征 Strukturmerkmale 64,264
结壳(硬壳)Krusten, crusting, Duricrusts, (指土壤 Boden)(s. a. 钙结壳 Calcrete, 石膏结壳 Gypcrete, 铁矿石 Ironstone, 盐结壳 Salzkrusten, 硅结壳 Silcrete) 171,212
近地表空气层 Bodennahe Luftschicht 92

茎花现象 Stammblütigkeit (s. 老茎开花 Kauliflorie) 267
净初级生产(量) Nettoprimärproduktion(s. 初级生产(量)) Primärproduktion 7*
径流 Abfluss (s. 地表径流 Oberflächenabfluss)(s.a. 径流通道 Abflussgang) 7,45,117
径流量 Abflussmenge (s. 径流高度 Abflusshöhe) 7*,45
径流模数 Abflussspende(径流进程 Abflussgang)94,**136**
径流系数 Abflussverhältnis, Abfluss faktor 7*, 45
居间不冻层(融冻土层) Talik (冻土内部水 Intrapermafrostwasser) 97*,116*
居民(人口)Bevölkerung(定居者 Besiedlung, 人口密度 Besiedlungsdichte, 人口增加 -szunahme) 126,149,167,177,201
飓风 Hurricanes(s. 热带旋风 Wirbelsturm, 台风 Taifun) 195*
聚铁网纹体 Plinthit 235*,262
聚铁网纹土 Plinthosole 60*,238,239*,**261**,262
决策者的独立综述 Independent Summary for Policymakers 36
菌根 Mykorrhiza 83,248,273

K

K- 对策者 K-Strategen 103
靠雨水耕种 Regenfeldbau 156,187
可操作性(可加工性)Bearbeitbarkeit 242
可分解性 Zersetzbarkeit(s. C/N- 比 C/N-Verhältnis)105
可感的热流 fühlbarer Wärmefluss 14*
可利用田间持水量(可利用水)nutzbare Feldkapazität(nFK)(s. 田间持水量 Feldkapazität, 土壤水 Bodenwasser, 土壤田间持水量 - Feldkapazität)(s. a. 萎蔫点 Welkepunkt) 51,52*,53*
空气肥料 Luftdüngung(空气进入 Atmosphärischer Eintrag)(s. 生态系统的矿物原料 Mineralstoffzufuhr zum Ökosystem)32
空气湿度(空气相对湿度)Luftfeuchte (水汽

含量 Wasserdampfgehalt, 饱和差 Sättigungsdefizit) 38, 258

空气温度（气温）Lufttemperatur (s.a. 气候图 Klimadiagramme) 12, 16, 258

枯枝落叶 Streu (s. a. 枯枝落叶贮存 Streuvorrat, 枯枝落叶分解 Streuzersetzung, 地面上的废弃物 oberirdischer Abfall) 69, 80, 81*, 82, 147

枯枝落叶覆盖层 Streuauflage 147

枯枝落叶输送 Streuanlieferung 70*

宽大支流 Breitenverzweigungen 117

矿化（矿质化）Mineralisierung (s. 分解 Zersetzung) 47*, 69*, 82

矿化率 Mineralisierungsraten 82, 105*

矿物胶体转移 Lessivierung (黏粒位移 Tonverlagerung, 黏土富集层 Tonanreicherungshorizont, 黏化 B- 层 argic B-Horizont) 137

矿物质 Mineralstoffe（土壤中的植物养分 Pflanzennährstoffe im Boden) (s. a. 土壤肥力 Bodenfruchtbarkeit) 47*, 77, 81, 272*

矿物需求（矿物质需求）MineralstoffeBedarf, 植物的矿质营养 mineralische Pflanzennährstoffe (s. 吸收 Aufnahme (M_{BO}, 摄取 uptake),(M_{PPN}, 需求 requirement)，收支平衡 Bilanz, 接纳 Inkorporation (M_{PHYT})，泌盐作用 Rekretion (M_R), 易位 Retranslokation ($M_{\triangle BL}$)) 81, 82*, 144

矿物质的贮存与周转 Mineralstoffvorräte und Umsätze 270

矿物质返回 Mineralstoffrückführung, 通过废弃物和动物取食矿物质返回土壤 durch Abfälle (M_{VA}) und Tierfraß (M_{VC}) zum Boden 82, 147

矿物质含量 Gehalt der Mineralstoffe 144

矿物质利用效率 Mineralstoff-Nutzungseffizienz (s. 利用效率 Nutzungseffizienzen) 77, 105, 144

矿物质释放 Mineralstofffreisetzung（由有机结合物释放 aus organischer Einbindung) s. Zersetzung 分解, Feuer Mineralstoffmobilisierung 火 矿物质化 (s.a. 矿物质固定 -fixierung, 磷酸盐固定 Phosphatfixierung) 47, 82, 147

矿物质输入（营养物质的输入）Mineralstoffzufuhr（输入 input, 进入生态系统 -eintrag zum Ökosystem)（矿物质固定 Mineralstoffeintrag, 沉积作用 Deposition) 32, 47*, 48, 69*, 83*

矿物质输出（营养物质的输出）Min-eralstoffentzug（输出 output, 由生态系统回收矿物质 Mineralstoffentzug aus dem Ökosystem)（矿物质释放 Austrag（土壤释放 Boden-), 淋溶 Auswaschung, 土壤侵蚀 Bodenabspülung, 由于土壤侵蚀而损失 Verlust durch Bodenerosion) (s.a. 矿物质输入 Mineralstoffzufuhr, 剥蚀作用 Spüldenudation) 47*, 48, 83*

矿物质吸收 Mineralstoffaufnahme 77, 81, 82*

矿物质分泌作用 Mineralstoffrekretion, 符号 MR (s. 冠层淋溶 Kronenauswaschung, 树干流、主干流 Stammablauf, 水滴 Tropfwasser) 82

扩散性植被 diffuse Vegetation 21*, **217***

L

LAC, LACs 低活性黏土 (= low activity clays, LAC 土壤 LAC Böden, 低活性土壤 Tone niedriger Aktivität) **238**, 239*

老茎开花 Kauliflorie（茎花现象 -karpie, Stammblütigkeit）267

老龄化阶段 Alterungsstadien（指植物群落 von Pflanzenbeständen) (s. a. 群落年龄 Bestandsalter, 演替 Sukzession) 166

老化 - 再生 - 循环 Alterungs-Verjüngungs-Zyklen (- 阶段 -stadien, 植被动态 Vegetationsdynamik) **68**

涝洼湿地 Dambo（指在东非赞比亚 In Sambia) 235

冷冻分选 Auffriersortierung 96

冷冻干旱 Frosttrocknis 122

冷冻转换 Frostwechsel（冷冻转换频率 – häufigkeit）95

冷荒漠 Kältewüste（s. polare Wüste 极地荒漠）95

冷胁迫（冷应激）Kältestress 101,134,163
冷洋流 kalte Meeresströmungen 132,175*,176
立枯死（立枯死亡）Standing Dead **69**,70*,72
利用系数（利用效率）Nutzungseffizienz 75, 76,79,82*,249
利用潜力 Nutzungspotential（指牧场面积 von Weideflächen）s. 可持续性 Tragfähigkeit（指放牧牲畜 für Weidetiere）161,222
利用水分能力 Nutzwasserkapazität 52*,53*
砾石覆盖层 Steinpflaster（指沙漠中）（沙漠砾石盖层 Wüstenpflaster）209,230*
联合国粮食与农业组织（简称联合国粮农组织）的土壤分类系统 Klassifikations-System der FAO 53
淋溶、冲刷 Auswaschung（淋溶损失 -sverluste, 冲刷 leaching, 土壤淋溶 Bodenauswaschung)（s. 植物冠层淋溶 Kronenauswaschung, 渗流 Perkolation, 下降迁移活动 deszendente Verlagerungsvorgänge, 脱钙 Entkalkung）118,137,**158**,237,249*
磷 Phosphor (P)（磷酸盐 Phosphate，C/P 比值 C/P Verhältnis) 80,82
磷酸盐固定 Phosphatfixierung 196,239
硫 Schwefel（S）81
硫酸钙 Calciumsulfat（石膏 Gips) 157,161, 212
流失 Perkolation（s. 土壤淋溶 Bodenauswaschung）195,200
轮作农业 Landwechselwirtschaft 251
骆驼 Kamele 221*,223
旅鼠 Lemminge 100,103,104*
旅游（旅游业）Tourismus 126,187
铝 Aluminium (Al)（s. a. Gibbsit 三水铝石）196
铝毒性（AL 毒性）Aluminiumtoxizität 196, 239,240,275*,**276**
绿色农业 Grünlandwirtschaft 87*,150,151
绿洲-灌溉经济 Oasen-Bewässerungswirtschaft **224**
绿洲效应 Oaseneffekt（s. a 辐射效应 .Strahlungseffekt）207
轮作农业 Landwechselwirtschaft 250,251*,附录 C
落叶（落叶量）Blattfall（叶片脱落 Blattabwurf, 落叶 Laubfall)（s. 秋季落叶 herbstlicher-（湿润中纬带 Feuchte Mittelbreiten），旱季落叶 trockenzeitlicher-（夏季湿润热带 Sommerfeuchte Tropen））70*,264,267, 269,273

M

Mallee 桉树矮林 180
马基群落 Macchie（Macchia, Maquis）179*, 180
马托拉尔 Matorral 180
漫射（光照）diffuse Himmelsstrahrung 12,14*, 92
镁 Magnesium (Mg) 81
绵羊（和山羊）饲养 Schaf-（und Ziegen-）haltung 151
面积收益（单位面积收益）Flächenerträge（公顷-Hektar-）169
蘑菇岩 Pilzfelsen 210,230
漠境土 Yermosole 55*,58*,**212**
木薯 Maniok（s. 木薯 Cassava）275,277,附录 C
牧草种植 Futterbau（s. a. 饲料生产 Futtererzeugung, 饲用植物、牧草 Futterpflanzen) 151
牧场经营 Ranching（s. a. 广泛固定的牧场经济 extensive stationäre Weidewirtschaft）87*, 167,170,**223**
牧场经济（放牧经济）Weidewirtschaft（牧场利用 Weidenutzung, 畜牧业 Viehwirtschaft)（s. a. 游牧 Nomadismus, 牧场经营、大牧场放饲 Ranching, 畜牧业 Viehhaltung）87*,**170**, 277,附录 C
蒙脱石（绿胶埃洛石）Smectit 44*,48,57*
牧畜业（畜牧业）Viehhaltung (Tierhaltung)（s. a. 游牧 Nomadismus，放牧经济 Weidewirtschaft）167,170,249,250

N

内流排水 endorheische Entwässerung（不排水

的洼地 abflusslose Senke）157
内陆冰（大陆冰）Inlandeis（冰盖 Eisbedeckung，冰川冰 Gletschereis）35，45，115
钠 Natrium（Na）（s. a. halomorphe Böden 盐化土壤）81
耐干旱植物（耐脱水植物）austrocknungsertragende Pflanzen（耐旱性–fähigkeit，耐干旱能力 Austrocknungsvermögen）273*，275，284*
南极洲 Antarktis 90*
能量当量 Energieäquivalent（燃烧值、卡路里 Brennwert）70*，75*
能量流 Energiefluss（能量含量 Energiegehalt）（指在生态系统内 im Ökosystem）（s. 群落贮存 Bestandesvorräte，能量流通周转 Energie–Umsätze）67，70*，78
能量平衡 Energiebilanz（s. 辐射平衡 Strahlungsbilanz）14*，75，207
泥炭 Torf（s. a. 泥炭开采、分解 Torf abbau，泥炭形成、组成 -bildung）54，71，96，99，100，106*，118
泥流 Erdsströme（s. 泥流阶地 Fließerdestufen，-loben 泥流土汇集）116*
年降水量 Jahresniederschläge 16*
年轮 Jahresringe（指树木的 von Bäumen）267
年龄阶段 Altersphasen（指植被 Vegetation）s. 群落年龄 Bestandsalter 68*，75
年平均降水量（mm）mittlere Jähresniederschlage 7*，15*，67*，244，248
年平均温度 mittlere Jahrestemperaturen 7*，20，67*
年周期型气候（季节周期型气候）Jahreszeitenklimate 15*
黏绨土 Nitisole 48，55*，60*，238，240，285*
黏附水 Haftwasser（s. 土壤水 Boden-wasser）50，216
黏土矿物 Tonminerale 44*，136，158
啮齿动物（啮齿类）Nager （Rodentia）103，104*，164
农业区 Agrarregion 87*，附录 C

农业潜力 Agrarpotential（s. 生产潜力 Ertragspotential，可持续性 Tragfähigkeit）88
农艺学中的干旱界限 agronomische Trockengrenze 168

P

PAR（s. PHAR）光合作用有效辐射 12
PHAR（photosynthetic active radiation）光合作用有效辐射（s. 光合作用有效辐射 Photosynthetisch nutzbare Strahlung）12，75，76
PP_N（净初级生产量）Nettoprimärproduktion 143，147，157，167*
pH-值（pH）（pH-Wert）（s. 酸度 Acidität，碱度 Alkalität）275*，276
排粪 Defäkation（排遗 egestion）79*，80，246
排水孔 Wasserspalten（排水器 Hydathoden）266
盘帕（南美肥沃低地）Pampa 155
片流（表流）Schichtfluten（s. 地表径流 Oberflächenabfluss）236
漂白淋溶土 Albeluvisole（灰白色土 Fahlerden）（s. a. 灰化淋溶土 Podzoluvisole）54，59*，120，137
坡面剥蚀（坡面冲刷）Hangabtragung（s. a. Spüldenudation 冲刷剥蚀）95，260
曝光 Exposition 92

Q

气候 Klima **12**，21，38，44*，90，198*，257，258*，264，附录 C
气候变化 Klimawandel（s. a. 气候变暖 Klimaerwärmung）17，19*，21，23*，37，39
气候变暖 Klimaerwärmung（温度波动 Temperaturschwankungen）（s. a. 气候变化 Klimawandel）19，23，32，35，37，38
气候变暖的后果 Folgen der Klimaerwärmung 32
气候模型 Klimamodell（计算机气候模型 Computer-，气候模拟 Klima-Simulationen）22，23*，35，38
气候图 Klimadiagramme 10，15，92*，193*
气候正常时期（CLINO）Klimanormalperiode 27*

气候正常值 Klimanormalwerte 21

气孔 Spaltöffnungen, Stomata, Poren（孔隙器、气孔 Spaltapparate）71, 81, 164, 182

气孔区 Porenareal 182

气溶胶 Aerosolen 20, 22, **31**, 38

气旋性西风漂移带 Zyklonalen Westwinddrift 157

潜势（潜能）Potentiale（基质势 Matrixpotential, 土壤吸收压 Bodensaugspannung）51, 52*, 236

潜育土 Greysole 55, 56*

潜在的热流 Latenter Wärmefluss（潜在热 latente Wärme）（凝固热 Erstarrungswärme, 冷凝热 Kondensationswärme, 融化热 Schmelzwärme, 升华热 Sublimationswärme, 蒸发热 Verdunstungswärme）14*, 94, 206, 207*

潜在蒸发量 potentielle Evapotranspiration (ET_{pot})（s. 蒸发 Verdunstung）7*, 44*, 157

乔木物种数 Baumartenzahl 264*

侵蚀（水土流失）Erosion 43, 47*

侵蚀风险（- 敏感性）Erosionsanfälligkeit 242

穹形泥炭丘 Palsas (Palsenmoor) 96, 98, 115

趋同 Konvergenz（趋同特征 konvergente Merkmale）(s. a. 适应类型 Anpassungsformen）64, **181**

全球光照（全球辐射）Globalstrahlung（太阳照射 Sonneneinstrahlung）7*, 12, 14, 22, 30, 92

全球光照年总量（- 辐射年总量）Jahressummen der Globalstrahlung 13*

全球平均温度 Globale Mitteltemperatur（s. 气候变化 Klimawandel, 全球平均温度变化 globale Mitteltemperaturwandel）20, 21, 25*

群落废弃物 Bestandsabfall（s. 废物、废弃物 Abfall）80, 81

群落高度 Bestandshöhe（生长高度 Wuchshöhe）101, 134, 265*, 268

群落年龄 Bestandsalter（年龄阶段 Altersphasen）(s. a. 建构阶段 Aufbau-, 成熟阶段 Reife-, 衰减阶段 Zerfallsphase）68*, 124*, 143, 186*

群落气候 Bestandsklima（树干区气候 Klima des Stammraumes）(s. a. 植物群落中光照的分布 Strahlungsverteilung im Pflanzenbestand) 49*, 68, 134, 258, 268

群落增长量（作物增产量）Bestandszuwachs（群落衰减量、作物减产量 -rückgang, 减少 -abnahme）(ΔB 生物量变化）(s. a. 生物量 Biomasse, 植物量 Phytomasse, 初级生产量 Primärproduktion）72, 198

群落贮存量 Bestandsvorräte（群落周转量 -umsätze, 物质贮存 Stoffvorräte, 群落有机物质周转 -umsätze an organischen Substanzen, 能量水平 Energiegehalten) (s. a. 植量 Phyto masse, 动物量 Zoomasse, 枯枝落叶贮存量和腐殖质及初级生产量 Streuvorrat und Humus sowie Primärproduktion, 群落增长量 Bestandszuwachs, 废弃物 Abfall, 落叶 Blattfall, 枯枝落叶输送量 Streuanlieferung, 枯枝落叶分解 Streuzersetzung, 动物取食与分解 Tierfraß und Zersetzung) 67, 69*, 147

R

r- 对策者 r-Strategen 103

热带/亚热带干旱带 Tropisch/subtropische Trockengebiete (TST)（s. 半荒漠 Halbwüste, 荒漠 Wüste）(s.a. 多刺稀树草原 Dornsavanne, 多刺草原 Dornsteppe, 冬季湿润禾草草原和灌木草原 Winterfeuchte Grassteppe und Strauchsteppe）7*, 55*, **205**, 206, 207, 210, 211, 213, 214*, 227*, 附录 A

热带雨林 tropischer Regenwald (s.a. Immerfeuchte Tropen 终年湿润热带）33, 44*, 76, 104, 263, **264**, **265**, 267, 269, 272*

热容量 Wärmekapazität（比热 spezifische Wärme, 热导率、热导性 Wärmeleitfähigkeit）94

热限制值 thermische Grenzwerte（年平均温度 mittlere Jahrestemperaturen）（指对植物群系的分布 für die Verbreitung von Pflanzenformationen）67*, 114

人为温室效应 anthropogene Treibhauseffekt 25, 26

日照时间 Sonnenscheindauer 157

日周期型气候（昼间气候）Tageszeitenklima 15, 257

融冻层（融解层）Auftauschicht（融解层土壤 -boden, 融冻层深度 -tiefe, 冰缘活动层 periglaziale Aktivitätsschicht）(s. a. 冻土 Permafrost) 98*, **99***, 100, 102, 107

融冻洞穴类型 Abschmelzhohlform（冷岩溶、冷喀斯特 Kryokarst, 热岩溶、热喀斯特 Thermokarst, 热融洼地 Alass）(s. a. 地面沉陷 Bodensackungen）**98**, 115, 117*

融冻泥流 Solifluktion（泥流 Gelifluktion, 冰缘泥流 periglaziale Solifluktion, 冻土流 Frostbodenfließen) 98, 99, 100, 109*

融冻泥流阶地 Wanderschuttstufen 98

融冻扰动（冻裂变形）Kryoturbation 56*, 95, 99, 100

融化热 Schmelzwärme (s. a. 潜在热 latente Wärme) 14*, 94

肉食性动物 Fleischfressern（肉食动物 Carnivore, 掠食者 Prädatoren, 捕食者 Räuber, 次级消费者 Sekundärkonsumenten, 食动物者 Zoophage) 78, 79*, 164, 243, 246, 247*

肉质多浆 Sukkulenz（肉质多浆植物 sukkulente Pflanzen）64, 182, 218*, 220

S

萨赫勒 Sahel（萨赫勒地带 Sahelzone）206

三水铝石 Gibbsit 44*, 48

森林 Wald（s. 森林群系 Waldformationen, 森林带 Waldzonen, 森林气候 Waldklimate) 68*, 74*, 87*, 105, 107, 267, 272*, 277, 附录 C

森林草原 Waldsteppe 66*, 77, **156**

森林层次 Waldstockwerke 265*

森林火灾（森林火烧）Waldbrände（s. 火 Feuer）121

森林界限 Waldgrenze（s. 极地树线 polare Baumgrenze）122

森林砍伐 Rodungen 263

森林苔原（森林冻原）Waldtundra 65*, 66*, 97, **122**

沙巴拉群落 Chaparral 180

沙漠（荒漠）Wüste（和半荒漠 und Halbwüste)（s. 干旱中纬带 Trockene Mittelbreiten, 热带/亚热带干旱带 Tropisch / subtropische Trockengebiete)(s.a. 极地荒漠/半荒漠 polare Wüste /Halbwüste) 7*, 45*, 87*, 139, 163, 210, 223

沙漠漆 Wüstenlack 208

沙丘 Dünen 209, 210, 230*

砂性土（沙性土）Arenosole 118, **212**, 260, 附录 B

砂（沙）质沙漠 Sandwüste（沙漠 Erg) 210

山前侵蚀平原 Pedimente（山前基岩平原 Felsfußfläche, Berg-) 210, 211

渗透（渗流进入）Permeabilität（渗透 Durchlässigkeit, 渗透水 perkolierendes Wasser, 渗透（率）Infiltration（srate), 渗透能力 Infiltrationskapazität)（s. 土壤淋溶 Bodenauswaschung 50, 51, 82*, 99

渗透势 osmotisches Potential（根吸收压 Wurzelsaugspannung, 根的水势 Wasserpotential von Wurzeln）51, 216*, 220

渗透水（淋溶水）Sickerwasser (s. a. 土壤水、地下水 Bodenwasser) 50, 52*, 215

摄食 Nahrungsaufnahme 79

麝香牛 Moschusochsen 103, 107

升华（升华作用）Sublimation 14*, 94

生产力（生产率）Produktivität（指农业 Landwirtschaft）47, 72, 74, 150

生产潜力 Produktionspotential（指农作物 für Pflanzenbau)（s. 产量潜力 Ertragspotential 农业潜力 Agrar-, 利用潜力 Nutzungs-) 76, 78, 224

生产效率 Produktionseffizienz（净生产效率 Nettoproduktionseffizienz）70*, 74, 79*, 80

生产性的叶片与非生产性根和茎的比例 produktive Blätter zu unproduktiven Achsen und Wurzeln 68

生长高度 Wuchshöhe（植被 Vegetation）s. 群落高度 Bestandshöhe 101, 127

生长型 Wuchsformen（s. Lebensformen 生活

型、适应型）64,66
生根强度 Durchwurzelungs-intensität 64
生根深度 Durchwurzelungstiefe 64,217*
生活型（适应型）Lebensformen (Wuchsformen 生长型）64,65*,**66,67***,101,163,265
生境（生活小区）Biotop 67,102
生食者 Biophage（活食者 Lebendfresser）**78**,152*
生态带 Ökozone 1,2,3,5,7*,8,11*,12,13*,附录 A
生态带的划分 ökozonale Gliedelung 4,17,43
生态带的全球光照年总量 Jahressummen der Globalstrahlung in Ökozonen 75*
生物群落 Biozönose 66,69
生态环境 Ökotop **2**
生态交错区 Ökotone **66**,120,122,163
生态带模型 ökozonale Modelle（s. 生态带 Ökozonen, 生态模型 ökologisches Modell, 生态系统 Ökosystem）66
生态区 Ökoregionen 2
生态圈 Ökosphäre 2,23
生态省 Ökoprovinzen 2
生态系统 Ökosystem（s. a. 群落贮存 Bestandesvorräte, 群落周转-umsätze）2,64,**66,68**,72,80,83*,94,106*,248,269,272*,274
生态系统模型 Ökosystem- Modelle 124,149,150*,167*
生态县 Ökodistrikte 2
生态效率 ökologische Effizienz（效率 Wirkungsgrad, 指动物 von Tieren）(s. a. 总生产效率 Bruttoproduktionseffizienz) 79*,246
生物成因的硬壳 biogene Krusten 158
生物量 Biomasse（s. a. 植物量 Phytomasse）25,34,70,72,82*
生物群落 Biom（生物群系 Bioformation）2,66,69
生物扰动 Bioturbation 159,238
湿草原（湿润草原）Feuchtsteppe 45
湿度 Humidität（空气湿度 Luftfeuchte）(水汽含量 Wasserdampfgehalt, 饱和差 Sättigungsdefizit, 湿度持续期间 Feuchtdauer, 湿度确定 -bestimmung）(s. a. Regenzeit 雨季、降雨期）49*,50,99*,101,258,270*
湿润热带 Feuchte Tropen（湿热地带 feuchtheiße Zone）**238**,239*,256,260*,267
湿润热带土壤 Feuchttropische Böden 260*,262,270,275*
湿润稀树草原（湿润萨旺纳）Feuchtsavanne (s. 高草稀树草原 Hochgrassavanne, 湿润贫营养稀树草原 moist dystrophic savanna）(s. a. 夏季湿润热带 Sommerfeuchte Tropen）11*,45*,66*,87*,**242**,248,250,256
湿润中纬带 Feuchte Mittelbreiten (FMB) (s. a. 夏绿阔叶林 sommergrüner Laubwald) 7*,49*,55*,66*,74,87*,132,133,135,139,143*,147
湿生林（湿润森林）Feuchtwald（热带、亚热带 tropischer, subtropischer（半常绿林 halbimmergrüner Wald）66*,233,235
湿生植物 Hygrophyten 265
石带土（石条土）Steinstreifenböden（s. a 石网土 Steinnetzböden, 石环土 –ringböden）**96**
石膏 Gips (s. a. Calciumsulfat 硫酸钙) 160*,161
石膏土 Gypsisole 58*,61,212
石膏硬皮（石膏结壳）Gypcrete 157
石海 Blockmeere 95
石环土 Steinringe 96
石灰质富集（钙富集）Kalkanreicherung 159
石笋（石钟乳）Stalagmite 21,22
石网土 Steinnetzböden 96
石质土 Lithosole (s. a. 薄层土 Leptosole) 56*,61*
食腐动物 Saprovore（食腐者 Saprophage, 腐生物 Saprophile, 食死有机物者 Totsubstanzfresser）(s. 食碎屑动物、食腐质生物 Detrivore) 78,80
食碎屑动物 Detrivore（食腐动物 Saprovore, 食废物者 Abfallfresser, 吃死有机物者 Totsubstanzfresser）78*,80,245,246,247

食物链 Nahrungsketten 269
世界土壤资源参比基础（World Reference Bouse for Soil Resources, WRB）53, 54
适应 Anpassung, 适应类型 Anpassungsformen, 适应特征 -merkmale（s. a. 趋同 Konvergenz, 生活型 Lebensformen）64, 65, 105
适应干旱 Anpassungsformen an Dürre 163, 193
适应火烧 Anpassungsformen an Feuer 184
适应高湿度空气 Anpassungsformen an hohe Luftfeuchte 265
适应寒冷 Anpassungsformen an Kälte 163
适应贫营养土壤 Anpassungsformen an nährstoffarme Böden 105
适应亚热带冬湿气候 Anpassungsformen an subtropisch-winterfeuchtes Klima 181
适应盐度 Anpassungsformen an Salinität 220
疏松岩性土 Regosole 55, 57*, 61*, 100
树干流 Stammablauf（主干流 -abfluss, 茎流 stemflow）69*, 82, 146*, 199, 273
树线 Baumgrenze（s. 极地树线 polare Baumgrenze）113, 122, 123*
衰减阶段、衰减相 Zerfallsphase（Zerfallsstadium 衰减阶段、衰减期, 老龄化阶段 Alterungs- ）68, 143, **166**
衰落 –（退化 –）阶段 Degradation-(Regression-) stadium（指植被 der Vegetation）（s. 演替 Sukzession）181
水的掺和混合作用 Hydroturbation（泥土的掺和混合作用 Peloturbation）241, 242
水的可利用性 Wasserverfügbarkeit（水势 Wasserpotential, 土壤水势 Bodenpotentiale）(s. 土壤水 Bodenwasser, 渗透势 osmotisches Potential) 51, 215
水滴 Tropfwasser（s. a. 截留 Interzeption）82, 199
水分利用容量（水分利用能力）（可利用田间持水量 verfügbare Feldkapazität, vFK）Nutzwasserkapazität 51, 53*
水分利用效率 Wassernutzungseffizienz（s. 利用效率 Nutzungseffizienzen）32

水化作用 Hydration (Hydratation) 135
水解（水解作用）Hydrolyse 43, **135**
水平衡 Wasserbilanz（指气候的 klimatische）（水收支 Wasserhaushalt）(s. a. 土壤水 Bodenwasser) 45, 142*
水势 potential 51
水蒸气 Wasserdampf 24, 34, 37
似禾草类 Graminoide 218
饲草取食量 Futterentnahme 246
饲养驯鹿（家饲驯鹿）Rentier（驯鹿饲养业 Rentierhaltung）(s. a. 游牧生活 Nomadismus) 87*, 103
酸性 Acidität（酸性土壤反应 saure Bodenreaktion) 33, 118, 120, 136, 137
酸性土壤 saure Böden(s. a. 酸度 Acidität) 57, 118
碎屑 Detritus（s. 废物、废弃物 Abfall, 枯枝落叶 Streu）78, 79*, 80

T

台风 Taifun (s. 飓风 Wirbelsturm) **195**
苔原、冻原 Tundra（苔原带、冻原带 Tundrenzone, 苔原和冻结风化碎石带 Tundren und Frostschuttgebiete) (s. a. 极地 / 亚极地带 Polare/subpolare Zone）55*, 76, 87*, 91, 98*, **99, 100**, 102, 103, 107, 109*, 附录 A
苔原带、冻原带 Tundrenzone（苔原、冻原 Tundra）87, **91**, 97, 99*, 101, 103, 105
苔原和冻结风化碎石带 Tundren und Frostschuttgebiete 7*, 11*
太阳常数 Solarkonstante（大气层外的太阳辐射 extra-atmosphärische Sonnenstrahlung, 太阳活动 Sonnenaktivität, 太阳黑子 Sonnenflecken, 太阳辐射强度 solare trahlungsintensität) 20, 29, 30
太阳能生长潜力 solares Wachstumspotential 74
泰加林 Taiga（borealer Nadelwald 北方针叶林）(s. a. 北方带 Boreale Zone) 44*, 45, 65*, 107, **120**, 121, 125*, 132, 133
碳 Kohlenstoff (s.a. 碳循环 Kohlen-stoffkreislauf, 碳吸收、碳汇 -senke, 碳存贮 -speicherung, 碳贮存 -vorräte) 49*, 70*, 71, 72

碳酸钙 Calciumcarbonat 157,159
碳酸盐富集 Anreicherung von Carbonaten 44*
碳贮存 Kohlenstoffvorräte 107
特殊类型(特殊形状)Sonderform 263
藤本植物 Lianen 196,197*,**265**,277
天然牧场 Naturweide 187,223*,224
田间持水量 Feldkapazität (s. 土壤水 Bodenwasser,土壤田间持水量 - Feldkapazität) 50,51,52*
铁铝富集化 Ferrallitisierung 261
铁铝土 Ferralsole 48,55*,60*,158,195,196,240,260*,**261**,262
铁磐(褐铁矿)Ortstein 118,119*
同化面积 Assimilationsfläche (指植物 von Pflanzen) (s. a. 叶面积指数 Blattflächenindex) 72,**73**
同化效率 Assimilationseffizienz (消化效率 Verdauungs-) (A/C) 72,79*,246,247*
同化作用 Assimilation (动物 Tiere) (s. a 总生产量 Bruttoproduktion) 79*,101
土地利用 Landnutzung (s. a. 改变土地利用 Änderung der Landnutzung) 5,25,31,39,107
土壤(土地)Boden (Böden) 47,55*,82,83*,93*,100,104,106*,245*,249,259
土壤冰 Bodeneis (土壤冻结 Gefrieren des Bodens (s. 冻结锋面 Gefrierfront,超额冰 excess-ice,离析冰 Segregationseis) 91*,92,93*,98,99
土壤带(土壤区)Bodenzonen 53,54,55*,附录 B
土壤链(土链)Bodencatena (土壤序列 Bodensequenz) 4,240
土壤肥力 Bodenfruchtbarkeit (土壤养分供应状况 Versorgungszustand des Bodens mit Nährstoffen) 47,48,144
土壤分类 Bodenklassifikation (土壤命名 Bodennomenklatur) 53
土壤分类单元(-单位)Bodeneinheiten (土壤类型 -typen,土壤单元 soilunits,主要土壤分组 Hauptbodengruppen,major soil groupings) **53**,56*
土壤呼吸 Bodenatmung (s. a. Kohlendioxid 二氧化碳) 134,147,270*
土壤结构 Strukturböden (土壤结构类型 Strukturbodenformen) (s. 多面体结构土壤 Frostmusterböden) 136
土壤蠕动 Bodenfließen (泥流 Erdfließen) (s. a. Gelifluktion 融冻泥流) 115,259
土壤侵蚀 Bodenerosion (侵蚀风险 Erosionsgefahr,侵蚀保护 -schutz,土壤消蚀 Bodenabtrag) (s. a. 土地退化 Landdegradation) 178,184
土壤水 Bodenwasser (s. 土壤湿度 Bodenfeuchte,土壤潮湿 -durchfeuchtung) 23,53*,99
土壤水分存贮 Bodenspeicherfähigkeit (持水能力 Wasserhaltevermögen) 51
土壤水分收支(土壤水平衡)Bodenwasserhaushalt (消费 Aufbrauch,维持 Rückhalt,贮备 -lage) **49**,215,216
土壤水上升运动 Bodenwasseraufstieg (s. a. 上升的 aszendenter,升高的 aufsteigendes,毛细管的 kapillarer) 157
土壤水下降运动 deszendente Bodenwasserbewegung (s. 土壤淋溶 Bodenauswaschung) 158
土壤温度 Bodentemperatur (土壤增温 -erwärmung) 92,94
土壤吸收压 Bodensaugspannung (s. a. 土壤水 Bodenwasser,土壤水势 -Potentiale) 51
土壤下陷(地面沉降)Bodensackungen (地面下沉 -senkungen) 115,117*
土壤压实板结 Bodenversiegelung (指自然的 natürliche) (土壤淤积 Bodenverschlämmung,结壳、硬皮 crusting) 171
土壤盐化 Bodenversalzung 216
土壤有机物质(死的 tote) organische Bodensubstanz (有机碳 org. Kohlenstoff) (s. 腐殖质 Humus) 123,124,135*,147,159*
土壤种类 Bodenart (s. 土壤质地 Bodentextur) 52*
脱钙作用 Entkalkung 135,139

脱硅作用 Desilifizierung（硅酸盐贫化 Silikatverarmung）238,261
脱盐（淡化）Entsalzung（s. a 盐化 Versalzung, Salzbelastung, 盐胁迫 Salzstress）161,224

W

外源性地貌过程 Exogenen Geomorp-hologischen Prozesse 43
萎缩性植被 kontrahierte Vegetation 215*,218
萎蔫点 Welkepunkt（WP），永久萎蔫点 permanenten Welkepunkt（PWP）51,52*,**53**
温变崩解 Temperatursprengung（日照风化 Insolationsverwitterun, 温热崩解 Temperaturverwitterung）43,208
温带雨林 temperater Regenwald（凉温带雨林 kühltemperater Regenwald）66*,87*,133
温带针叶林 temperater Nadelwald 66*
温度 Temperatur（s. 空气温度 Lufttemperatur）12,15,23,25*,27*,39
温度-依赖性 Temperatur-Abhängigkeit 75
温湿度生长条件（温湿度状况）hygrothermische Wachstumsbedingungen 15,16*
温室气体 Treibhausgase（s. a. 气候变化 Klimawandel, 温室效应 Treibhauseffekt）24,28,33,37
温室效应 Treibhauseffekt 22,24,29*,34,37
温血动物 warmblütige Tiere（恒温动物 homoiotherme T.）80,246
稳态 Steady-State **69**,106,121,124,149,166,267
物候观测 phänologische Beobachtungen 20
物种多样性 Artenvielfalt（物种多样性 Artendiversität, 物种丰富度 Artenreichtum, 物种数量 Artenzahl, 物种组成 Artenzusammensetzung）34,64,143*,176,179,183*,263,264,269

X

西风带 Westwindzone（热带以外的 außertropische, 气旋性西风漂移带 zyklonale Westwinddrift）157
吸收（易位）Retranslokation 141
稀树草原（萨旺纳）Savanne（稀树草原地带-zone, 热带草原带 tropische Grasflur, 湿润稀树草原、湿润萨旺纳 Feuchtsavanne, 干旱稀树草原、干旱萨旺纳 Trockensavanne, 多刺稀树草原、多刺萨旺纳 Dornsavanne）(s. a. 夏季湿润热带 Sommerfeuchte Tropen,)10,44*,87*,103,170,183,218*,**232**,**233**,242,243,244,245,附录 A
稀树草原型 Savannifikation 242
细土圈、细土范围 Feinerdekreise 92
下降迁移活动 deszendente Verlagerung-svorgänge（渗流 Perkolation, 土壤淋溶、淋溶流失 Bodenauswaschung）137,184,199,200
夏季湿润热带 Sommerfeuchte Tropen（s. a. 稀树草原、萨旺纳 Savanne, 干旱稀树草原、干旱萨旺纳 Trocken-, 湿润稀树草原、湿润萨旺纳 Feucht-）7*,55,87*,232,234,**237**,239*,243,245
夏绿阔叶林（夏绿林）sommergrüner Laubwald（s. a. 湿润中纬带 Feuchte Mittelbreiten）**139**,140,142,144,145*,150*
仙人掌 Kakteen 64,182,220
现有植物量 stehende Phytomasse 72
镶嵌（镶嵌结构）Mosaikstruktur 68,244,267,268*
消费 Konsum, Konsumtion（s. 动物取食 Tierfraß）50,79*
消费者 Konsumenten（异养类群 Heterotrophe, 消费者 Verbraucher）(s. 初级消费者 Primärkonsumenten, 次级消费者 Sekundärkonsumenten）78,80,103,220
消化效率 Verdauungseffizien（同化效率 Assimilationseffizienz）(A/C) 246
小冰期 Kleine Eiszeit 22
信风 Passate 256*
形态-生态的植被划分单元 physiognomisch-ökologische Vegetationseinheiten 65
休耕. Brache（休耕期 Brachedauer）(s. 黑色休耕 .Schwarzbrache）169*,170,233,251*
畜牧业 Viehhaltung（牧畜饲养 Tierhaltung）(s. a. 游牧、游牧生活 Nomadismus, 放牧经济 Weidewirtschaft）150,151

雪线 Schneegrenze（指气候的 klimatische）90, 91

驯鹿（养殖的）Rentier,（野生的）Karibu（s. a. 游牧生活 Nomadismus）87*, 104, 107

驯鹿养殖业 Rentierhaltung 107

循环周期 Umlaufdauer（在农业中 in der Landwirtschaft）250

Y

雅丹地貌 Yardang 211

亚北极 Subarktis 26*, 107

亚带划分 subzonale Differenzierung（亚带划分 Unterteilungen）(s. 区划 regionaleDifferenzierungen, 区域气候划分 regionalklimatische-, 植被地理区划 vegetati-onsgeographische) 86, 90

亚热带雨林 subtropischer Regenwald（s. a. 终年湿润亚热带 Immerfeuchte Subtropen) 195, **196***, 197*, 198*, 199

岩石碎块覆盖层 Block (schutt) decken（碎石原野 Blockfelder, 石海 Blockmeere) 95

岩芯（冰核钻孔岩芯）Eisbohrkern（s. a 冰核钻孔岩芯分析 Eisbohrkern–Analyse) 28, 34

盐崩解 Salzsprengung（盐风化 Salzverwitterung) 43, **208**

盐化土壤 halomorphe Böden (s. 盐土 Salzböden) **161**

盐基饱和度 Basensättigung **48**, 53, 61*, 137, 158, 196, 198*, 239*, 240

盐结壳、盐硬皮 Salzkrusten (s. a 盐风化 Salzausblühungen) 55, 173*

盐生植物 Halophyten (s. a. 盐生肉质多浆植物 Salzsukkulenz) 157, 161

岩石风化带 Gesteinszersatzzone (s. 腐泥土、腐岩 Saprolith) 44*, 259, 265*

堰塞水（滞留水、壅堵滞水）Stauwasser（滞留水汽、水分 -nässe) 50*, 51, 99

盐土（盐渍土）Salzböden (s. 盐化土壤 halomorphe Böden) 57*, 58*, **161**

盐湖 Salz -See（干盐湖 Playa, 盐质黏土盆地 – pfanne, 盐质黏土平原 Salztonebene) 211*, 215

盐胁迫 Salzstress 161, 216, 217

演替 Sukzession（演替阶段 Sukze-ssionsstadien) 64, 181, 184*

阳离子交换率 Kationen-Austauschkapazität（KAK）(s. 交换率 Austauschkapazität) 48, 61*, 119*, 136

养分利用效率 Nährstoff-Nutzungseffizienz（NUE）(s. 利用效率 Nutzungseffizienzen) 249

野生动物 Tierwelt（Wild）(s. a.Tierfraß 动物取食) 78, 127, 171, 246

野生动物管理 Wildbewirtschaftung 126, 127, 170

野生驯鹿 Karibu 103, 104, 107

叶量 Blattmasse (s. 植物量 Phytomasse) 70*

叶面积指数 Blattflächenindex（BFI, LAI, leaf area index) 7*, 64, 74, 103, 258*, 264, 265*

叶片形成 Blattbildung（叶生产 Blattproduktion）(s. a. Primärproduktion 初级生产) 140, 198

一个年度 Jahresgang 13*

一年生植物 Therophyten（Annuelle）(s. 早熟一年生植物 Pluviotherophyten) 101, 163, 182, 214*, 218*, 220

移动式耕种（轮歇耕作）Wanderfeldbau (s. a. 火烧式开垦、刀耕火种 Brandrodungs-, 轮垦、轮种 shifting cultivation) 87*, 274, 275*, 276, 287*

阴离子交换率 Anionenaustauschkapazität（AAK）**48**, 239*

隐芽植物 Kryptophyten（地下芽植物 Geophyten）101, 140, 163, 182

营养元素 Nährelemente（养分离子 -ionen, 营养物质 -stoffe）(s. 矿物质 Mineralstoffe) 47*, 76, 78, 81, 144, 161

硬叶 Hartlaub（硬叶性 Hartblättrigkeit, Sklerophyllie; 硬叶型叶片 skleromorphe Blätter) **181**, 182, 193, 197, 206*, 218*

硬叶灌木林群系 Hartlaub-strauchformation（硬叶灌木林 -gehölz, 硬叶植被 -vegetation, 马托拉尔群落 Matorral, 沙巴拉群落（石楠灌丛）Chaparral, 丰伯斯群落 Fynbos, 加里

哥宇群落（常绿矮灌丛）Garrigue，马基群落 Macchie，弗利干那群落 Phrygana）(s. a. Winterfeuchte Subtropen 冬季湿润亚热带) 66*, 177, 179, **180**, 184

硬叶林 Hartlaubwald（硬叶灌木林群系 –strauchformation，常绿硬叶栎林 immergrüner (Stein-) Eichenwald，冬青栎林 Quercus ilex-Wald）65, 66*, **179**, 181, 185

硬叶型 sklecomorph（s. 硬叶 Hartlaub）102, 181*

硬叶植被 Hartlaubvegetation 45*

永冻层（永久冻土，永久冻土层）Permafrost（s. 永久性冻结（土壤）Dauerfrost (boden) 45, **51**, 54, 98*, 99*, 100, 101

永冻土层面（永久冻土层面）Permafrosttafel 33, 93*, 100

永久性耕种 permanenter Feldbau 196, 251

永久性植被 Dauervegetation 214

永久性作物（长期性作物）Dauerkulturen（s. a. 种植 Pflanzung，种植园 Plantage）87*, 151*, **276**, 277

永昼无夜 Dauertag（s. a. 昼长夜短 Langtag）113

油棕 Ölpalmen 277，附录 C

游牧经济（放牧经济）Wanderweidewirtschaft（s. 游牧活动、游牧生活 Nomadismus）87*, 223, 224

游牧活动（游牧）Nomadismus（半游牧 Halbnomadismus，游牧经济 Wanderweidewirtschaft）87*, 107, 170, 223*, 224

有机土 Histosole 55*, 61*, 100, **119**, 137, 138*, 161

有蹄动物 Huftiere（有蹄类 Ungulaten）103, 164, 247*

幼叶快速齐发 Laubausschüttung 267

渔民和猎人 Fischer und Jäger（野生动物狩猎 Wildbeutertum）107

与降水有关的产草量 Grasmasse in Abhängigkeit von Niederschlägen 166*

雨季 Regenzeit（降雨期 Regenperiode）15*, 156, 157, 165

雨量可靠性 Regenverlässlichkeit（对于水田 für Regenfeldbau）134 雨量利用效率 Regennutzungseffizienz（rain use efficiency 缩写：RUE）(s. 降水利用效率 -Niederschläge，利用效率 Nutzungseffizienz）77, 165, 171

雨林 Regenwald（s. 亚热带雨林 subtropischer R.，温带雨林 temperater R.，热带雨林 tropischer R.）(s. a. 雨季 Regenzeit，降雨期 Regenperiode）33, 45*, 68*, 76, 105, **196**, 263, 265*, 267, 269, 272*, 276*，附录 C

雨绿木本群落 regengrüne Laubhölzer（s. a. Blattfall 落叶，trockenzeitlicher–旱季落叶）67*

淤泥（泥沙）Schluff 51, 138*, 196

月桂树叶片型 Lorbeerblattform（s. 月桂树叶 Lorbeerlaub）180, 197

月桂型林 Lorbeerwald（月桂林）66*, 196, **197**

跃移（跳运）Saltation（风输送 Windtransport，表面蠕动、表层潜移 Reptation）209*, 210

宇宙辐射 kosmische Strahlung 31

预测（预测气候）Prognosen，预测预报 Projektionen)（s. a. 气候变化 Klimawandel，气候模型 Klimamodelle）26, 29*, 36, 38

云量级 Bewölkungsgrad（云 Wolken）206, 207

云–气候–相互作用 Wolke-Klima-Wechselwirkung 22

阈值 Schwellenwerte（标准值 Richtwerte，划分生态(亚)带的界限 zur Abgrenzung von Öko(sub)zonen）39, 193, 206

Z

杂食性动物 Omnivore（广食性动物 Allesfresser）78, 164

再生能力（恢复能力）Regenerationsfähigkeit（恢复可能性 -vermögen）(der Vegetation 植被的）122, 184

早熟一年生植物 Pluviotherophyten 220

针铁矿 Goethit 48, 137, 238

针叶树 Koniferen（针叶树 Nadelbäume，针叶树 Nadelhölzer）(s. a. 北方带 Boreale Zone）

147,118,120

针叶树的针叶 Koniferennadel（针叶量 Nadelmasse）77

针状冰 Kammeis 157,158

蒸发（蒸腾作用）Verdunstung（蒸发、蒸发量 Evaporation, 蒸腾、蒸腾量 Evapotranspiration)（s. 潜在蒸发量 potentielle Evapotranspiration, 蒸发负荷 -belastung, 蒸发限制 -einschränkung ）(s.a. 气孔 Spaltöffnungen, 利用效率 Nutzungseffizienzen) 12,37,**71**,76,77,94

蒸腾系数（蒸发系数）Transpirationskoeffizient, 蒸发比率 -rate, (指植物 von Pflanzen)（水分利用效率 Wassernutzungseffizienz ）(s. a. 土壤水 Bodenwasser）**76**,141

直射（直接照射）direkte Sonneneinstrahlung 12,207

枝芽量 Sprossmasse（地上植物量 oberirdische Phytomasse）167*,186*

植被 Vegetation（植物覆盖 Pflanzendecke) 49*,**64**,65,70*,73,75*,76

植被动态 Vegetationsdynamik（空隙期动态 Gap-Phase-Dynamik) 267

植被覆盖 Vegetationsbedeckung（间隙度 Lückigkeit ）50,98*,101,102*

植被期 Vegetationsperiode（植被期 Vegetationszeit, 生长季节 Wachstumszeit) 7*,12,15, 16*,71,106

植物和动物物种多样性 Artenvielfalt von Pflanzen und Tieren（s. a. 物种多样性 Artenvielfalt）34

植物呼吸作用 Atmung der Pflanzen（呼吸作用 Respiration 符号 R；暗呼吸 Dunkelatmung, 光呼吸 Lichtatmung) (s. a. 二氧化碳 Kohlendioxid, 土壤呼吸 Boden atmung) 68*,71,266,267

植物量 Phytomasse（s. 叶量 Blattmasse）(s. a. 生物量 Biomasse, 初级生产量 Primärproduktion) 7*,68,**69**,70*,100,102,104,106*

植物区系 Florenreich 139,171,197

植物群系（植物社群）Pflanzenformationen（植被群系 Vegetationsformation) (s. a. 地带性植物社群, - 群系 zonale Pflanzenformationen) 49*,64,**65**,66,77,88

指标特征 Merkmal 5,6,7*

中生形态 mesomorphe（中生植物 Mesophyten, 中生型植物 mesophylle Pflanzen) 182

中生植物 Mesophyten（中生型植物 mesophylle Pflanzen, 中生形态 mesomorphe）219, 265

中世纪温暖期 Mittelalterliche Warmzeit 27*, 28

终极群落（终极类群）Schlussgesellschaft (s. a. 演替 Sukzession) 180,181,184

终年湿润热带 Immerfeuchte Tropen (IFT) (s. a. 热带雨林 tropischer Regenwald) 7*,49*, 55*,237,**256**,257,262,264,265,270,275*, 279*

终年湿润亚热带 Immerfeuchte Subtropen (IFS) (s. a. 亚热带雨林 subtropischer Regenwald) 7*,45*,49*,55*,**192**,194,196,197,198*, 201,213

种植因数（耕种系数）Anbaufaktor（符号"R"）(s. a. 种植 Pflanzung, 永久性作物 Dauerkulturen) 250,**276**

周转率（转化率）Umsatzrate（指生态学 Ökologie) 69,**70***,80,247*,272*

周转期（循环周期）Umlaufdauer（在农业中 in der Landwirtschaft) 70*,147

昼长（白昼持续时间）Tageslänge（日弧 Tagbogen, 昼长夜短 Langtag, 永昼无夜 Dauertag, 极昼 Polartag, 极夜 Polarnacht) 13,91,133

昼长夜短 Langtag 113

主干数（树干数）Stammzahl 64,197*,264, 265*

主干圆面积 Stammkreisfläche（s. 基底面积 Basalfläche) 64,264,265

贮存量 Vorräte, 周转量 Umsätze, 物质贮存 Stoffvorräte, 有机物质周转 Umsätze an organischen Substanzen（s. 群落贮存量 Bestandesvorräte）(s.a. 生态模型

ökologische Modelle）69,70*,80,81*,107
专业农场 spezialisierte Farm（耕地 - Acker-）（s.a. 经营 wirtschaft）87*
砖红壤 Laterit（s. Ironstone 铁矿石）235*,262
转移牧场 Transhumanz（s. 游牧、游牧生活 Nomadismus）87*,187,223
准平原 Peneplain（剥蚀平原 Fastebene,剥蚀平原 Rumpffläche）211,**234**,235
自然保留地 naturbelassene Erdräume（自然景观 Naturlandschaften）86*
自然休耕 Naturbrache 250
自养生物 Autotrophe 71
棕壤 Braunerde（s. 雏形土 Cambisole）58*,136,137

棕色石灰土 Terra fusca（s. a. 红色石灰土 Terra rossa）57*,178
总初级生产量（毛初级生产量）Brutto-primärproduktion (PP$_B$) 69*,70*,103
总积温（总热量）Wärmesumme 122
总生产量（毛生产量）Bruttoproduktion（指生态系统 Ökosystem) (s. a. 总生产效率 Bruttoproduktionseffizienz (P/C),生态效率 ökologische Effizienz) 79*,80
总初级生产量（毛初级生产量）Bruttoprimärproduktion (PP$_B$) 70*,103,198
总生产效率 Bruttoproduktionseffizienz (P/C) (s. a. 生态效率 ökologische Effizienz) 79*,246*,247

译 后 记

《地球的生态带》中译本得以付梓发行，首先要感谢高等教育出版社，尤其本书的策划编辑李冰祥博士，是她先找到并推荐这本书给我，在浏览全书后我们才决定将其译为中文的；翻译过程中有关对中文版书稿的要求、专业名词的统一、附图附表的译制以及一些好的翻译经验等，李博士都及时给予传递和提示，使得这本译著能够顺利进行。感谢责任编辑孟丽对译稿认真的审核和加工。

本书的译成得到诸多亲友、同仁的支持：于纪姗百忙中拨冗帮助翻译了总论及分论所有"土地利用"部分，还推荐一些实用的网上词典，并帮我建立了最初与原著作者的联系。在此我也要感谢原著作者德国的舒尔茨（SCHULTZ）博士、教授，他对我所询问有关译文中需要注意的一些问题，均通过电子邮件给予迅速而明晰的答复；他还热情主动联系曾为其原文150幅附图清绘的埃里克（EHRIG）硕士、工程师，请他寄发给我 Corel Draw 格式的全部底图，使我们能够顺利地把图中大量信息整齐准确地翻译改注为中文。书中一些土壤类型中译名的确定得到中国科学院南京土壤研究所龚子同研究员、胡君利博士的帮助。翻译图表和文字需要掌握的有关电脑软件，这方面得益于聂晓红研究员、徐厚骏先生和陈天舒等的指点。王立红为我提供部分英语工具书。在此对以上真诚的协助一并致以衷心的感谢。

虽然在译书之初已知这本德文书已有英译本（据德文第三版翻译）发行，但我们的译著完全依据并力求忠实于德文原版（第四版，全新重编版）。为了体现原著的特点和风格，在中译本中对原著使用的粗体与斜体字的内容特意做了对应的处理；原著书后所附内容索引的中译，也尽可能保留其逻辑性及信息量。我相信：基于舒尔茨博士、教授原文丰富的内容和形象直观的图表，我们的中译本也会是迄今国内所能见到的较为系统、全面深入阐述地球生态带的专业译著。

尽管我们付出了努力，限于我的德语水平和专业素养，对原文可能存在一些理解不透或遗漏之处，造成个别译文字句的生硬甚至偏差，若有任何问题请与我联系（yuzhenlin1937@163.com），以便于修订。

林育真

2010年7月6日

郑 重 声 明

高等教育出版社依法对本书享有专有出版权。任何未经许可的复制、销售行为均违反《中华人民共和国著作权法》,其行为人将承担相应的民事责任和行政责任,构成犯罪的,将被依法追究刑事责任。为了维护市场秩序,保护读者的合法权益,避免读者误用盗版书造成不良后果,我社将配合行政执法部门和司法机关对违法犯罪的单位和个人给予严厉打击。社会各界人士如发现上述侵权行为,希望及时举报,本社将奖励举报有功人员。

反盗版举报电话: (010) 58581897/58581896/58581879
反盗版举报传真: (010) 82086060
E-mail: dd@hep.com.cn
通信地址: 北京市西城区德外大街4号
　　　　　　高等教育出版社打击盗版办公室
邮　　编: 100120

购书请拨打电话: (010) 58581118